高等院校计算机应用系列教材

Access 2016 数据库应用教程

彭毅弘 程 丽 主 编
刘永芬 李盼盼 副主编

清華大学出版社
北 京

内 容 简 介

本书以 Microsoft Access 2016 中文版为实践平台，以小型超市管理系统的创建、管理和应用为主线，通过大量实例介绍了数据库的基本概念、原理和开发技术。全书共分为 9 章，主要包括数据库技术基础、数据库和表、查询、结构化查询语言(SQL)、窗体、报表、宏、VBA 程序设计和 VBA 数据库访问技术等内容。

本书注重案例的实际应用价值，强调理论与实践结合，同时还引入了程序流程介绍，注重提升学生的逻辑分析能力。本书配套的《Access 2016 数据库应用教程实验指导》(ISBN 978-7-302-60854-7)，为各章提供多种类型的实验案例，每个案例都附有操作步骤。

本书既可作为高等学校数据库基础与应用教材，又可作为全国计算机等级考试(二级 Access)的自学和培训教材，还可供从事数据库应用、设计和开发的技术人员参考。

图书在版编目(CIP)数据

Access 2016 数据库应用教程 / 彭毅弘，程丽主编. —北京：清华大学出版社，2022.8(2024. 7 重印)
高等院校计算机应用系列教材
ISBN 978-7-302-60883-7

Ⅰ. ①A… Ⅱ. ①彭… ②程… Ⅲ. ①关系数据库系统—高等学校—教材 Ⅳ. ①TP311.132.3

中国版本图书馆 CIP 数据核字(2022)第 083114 号

责任编辑：王　定
封面设计：高娟妮
版式设计：孔祥峰
责任校对：马遥遥
责任印制：刘　菲

出版发行：清华大学出版社
　网　　址：https://www.tup.com.cn，https://www.wqxuetang.com
　地　　址：北京清华大学学研大厦 A 座　　**邮　　编**：100084
　社 总 机：010-83470000　　**邮　　购**：010-62786544
　投稿与读者服务：010-62776969，c-service@tup.tsinghua.edu.cn
　质 量 反 馈：010-62772015，zhiliang@tup.tsinghua.edu.cn
印 装 者：北京嘉实印刷有限公司
经　　销：全国新华书店
开　　本：185mm×260mm　　**印　　张**：17.75　　**字　　数**：455 千字
版　　次：2022 年 8 月第 1 版　　**印　　次**：2024 年 7 月第 3 次印刷
定　　价：59.80 元

产品编号：097107-01

前　言

随着大数据时代的到来，数据已经成为极具价值的资源，如何分析、管理和利用这些数据对于很多企业来说是未来赢得竞争的关键。数据库技术研究和解决了大量数据如何有效地组织和存储的问题，实现了数据共享，能高效地检索和处理数据，并保障数据安全。

数据库基础知识是当今大学生信息素养的重要组成部分，数据库应用课程是高等学校一门重要的计算机基础课程，不仅普及数据管理知识和数据库操作技术，还涉及面向对象的编程基础。在物联网和人工智能技术迅速发展，程序设计能力培养已经深入基础教育的今天，数据库应用课程中的程序开发技能显得尤为重要。

本书共分为9章，主要内容有数据库技术基础、数据库和表、查询、结构化查询语言(SQL)、窗体、报表、宏、VBA程序设计和VBA数据库访问技术等，通过本书的学习可对Access数据库系统设计有一个清晰完整的认识。

本书具有如下特点：

(1) 案例更具应用价值。选用具有实际使用价值的、生活中普遍接触的、知识点全覆盖的数据库系统实例作为全书的主线，方便读者快速理解知识背景及掌握数据库开发技能。

(2) 强调理论与实践结合。注重将数据库中各种复杂抽象的原理实例化，通过大量的图例、实例、程序片段等手段，将抽象的数据库运行机制以易于理解的形式呈现。

(3) 引入程序流程介绍，培养系统化设计思维。本书从程序设计的本质出发，引入流程介绍，强调系统化分析方法，从整体到局部逐步细化问题，引导开发者使用程序语句来解决实际问题，进而提升逻辑分析能力。

(4) 配套实验教程，为各章提供多种类型的实验案例，每个案例都附有操作步骤。

(5) 适用对象广泛。本书既可作为高等学校数据库基础与应用教材，也可作为全国计算机等级考试(二级 Access)的自学和培训教材，还可供从事数据库应用、设计和开发的技术人员参考。

本书由彭毅弘组织统稿、主编和定稿，编写具体分工如下：彭毅弘编写第2～5章、第7章和第9章，程丽编写第6章，刘永芬编写第1章，李盼盼编写第8章。感谢林燕、赖晓燕、程铃钫、陈心瑜、赵浩等各位老师和专家的支持及对本书提出的宝贵意见。同时，感谢清华大学出版社在本书策划、编辑和出版过程中给予的大力支持。

限于作者水平，书中难免存在疏漏或不妥之处，恳请广大读者批评指正。

本书提供丰富的配套资源，包括教学课件、教学大纲、混合式教学设计、电子教案、数据库文件及资源、思考与练习参考答案以及微课视频，下载地址如下：

编　者

2022 年 4 月

目　录

第1章 数据库技术基础

在当今信息社会，电子商务和社交网络已然全面普及，数据资源从各式各样的终端不断地涌现，数据渗透到每一个行业和职能领域，成为重要的生产因素。对海量数据的挖掘和应用，改变了人类原有的生活方式和发展模式，也改变了人类认识世界和价值判断的方式。所有与数据信息有关的业务及应用系统都需要数据库技术的支持。数据库技术是20世纪60年代后期发展起来的一项重要技术，主要研究如何安全高效地管理大量、持久且可共享的数据，使数据释放更多的价值。数据库知识是当今大学生信息素养的重要组成部分，是各类计算机信息系统的核心技术和重要基础，更是大数据时代的支撑技术之一。因此，了解数据库原理与掌握数据库应用和开发技术，对于科学地组织和存储数据，高效地获取和分析数据，从而充分地利用信息资源是十分重要的。本章主要介绍数据库、数据库系统、数据模型等基础理论知识，为后面各章的学习打下基础。

本章要点

- 数据和信息的概念与区别
- 数据库系统的概念、组成和特点
- 数据模型的概念，E-R模型的使用
- 关系数据库的基础知识
- 数据库应用系统的开发流程

本章知识结构如图1-1所示。

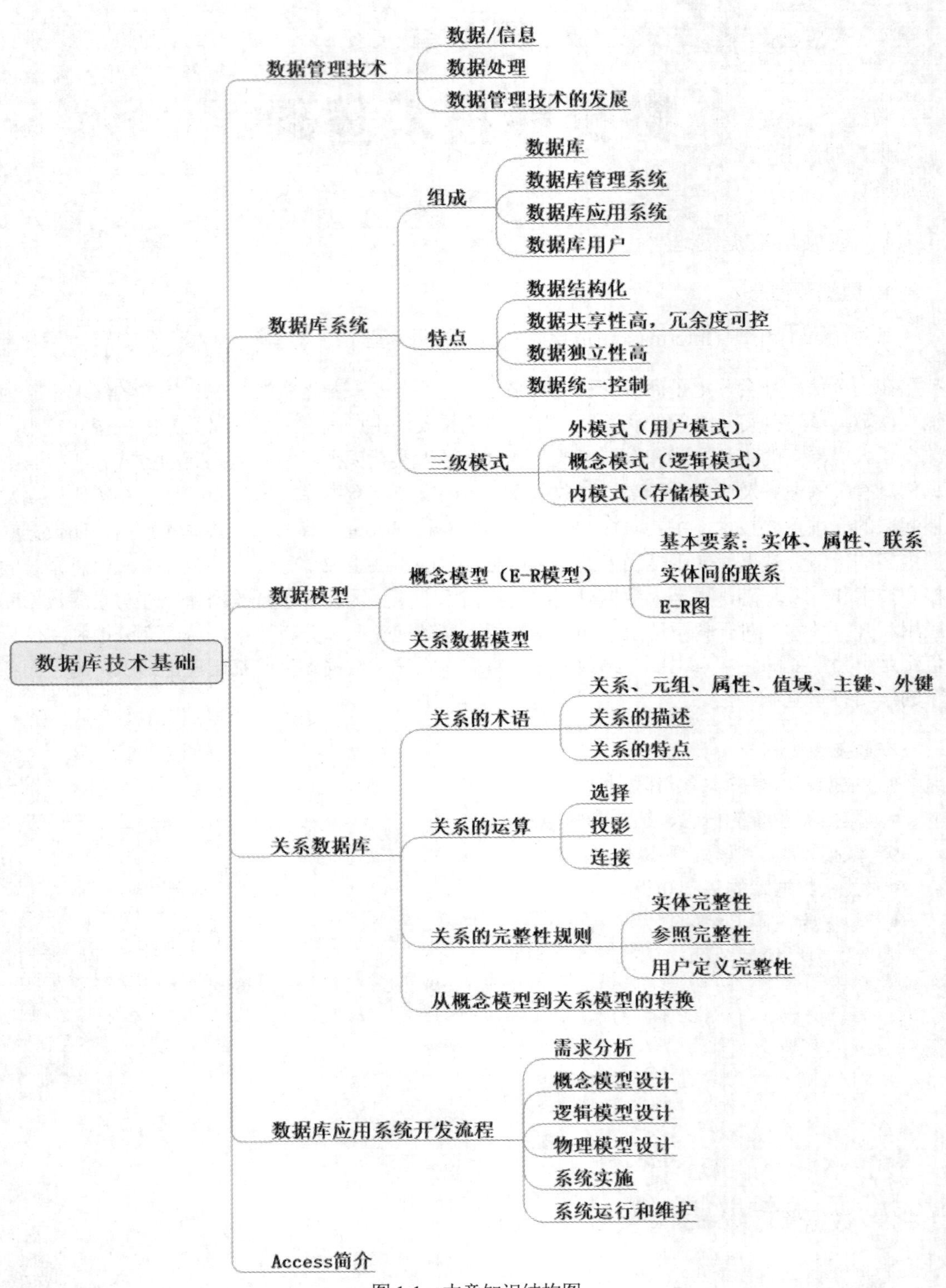
数据库技术基础
数据管理技术
数据/信息
数据处理
数据管理技术的发展
数据库系统
组成
数据库
数据库管理系统
数据库应用系统
数据库用户
特点
数据结构化
数据共享性高，冗余度可控
数据独立性高
数据统一控制
三级模式
外模式（用户模式）
概念模式（逻辑模式）
内模式（存储模式）
数据模型
概念模型（E-R模型）
基本要素：实体、属性、联系
实体间的联系
E-R图
关系数据模型
关系数据库
关系的术语
关系、元组、属性、值域、主键、外键
关系的描述
关系的特点
关系的运算
选择
投影
连接
关系的完整性规则
实体完整性
参照完整性
用户定义完整性
从概念模型到关系模型的转换
数据库应用系统开发流程
需求分析
概念模型设计
逻辑模型设计
物理模型设计
系统实施
系统运行和维护
Access简介

图 1-1　本章知识结构图

1.1 数据管理技术

视频 1-1　数据管理技术

数据库技术是管理数据的一种科学技术方法，专门研究如何组织和存储数据，如何高效地获取和处理数据，从而为人类生活的方方面面提供数据服务。

1.1.1　数据与数据处理

1. 数据和信息

数据(Data)和信息(Information)是数据处理中的两个基本概念，数据是信息的载体，但并非任何数据都能成为信息，只有经过加工处理后的数据才能成为信息。

(1) 数据。数据是人们用于记录事物情况的物理符号。为了描述客观事物而用到的数字、字符，以及所有能输入到计算机中并能被计算机处理的符号都可以看成数据。例如，张小明的年龄是 20 岁，籍贯福建，这里的“张小明”“20”“福建”就是数据。在实际应用中，数据可分为三种：第一种是可以参与数值运算的数值型数据，如年龄、成绩、价格等数据；第二种是由字符组成的、不能参与数值运算的字符型数据，如姓名、籍贯、性别等数据。第三种是图形、图像、声音等多媒体数据，如照片、歌曲、视频等数据。

(2) 信息。信息是经过加工处理并对人类社会实践和生产活动产生决策影响的数据。不经过加工处理的数据只是一种原始材料，它的价值只在于记录了客观世界的事实，对人类活动产生不了决策作用。只有经过提炼和加工，原始数据才会发生质的变化，给人们以新的知识和智慧。例如，收到一条淘宝通知“双 11 活动，商品全场 5 折”，根据这条通知获取数据“5 折”，然后根据商品原价格计算出打折后的商品价格，新的价格数据就是利用原始数据经过加工处理后得到的信息，这个信息可作为是否购买商品的依据。用户还可以进一步利用这个信息与前一年的数据进行比较分析，得到商品的价格走势、打折力度等有价值的信息。

2. 数据处理

数据处理是指将数据转换成信息的过程，包括对数据的采集、存储、分类、排序、检索、维护、计算、加工、统计和传输等一系列操作。其主要目的是从大量的、杂乱无章的、难以理解的数据中，通过分析、归纳、推理等科学方法，利用计算机技术、数据库技术等技术手段，提取出有价值的、有意义的信息，从而作为决策的依据。如图 1-2 所示，使用计算机可以实现数据处理的自动化，完成各种数据处理任务。

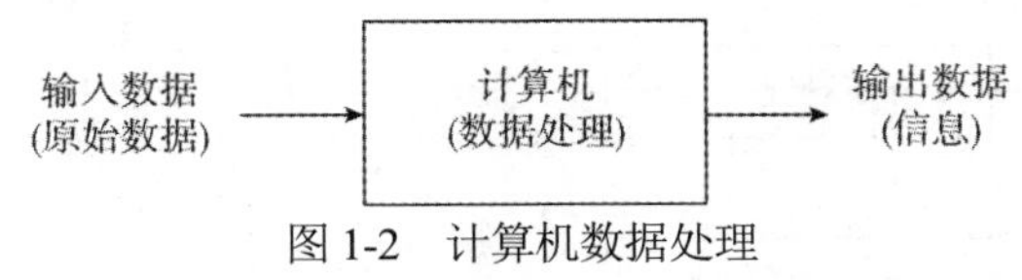

图 1-2　计算机数据处理

1.1.2　数据管理技术的发展

数据管理是指数据的收集、组织、存储、检索和维护等操作，这些操作是数据处理的中心环节，其主要目的是实现数据共享，降低数据冗余，提高数据的独立性、安全性和完整性，从而能更加有效地管理和使用数据资源。计算机技术的发展促使数据管理技术得到了很大发展，计算机数据管理技术经历了人工管理、文件管理和数据库管理三个发展阶段。

1. 人工管理阶段

20 世纪 50 年代中期以前，计算机主要用于科学计算。在硬件方面，外存储器只有磁带、卡片和纸带等，没有磁盘等直接存取的外存储器；在软件方面，只有汇编语言，没有操作系统。当时的数据管理是以人工管理方式进行的，有以下特点：数据量少，数据不需要长期保存；没有专门对数据进行管理的软件，数据由应用程序自行管理，每个应用程序都要设计数据的存储结构和输入输出方法；数据无法实现共享，不同应用程序之间存在大量的重复数据；数据对应用程序不具有独立性，进一步加重了程序设计的负担。

以一个公司的信息管理为例，在人工管理阶段，应用程序和数据之间的关系如图 1-3 所示。图中不同应用程序产生各类数据，并产生许多重复的数据，例如工资数据包含部分员工数据。

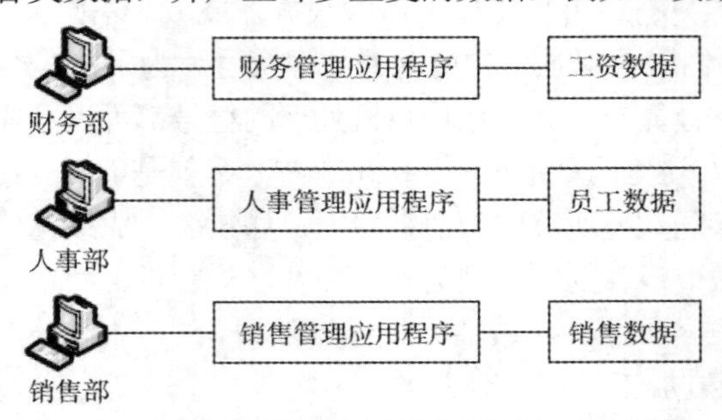

图 1-3　人工管理阶段应用程序和数据之间的关系

2. 文件管理阶段

20 世纪 50 年代后期至 20 世纪 60 年代中期，计算机开始大量用于数据管理。在硬件方面，出现了外存，如磁盘、磁鼓等；在软件方面，出现了高级语言和操作系统，应用程序利用操作系统的文件管理功能可实现数据的文件管理方式。文件管理阶段有以下特点：数据可以组织成文件，能够长期保存和反复使用；数据和应用程序之间有一定的独立性，通过文件系统把数据组织成一个独立的数据文件，大大减少了应用程序维护的工作量；不同应用程序的数据不能共享，数据独立性差，冗余度大。

在文件管理阶段，公司信息管理中应用程序和数据文件之间的关系如图 1-4 所示。各应用程序通过文件系统对相应的数据文件进行存取和处理，但各数据文件之间是孤立的，缺乏对数据统一管理和控制的能力。例如，因某个员工离职而在员工数据文件中删除了其数据，但无法在工资数据文件中自动删除该员工的相关数据。

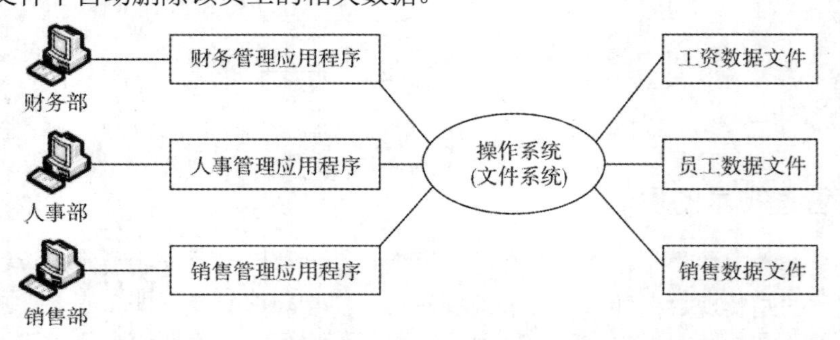

图 1-4　文件管理阶段应用程序和数据文件之间的关系

3. 数据库管理阶段

20 世纪 60 年代后期，数据量急剧增加，对数据共享性要求更加强烈。同时，计算机硬件价格下降，而编写和维护软件的成本相对增加，文件系统已经无法满足多应用、多用户的数据共享需求，于是出现了统一管理数据的数据库管理系统(Database Management System，DBMS)。

数据库管理系统把所有应用程序中使用的数据整合起来，按统一的数据模型存储在数据库中，提供给各个应用程序使用。数据与应用程序之间完全独立，数据具有完整性、一致性和安全性等特点，并具有充分的共享性，有效地减少了数据冗余。

在数据库管理阶段，企业信息管理中应用程序和数据库之间的关系如图 1-5 所示。企业信息管理的相关数据都存放在数据库中，数据库面向整个应用系统，实现了数据共享，并使得数据和应用程序之间保持较高的独立性。

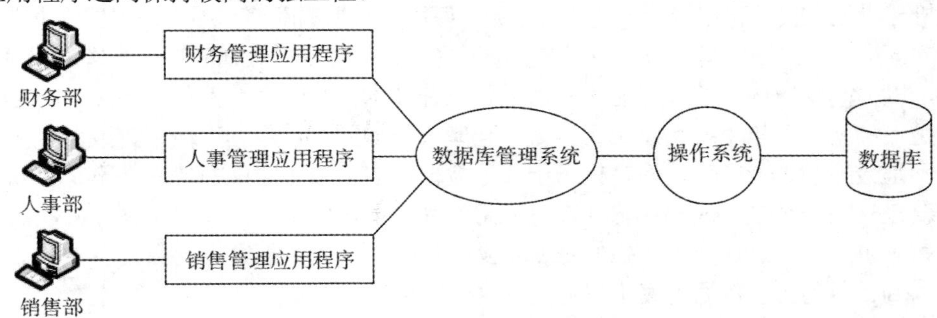

图 1-5　数据库管理阶段应用程序和数据库之间的关系

4. 数据库管理技术的新发展

数据库技术的发展先后经历了第一代数据库系统(层次数据库和网状数据库)和第二代数据库系统(关系数据库)。自 20 世纪 70 年代使用关系数据库后，数据库技术得到了蓬勃发展，但随着新需求的不断提出，占主导地位的关系数据库系统已不能满足新的应用领域的需求。例如，在实际应用中，需要存储并检索多媒体数据、计算机辅助设计绘制的工程图纸、地理信息系统提供的空间数据和各种复合数据(如集合、数组、结构)等，关系数据库无法实现对复杂数据的管理，因此出现了许多不同类型的新型数据管理技术。下面对这些技术进行简要介绍。

(1) 分布式数据库系统。分布式数据库系统是数据库技术与计算机网络技术、分布式处理技术相结合的产物。一个分布式数据库在逻辑上是一个统一的整体，在物理上则分别存储在不同的物理节点上。分布式数据库系统的特点主要有：数据库中的数据分布在计算机网络的不同物理节点上；分布在不同节点的数据在逻辑上属于同一个数据库系统，数据间存在相互关联；每个节点都有自己的计算机软硬件资源，包括数据库、数据库管理系统等，既能仅供本结点用户存取使用，又能供其他结点上的用户存取使用。

(2) 面向对象数据库系统。面向对象数据库系统是面向对象的程序设计技术与数据库技术相结合的产物，主要特点是具有面向对象技术的封装性和继承性，提高了软件的可重用性。面向对象数据库系统包含了关系数据库管理系统的全部功能，只是在面向对象环境中增加了一些新内容，其中有些是关系数据库管理系统所没有的。面向对象数据库系统的基本设计思想是：一方面把面向对象的程序设计语言向数据库方向扩展，使应用程序能够存取并处理对象；另一方面扩展数据库系统，使其具有面向对象的特征，以便对现实世界中复杂应用的实体和联系进行建模。

(3) 多媒体数据库系统。多媒体数据库系统是数据库技术与多媒体技术相结合的产物。能够直接管理文本、图形、音频和视频等多媒体数据的数据库可称为多媒体数据库。多媒体数据库的结构和操作与传统格式化数据库的结构和操作有很大差别，在多媒体信息管理环境中，不仅数据本身的结构和存储形式各不相同，不同领域对数据处理的要求也比一般事务管理复杂得多，因此对数据库管理系统提出了更高的功能要求。综合程序设计语言、人工智能和数据库领域的研究成果，设计支持多媒体数据管理的数据库管理系统，已成为数据库领域中一个新的重要研究方向。

(4) 数据仓库技术。数据仓库技术是基于信息系统业务发展的需要，基于数据库系统技术发展而来，并逐步独立的一系列新的应用技术。数据仓库涉及三方面的技术内容：数据仓库技术、联机分析处理技术和数据挖掘技术。数据仓库用于数据的存储和组织，联机分析处理集中于数据的分析，数据挖掘则致力于知识的自动发现。它们都可以分别应用到信息系统的设计和实现中，以提高相应部分的处理能力。由于这三种技术内在的联系性和互补性，将它们结合起来就是一种新的决策支持系统架构。数据仓库最根本的特点是物理地存放数据，而且这些数据并不是最新的、专有的，而是来源于其他数据库的。数据仓库的建立并不是要取代数据库，它要建立在一个较全面和完善的信息应用的基础上，用于支持高层决策分析，而事务处理数据库在企业的信息环境中承担的是日常操作性的任务。数据仓库是数据库技术的一种新的应用，到目前为止，数据仓库还是用关系数据库管理系统来管理其中的数据。

(5) 大数据技术。大数据(Big Data)是一种在获取、存储、管理和分析方面大大超出传统数据库软件工具能力范围的数据集合，具有数据规模大、数据种类多、要求数据处理速度快和数据价值密度低四大特征。大数据的概念与海量数据不同，后者只强调数据的量，而大数据不仅用来描述大量的数据，还进一步指出数据的复杂形式、数据的快速处理特性，以及对数据分析处理后最终获得有价值信息的能力。

目前，大数据已经广泛应用于包括金融、汽车、餐饮、电信、能源、体育和娱乐等在内的社会各行各业。例如，在互联网行业，借助于大数据技术可以分析客户行为，从而进行商品推荐和针对性广告投放；在汽车行业，利用大数据和物联网技术的无人驾驶汽车即将走入我们的日常生活；在城市管理行业，可以利用大数据实现智能交通、环保监测、城市规划和智能安防等。

1.2 数据库系统

视频 1-2　数据库系统

数据库系统(Database System，DBS)是指基于数据库的计算机应用系统，是实现有组织地、动态地存储大量相关数据，提供数据处理和信息资源共享的便利手段。

1.2.1 数据库系统的组成

一个完整的数据库系统，主要包括数据库(Database，DB)、数据库管理系统(Database Management System，DBMS)、数据库应用系统和数据库用户四大部分，各部分的关系如图 1-6 所示。

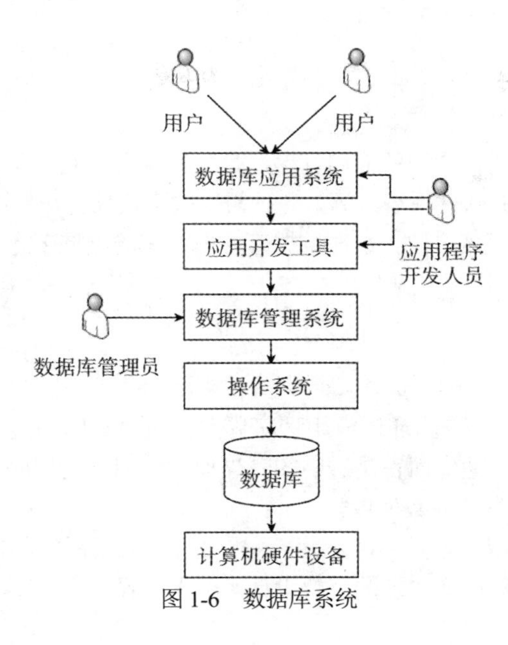

图 1-6　数据库系统

1. 数据库

数据库(DB)是指以一定结构存储在外部存储设备上的、能为多个用户共享的、与应用程序相互独立的、相互关联的结构化数据集合。数据库不仅存储了数据，还存储了数据与数据之间的关系。一个数据库由若干张表(Table)组成，例如，要创建一个超市管理系统的数据库，就需要建立员工表、部门表、工资表、商品表和销售表等，每个表都具有特定的结构，表与表之间有某种关联。在数据库的物理组织中，表以文件形式存储。

2. 数据库管理系统

数据库管理系统(DBMS)是用于描述、管理和维护数据库的软件系统，是数据库系统的核心组成部分。具有代表性的数据库管理系统有 Oracle、Microsoft SQL Server、MySQL 及 Microsoft Access 等。本书介绍的 Microsoft Access 软件是一种被广泛应用的小型数据库管理系统。

DBMS 在操作系统的基础上工作，它接收用户的操作命令并予以实施，从而完成用户对数据库的管理操作。无论是数据库管理员还是终端用户，都不能直接对数据库进行访问或操作，而必须利用 DBMS 提供的操作语言来使用或维护数据库中的数据。

数据库管理系统具有以下几个方面的功能。

(1) 数据定义功能。使用数据定义语言(Data Definition Language，DDL)定义数据库的结构，刻画数据库框架等。

(2) 数据操纵功能。使用数据操纵语言(Data Manipulation Language，DML)实现数据的检索、插入、删除、修改等操作。

(3) 数据库运行管理功能。控制整个数据库系统的运行，控制用户的并发性访问，检验数据的安全、保密与完整性等。

(4) 数据库的建立和维护功能。控制数据库初始数据的输入与数据转换，记录工作日志，监视数据库性能，修改更新数据库，恢复出现故障的数据库等。

(5) 数据通信功能。与操作系统协调完成数据的传输，实现用户程序与 DBMS 之间数据的通信。

3. 数据库应用系统

数据库应用系统就是我们常用的应用程序，是指开发人员利用某种应用开发工具开发出来的、面向某一类实际应用的软件系统，例如各种常用的手机软件，如微信、QQ、淘宝等。数据库应用系统需要通过数据库接口技术，在数据库管理系统的支持下才能获取或修改数据库中的数据。

4. 数据库用户

数据库用户主要有以下四类。

(1) 终端用户。终端用户是指通过应用程序界面使用数据库的人，他们不必了解数据库原理和实现细节，数据库对于他们而言是透明的。当他们使用应用程序访问数据库时，实质上是利用系统的接口或查询语言访问数据库。

(2) 系统分析员和数据库设计人员。系统分析员负责应用系统的需求分析和规范说明，确定系统的硬件配置和参与数据库系统的概要设计。数据库设计人员负责确定数据库中的数据和设计数据库各级模式。

(3) 应用程序开发人员。应用程序开发人员负责开发使用数据库的应用程序，这些应用程序可对数据进行检索、建立、删除或修改等。

(4) 数据库管理员。数据库管理员负责数据库的总体信息控制，具体职责包括：决定数据库的存储结构和存取策略，定义数据库的安全性要求和完整性约束条件，监控数据库的使用和运行等。

1.2.2 数据库系统的特点

1. 数据结构化

在数据库系统中，每一个数据库都是为某一应用领域服务的，因此不仅要考虑某个应用的数据结构，还要考虑整个组织(多个应用)的数据结构。这种数据组织方式使数据结构化，在描述数据时不仅要描述数据本身，还要描述数据之间的联系。数据库系统实现整体数据的结构化是数据库的主要特点之一，也是数据库系统与文件系统的本质区别。

2. 数据共享性高，冗余度可控

数据库技术的根本目标之一是解决数据共享问题。数据共享是指多个用户或应用程序可以访问同一个数据库中的数据，而且数据库管理系统提供并发和协调机制，保证在多个应用程序同时访问、存取和操作数据库数据时不产生任何冲突。数据冗余是指数据之间的重复，也可以说是同一数据存储在不同数据文件中的现象。数据冗余既浪费存储空间，又容易产生数据不一致等问题。数据库的数据已经根据特定的数据模型结构化，有效地节省了存储资源，减少了数据冗余，保证了数据的一致性。

3. 数据独立性高

数据独立性是指应用程序与数据库的数据结构之间相互独立。在数据库系统的数据存储结构发生改变时，不会影响数据的全局逻辑结构，保证了数据的物理独立性；在全局逻辑结

构发生改变时，不影响用户的局部逻辑结构及应用程序，保证了数据的逻辑独立性。

4. 数据统一控制

为保证多个用户能同时正确地使用同一个数据库，数据库管理系统提供了一套有效的数据控制手段，包括数据安全性控制、数据完整性控制、数据库的并发控制和数据库的备份恢复等，增强了多用户环境下数据的安全性和一致性保护。

1.2.3 数据库系统的三级模式

数据库领域公认的标准结构是三级模式结构，它包括外模式、概念模式和内模式，如图 1-7 所示。三级模式对应三个抽象级别，使用户能够逻辑地、抽象地处理数据，而不必关心数据在计算机中的物理表示和存储方式，把数据的具体组织交给数据库管理系统去完成。

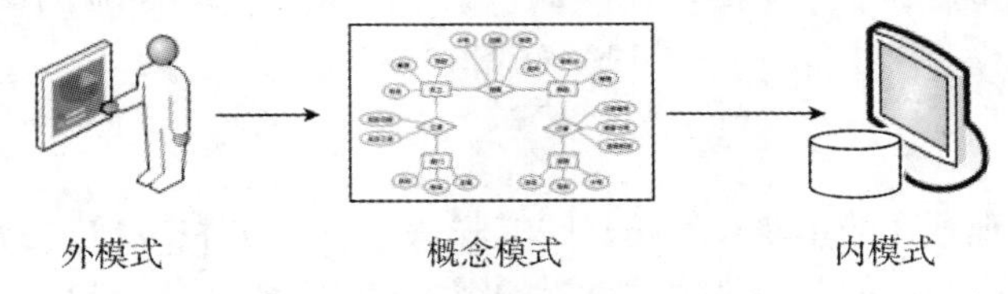

图 1-7　数据库系统的三级模式

1. 外模式

外模式又称用户模式，是数据库用户看到的视图模式。"视图"是数据库用户所看到的数据库的数据视图，是与某一应用有关的数据的逻辑表示。用户可以通过外模式描述语言来描述与定义对应于用户的数据记录，也可以利用数据操纵语言对这些数据记录进行操作。外模式反映了数据库系统的用户观。

2. 概念模式

概念模式又称逻辑模式，是对数据库中全部数据的逻辑结构和特征的总体描述，是由数据库管理系统提供的数据模式描述语言来描述、定义的。概念模式反映了数据库系统的整体观。

3. 内模式

内模式又称存储模式，它描述了数据在存储介质上的存储方式和物理结构，对应着实际存储在外存储介质上的数据库。内模式由内模式描述语言来描述、定义的。内模式反映了数据库系统的存储观。

在一个数据库系统中，内模式是唯一的，但建立在数据库系统之上的应用则是非常广泛且多样的，所以对应的外模式不是唯一的，也不可能是唯一的。

1.3 数据模型

视频 1-3　数据模型

由于计算机不能直接处理现实世界的具体事物，所以必须将这些具体事物转换成计算机能够处理的数据。在数据库技术中，用数据模型(Data Model)对现实世界中的事物进行抽象和表示。数据(Data)是描述事物的符号记录，模型(Model)

是现实世界的抽象，数据模型从抽象层次上描述了系统的静态特征、动态行为和约束条件，为数据库系统的信息表示与操作提供了一个抽象的框架。

1.3.1 数据抽象过程

从现实世界中的客观事物到数据库中存储的数据是一个逐步抽象的过程，如图 1-8 所示，这个过程经历了现实世界、概念世界和计算机世界三个阶段。

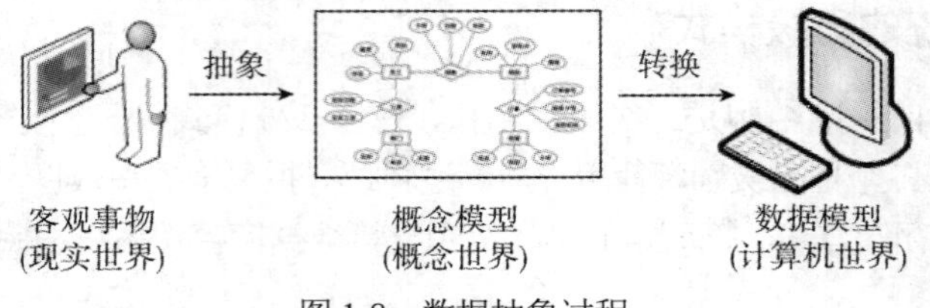

图 1-8　数据抽象过程

1. 现实世界

现实世界是指客观存在的事物及其相互间的联系。现实世界中的事物有着众多的特征和千丝万缕的联系，计算机处理的对象是现实世界的客观事物，在实施处理的过程中，需要对事物进行整理、分类和规范，进而将规范化的事物数据化，最终实现由数据库系统存储和处理。

2. 概念世界

概念世界又称为信息世界，是人们把现实世界中事物的信息和联系，通过特定符号记录下来，然后用规范化的数据库定义语言来定义描述而构成的一个抽象世界。在概念世界中，不是简单地对现实世界进行符号化，而是要通过筛选、归纳、总结、命名等抽象过程产生出概念模型，用以表示对现实世界的抽象与描述。概念模型的表示方法很多，目前较为常用的是实体-联系模型(Entity Relationship Model)，简称 E-R 模型。

3. 计算机世界

计算机世界又称为数据世界，是将概念世界的内容数据化后的产物。计算机世界将概念世界中的概念模型，进一步转换成数据模型，形成计算机能够处理的数据表现形式。

1.3.2 概念模型(E-R 模型)

把现实世界抽象为概念世界，建立概念世界中的数据模型，该数据模型称为概念模型。概念模型是面向数据库用户的对现实世界的抽象与描述的数据模型，它使数据库的设计人员在设计的初始阶段摆脱计算机系统及数据库管理系统的具体技术问题，集中精力分析数据及数据之间的联系等。最常用的概念模型表示方法是 P. P. Chen 于 1976 年提出的“实体-联系模型”(即 E-R 模型)，使用 E-R 图来表示。

1. E-R 模型的基本要素

(1) 实体(Entity)。客观存在并可以相互区别的事物称为实体。实体可以是人、事、物(例如：一名员工，一个商品)，也可以是抽象的概念和联系(例如：员工和公司的关系)。同一类型实体的集合称为实体集(例如：全体员工就是一个实体集)。

(2) 属性(Attribute)。用来描述实体的特性称为属性。例如，员工具有姓名、年龄、性别等属性信息。不同的属性会有不同的取值范围，属性的取值范围称为该属性的值域。例如，“年龄”属性的值域是 0~150。

(3) 联系(Relationship)。实体之间的对应关系称为联系。例如，顾客和商品之间具有购买关系。

2. 实体间的联系

两个实体之间的联系可分为三种类型：一对一联系(1∶1)，一对多联系(1∶n)，多对多联系(m∶n)。

(1) 一对一联系(1∶1)。对于实体集 A 中的每一个实体，实体集 B 只有一个实体与之联系，反之亦然，则称实体集 A 和实体集 B 具有一对一的联系，记作 1∶1。例如图 1-9 所示，一个乘客只能坐一个座位，而一个座位只能被一个乘客坐，乘客与座位之间的联系就是一对一的联系。

(2) 一对多联系(1∶n)。对于实体集 A 中的每一个实体，实体集 B 中有 n 个实体与之联系；反之实体集 B 的每个实体，实体集 A 中只有一个实体与之联系，则称实体集 A 与实体集 B 具有一对多的联系，记作 1∶n。例如图 1-10 所示，一个部门有许多个员工，但一个员工只能在一个部门任职，部门和员工之间的联系就是一对多的联系。

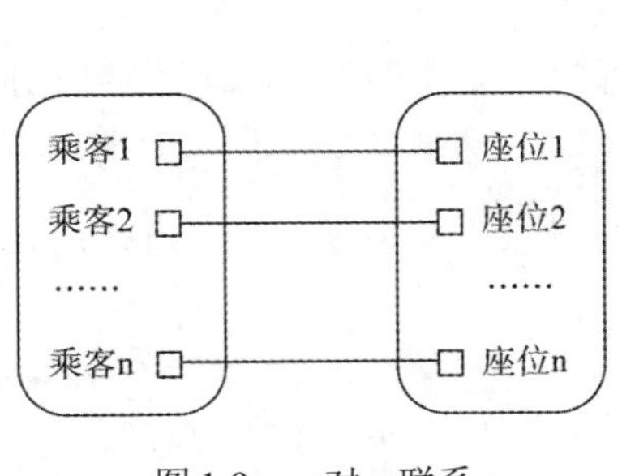

图 1-9　一对一联系

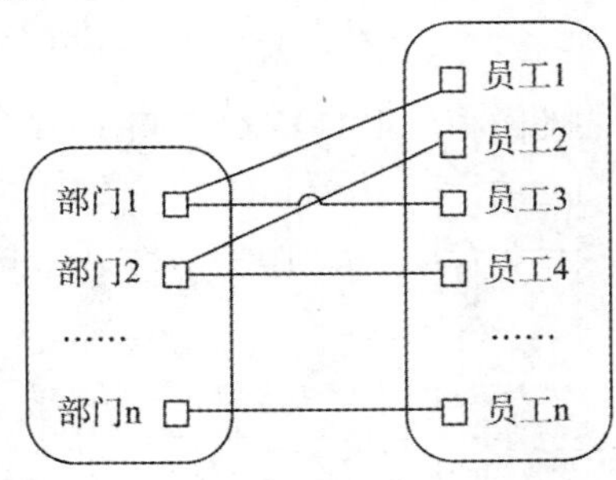

图 1-10　一对多联系

(3) 多对多联系(m∶n)。对于实体集 A 中的每一个实体，实体集 B 中有 n 个实体与之联系；反之实体集 B 的每个实体，实体集 A 中有 m 个实体与之联系，则称实体集 A 与实体集 B 具有多对多的联系，记作 m∶n。例如图 1-11 所示，一名员工可以销售多种商品，任何一种商品可以被多名员工销售，员工和商品之间具有多对多的联系。

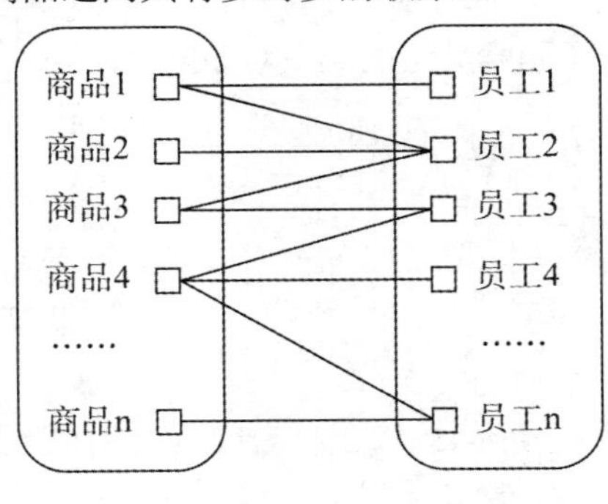

图 1-11　多对多联系

3. E-R 模型的表示方法：E-R 图

使用实体-联系图(即 E-R 图)可以直观地表达 E-R 模型。在 E-R 图中，实体用矩形表示，属性用椭圆表示，联系用菱形表示，在各自内部写明实体名、属性名和联系名，并用连线连接起来，同时在连线上标注联系的类型(1∶1、1∶n 或 m∶n)。E-R 图用到的符号如图 1-12 所示。

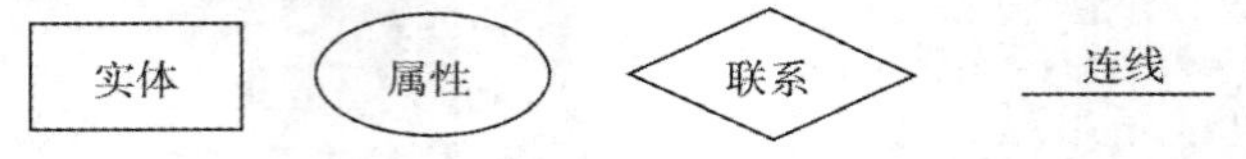

图 1-12　E-R 图的表示符号

使用 E-R 图能够直观地表达数据库的信息组织情况。前述乘客和座位的 E-R 图如图 1-13 所示，其中“乘客”实体有“身份证号”和“姓名”两个属性，“座位”实体有“座位号”和“舱位”两个属性，“乘坐”联系有“乘坐时间”一个属性，乘客和座位之间是一对一的联系。

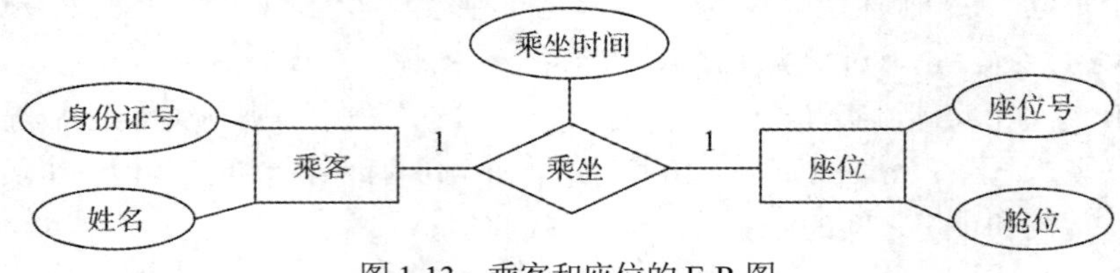

图 1-13　乘客和座位的 E-R 图

前述部门和员工的 E-R 图如图 1-14 所示，其中“部门”实体有“部门编号”“部门名称”和“部门电话”三个属性，“员工”实体有“员工编号”“姓名”和“性别”三个属性，“聘请”联系有“是否在职”一个属性，部门和员工之间是一对多的联系。

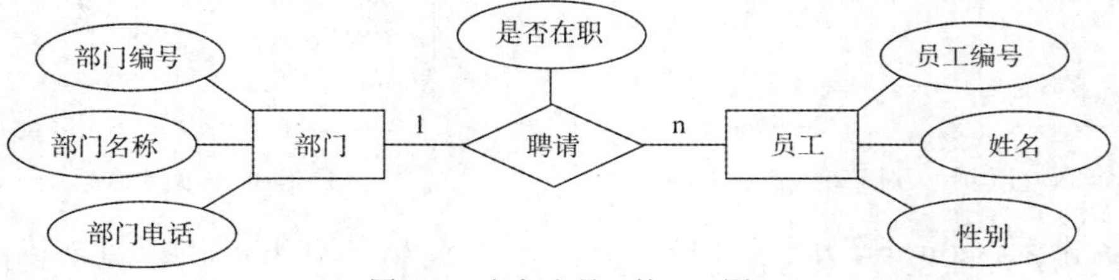

图 1-14　部门和员工的 E-R 图

前述员工和商品的 E-R 图如图 1-15 所示，其中“员工”实体有“员工编号”“姓名”和“性别”三个属性，“商品”实体有“商品编号”“商品名称”和“零售价”三个属性，“销售”联系有“购买数量”一个属性，员工和商品之间是多对多的联系。

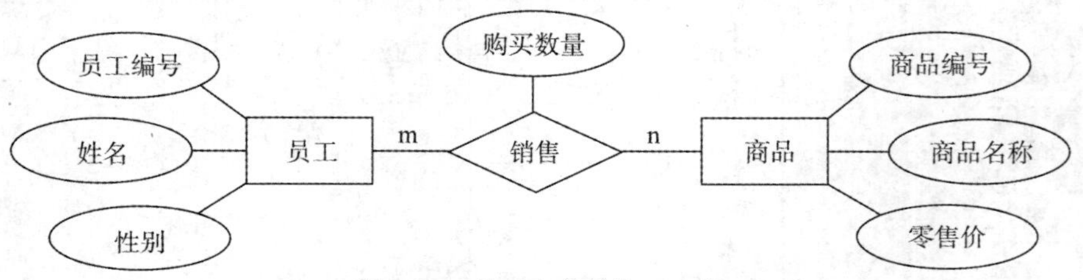

图 1-15　员工和商品的 E-R 图

1.3.3　常见的数据模型

数据库的类型是根据数据模型来划分的，任何一个 DBMS 也是根据数据模型有针对性地设计出来的。目前成熟地应用在数据库系统中的数据模型有层次数据模型、网状数据模型和关系数据模型。三者间的根本区别在于数据之间联系的表示方式不同，层次数据模型以“树结构”表示数据之间的联系；网状数据模型是以“图结构”来表示数据之间的联系；关系数据模型是用“二维表”(或称为关系)来表示数据之间的联系。

1. 层次数据模型

用树状结构表示实体及实体之间联系的数据模型称为层次数据模型。层次数据模型是数据库系统最早使用的一种模型，它的数据结构是一棵“有向树”，如图 1-16 所示，根结点在最上端，子结点在下，逐层排列。层次模型树中每一个结点表示一个实体，结点之间的连线表示实体之间的联系。这种模型适用于表达一对多的层次联系，但不能直接表达多对多的联系。

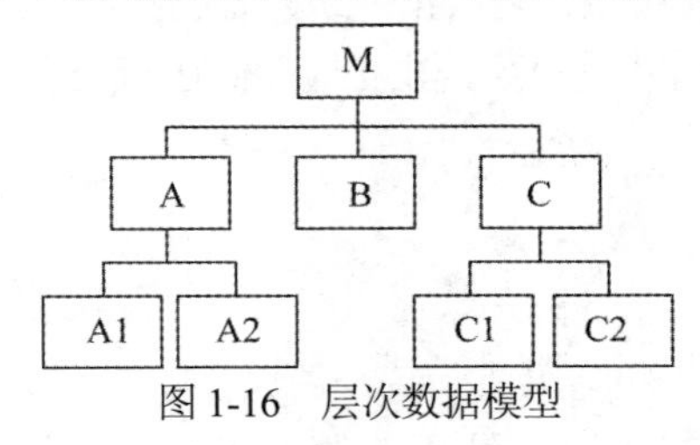

图 1-16　层次数据模型

2. 网状数据模型

用网状结构表示实体及实体之间联系的模型称为网状数据模型。网状数据模型和层次数据模型类似，用每个结点表示一个实体，结点之间的连线表示实体间的联系，但与层次数据模型不同的是，网状数据模型允许一个以上的结点无父结点，并且一个结点可以有多个父结点，如图 1-17 所示。网状数据模型能更直接地表示实体间的各种联系，但它的结构复杂，实现的算法也复杂。

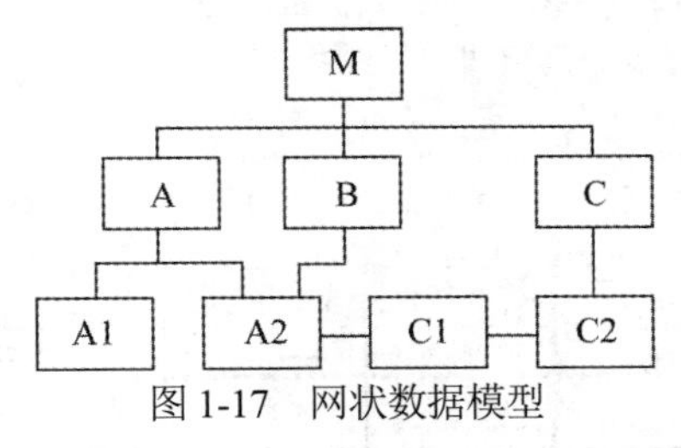

图 1-17　网状数据模型

3. 关系数据模型

用二维表的形式表示实体和实体之间联系的数据模型称为关系数据模型。在关系数据模型中，操作的对象和结果都是二维表，每个二维表又可称为关系，例如表 1-1 是一个商品关系。关系数据模型是目前最流行的数据库模型，支持关系数据模型的数据库管理系统称为关系数据库管理系统，Access 就是一种关系数据库管理系统。

表 1-1 "商品"关系

商品编号	商品名称	规格	类别	库存	零售价
S2018010201	凉茶	250mL	饮品	810	¥2.40
S2018010202	可口可乐	355mL	饮品	91	¥2.50
S2018010203	雪碧	355mL	饮品	145	¥2.50
S2018010204	矿泉水	550mL	饮品	121	¥1.30
S2018010205	冰红茶	490mL	饮品	150	¥2.40

1.4 关系数据库

视频 1-4 关系数据库

关系数据库是采用关系数据模型作为数据组织方式的数据库。关系数据库的特点在于它将每个具有相同属性的数据独立地存储在一个表中。

1.4.1 关系的术语

1. 关系

关系就是一张二维表，由行和列组成。每个关系都有一个关系名，在 Access 数据库中，关系名就是数据库中表的名称。例如，图 1-18 的"部门"关系就是"部门"表。

2. 元组

在一个二维表中，表中的行称为元组，每一行是一个元组，也称为一条记录，它对应于实体集中的一个实体。例如，图 1-18 的"部门"关系里每一个元组代表一个部门。

3. 属性

二维表中的列称为属性，每一列有一个属性名，也称字段名。例如，图 1-18 的"部门"关系里的"部门编号"就是部门的一个属性。

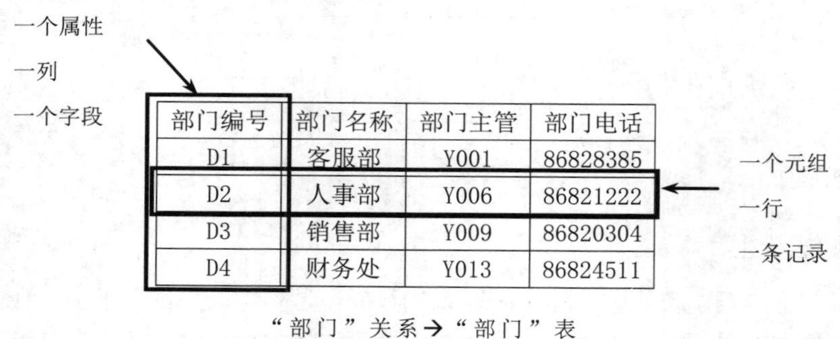

图 1-18 关系与表

4. 值域

属性的取值范围称为值域，关系的每个属性都必须对应一个值域。例如，图 1-19 中的员工表的"性别"字段，值域为"男"或"女"两个值。

外键　　　　　　　　　　　　　　　　　　　　主键

员工编号	发放日期	应发工资
Y001	2018/1/1	¥7,430.00
Y001	2018/2/1	¥7,430.00
Y002	2018/1/1	¥6,170.00

工资表

员工编号	姓名	性别	籍贯
Y001	赖涛	男	福建
Y002	刘芬	女	北京
Y003	魏桂敏	女	台湾

员工表

图 1-19　利用外键实现表与表的联系

5. 主键

主键又称关键字，或称为主码，是二维表中某个属性或属性的组合，其值能唯一地标识一个元组。例如，图 1-19 中的员工表的“员工编号”字段常常被设为主键，而不是用“姓名”字段作为主键，因为姓名可能重名，不能唯一地标识一个元组。

6. 外键

外键是外部关键字的简称。在关系模型中，为了实现表与表之间的联系，通常将一个表的主键作为数据之间的纽带放到另一个表中，这个起联系作用的属性就称为外键。例如，图 1-19 中员工表的“员工编号”属性是员工表的主键，工资表的“员工编号”属性是工资表的外键。通过“员工编号”这个公共属性，使得员工表和工资表产生了联系。

7. 对关系的描述

描述一个关系的格式为：关系名(属性名 1，属性名 2，…，属性名 n)

例如，表 1-1 的“商品”关系描述格式是：商品(商品编号，商品名称，规格，类别，库存，零售价)

8. 关系的特点

关系是一个二维表，但并不是所有二维表都是关系。关系应具有以下特点。

(1) 关系中的每个属性值是不可分解的。

(2) 关系中的各列是同质的，即每一列的属性值必须是同一类型的数据，来自同一个值域。

(3) 在同一个关系中不能出现相同的属性名。

(4) 关系中不允许有完全相同的元组。

(5) 在一个关系中元组和列的次序无关紧要，可以任意交换。

1.4.2　关系的运算

关系的基本运算有三种：选择、投影和连接。

1. 选择

选择运算是根据给定的条件，从一个关系中选出符合条件的元组(表中的行)，被选出的元组组成一个新的关系，这个新的关系是原关系的一个子集。选择是从行的角度进行的运算。例如，从员工关系中选出性别是男的员工信息，组成一个新的关系，如图 1-20 所示。

员工关系

员工编号	姓名	性别	籍贯
Y001	赖涛	男	福建
Y002	刘芬	女	北京
Y003	魏桂敏	女	台湾

筛选记录

新的关系

员工编号	姓名	性别	籍贯
Y001	赖涛	男	福建
Y002	刘芬	女	北京

图 1-20　选择运算

2. 投影

投影就是从一个关系中选择指定的属性(表中的列)，被选中的属性重新排列组成一个新的关系。投影是从列的角度进行的运算。例如，从员工关系中选取姓名、性别和籍贯属性，组成一个新的关系，如图 1-21 所示。

员工关系

员工编号	姓名	性别	籍贯
Y001	赖涛	男	福建
Y002	刘芬	女	北京
Y003	魏桂敏	女	台湾

筛选属性

新的关系

员工编号	姓名	性别	籍贯
Y001	赖涛	男	福建
Y002	刘芬	女	北京
Y003	魏桂敏	女	台湾

图 1-21　投影运算

3. 连接

连接运算是从两个或多个关系中选取属性间满足一定条件的元组，组成一个新的关系。例如，从员工关系和部门关系中选取员工编号、姓名、性别、部门名称和部门电话属性，组成一个新的关系，如图 1-22 所示。

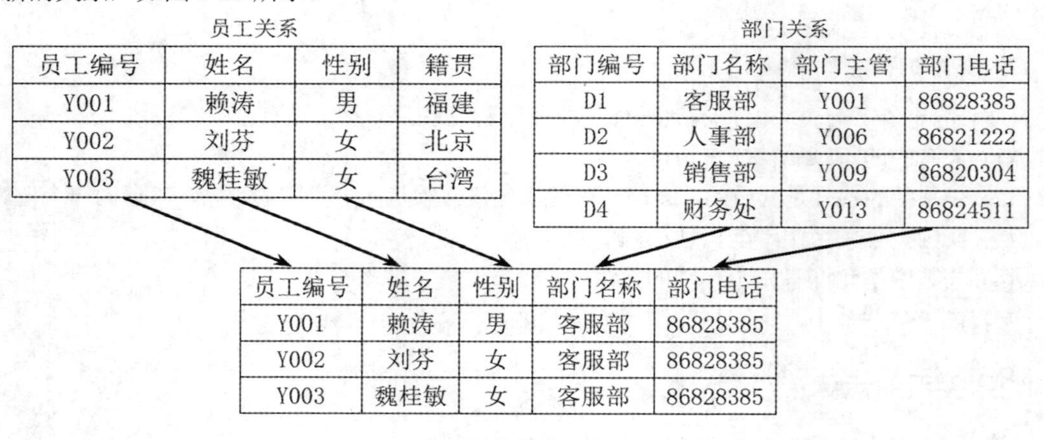

员工关系

员工编号	姓名	性别	籍贯
Y001	赖涛	男	福建
Y002	刘芬	女	北京
Y003	魏桂敏	女	台湾

部门关系

部门编号	部门名称	部门主管	部门电话
D1	客服部	Y001	86828385
D2	人事部	Y006	86821222
D3	销售部	Y009	86820304
D4	财务处	Y013	86824511

员工编号	姓名	性别	部门名称	部门电话
Y001	赖涛	男	客服部	86828385
Y002	刘芬	女	客服部	86828385
Y003	魏桂敏	女	客服部	86828385

新的关系

图 1-22　连接运算

1.4.3　关系的完整性规则

关系模型的数据完整性是指数据库中数据的正确性和一致性，数据的完整性由数据完整性规则来维护。数据完整性规则有如下三种。

1. 实体完整性

实体完整性是指关系的主键不能取空值或重复的值。如果主键是多个属性的组合，则这些属性均不得取空值。例如，表 1-1 的“商品”关系，将“商品编号”属性作为主键，那么意味着该列不得有空值并且不得有重复的值，否则将无法对应某个具体的商品，这样的二维表是不完整的，该关系不符合实体完整性规则的约束条件。

2. 参照完整性

参照完整性反映了“主键”属性和“外键”属性之间的引用规则。外键要么取空值，要么等于相关关系中主键的某个值。例如，图 1-19 中的“员工”关系和“工资”关系，“工资”关系的外键“员工编号”属性的取值必须存在于“员工”关系中，而且是“员工”关系的主键。

如果实施了参照完整性，那么当主表(如“员工”关系)中没有相关记录时，就不能将记录添加到相关表中；也不能在相关表中存在匹配的记录时，删除主表中的记录；更不能在相关表中有相关记录时，更改主表中的主键值。

3. 用户定义完整性

实体完整性和参照完整性是关系模型中必须满足的完整性约束条件。除此之外，不同的关系数据库系统根据其应用环境的不同，或是为了满足应用方面的要求，往往还需要一些特殊的约束条件，这些完整性是由用户定义的，因此称为用户定义完整性。用户定义完整性比较常见的是设置属性的数据类型、取值范围、是否允许空值等。例如，对于表 1-1 的“商品”关系，可以对“库存”这个属性定义必须大于 0 的约束条件。

1.4.4　从概念模型到关系模型的转换

完成概念模型设计后，得到数据库的 E-R 模型，将 E-R 模型转换为关系模型，实际上就是将实体、实体的属性和实体间的联系转换为关系模式。对于不同的实体间联系，转换规则如下。

1. 1∶1 联系到关系模型的转换

若实体间的联系是 1∶1，可以在两个实体转换成两个关系模式后，在任意一个关系模式中增加另一关系模式的主键(作为外键处理)和联系的属性。

例如，图 1-13 所示的 E-R 图中有乘客和座位两个实体，两个实体是一对一联系，可以转换为如下两个关系：

乘客(<u>身份证号</u>，姓名，乘坐时间，座位号)

座位(<u>座位号</u>，舱位)

其中，“身份证号”是“乘客”关系的主键，“座位号”是“座位”关系的主键，在“乘客”关系中增加了“座位”关系的主键“座位号”作为外键，还增加了联系的属性“乘坐时间”。

2. 1∶n 联系到关系模型的转换

若实体间的联系是 1∶n，可以在两个实体转换成两个关系模式后，在 n 方实体的关系模式中增加 1 方实体的主键(作为外键处理)和联系的属性。

例如，图 1-14 所示的 E-R 图中有部门和员工两个实体，两个实体是一对多联系，可以转换为如下两个关系：

部门(部门编号，部门名称，部门电话)

员工(员工编号，姓名，性别，是否在职，部门编号)

其中，“部门编号”是“部门”关系的主键，“员工编号”是“员工”关系的主键，在“员工”关系中增加了“部门”关系的主键“部门编号”作为外键，还增加了联系的属性“是否在职”。

3. m∶n 联系到关系模型的转换

若实体间的联系是 m∶n，除了要将两个实体转换成两个关系模式，还要为联系单独建立一个关系模式，其属性是两个实体的主键加上联系的属性，其主键是两个实体主键的组合。

例如，图 1-15 所示的 E-R 图中有员工和商品两个实体，两个实体是多对多联系，可以转换为如下两个关系：

员工(员工编号，姓名，性别)

商品(商品编号，商品名称，零售价)

销售(员工编号，商品编号，购买数量)

其中，“员工编号”是“员工”关系的主键，“商品编号”是“商品”关系的主键，在“销售”关系中“员工编号”和“商品编号”组合起来成为主键。

1.5 数据库应用系统开发流程

视频 1-5 数据库应用系统开发流程

数据库应用系统的开发流程一般分为六个阶段：需求分析、概念模型设计、逻辑模型设计、物理模型设计、系统实施、系统运行和维护。在实际开发过程中可以根据应用系统的规模和复杂程度进行灵活调整，无须刻板地遵守整个开发流程，但总体上应当符合“分析→设计→实现”这个基本流程。表 1-2 简要列出了数据库应用系统开发各个阶段的主要任务和注意事项。

表 1-2 数据库应用系统开发流程

基本环节	阶段	主要任务和注意事项
分析	需求分析	(1) 需求分析就是了解和分析用户对系统的要求，这是设计数据库的起点。 (2) 需求分析的结果是否准确将直接影响到后面各个阶段的设计，并影响到设计结果是否合理和实用。 (3) 在收集需求时必须充分考虑今后可能的扩充和改变。 (4) 需要考虑数据库的安全性与完整性要求等
设计	概念模型设计	(1) 将需求分析得到的用户需求抽象为概念模型的过程。 (2) 概念模型是各种逻辑模型的共同基础。 (3) 概念模型的常用工具是 E-R 图
	逻辑模型设计	(1) 将概念模型转换为被数据库管理系统所支持的数据模型的过程，并对转换结果进行规范化处理。 (2) 如果采用的是关系数据库，就是将 E-R 图转换为关系模型的过程

（续表）

基本环节	阶段	主要任务和注意事项
设计	物理模型设计	(1) 为逻辑数据模型选取一个最适合应用要求的物理结构的过程。 (2) 物理模型设计一般分两步：一是确定数据库的存储结构和存取方法；二是对物理结构进行评价，重点评价时间和空间效率
实现	系统实施	(1) 根据数据库逻辑设计和物理设计结果建立数据库，创建各种数据库对象。 (2) 组织数据入库。 (3) 编码和调试
	系统运行和维护	(1) 在数据库系统的运行过程中，要不断地对数据库设计进行评价、调整和修改，这是一个长期的维护工作。 (2) 对数据库经常性的维护工作主要是由数据库管理员完成的，工作包括数据库的备份和恢复、数据库的安全性与完整性控制、数据库性能的分析和改造等

值得注意的是，设计一个完整的数据库应用系统是不可能一蹴而就的，它往往是上述六个阶段的不断反复。数据库不是独立存在的，它总是与具体的应用相关，前期需求分析阶段显得尤为重要，因此需要耐心地收集需求和分析数据，仔细梳理清楚数据间的关系，才能构造出最优的数据库模式，进而满足各种用户的应用要求。

1.6 Access 简介

视频 1-6　Access 简介

Microsoft Office Access 是由微软发布的关系数据库管理系统，本书采用的是 Access 2016 版本，是一个强大的、成熟的桌面关系数据库管理系统，包含在 Office 办公系列软件中，界面友好，易学易用且接口灵活。使用 Access 可以很高效地完成各种中小型数据库管理工作，可用于行政、财务、教育、审计等众多管理领域，尤其适合普通用户开发自己工作需要的各种小型数据库应用系统。

1.6.1　Access 的特点

Access 简单易用，通过 Web 数据库可以增强运用数据的能力，从而可以更轻松地跟踪、报告和共享数据。Access 主要的特点和增强功能有如下几个方面。

1. 应用模板实现专业设计

以 Access 中的数据库模板为基础，可以对其进行快速设置和修改数据外观，或进一步自定义以制作出美观的表格和报表。

2. 智能特性

Access 几乎为每一个对象都设有向导功能，利用向导功能可以迅速地建立一个基本对象，例如查询向导、窗体向导、报表向导等向导功能。同时，Access 采用的可视化设计工具，使得用户基本不需要编写任何代码就可以完成数据库的大部分工作。另外，使用简化的表达式生成器，可以使用户更快速、更轻松地编写表达式。

3. 支持面向对象

Access 支持面向对象的开发方式，它将数据库管理的各种功能封装在表、查询、窗体等各类对象中，通过对象的属性和方法来完成数据库的操作管理，极大地简化了用户的开发工作。

4. 功能强大的宏设计器

Access 具有一个改进的宏设计器，使用该设计器可以更快速地创建、编辑和自动化数据库逻辑，并轻松地整合更复杂的逻辑以创建功能强大的应用程序。

5. 通过 Web 网络共享数据库

Access 提供两种数据库类型的开发工具，一种是标准桌面数据库类型，另一种是 Web 数据库类型。使用 Web 数据库开发工具可以轻松方便地开发出网络数据库，从而使得没有 Access 客户端的用户也可以通过浏览器打开 Web 表格和报表，用户所做的更改也会自动同步到数据库中。

1.6.2 Access 数据库的系统结构

Access 是一个面向对象的可视化数据库管理工具，它提供了一个完整的对象类集合，在 Access 环境中进行的操作其实都是面向对象进行的。Access 数据库中包括六种数据对象，如图 1-23 所示，它们分别是表、查询、窗体、报表、宏和模块，通过“创建”选项卡提供的命令完成各种数据库对象的创建。

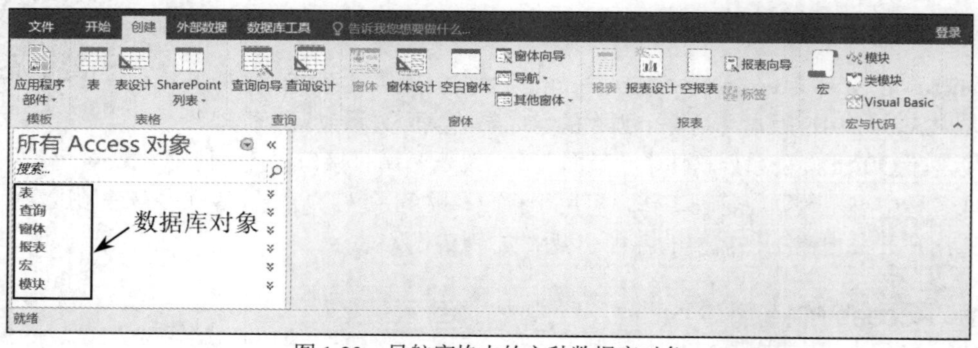

图 1-23 导航窗格中的六种数据库对象

1. 表

表是 Access 数据库中最基本的对象，它是实际存储数据的地方。一个 Access 数据库可以包含多个表，表与表之间可以相互独立，也可以相互联系。在创建数据库时，应先创建表，再创建其他数据库对象。

表由字段和记录组成，一个字段就是表中的一列，一条记录就是表中的一行。如图 1-24 所示的“商品”表，一条记录(即一行)对应一种商品，每个字段(即每列)描述商品的相关属性，如“商品编号”“商品名称”“规格”等。

商品

商品编号	商品名称	规格	类别	库存	零售价
S2018010201	凉茶	250ml	饮品	810	¥2.40
S2018010202	可口可乐	355ml	饮品	91	¥2.50
S2018010203	雪碧	355ml	饮品	145	¥2.50
S2018010204	矿泉水	550ml	饮品	121	¥1.30
S2018010205	冰红茶	490ml	饮品	150	¥2.40
S2018010206	黑芝麻汤圆	800g	速冻品	147	¥14.90
S2018010207	猪肉水饺	千克	速冻品	100	¥18.20
S2018010208	山东馒头	280g	速冻品	86	¥39.90
S2018010209	肉粽	960g	速冻品	100	¥74.90
S2018010210	叉烧包	270g	速冻品	50	¥22.00

图 1-24　数据库对象“表”示例

2. 查询

查询是数据库处理和分析数据的工具，是基于表对象的基础上建立起来的。它是根据事先设置好的条件从表或其他查询中筛选出所需的数据，供用户查看、更改和分析使用。尽管从查询的数据表视图上看到的数据形式与从表的数据表视图上看到的数据形式完全一致，都是以二维表的形式显示数据，如图 1-25 所示。但查询与表不同，它并不是数据的物理集合，查询只记录该查询的操作方式，不会存储数据。

查询商品价格统计

类别	平均价格	最高价格	最低价格
电器	¥1,515.00	¥4,299.00	¥89.00
日用品	¥28.74	¥45.00	¥12.90
速冻品	¥33.98	¥74.90	¥14.90
饮品	¥2.22	¥2.50	¥1.30

图 1-25　数据库对象“查询”示例

3. 窗体

窗体既是管理数据库的窗口，又是用户和数据库之间的桥梁。用户通过窗体可以方便地输入数据，编辑数据，查询、排序、筛选和显示数据。虽然“表”和“查询”也能展现和操作数据，但窗体的优点在于可以更人性化的方式呈现和操作数据，如图 1-26 所示。

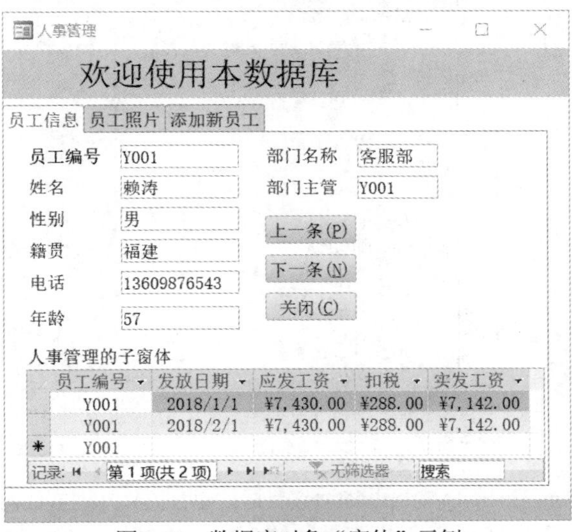

图 1-26　数据库对象“窗体”示例

4. 报表

报表是数据库中的数据通过打印机输出的特有形式。通过报表可以把用户需要的数据进行整理、计算或汇总统计，然后按照指定的样式打印输出，如图 1-27 所示。

订单详情

订单详情 2022年1月12日 17:35:39

订单编号	顾客卡号	消费时间	实付款	商品名称	零售价	购买数量
1	G201801	2018/5/1 9:30:00	¥23.50			
				矿泉水	¥1.30	5
				凉茶	¥2.40	5
				可口可乐	¥2.50	1
				雪碧	¥2.50	1
					商品总数量：	12
2	G201802	2018/5/1 11:30:00	¥133.10			
				牙膏	¥16.90	1
				猪肉水饺	¥18.20	2
				山东馒头	¥39.90	2
					商品总数量：	5

图 1-27　数据库对象“报表”示例

5. 宏

宏是一个或多个操作命令的集合，其中每个命令实现特定的功能，如图 1-28 所示。某些普通的需要多个命令连续执行的任务可通过宏操作自动完成。因此，用户通过宏即可不用编写程序代码就能自动化地完成大量的工作。

图 1-28　数据库对象“宏”示例

6. 模块

模块是以 VBA(Visual Basic for Application)语言为基础编写的程序集合。模块中包含过程，每个过程实现特定功能，如图 1-29 所示。模块的主要作用是设计建立复杂的 VBA 程序以完成宏不能完成的任务。

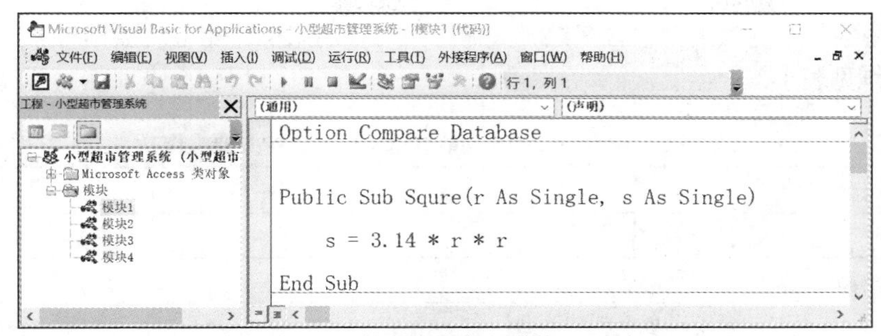

图 1-29　数据库对象“模块”示例

1.6.3　Access 2016 主界面

1. 后台视图

在使用数据库前需要先打开 Access 程序，然后打开需要使用的数据库文件。用户启动 Access 但还未打开数据库文件时，主界面自动进入后台视图，如图 1-30 所示。后台视图包含创建新数据库、打开现有数据库等命令。

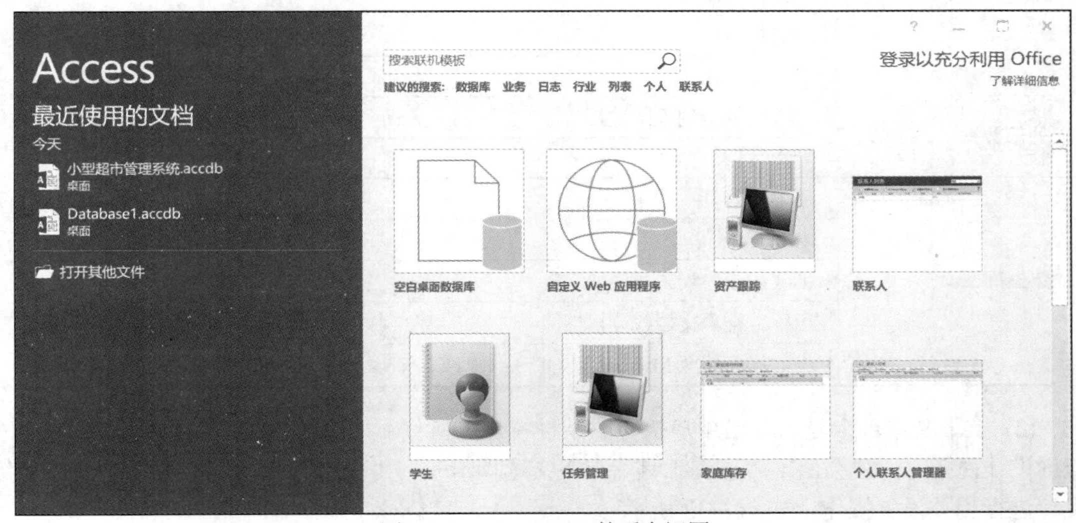

图 1-30　Access 2016 的后台视图

2. 功能区

在 Access 中打开数据库文件后，功能区显示在 Access 主窗口的顶部，每一个功能区都由一个选项卡标签来标识。选项卡分为主选项卡和上下文选项卡。

(1) 主选项卡包括“文件”“开始”“创建”“外部数据”“数据库工具”“帮助”选项卡，如图 1-31 所示。

图 1-31　Access 2016 的功能区

功能区中的每个选项卡都包含多组相关命令，可以用来操作相应的数据对象。各选项卡包含的主要操作见表 1-3。

表 1-3　Access 2016 功能区选项卡包含的主要操作

选项卡	主要命令
文件	打开后台视图
开始	选择不同的视图
	从剪贴板复制和粘贴
	对记录进行排序和筛选
	使用记录(刷新、新建、保存、删除、合计等)
	查找记录
	设置字体格式
创建	创建表格
	创建查询
	创建窗体
	创建报表
	创建宏和模块
外部数据	导入或链接到外部数据
	导出数据
数据库工具	压缩和修复数据库
	宏和 VBA 模块
	创建和查看表关系
	运行数据库文档或分析性能
	将数据库移至 Microsoft SQL Server 或 Access 数据库

(2) 上下文选项卡是只有当用户执行了某种特定的操作后才会出现的。例如，当用户打开查询设计视图时，才会出现“查询工具”上下文选项卡——“设计”选项卡，主要用于对查询设计进行相关设置操作，如图 1-32 所示。

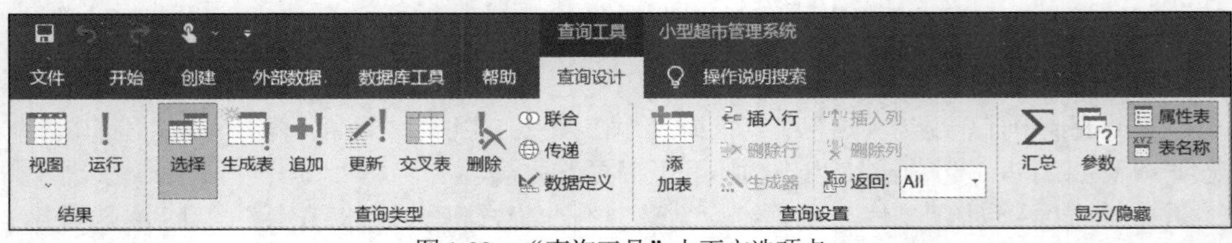

图 1-32　“查询工具”上下文选项卡

3. 导航窗格

在 Access 中打开数据库文件时，左侧的导航窗格区将显示当前数据库中各种数据库对象，如表、窗体、报表、查询等。通过选择对象类型可以罗列出所选对象，如图 1-33 所示。

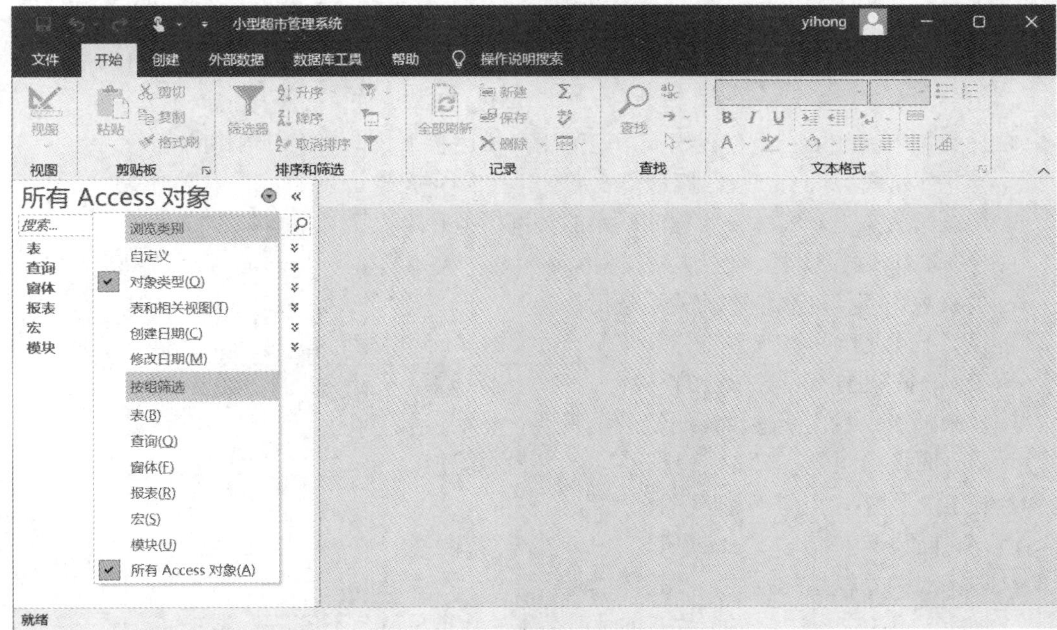

图 1-33 Access 2016 的导航窗格

1.7 思考与练习

1.7.1 思考题

1. 数据和信息有何区别？
2. 数据库系统由哪几部分组成？请解释各部分的作用和区别。
3. 数据库系统的特点有哪些？
4. 数据库系统的三级模式结构是什么？
5. E-R 模型的基本要素有哪些？
6. 实体之间的联系有哪三种类型？举例说明。
7. 常见的数据模型有哪些？什么是关系数据库？
8. 数据库应用系统的开发设计有哪些基本步骤？
9. Access 数据库的系统结构由哪些对象组成？其中最基本的对象是什么？

1.7.2 选择题

1. 有关信息与数据的概念，下面说法正确的是(　　)。
   A. 信息与数据是同义词　　B. 数据是承载信息的物理符号
   C. 信息和数据毫无关系　　D. 固定不变的数据就是信息
2. 数据库(DB)、数据库系统(DBS)和数据库管理系统(DBMS)三者之间的关系是(　　)。
   A. DBS 包括 DB 和 DBMS　　B. DBMS 包括 DB 和 DBS
   C. DB 包括 DBS 和 DBMS　　D. 三者不存在关系

3. 数据库系统中数据的特点是(　　)。

A. 共享度高，无冗余，独立性好　　B. 共享度高，冗余度低，独立性好

C. 共享度高，冗余度高，独立性差　　D. 共享度低，冗余度低，独立性好

4. 在数据库系统的三级模式结构中，为用户描述整个数据库逻辑结构的是(　　)

A. 外模式　　B. 概念模式　　C. 内模式　　D. 存储模式

5. 用二维表来表示实体及实体间联系的数据模型是(　　)。

A. 实体-联系模型　　B. 层次模型　　C. 关系模型　　D. 网状模型

6. 关系数据库管理系统中的关系是指(　　)。

A. 不同元组间有一定的关系　　B. 不同字段间有一定的关系

C. 不同数据库间有一定的关系　　D. 满足一定条件的二维表格

7. 从教师表中找出女性讲师的记录，属于(　　)关系运算。

A. 选择　　B. 投影　　C. 连接　　D. 交叉

8. 在E-R图中，用(　　)来表示属性。

A. 椭圆形　　B. 矩形　　C. 菱形　　D. 三角形

9. 以下对关系模型的描述，不正确的是(　　)。

A. 在一个关系中，每个数据项是最基本的数据单位，不可再分

B. 在一个关系中，同一列数据具有相同的数据类型

C. 在一个关系中，各列的顺序不可以任意排列

D. 在一个关系中，不允许有相同的字段名

10. 开发超市管理系统过程中开展超市信息处理的调查，属于数据库应用系统设计中(　　)阶段的任务。

A. 物理设计　　B. 概念设计　　C. 逻辑设计　　D. 需求分析

11. Access数据库中最基本的对象是(　　)。

A. 表　　B. 宏　　C. 报表　　D. 模块

12. Access中表和数据库的关系是(　　)。

A. 一个数据库可以包含多个表　　B. 一个数据库只能包含一个表

C. 一个表可以包含多个数据库　　D. 数据库就是数据表

13. Access是一种(　　)。

A. 操作系统　　B. 数据库管理系统

C. 电子表格　　D. 字处理软件

ꕤ 第2章 ꕤ

数据库和表

开发一个 Access 数据库应用系统，首先需要创建一个 Access 数据库文件，然后创建表，再逐步创建其他所需要的数据库对象，最终形成完整的 Access 数据库应用系统。整个 Access 数据库应用系统仅以一个数据库文件的形式存储于文件系统中，使用极为方便。表是数据库中存储数据和管理数据的对象，是数据库的基础，也是所有查询、窗体和报表的数据来源。因此，表结构的设计好坏会直接影响数据库系统的性能和复杂程度。本章以“小型超市管理系统”为例，介绍数据库创建和操作方法，表的创建方法，以及表的编辑、字段的设置、表间关系的建立和表的规范等。

本章要点

- Access 数据库的创建、打开、保存和关闭
- 表的组成
- 表的创建及视图的切换
- 设置字段的数据类型和属性
- 设置表的主键
- 创建表间关系

本章知识结构如图 2-1 所示。

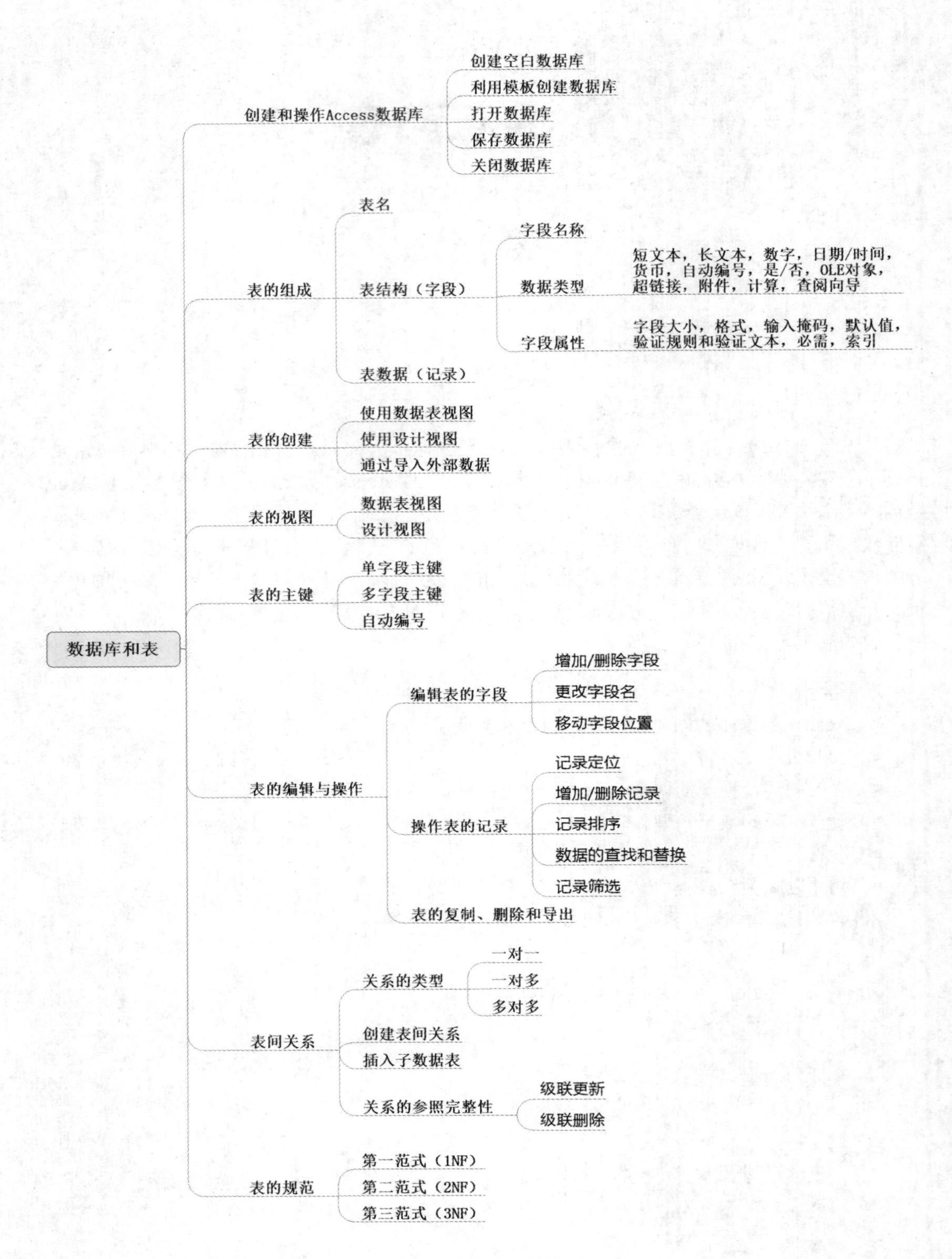
数据库和表
创建和操作Access数据库
创建空白数据库
利用模板创建数据库
打开数据库
保存数据库
关闭数据库
表的组成
表名
表结构（字段）
字段名称
数据类型
短文本，长文本，数字，日期/时间，货币，自动编号，是/否，OLE对象，超链接，附件，计算，查阅向导
字段属性
字段大小，格式，输入掩码，默认值，验证规则和验证文本，必需，索引
表数据（记录）
表的创建
使用数据表视图
使用设计视图
通过导入外部数据
表的视图
数据表视图
设计视图
表的主键
单字段主键
多字段主键
自动编号
表的编辑与操作
编辑表的字段
增加/删除字段
更改字段名
移动字段位置
操作表的记录
记录定位
增加/删除记录
记录排序
数据的查找和替换
记录筛选
表的复制、删除和导出
表间关系
关系的类型
一对一
一对多
多对多
创建表间关系
插入子数据表
关系的参照完整性
级联更新
级联删除
表的规范
第一范式（1NF）
第二范式（2NF）
第三范式（3NF）

图 2-1　本章知识结构图

2.1 创建和操作 Access 数据库

视频 2-1 创建和操作 Access 数据库

要创建一个数据库系统，必须先创建一个数据库文件。Access 2016 的数据库文件是一个扩展名为.accdb 的文件。Access 中创建数据库有很多方法，可以使用模板建立数据库，也可以创建空白数据库。下面以“小型超市管理系统”为例，讲解数据库的创建和操作方法。

2.1.1 创建空白数据库

所谓空白数据库，就是指没有任何对象的一个数据库。

【例 2-1】创建一个空白数据库，数据库命名为“小型超市管理系统”。

具体步骤如下(见图 2-2)：

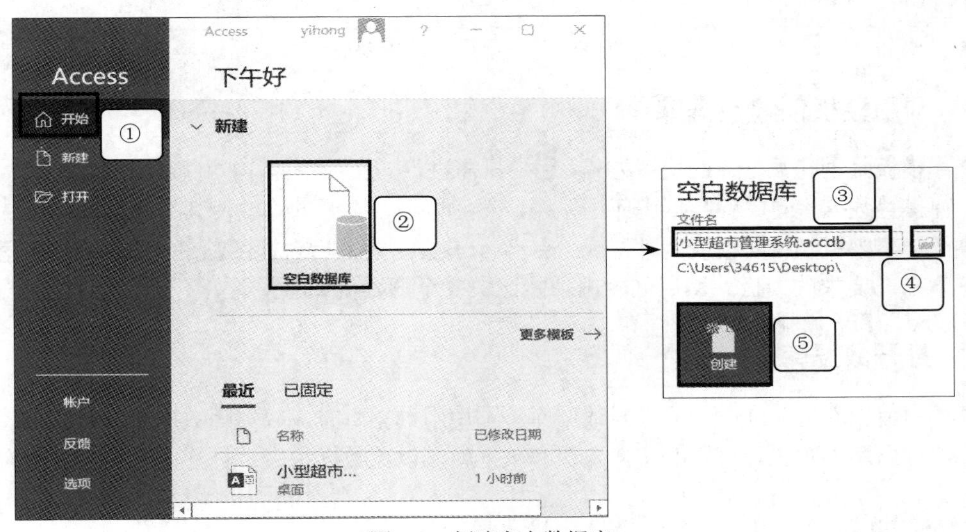

图 2-2 创建空白数据库

(1) 启动 Access，进入后台视图。

(2) 在“开始”选项中单击“空白数据库”。

(3) 在弹出窗口中“空白数据库”下的“文件名”框中输入文件名“小型超市管理系统”。

(4) 若要更改文件的存放位置，单击“文件名”框右侧的浏览按钮，通过浏览窗口定位到某个新位置来存放数据库。

(6) 单击“创建”按钮，一个空白数据库(名字：小型超市管理系统.accdb)就创建好了。创建成功的同时会打开该数据库，数据库内默认创建一个名为“表 1”的空表，如图 2-3 所示。但此时数据库内是没有任何对象和数据的，如果对空表不做任何改动，关闭数据库后空表也会消失。

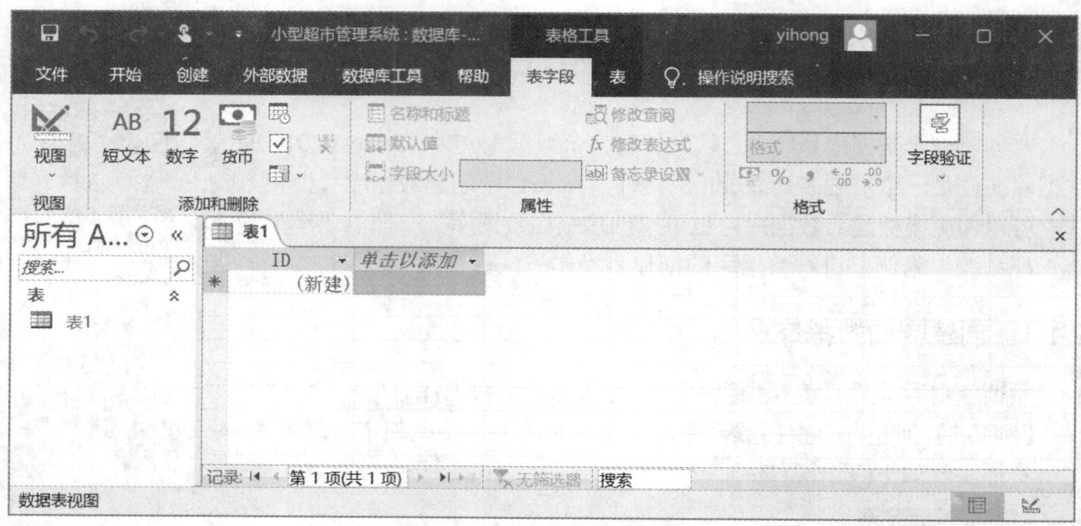

图 2-3　空白数据库创建成功

2.1.2　利用模板创建数据库

使用模板是创建数据库的快捷方式，用户只需进行一些简单操作，就可以创建一个包含表、查询、窗体等数据库对象的数据库应用系统，然后再进行必要的修改使其符合要求。在 Access 中提供了样本模板和在线模板两种方式。启动 Access 后进入后台视图，在“更多模板”里可以寻找符合自己要求的模板，然后创建出功能比较齐全的数据库。

2.1.3　打开数据库

在使用数据库之前，必须先打开数据库；不使用数据库时，应关闭数据库，从而节省系统资源；若数据库中的内容有修改，需要保存数据库，以免数据丢失。打开已有的数据库有两种方法。

1. 在已启动的 Access 窗口中打开数据库

如果 Access 已经启动，单击左侧的“打开”命令，在“打开”窗口里，“最近使用的文件”选项列出了最近使用的数据库文件，单击相应的数据库文件就能打开；“这台电脑”选项可以搜索所需文件；“浏览”选项会弹出“打开”对话框，如图 2-4 所示，在文件列表区域中找到需要打开的数据库文件，单击右下角的“打开”按钮即可打开数据库文件。如果在“打开”对话框中单击“打开”按钮右边的下拉箭头，会列出四个选项，可以选择不同的打开方式。

四种文件打开方式的说明如下：

(1)“打开”命令，系统默认方式，被打开的数据库文件可与其他用户共享。

(2)“以只读方式打开”命令，只能使用、浏览数据库对象，不能对其进行修改。

(3)“以独占方式打开”命令，其他用户不能使用该数据库。

(4)“以独占只读方式打开”命令，只能使用、浏览数据库对象，不能对其进行修改，其他用户也不能使用该数据库。

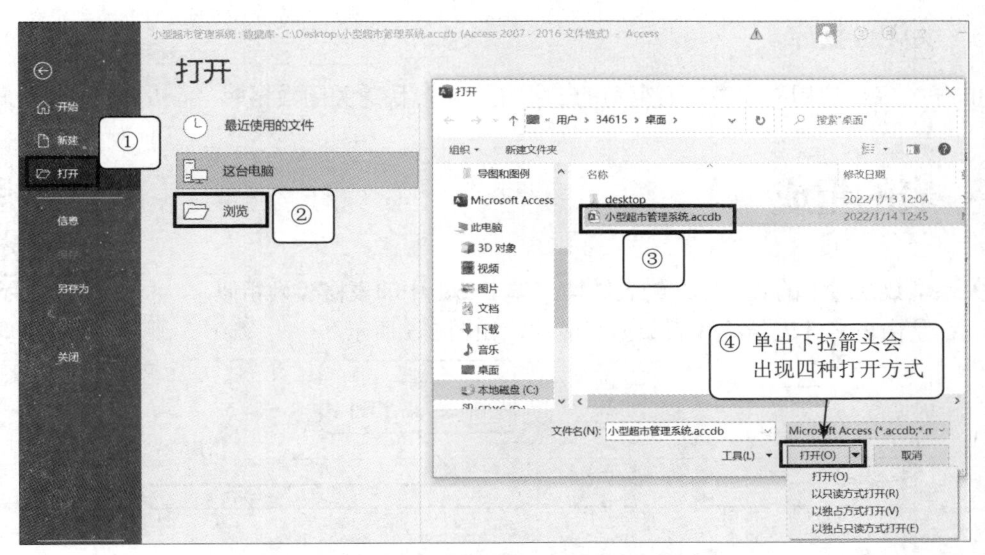

图 2-4　在已启动的 Access 窗口中打开数据库

2. 直接双击文件打开数据库

找到需要打开的数据库文件，然后用鼠标双击该文件图标，就可以直接启动 Access，并同时打开相应的数据库文件。这种方法打开的数据库，其实采用的就是上面四种文件打开方式中的第一种方法“打开”命令方式，被打开的数据库文件可与其他用户共享。

2.1.4　保存数据库

用户在编辑完成数据库之后，需要对数据库进行保存。保存数据库分为直接保存和另存为两种方法。

1. 直接保存

选择以下任一种方式均可：

(1) 单击“文件”选项，选择“保存”命令。

(2) 单击快速访问工具栏中的按钮。

(3) 使用快捷键 Ctrl+S。

2. 另存为

另存为数据库最大的好处是：在不改变数据库源文件的基础上，对其进行多次备份，以防止数据意外丢失。具体步骤如下：

(1) 单击“文件”选项，单击左侧“另存为”选项，选择“数据库另存为”命令。

(2) 在右侧选择 Access 数据库文件类型(accdb)。

(3) 单击下方“另存为”按钮，在弹出的“另存为”对话框中，选择保存路径，输入文件名。

(4) 单击“保存”按钮。

2.1.5 关闭数据库

单击 Access 应用程序窗口右上角的☒按钮，可以快速关闭数据库。

2.2 表的组成

视频 2-2 表的组成

关系型数据库中的表采用二维表结构，与 Excel 中的表格极为相似，每个表都是由表名、表结构和表数据组成的，如图 2-5 所示。

表名

表结构
(即表头各字段)

员工

员工编号	姓名	性别	出生日期	籍贯	电话	照片	部门编号	是否在职
Y001	赖涛	男	1965/12/15	福建	13609876543	Bitmap Image	D1	☑
Y002	刘芬	女	1980/4/14	北京	13609876544	Bitmap Image	D1	☑
Y003	魏桂敏	女	1960/8/9	台湾	13609876545	Bitmap Image	D1	☑
Y004	伍晓玲	女	1976/7/1	福建	13609876546	Bitmap Image	D1	☐
Y005	程倩倩	女	1978/2/19	上海	13609876547	Bitmap Image	D1	☑
Y006	许冬	女	1980/3/31	江苏	13609876548	Bitmap Image	D2	☑
Y007	赵民浩	男	1985/11/2	福建	13609876549	Bitmap Image	D2	☑
Y008	张敏	女	1978/10/10	西藏	13609876550	Bitmap Image	D2	☑
Y009	李国安	男	1965/7/28	安徽	13609876551	Bitmap Image	D3	☑

表数据
(即表中的记录)

图 2-5 “员工”表的组成

2.2.1 表名

表名是表的唯一标识，用于区别其他的表，因此在一个数据库中，表的名字不能相同。创建表时数据库给出的默认表名是“表 1”“表 2”……，用户需要修改表名，使得表名简洁明了。表名可以采用英文或汉字，比如“员工”“部门”等，总长度不能超过 64 个字符。在数据库左侧的导航窗格中，展开“表”选项，可以看到所有的表名，如图 2-6 所示，双击表名就能打开数据表。

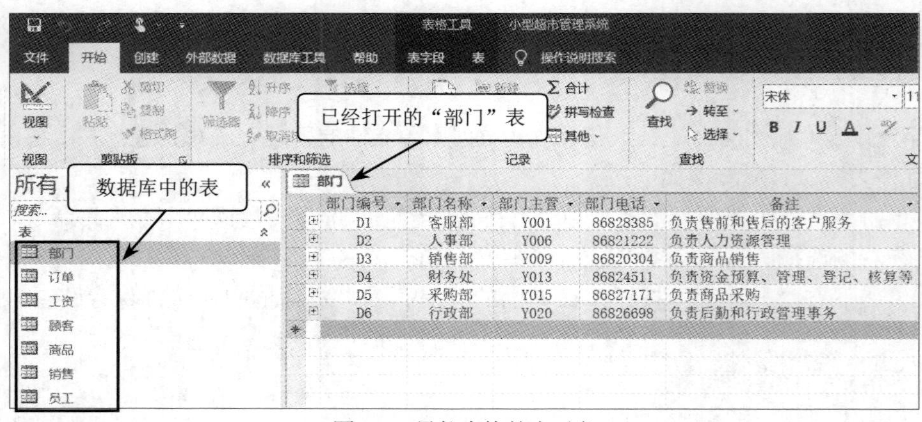

部门编号	部门名称	部门主管	部门电话	备注
D1	客服部	Y001	86828385	负责售前和售后的客户服务
D2	人事部	Y006	86821222	负责人力资源管理
D3	销售部	Y009	86820304	负责商品销售
D4	财务处	Y013	86824511	负责资金预算、管理、登记、核算等
D5	采购部	Y015	86827171	负责商品采购
D6	行政部	Y020	86826698	负责后勤和行政管理事务

图 2-6 导航窗格的表对象

2.2.2　表结构

表结构是指表中包括哪些字段。表的字段主要由三个部分组成：字段名称、字段的数据类型和字段属性。以“员工”表为例，把表切换到设计视图，可以查看和修改每个字段的名称、数据类型和属性，如图 2-7 所示。

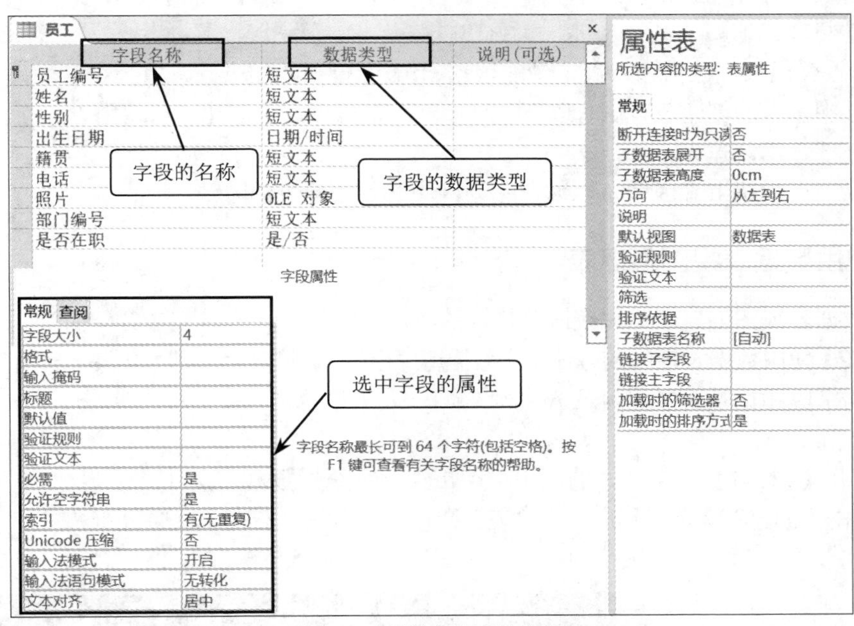

图 2-7　“员工”表的字段

2.2.3　表数据

表的数据是指表中的记录。表中的每一行都称为一条记录，是一个事物的相关数据项的集合。比如，“员工”表是关于员工数据的集合，表中的每一行代表一个员工的数据。表中的任意两行或者任意两列的数据都是可以交换的，交换后不影响表中数据及相关结果。如图 2-8 所示，把“员工”表中的“姓名”和“性别”字段互换位置，第一条记录和第二条记录互换位置，交换后的表数据与交换前的表数据在本质上是一致的，只是呈现的位置不同而已。

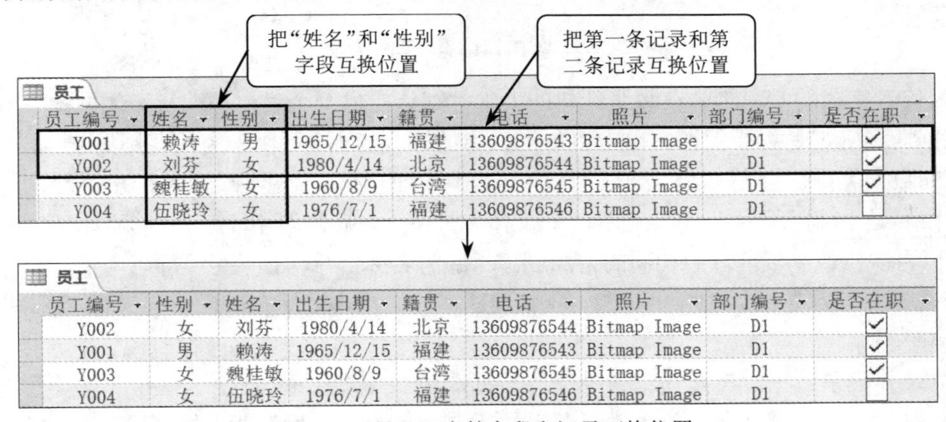

图 2-8　“员工”表的字段和记录互换位置

2.3 表的创建

视频 2-3 表的创建

创建表一般有以下两个步骤：

(1) 建立表结构，包括：定义表名，定义字段名、字段数据类型和字段属性，设置表的主键。

(2) 输入表记录，包括输入表记录的数据、编辑表记录数据。

Access 中常用的创建表方法有以下三种：使用数据表视图创建表，使用设计视图创建表，通过导入外部数据创建表。

下面以“小型超市管理系统”数据库为例，讲解创建表的方法。

2.3.1 使用数据表视图创建表

使用数据表视图创建表是比较简单快捷的方法。

【例 2-2】使用数据表视图的方法，在数据库“小型超市管理系统”中创建一个名为“部门”的表。表的字段和记录请参照附录 A 的“部门”表来设置。

具体步骤如下：

(1) 打开【例 2-1】中创建好的“小型超市管理系统”数据库文件。

(2) 单击“创建”选项，然后单击“表”命令，生成一张新表，默认名为“表 1”，如图 2-9 所示。“表 1”是以数据表视图呈现的。

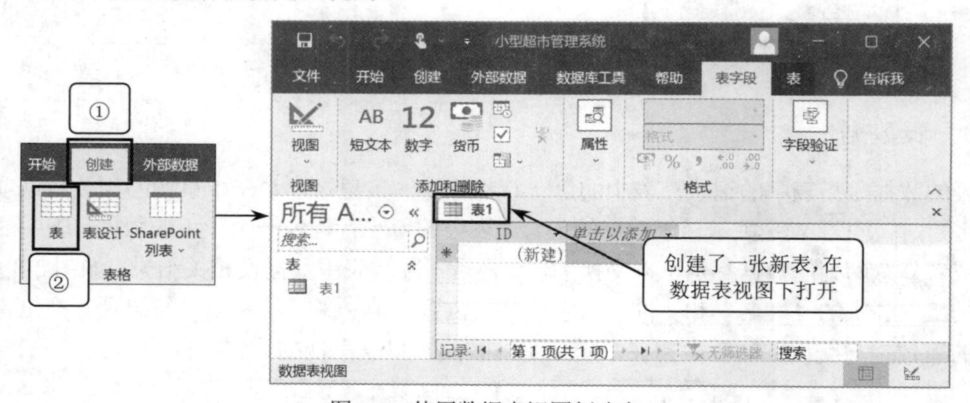

图 2-9 使用数据表视图创建表

(3) 修改字段的字段名。在每张新建的表中都默认提供一个“自动编号”类型的字段 ID，可以根据情况确定是否要保留。单击“单击以添加”，下拉列表中出现的是字段的数据类型(关于字段的数据类型，会在“2.5 表的字段”一节中详细介绍)，根据字段特性来选择数据类型，例如字段名是“部门编号”，那么选择“短文本”类型，之后修改字段名。直接双击字段名的地方，可以再次修改字段名。用相同的方法创建“部门名称”“部门主管”“部门电话”和“备注”字段。该表中不需要 ID 字段，所以需要删除 ID 字段，单击鼠标右键，然后选择“删除字段”把 ID 字段删除。

(4) 录入记录数据。直接在记录中输入数据即可。

(5) 保存表，为表命名。单击“保存”按钮，弹出“另存为”对话框，输入表的名字，单击“确定”按钮，表格才会存储在数据库中。

2.3.2　使用设计视图创建表

使用数据表视图创建表的方法虽然方便简单，但修改字段的数据类型和属性都需要切换到设计视图。利用设计视图创建表的方法更加灵活，也更为常用。

【例 2-3】使用设计视图的方法，在“小型超市管理系统”数据库中创建“员工”表。表的字段和记录请参照附录 A 的“员工”表来设置。

具体步骤如下：

(1) 打开已经创建好的“小型超市管理系统”数据库文件。

(2) 单击“创建”选项，然后单击“表设计”命令，生成一张新表，新表是以设计视图呈现的，如图 2-10 所示。

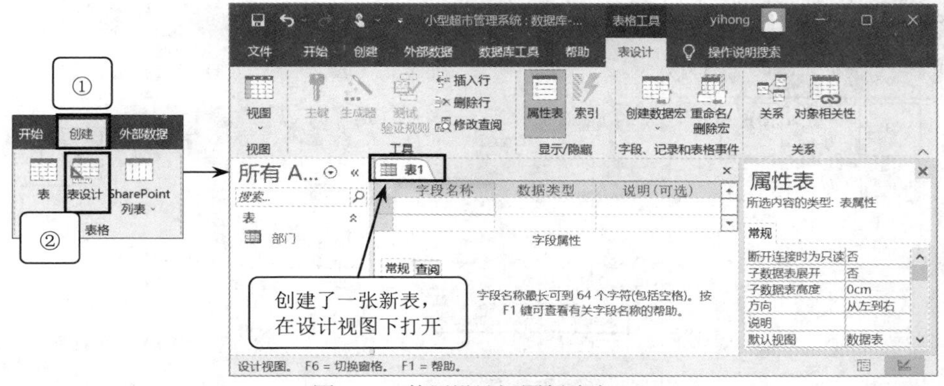

图 2-10　使用设计视图创建表(a)

(3) 在“字段名称”列输入字段名，同时设置该字段的数据类型和属性，如图 2-11 所示。

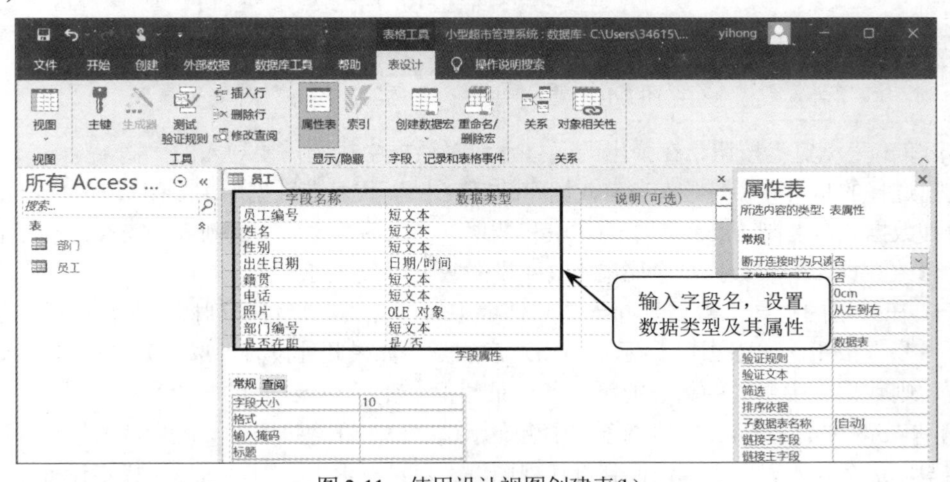

图 2-11　使用设计视图创建表(b)

(4) 保存表，为表命名为“员工”。

(5) 切换到“数据表视图”(表的视图切换方法请参看“2.4 表的视图”一节)，录入数据，最后保存。

2.3.3 通过导入外部数据创建表

外部数据是指不在 Access 数据库内创建的表数据。Access 可以导入多种类型的文件数据，如 Excel 电子表格、其他 Access 数据库中的表、文本文件、XML 文件、SharePoint 列表、ODBC 数据库等。下面主要讲解导入 Excel 电子表格的方法。

【例 2-4】将已经建好的 Excel 文件“商品.xlsx”导入到“小型超市管理系统”数据库中。

具体步骤如下：

(1) 打开“小型超市管理系统”数据库文件。

(2) 单击“外部数据”选项，然后依次单击“新数据源”选项 → “从文件”→ Excel 图标，弹出“获取外部数据-Excel 电子表格”对话框，如图 2-12 所示。

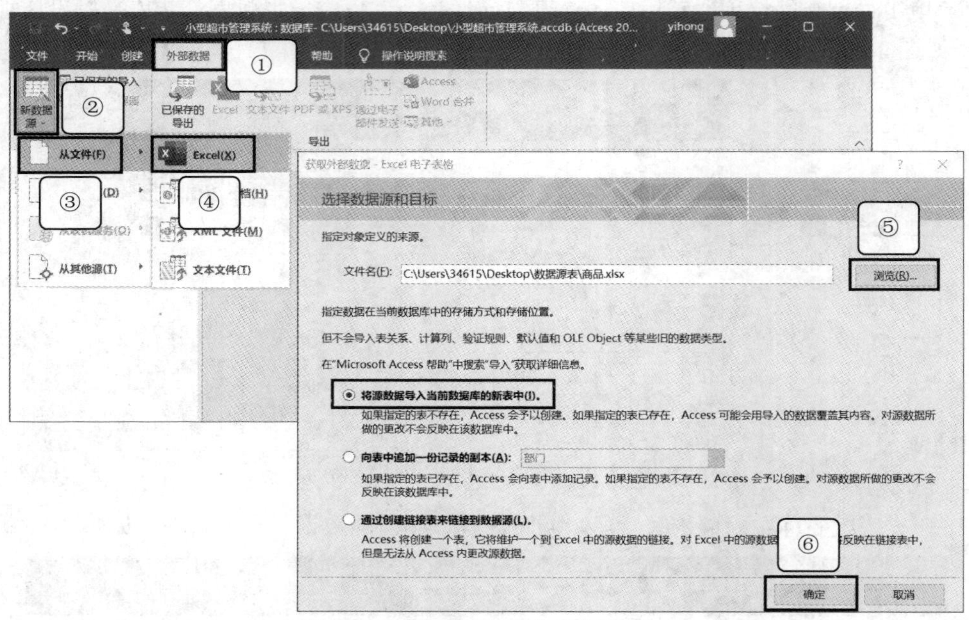

图 2-12 通过导入外部数据创建表(a)

(3) 单击“浏览”按钮，在弹出的“打开”对话框中找到需要导入的“商品.xlsx”。

这里选择的是“将数据导入当前数据库的新表中”，代表在数据库中会生成一张新的表，表中字段和数据完全复制 Excel 表中的字段和数据。导入后数据库中的新表与 Excel 表没有任何联系，修改数据库的表数据不会影响 Excel 表的数据，反之亦然。

(4) 在弹出的“导入数据表向导”对话框中勾选“第一行包含列标题”复选框，然后单击“下一步”按钮，如图 2-13 所示。值得注意的是，如果此处没有勾选“第一行包含列标题”复选框，则数据库中生成的新表的第一条记录数据会变成 Excel 表的字段名。

(5) 单击表中的字段，“字段选项”中会显示该字段名和数据类型。此步骤如果选择不设置数据类型，那么导入表后需要切换到设计视图进一步设置数据类型。这里选择不设置，所以直接单击“下一步”按钮，如图 2-14 所示。

(6) 此步骤如果选择不设置主键，那么导入表后需要切换到设计视图进一步设置主键。这里选择“不要主键”，然后单击“下一步”按钮，如图 2-15 所示。

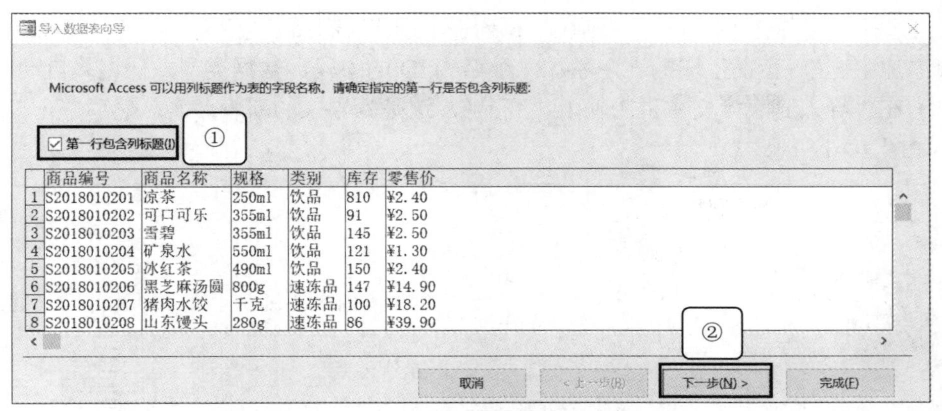

图 2-13　通过导入外部数据创建表(b)

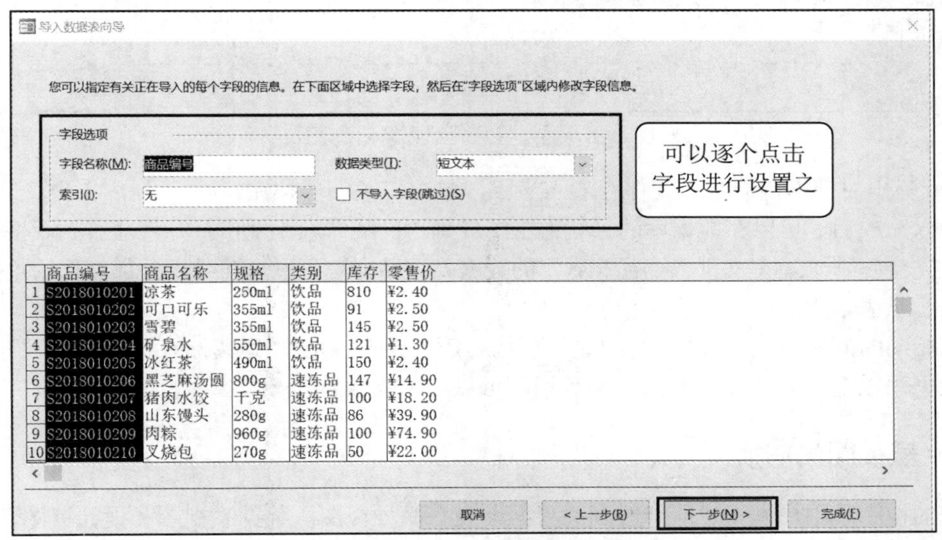

图 2-14　通过导入外部数据创建表(c)

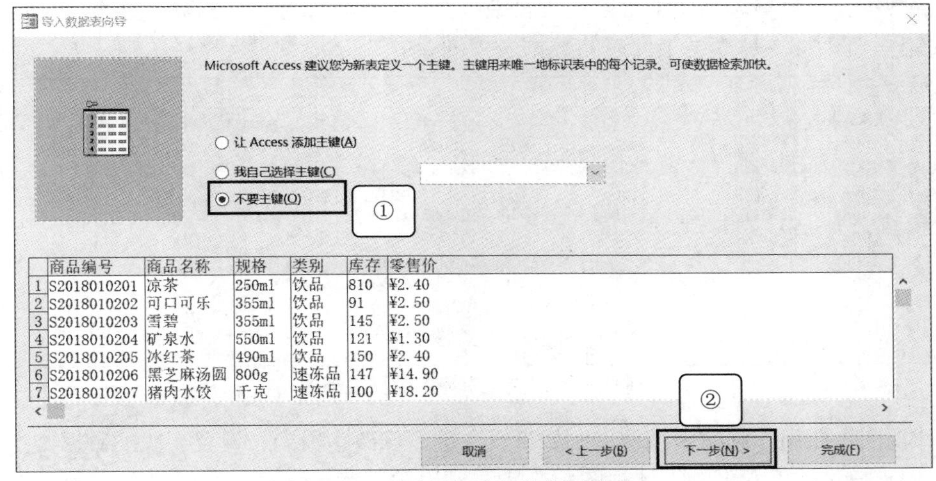

图 2-15　通过导入外部数据创建表(d)

如果选择“我自己选择主键”，则在下拉列表中选择“商品编号”作为主键。如果选择“让Access 添加主键”，会在生成的表中添加一个名为 ID 的字段，数据类型默认为“自动编号”。

(7) 在“导入到表”文本框中输入“商品”，这是为导入的新表命名，然后单击“完成”按钮，如图 2-16 所示。

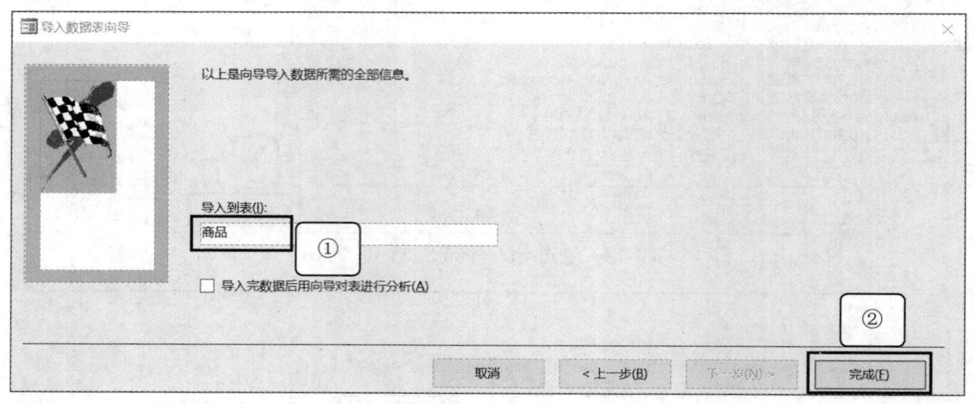

图 2-16　通过导入外部数据创建表(e)

(8) 弹出对话框询问是否要保存导入步骤，单击“关闭”按钮。

导入完成后，可以在数据库的导航窗格中看到“商品”表，双击打开就能看到表格数据，数据是完全复制 Excel 文件“商品.xlsx”的数据。这种方法可以快速导入外部文件的数据，无须逐条记录去录入。

用相同的方法可以导入“顾客.xlsx”文件、“工资.xlsx”文件、“销售.xlsx”文件和“订单.xlsx”文件数据。以上各表的完整表结构和数据，可以在附录 A 中查看。

2.3.4　表视图的切换

表的视图是用户操作时所能看到的界面，表有两种视图：数据表视图和设计视图。

双击导航窗格中的表名，就是以数据表视图打开表。数据表视图中显示表名、字段名和每条记录的数据。在数据表视图中可以完成表中数据的操作，如输入、删除、更改、浏览、排序、筛选等操作。图 2-17 是“员工”表的数据表视图。

员工

员工编号	姓名	性别	出生日期	籍贯	电话	照片	部门编号	是否在职
Y001	赖涛	男	1965/12/15	福建	13609876543	Bitmap Image	D1	☑
Y002	刘芬	女	1980/4/14	北京	13609876544	Bitmap Image	D1	☑
Y003	魏桂敏	女	1960/8/9	台湾	13609876545	Bitmap Image	D1	☑
Y004	伍晓玲	女	1976/7/1	福建	13609876546	Bitmap Image	D1	☐
Y005	程倩倩	女	1978/2/19	上海	13609876547	Bitmap Image	D1	☑
Y006	许冬	女	1980/3/31	江苏	13609876548	Bitmap Image	D2	☑
Y007	赵民浩	男	1985/11/2	福建	13609876549	Bitmap Image	D2	☑
Y008	张敏	女	1978/10/10	西藏	13609876550	Bitmap Image	D2	☑
Y009	李国安	男	1965/7/28	安徽	13609876551	Bitmap Image	D3	☑
Y010	刘燕	女	1978/6/8	河北	13609876552	Bitmap Image	D3	☑

图 2-17　“员工”表的数据表视图

设计视图主要用作修改表结构，例如设置主键、修改字段名、设置字段的数据类型和属性等。图 2-18 是“员工”表的设计视图。

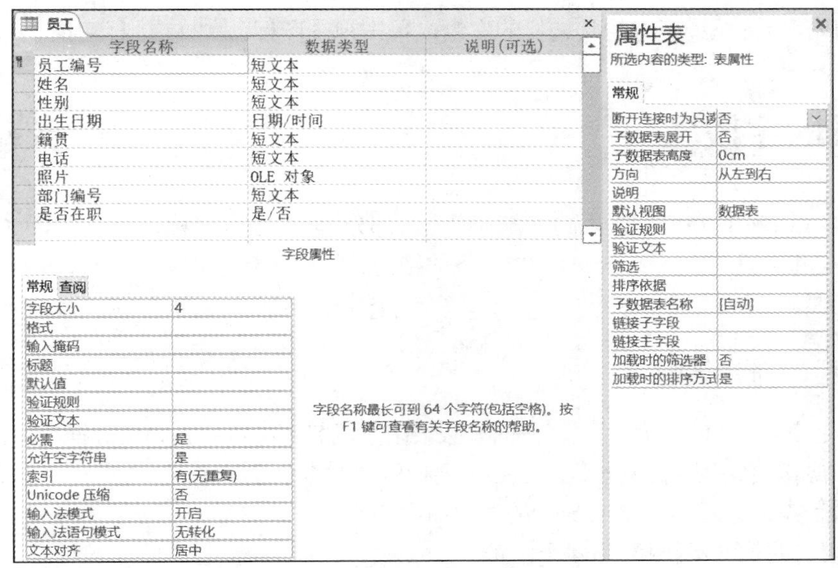

图 2-18　“员工”表的设计视图

表视图切换方法有以下三种：

(1) 打开表后，选择“视图”选项，可以看到两种视图选项，如图 2-19 所示。

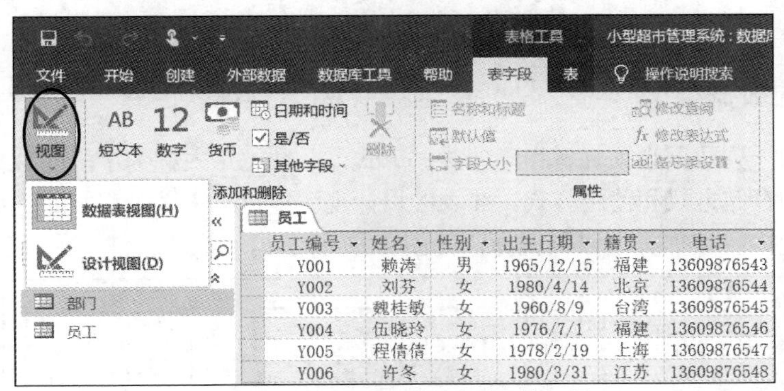

图 2-19　利用“视图”选项切换视图

(2) 打开表后，在表名处右击，弹出的快捷菜单中有视图选项，如图 2-20 所示。

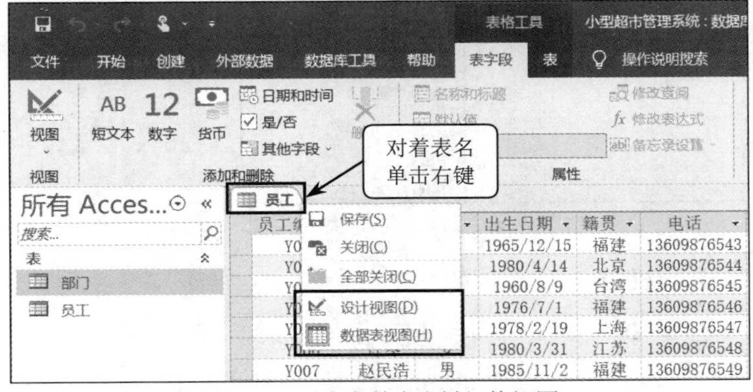

图 2-20　对表名单击右键切换视图

(3) 打开表后，在最下方的状态栏的右侧，单击视图图标 进行切换。

2.4 表的字段

视频 2-4 表的字段

在前面的章节中简单介绍过表的字段主要由三部分组成：字段名称、字段的数据类型和字段属性，这三部分构成了表的结构。在创建表之前，要先设计好表的结构。

2.4.1 字段的命名规则

字段名是表中一列数据的标识，在同一张表中字段名不能重复。如果数据库中其他的表、查询、窗体或报表要引用表中的数据，必须要指定该数据的字段名称。

字段的命名规则必须符合 Access 的对象命名规则：

(1) 字段名的长度不能超过 64 个字符。

(2) 可以包含字母、汉字、数字、空格和其他字符。

(3) 第一个字符不能是空格。

(4) 不能包含英文的点号(.)、感叹号(!)、单引号(')和方括号([])。

(5) 不能使用 0~32 的 ASCII 字符。

2.4.2 字段的数据类型

数据表中同一列数据必须具有相同的数据形式，此数据形式称为字段的数据类型。数据类型决定了数据的存储方式和使用方式。在表的设计视图里，单击某个字段的“数据类型”下拉箭头，就会出现多种数据类型以供选择，如图 2-21 所示。

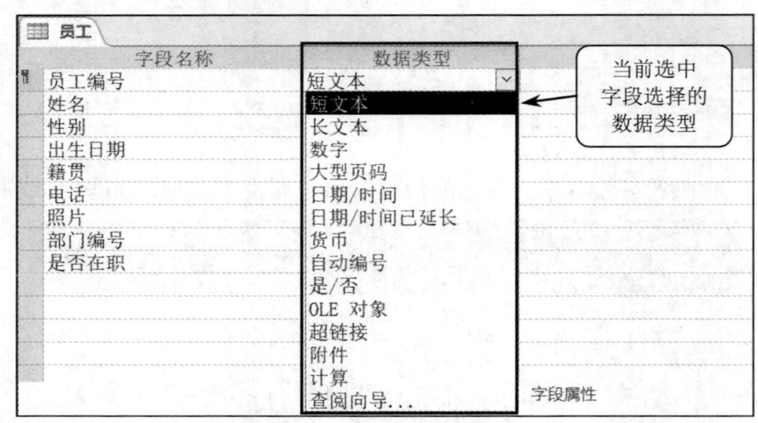

图 2-21 字段的数据类型

字段的数据类型、功能及取值范围如表 2-1 所示。

表 2-1　数据类型

数据类型	功能	大小
短文本	用于保存短文本	0~255 个字符
长文本	用于保存较长文本	0~65535 个字符
数字	用于存储进行运算的数据	参见表 2-2
日期/时间	用于存储日期、时间、日期与时间的结合	8 字节
货币	用于数学运算的货币数值	8 字节
自动编号	为记录自动指定唯一序号，用于标识该条记录	4 字节
是/否	用于存储布尔型或逻辑型值	1 字节
OLE 对象	用于存储可链接或嵌入式对象	—
超链接	用于保存超链接的字段	—
附件	可将多个文件附加到记录中	—
计算	用于显示计算结果	8 字节
查阅向导	在由向导建立字段中，可以实现多列字段选择	—

表的每个字段都应该有明确的数据类型。用户为字段选择数据类型，需要根据该字段的用途和特点来确定。下面逐个介绍每种数据类型的含义和用法。

1. 短文本

短文本型是字段的默认数据类型，是最常用的数据类型，用来存储字母、汉字、数字、符号或它们的组合，适用于存放文字及不需要计算的数字(例如名称、邮政编码、电话号码、学号等)，可存放 0~255 个字符。当用户往文本型的字段录入数字，录入的数字是以 ASCII 字符集的数值存储的，常用 ASCII 字符集如附录 B 的表 B-1 所示。例如：“员工”表中的“员工编号”字段是短文本型，然后在记录里输入数字 9，那么对照 ASCII 字符集，该字段的记录中存储的其实是数值 57。

【例 2-5】为“员工”表的“员工编号”“姓名”和“性别”字段设置合适的数据类型。

具体步骤如下：

(1) 字段“员工编号”的编号规则是从 Y001 开始，招聘进来一位新员工，编号就加 1。由于编号是由字母和数字组成，所以要把“员工编号”的数据类型设置成“短文本”型。

(2) 字段“姓名”是由英文字母或中文汉字组成，因此可设置成“短文本”型。

(3) 字段“性别”是由中文汉字“男”或“女”组成，因此可设置成“短文本”型。

2. 长文本

长文本类型与短文本类型相似，不同之处在于长文本类型可存放较长的文本，可存储 0~65 535 个字符，例如简历、备注、摘要等字段。

3. 数字

数字型专门用来存储需要参与运算的数据，例如“商品”表中的“库存”字段。同样是输入数字，数字型和文本型是有区别的。如果设置的是文本型，输入 9 则存储的是 57；如果设置的是数字型，输入 9 则存储的是 9。

在字段的属性“字段大小”中，还可以进一步设置数字型的子类型，如表 2-2 所示。用户可以根据实际需要进行选择。

表 2-2　数字类型的字段大小

子类型	适用范围	小数位数
字节	0~255 之间的整数	0
整型	−32 768~32 767 之间的整数	0
长整型	−2 147 483 648~2 147 483 647 之间的整数	0
单精度型	-3.4×10^{38}~3.4×10^{38} 之间的小数	7
双精度型	-1.797×10^{308}~1.797×10^{308} 之间的小数	15

【例 2-6】为“商品”表的“库存”字段设置合适的数据类型及其字段大小。

具体步骤如下：

(1) 字段“库存”代表商品在仓库中的存储数量，因此数据类型设置成“数字”型。

(2) 存储数量肯定是整数，因此字段大小可以设置成“整型”或者“长整型”。考虑到超市的商品库存数量有可能大于 32 767，因此设置成“长整型”更为合适。

4. 日期/时间

日期/时间型用于存放时间、日期类型的数据，例如“员工”表中的“出生日期”字段。日期/时间型的输出格式有七种，如表 2-3 所示。

表 2-3　日期/时间类型的格式

格式	显示说明	举例
常规日期	没有特殊格式，用/符号分隔	2000/4/6 14:30:18
长日期	显示长格式的日期	2000 年 4 月 6 日
中日期	显示中等格式的日期	00-04-06
短日期	显示短格式的日期	2000/4/6
长时间	24 小时制显示时间	14:30:18
中时间	12 小时制显示时间	2:30 下午
短时间	24 小时制显示时间，但不显示秒	14:30

5. 货币

货币型用于存储货币值，等价于具有双精度属性的数据类型。例如“商品”表中的“零售价”字段，如图 2-22 所示。输入数据时自动产生货币符号和千分号，小数部分默认取两位，且计算时禁止四舍五入。

6. 自动编号

当把字段设置成自动编号类型后，在添加记录时会自动给每条记录插入一个唯一的编号(默认从 1 开始，每条记录递增 1)。自动编号一旦生成将和该条记录永久绑定，如果删除某条记录，则该记录分配到的编号也一并删除，除非手动重新设置。

商品

商品编号	商品名称	规格	类别	库存	零售价
S2018010201	凉茶	250ml	饮品	810	¥2.40
S2018010202	可口可乐	355ml	饮品	91	¥2.50
S2018010203	雪碧	355ml	饮品	145	¥2.50
S2018010204	矿泉水	550ml	饮品	121	¥1.30
S2018010205	冰红茶	490ml	饮品	150	¥2.40
S2018010206	黑芝麻汤圆	800g	速冻品	147	¥14.90
S2018010207	猪肉水饺	千克	速冻品	100	¥18.20
S2018010208	山东馒头	280g	速冻品	86	¥39.90
S2018010209	肉粽	960g	速冻品	100	¥74.90
S2018010210	叉烧包	270g	速冻品	50	¥22.00

图 2-22　“货币”类型示例

【例 2-7】为“工资”表增加一个新的字段，命名为 ID，数据类型设置为“自动编号”。

具体步骤如下：

(1) 把“工资”表切换到设计视图。

(2) 增加一个新的字段，命名为 ID，数据类型设置为“自动编号”，如图 2-23 左图所示。

(3) 切换到数据表视图，字段 ID 自动生成递增的数据，如图 2-23 右图所示。

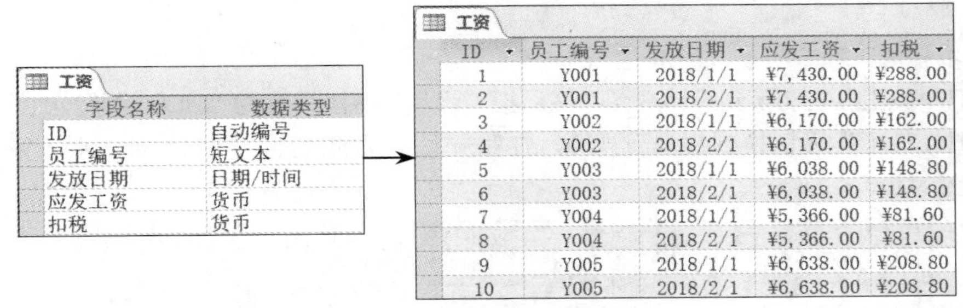

工资

字段名称	数据类型
ID	自动编号
员工编号	短文本
发放日期	日期/时间
应发工资	货币
扣税	货币

工资

ID	员工编号	发放日期	应发工资	扣税
1	Y001	2018/1/1	¥7,430.00	¥288.00
2	Y001	2018/2/1	¥7,430.00	¥288.00
3	Y002	2018/1/1	¥6,170.00	¥162.00
4	Y002	2018/2/1	¥6,170.00	¥162.00
5	Y003	2018/1/1	¥6,038.00	¥148.80
6	Y003	2018/2/1	¥6,038.00	¥148.80
7	Y004	2018/1/1	¥5,366.00	¥81.60
8	Y004	2018/2/1	¥5,366.00	¥81.60
9	Y005	2018/1/1	¥6,638.00	¥208.80
10	Y005	2018/2/1	¥6,638.00	¥208.80

图 2-23　“自动编号”类型示例

7. 是/否

“是/否”型用于存储只有两种取值的字段。该类型有三种显示格式：真/假(True/False)、是/否(Yes/No)、开/关(On/Off)。

【例 2-8】把“员工”表的“是否在职”字段设置成“是/否”的数据类型。

具体步骤如下：

(1) 把“员工”表切换到设计视图。

(2) 把“是否在职”字段的数据类型设置成“是/否”类型，格式选择“是/否”。

(3) 单击保存后，会弹出如图 2-24 所示的提示信息，由于“是否在职”字段原本是“短文本”类型，字段的数值都是文本，如果要改为“是/否”类型，可能会丢失原来的数据。本例就是要强制改为“是/否”类型，所以选择“是”按钮。

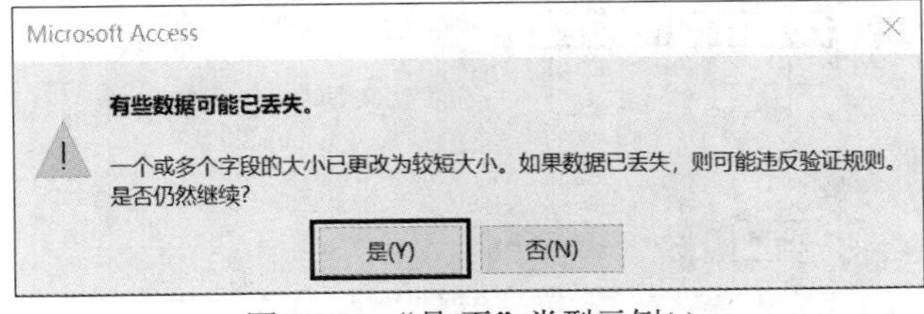

图 2-24　“是/否”类型示例(a)

(4) 切换到数据表视图，如果"是否在职"字段的数据被清空了，就重新设置该字段的值。最终显示效果如图 2-25 所示。

员工

员工编号	姓名	性别	出生日期	籍贯	电话	照片	部门编号	是否在职
Y001	赖涛	男	1965/12/15	福建	13609876543		D1	☑
Y002	刘芬	女	1980/4/14	北京	13609876544		D1	☑
Y003	魏桂敏	女	1960/8/9	台湾	13609876545		D1	☑
Y004	伍晓玲	女	1976/7/1	福建	13609876546		D1	☐
Y005	程倩倩	女	1978/2/19	上海	13609876547		D1	☑
Y006	许冬	女	1980/3/31	江苏	13609876548		D2	☑
Y007	赵民浩	男	1985/11/2	福建	13609876549		D2	☑
Y008	张敏	女	1978/10/10	西藏	13609876550		D2	☑
Y009	李国安	男	1965/7/28	安徽	13609876551		D3	☑
Y010	刘燕	女	1978/6/8	河北	13609876552		D3	☑

图 2-25 "是/否"类型示例(b)

8. OLE 对象

OLE 对象用于嵌入表格、图片、声音、视频等多媒体信息。

【例 2-9】把"员工"表的"照片"字段设置为"OLE 对象"数据类型，并为该字段插入对应的图片。

具体步骤如下：

(1) 把"员工"表切换到设计视图，然后把"照片"字段设置为"OLE 对象"数据类型。

(2) 把"员工"表切换到数据表视图，在第一条记录的"照片"字段处，单击鼠标右键，选择"插入对象"，如图 2-26 所示。

员工

员工编号	姓名	性别	出生日期	籍贯	电话	照片	部门编号	是否在职
Y001	赖涛	男	1965/12/15				D1	☑
Y002	刘芬	女	1980/4/14				D1	☑
Y003	魏桂敏	女	1960/8/9				D1	☑
Y004	伍晓玲	女	1976/7/1				D1	☐
Y005	程倩倩	女	1978/2/19				D1	☑
Y006	许冬	女	1980/3/31				D2	☑
Y007	赵民浩	男	1985/11/2				D2	☑
Y008	张敏	女	1978/10/10				D2	☑
Y009	李国安	男	1965/7/28				D3	☑
Y010	刘燕	女	1978/6/8				D3	☑
Y011	林鹏	男	1981/4/7				D3	☑
Y012	陈新	男	1968/9/4	广东	13609876554		D3	☑

剪切(T)
复制(C)
粘贴(P)
升序排序(A)
降序排序(D)
从"照片"清除筛选器(L)
不是 空白(N)
插入对象(J)...

图 2-26 "OLE 对象"类型示例(a)

(3) 在弹出的对话框中，可以选择"新建"方式，也可以选择"由文件创建"方式来插入图片。这里选择"由文件创建"方式，单击"浏览"按钮，定位到该员工照片文件，单击"确定"按钮即可，如图 2-27 所示。

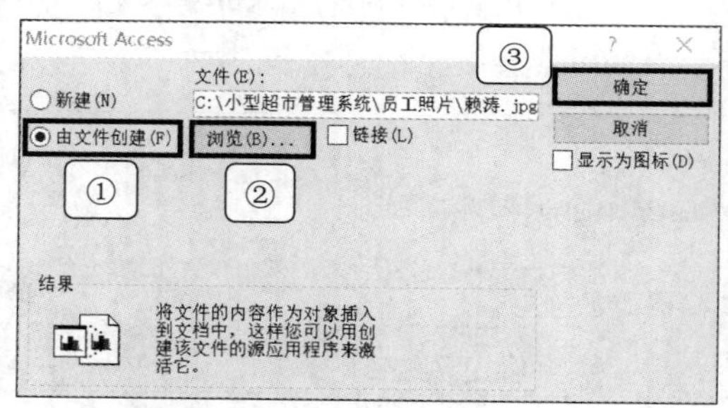

图 2-27 "OLE 对象"类型示例(b)

插入图片完成后，在数据表视图中是看不到图片原样的，只会显示 Bitmap Image，双击该条记录的 Bitmap Image 就会显示出图片。

9. 超链接

超链接用于存储超链接地址，可以是 UNC 路径或 URL 地址。

10. 附件

附件型是 OLE 对象的替代类型，提供了比 OLE 对象更高的灵活性。附件可以链接所有类型的文档和二进制文件，还能压缩附件，减少存储空间。

11. 计算

存储由同一张表的其他字段数据计算而来的值，可以使用函数、表达式、操作符等。计算结果应为整型、短文本、日期/时间、是/否类型等。计算数据类型不能建立索引。

【例 2-10】 在“工资”表中新增“实发工资”字段，“实发工资”字段值应由“应发工资”字段值减去“扣税”字段值而得。

具体步骤如下：

(1) 把“工资”表切换到设计视图。

(2) 在设计视图中添加“实发工资”字段(注意：如果先在“数据表视图”中添加好字段，后面是无法在“设计视图”中更改字段为计算类型的)。

(3) 把“实发工资”字段的数据类型设置为“计算”，会弹出“表达式生成器”对话框，如图 2-28 所示，在对话框中输入表达式“[应发工资] - [扣税]”，单击“确定”按钮。

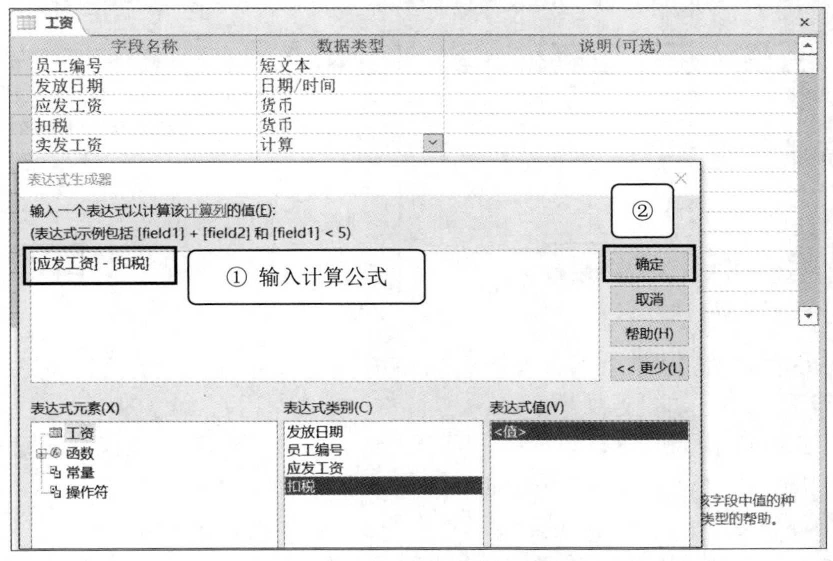

图 2-28　“计算”类型示例(a)

(4) 设置“实发工资”字段的“结果类型”为“货币”，如图 2-29 的左图所示。切换到数据表视图，实发工资的数值就计算出来了，以货币形式显示。

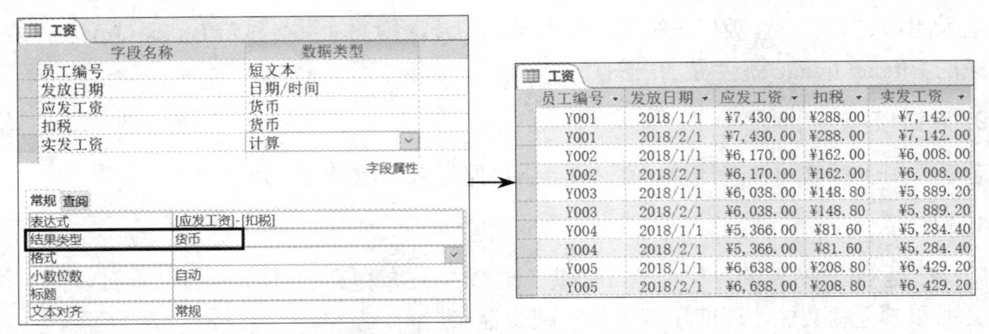

员工编号	发放日期	应发工资	扣税	实发工资
Y001	2018/1/1	¥7,430.00	¥288.00	¥7,142.00
Y001	2018/2/1	¥7,430.00	¥288.00	¥7,142.00
Y002	2018/1/1	¥6,170.00	¥162.00	¥6,008.00
Y002	2018/2/1	¥6,170.00	¥162.00	¥6,008.00
Y003	2018/1/1	¥6,038.00	¥148.80	¥5,889.20
Y003	2018/2/1	¥6,038.00	¥148.80	¥5,889.20
Y004	2018/1/1	¥5,366.00	¥81.60	¥5,284.40
Y004	2018/2/1	¥5,366.00	¥81.60	¥5,284.40
Y005	2018/1/1	¥6,638.00	¥208.80	¥6,429.20
Y005	2018/2/1	¥6,638.00	¥208.80	¥6,429.20

图 2-29 “计算”类型示例(b)

12. 查阅向导

允许用户使用“列表框”或“组合框”来选择其他表或查询中的值。

【例 2-11】为了方便“部门”表中“部门主管”字段的数据输入，设置该字段的查阅属性，使得无须输入部门主管编号，以下拉列表的形式来选择即可。

具体步骤如下：

(1) 把“部门”表切换到设计视图。

(2) 把“部门主管”字段的数据类型改为“查阅向导”，弹出“查阅向导”对话框，如图 2-30 所示。选择“使用查阅字段获取其他表或查询中的值”，单击“下一步”按钮。

(3) 选择“表：员工”，单击“下一步”按钮，如图 2-31 所示。

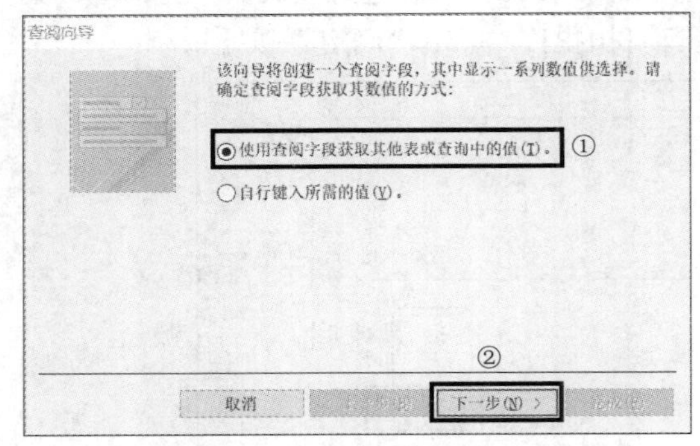

图 2-30 “查阅向导”类型示例(a)

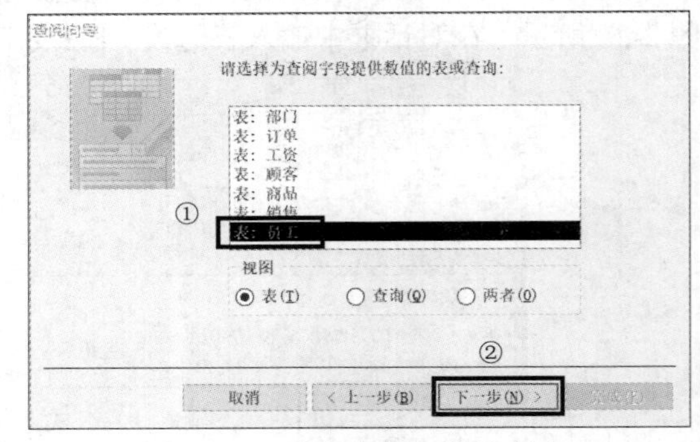

图 2-31 “查阅向导”类型示例(b)

(4) 左边的“可用字段”会列出“员工”表的所有字段，把所需的“员工编号”字段选到右边“选定字段”中，如图 2-32 所示。

(5) 可以选择对字段进行排序，也可以不选择。为了更好地寻找到数据，这里选择“员工编号”进行排序，单击“下一步”按钮，如图 2-33 所示。

(6) 在向导中可以调整列宽，单击“下一步”按钮，如图 2-34 所示。

(7) 在“请为查阅字段指定标签”里填写“部门主管”，如图 2-35 所示，单击“完成”按钮。

(8) 把表切换到数据表视图，单击“部门主管”字段的记录，会以下拉列表的形式把员工编号列出来以供选择，如图 2-36 所示。

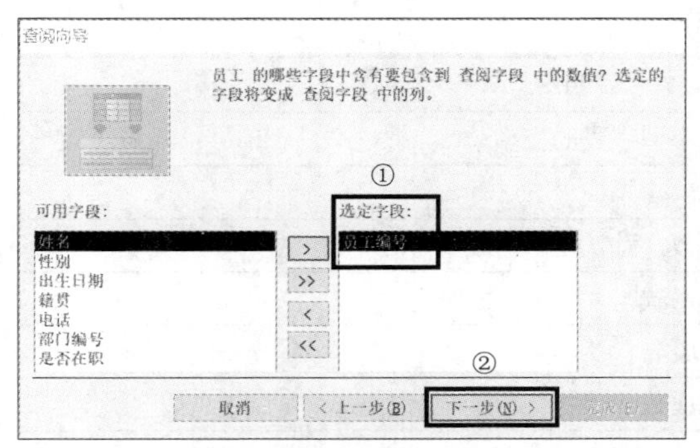

图 2-32　“查阅向导”类型示例(c)

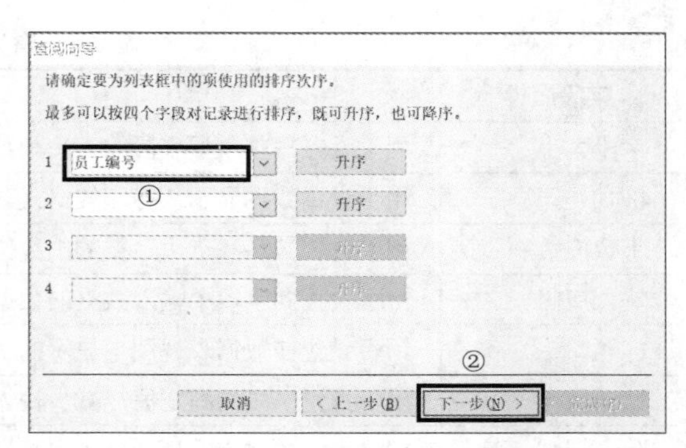

图 2-33　“查阅向导”类型示例(d)

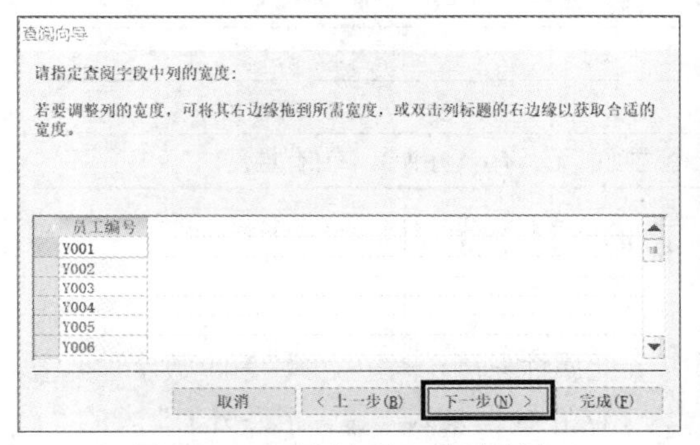

图 2-34　“查阅向导”类型示例(e)

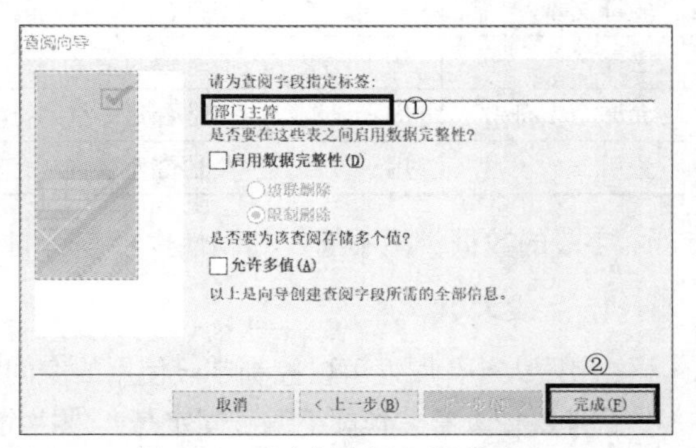

图 2-35　“查阅向导”类型示例(f)

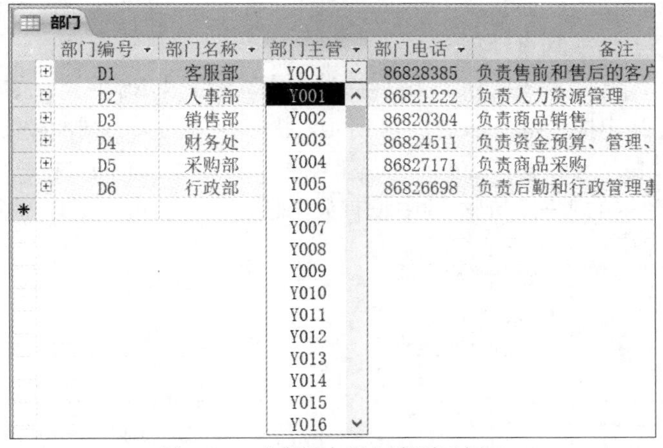

图 2-36　“查阅向导”类型示例(g)

2.4.3　字段的属性

字段的属性可以加强数据存储的安全性和有效性，以及维护数据的完整性和一致性。设置字段属性的目的主要有以下几点：控制字段中数据的外观，防止在字段中输入不正确的数据，为字段数值指定默认值，加速对字段的搜索和排序速度。Access 数据库中表的常见字段属性如表 2-4 所示。

表 2-4　常见字段属性

字段属性	说明
字段大小	用于设置短文本型字段的大小和数字型字段的类型
格式	用于设置数据显示或打印的格式
小数位数	用于设置数字和货币数据的小数位数，默认是“自动”
输入掩码	用于设置向字段中输入数据的数据格式
标题	用于设置在数据表视图中显示的字段名
默认值	用于设置字段的固定值，减少输入次数
验证规则	根据表达式建立的规则来确定数据是否有效
验证文本	当输入的数据不符合验证规则时显示的提示信息
必需	用于设置字段值是否为空
允许空字符串	用于设置字段值是否允许空字符串
索引	用于设置该字段是否为索引，有三个选项：无、有(无重复)、有(有重复)

字段的数据类型不同，其属性也会有不同。下面介绍几种主要的字段属性。

1. 字段大小

“字段大小”属性可以控制字段使用的空间大小，此属性只用于“短文本”和“数字”类型。

【例 2-12】考虑到员工编号固定是 4 位字符，为了防止数据录入出错，把“员工”表的“员工编号”字段的字段大小设为 4。

具体步骤如下：

(1) 把“员工”表切换到设计视图。

(2) 单击“员工编号”字段，在下方“字段大小”属性里，输入 4，如图 2-37 所示。

(4) 单击保存，弹出提示框，如图 2-38 所示，提示字段的大小属性被修改，有可能导致有些数据丢失，单击“是”按钮即可。如果“员工编号”字段里原本的数据长度有超过 4 个字符，则这个修改会导致数据的丢失。但本例中没有数据超过规定长度，所以不会丢失数据。

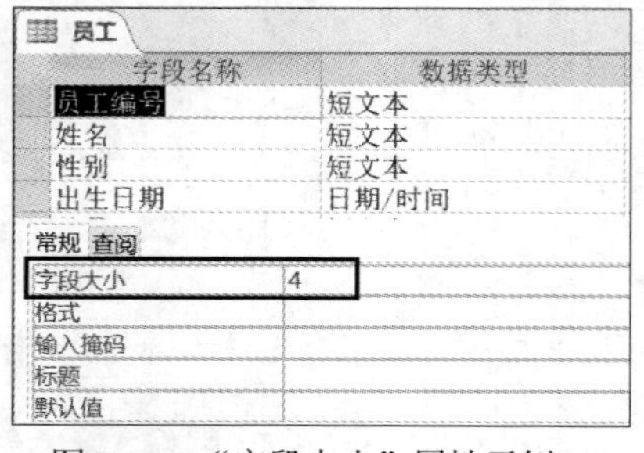

图 2-37　“字段大小”属性示例(a)

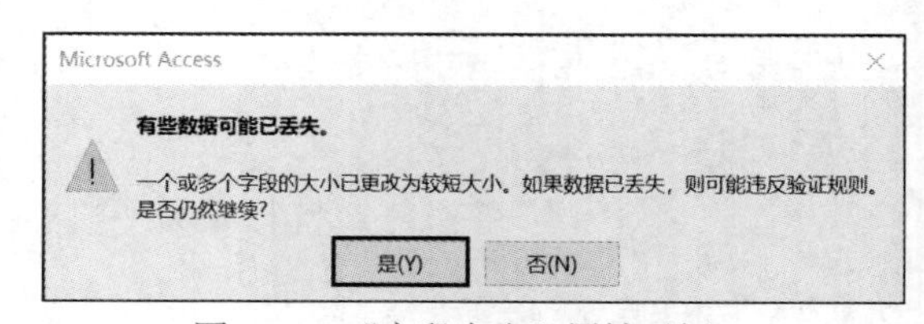

图 2-38　“字段大小”属性示例(b)

修改完成后，切换到数据表视图，可以在“员工编号”字段尝试输入超过 4 个字符的数据，会发现无法输入超过第 4 个字符的数据，这样就能达到控制字段数据的字符长度的效果。

2. 格式

“格式”属性用来设置数据的打印方式和屏幕的显示方式。数据类型不同，对应的格式也不同。例如，出生日期可显示为 2001/9/1，也可以显示为“2001 年 09 月 01 日”，但是其表达的含义完全相同。

【例 2-13】将“员工”表的“出生日期”字段格式改为“X 年 X 月 X 日”。

具体步骤如下：

(1) 把“员工”表切换到设计视图。

(2) 单击“出生日期”字段，在下方“格式”属性里，选择“长日期”，单击保存，如图 2-39 的左图所示。

切换到数据表视图，修改前后对比效果如图 2-39 的右图所示。

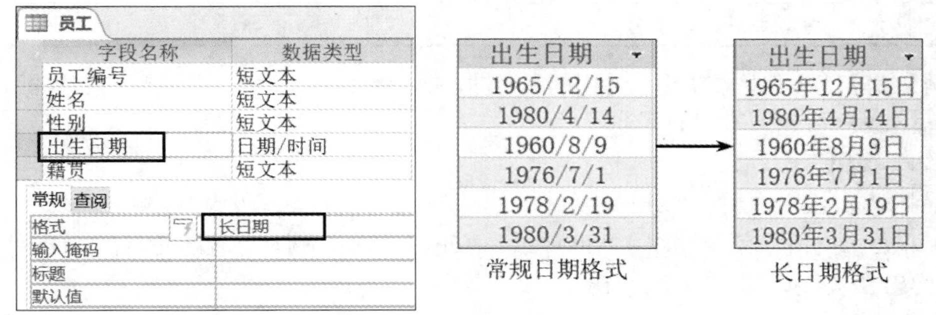

图 2-39　“格式”属性示例

3. 输入掩码

“格式”属性是用来设置数据的输出格式，而“输入掩码”属性是用来控制数据的输入格式。在 Access 的字段数据类型中，短文本、日期/时间、数字和货币可以设置输入掩码。设置“输入掩码”属性有两种方法：一种是利用向导设置；另一种是手工输入，手工输入掩码要求直接在字段的“输入掩码”属性框里输入定义式，这个定义式由一些特定的输入掩码字符组成，常见的输入掩码字符如表 2-5 所示。

表 2-5　常用的掩码字符

字符	说明	掩码示例	允许值示例
0	1 个数字(0~9)，必填，不允许使用“+”和“-”符号	0000-00000	0086-12345
9	1 个数字或空格，选填，不允许使用“+”和“-”符号	(9999)99999	(0086)12345 (086)1234
#	1 个数字或空格，选填，允许使用“+”和“-”符号	####	12+4 -123
L	1 个字母(a~z，A~Z)，必填	LL9999	Ca0086
?	1 个字母(a~z，A~Z)，选填	??9999	C1234 Ca1234
A	任一字母或数字，必填	AAA	C12 yes
a	任一字母或数字，选填	aaa	Ca1 12

(续表)

字符	说明	掩码示例	允许值示例
&	任一字符或空格，必填	&&&&	*1aR
C	任一字符或空格，选填	CCCC	*1aR *1a
<	使其后所有的字符转换成小写	<ABc	abc
>	使其后所有的字符转换成大写	>abC	ABC
\	使其后的字符显示为原义字符	\A	A
密码	使得该字段数值显示为*号	密码	*******

【例 2-14】为了保护员工电话号码的私密性，把“员工”表中的“电话”字段数据用“***”的方式显示。

具体步骤如下：

(1) 把“员工”表切换到设计视图。

(2) 单击“电话”字段，如图 2-40 所示，在下方“输入掩码”属性框的右侧单击“…”按钮，会弹出“输入掩码向导”对话框。

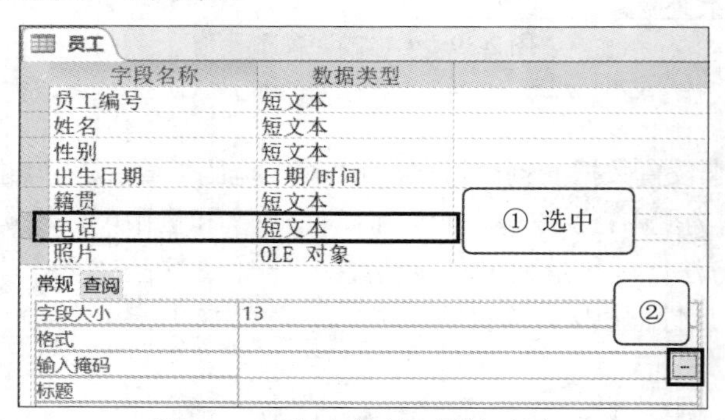

图 2-40　“输入掩码”属性示例(a)

(3) 选择“密码”选项，然后单击“完成”按钮。设置完毕后“电话”的属性如图 2-41 所示。

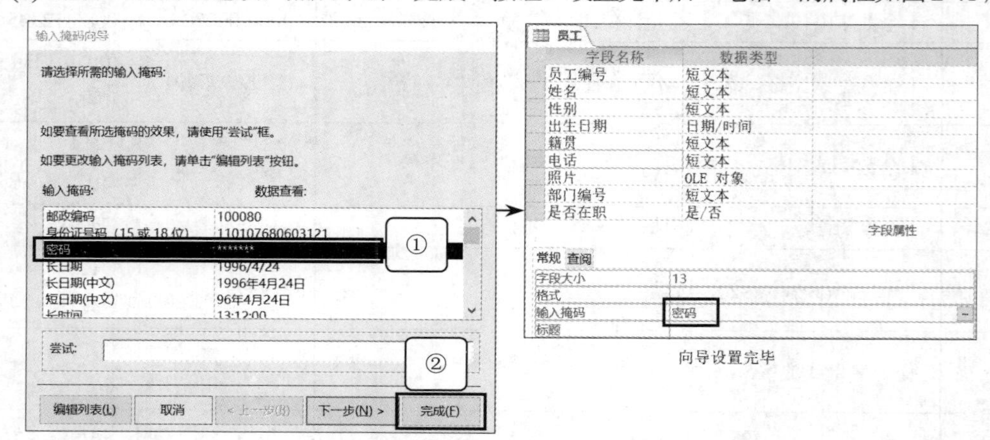

图 2-41　“输入掩码”属性示例(b)

“电话”字段的“输入掩码”设为“密码”前后对比效果如图 2-42 所示。

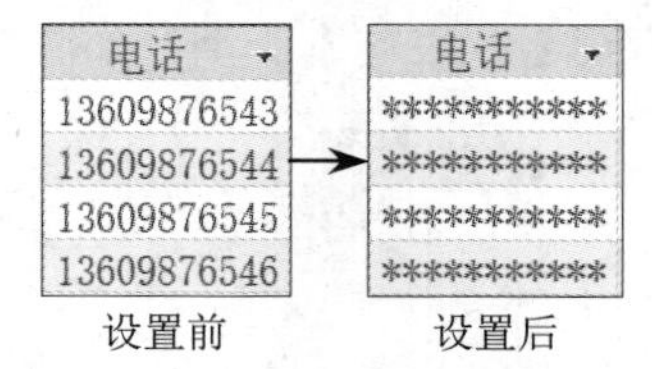

图 2-42　“输入掩码”属性示例(c)

本例题也可以直接在“电话”字段的“输入掩码”属性框里直接输入“密码”二字。

【例 2-15】超市为顾客办理的会员卡的卡号是有编码规则的，规定卡号的首字母必须是大写的字母 G，后面必须是 6 位数字。为了防止录入数据时不遵守这个规则，需要设置“顾客”表的“顾客卡号”字段的输入掩码属性。

具体步骤如下：

(1) 把“顾客”表切换到设计视图。

(2) 单击“顾客卡号”字段，在下方“输入掩码”属性框内输入 G000000，单击保存。保存后，数据库会自动在字母 G 前添加\符号，如图 2-43 所示。

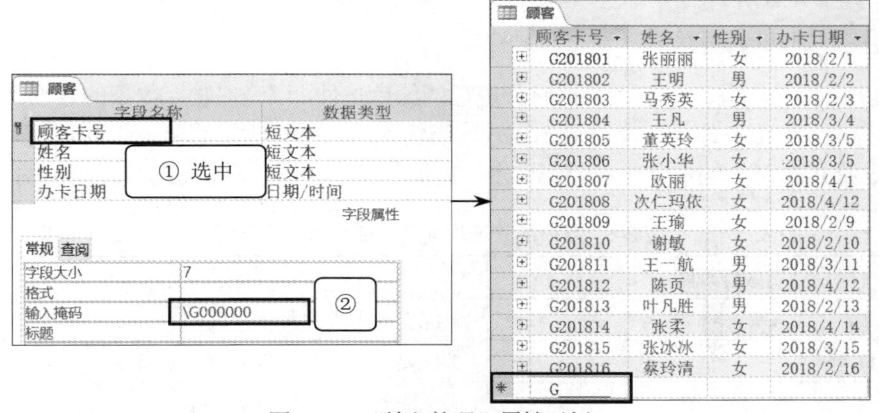

图 2-43　“输入掩码”属性示例(d)

切换到数据表视图，在新记录里单击“顾客卡号”的字段，数据会自动添加首字母 G，如果没有完整的输入 6 个数字，或者输入的不是数字，数据库会提示不符合输入掩码，且不允许保存。直到输入的数值符合输入掩码的规则，才允许保存。

4. 默认值

默认值是一个非常有用的属性，在一个数据表中，往往会有一些字段的数据内容相同或者包含相同的部分，此时可以将出现次数较多的值作为该字段的默认值，从而减少数据的输入量。在增加新记录时，可以使用这个默认值，也可以输入新值来取代这个默认值。

【例 2-16】由于超市的员工大部分来自福建省，为了提高录入数据的效率，把“员工”表的“籍贯”字段默认值设置为“福建”。

具体步骤如下：

(1) 把“员工”表切换到设计视图。

(2) 单击“籍贯”字段，在“默认值”属性框内输入“福建”，单击保存，这样数据库会自动为“福建”二字加上双引号，双引号代表文本类型，如图 2-44 所示。

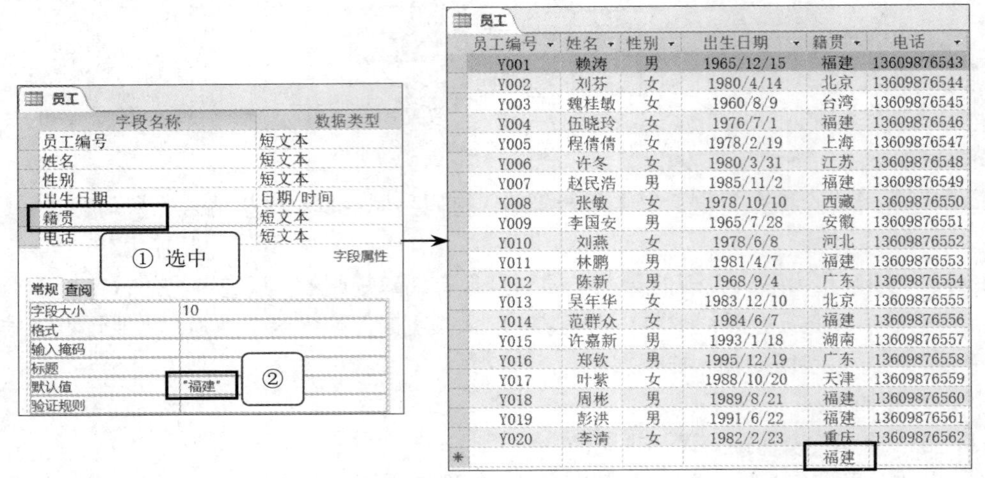

图 2-44 “默认值”属性示例

设置默认值后，当添加一条新记录时，“籍贯”字段自动显示“福建”。

5. 验证规则和验证文本

“验证规则”是指向表中输入数据时应遵循的约束条件，以确保输入数据的合理性并防止非法数据的输入。约束条件是一个逻辑表达式，当输入的数据不满足有验证规则时，系统将弹出提示信息，提示信息上的文字由“验证文本”提供。表 2-6 给出了常见的验证规则的设置示例。

表 2-6 字段的验证规则及验证文本设置示例

有效性规则	有效性文本
"男" Or "女"	只能输入男或者女
>=10 And <=50	数值要在 10～50 之间(包含 10 和 50)
<> 0	必须输入一个不等于零的值
>= #2018-1-1# And <= #2018-12-31#	日期必须在 2018 年内 注意：日期和时间数值要用#作为标识符，例如，2018 年 1 月 1 日表示为 #2018-1-1#

【例 2-17】为“顾客”表的“性别”字段设置属性，使得只能输入“男”或者“女”，输入其他字符则提示“性别字段只能输入男或者女，请重新输入！”。

具体步骤如下：

(1) 把“顾客”表切换到设计视图。

(2) 单击“性别”字段，在“验证规则”属性框内输入表达式："男" Or "女"。要注意的是，“验证规则”内表达式的符号(除了中文以外的所有符号)，都必须在英文输入法的状态下输入，否则表达式会出错。在“验证文本”属性框内输入“性别字段只能输入男或者女，请重新输入！”，如图 2-45 所示。

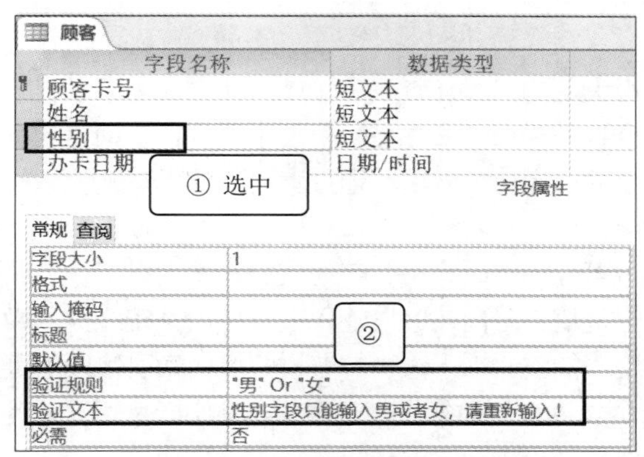

图 2-45　“验证规则”和“验证文本”属性示例(a)

(3) 单击保存，会弹出如图 2-46 所示的提示，单击“是”按钮即可。提示的意思是当修改规则后，现有的规则对之前就存在的数据是无效的。假如“性别”字段中现有的记录数据是“男性”，那么这个规则对现有的数据不起作用。只有新添加的记录或者修改旧的记录数据时才会起效果。

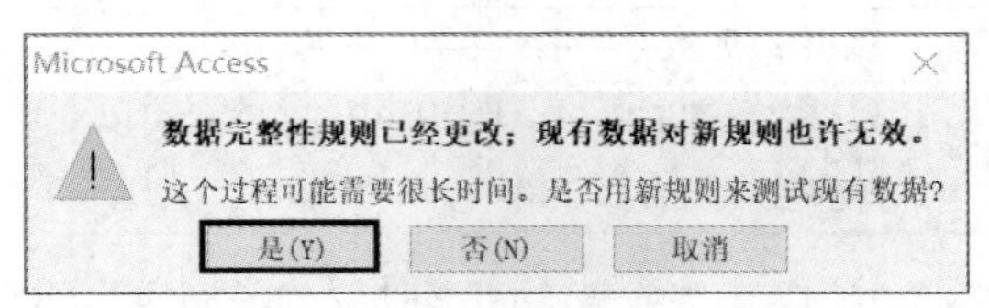

图 2-46　“验证规则”和“验证文本”属性示例(b)

设置完毕后，切换到数据表视图，在新记录的“性别”字段(或者在旧的数据里修改)输入非“男”或“女”的字符，就会弹出提示框，提示框上的文字就是“验证文本”的内容，如图 2-47 所示。

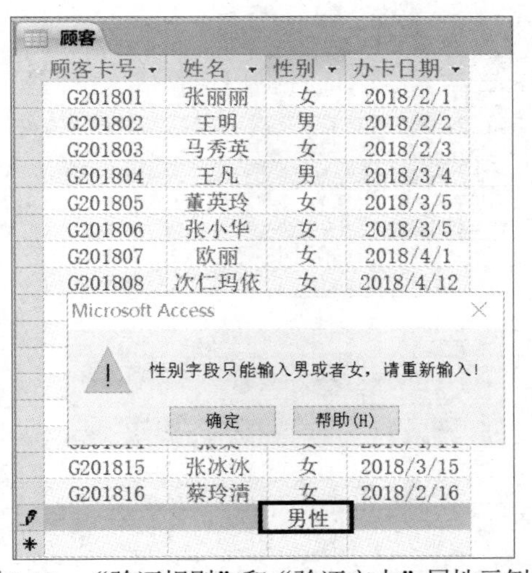

图 2-47　“验证规则”和“验证文本”属性示例(c)

6. 必需

当“必需”属性设置为“是”时，代表该字段的值是必填的。

7. 索引

如果表中的数据量很大，为了提高查找和排序的速度，可以设置“索引”属性。数据的索引如同字典的索引，要查找一个词语，先在索引表中找到这个词语的页码，从而快速找到该词语所在的位置。在数据库的表中建立索引，通过索引能够迅速地找到某一条记录，而无须按顺序查找表中的每一条记录。

按索引功能分，索引可分为唯一索引、普通索引和主索引三种。其中，唯一索引的索引字段值不能相同，即没有重复值。若向该字段输入重复值，系统会提示操作错误。如果为已有重复值的字段创建索引，则不能创建唯一索引。普通索引的索引字段值可以相同，即可以有重复值。在 Access 中，同一个表可以创建多个唯一索引，其中一个可设置为主索引，且一个表只有一个主索引。

“索引”属性的选项有三种，具体说明如表 2-7 所示。

表 2-7 “索引”属性选项说明

索引属性值	说明
无	该字段不建立索引
有(有重复)	以该字段建立索引，且字段中的内容可以重复
有(无重复)	以该字段建立索引，且字段中的内容不可以重复，即字段值都是唯一的。这种字段适合做主键

如果经常需要同时搜索或排序两个或更多的字段，可以创建多字段索引。使用多字段索引进行排序时，将首先用定义在索引中的第一个字段进行排序，如果第一个字段中有重复值，再用索引中的第二个字段进行排序，以此类推。

【例 2-18】把“员工”表中的“姓名”字段设置为有重复索引。

具体步骤如下：

(1) 把“员工”表切换到设计视图。

(2) 单击“姓名”字段，在“索引”属性框内选择“有(有重复)”，如图 2-48 所示。

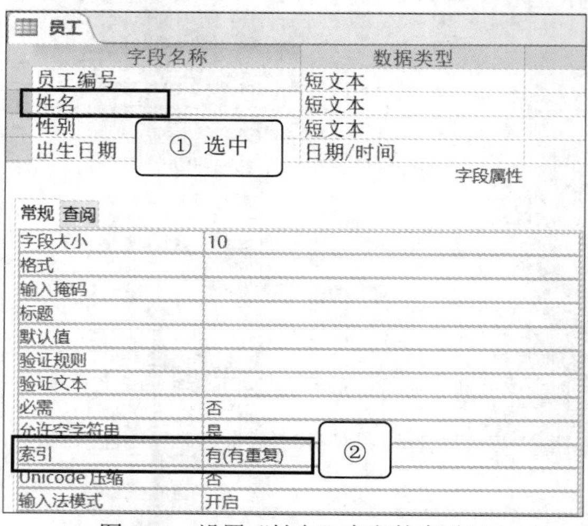

图 2-48 设置“姓名”字段的索引(a)

(3) 单击保存，切换到数据表视图，数据表的记录变成按照“姓名”字段来排序，如图 2-49 的右图所示。由于姓名字段是短文本型，所以按照文中文拼音首字母进行排序。

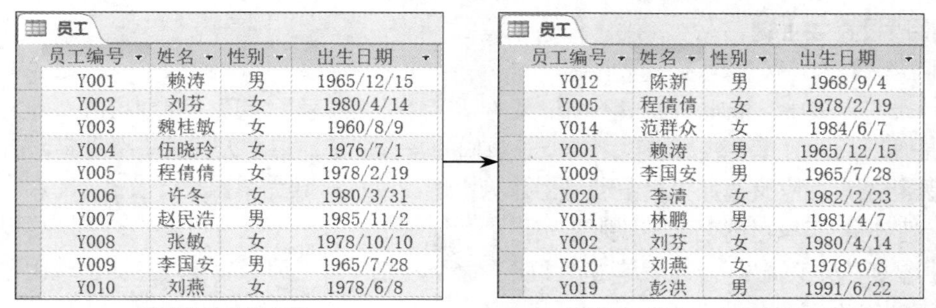

员工

员工编号	姓名	性别	出生日期
Y001	赖涛	男	1965/12/15
Y002	刘芬	女	1980/4/14
Y003	魏桂敏	女	1960/8/9
Y004	伍晓玲	女	1976/7/1
Y005	程倩倩	女	1978/2/19
Y006	许冬	女	1980/3/31
Y007	赵民浩	男	1985/11/2
Y008	张敏	女	1978/10/10
Y009	李国安	男	1965/7/28
Y010	刘燕	女	1978/6/8

员工

员工编号	姓名	性别	出生日期
Y012	陈新	男	1968/9/4
Y005	程倩倩	女	1978/2/19
Y014	范群众	女	1984/6/7
Y001	赖涛	男	1965/12/15
Y009	李国安	男	1965/7/28
Y020	李清	女	1982/2/23
Y011	林鹏	男	1981/4/7
Y002	刘芬	女	1980/4/14
Y010	刘燕	女	1978/6/8
Y019	彭洪	男	1991/6/22

没有设置索引字段　　　　设置了“姓名”字段为索引字段

图 2-49　设置“姓名”字段的索引(b)

2.5 表的主键

视频 2-5　表的主键

主键又称关键字，是表中的一个字段或多个字段组合，为每条记录提供一个唯一的标识符。Access 使用主键字段可以将多个表中的数据迅速关联和重新组合起来。一张表中只能有一个主键，且这个主键不能为空，也不能够出现重复值。

2.5.1 主键的作用

主键选择是否合理，直接影响表的性能，因此主键在数据库中具有十分重要的作用，具体表现在以下三个方面：

(1) 主键能保证实体的完整性。

(2) 使数据库的操作速度更快。

(3) 增加新记录时，数据库会自动检测记录的主键值是否重复，如果出现重复值会给出提示且不允许输入重复值。

不会出现重复值的单个字段可以作为主键，几个字段组合在一起不会出现重复值的也可以把这几个字段共同作为主键。建立主键需要遵循以下原则：

(1) 主键必须唯一标识一条记录。

(2) 主键的值不能为空，即它始终包含一个值。

(3) 主键的值几乎不改变(理想情况下永不改变)。

(4) 应为每一张表设置主键。从技术上说，表的主键字段不是必需的，但关系型理论要求用一个或多个字段来唯一标识一条记录，因此在设计表时应为每一张表设置主键。

2.5.2 设置主键

主键分为三种类型：单字段主键、多字段主键和自动编号。

1. 单字段主键

在表中，如果某个字段的值都是唯一的，能够将不同的记录区分开来，且没有空值，就可以将该字段设置成主键。

【例 2-19】为“员工”表设置主键。

在“员工”表中，能唯一标识不同记录的只有“员工编号”字段。因为超市为员工分配的编号都是唯一的，且不会轻易变更，类似于我们的身份证号，每个人只有一个号码，而且绝不相同。因此，该表应该选择“员工编号”作为主键。具体步骤如下：

(1) 把“员工”表切换到设计视图。

(2) 选中“员工编号”，然后单击“主键”命令，在“员工编号”字段左侧出现钥匙图案，设置完成，如图 2-50 所示。

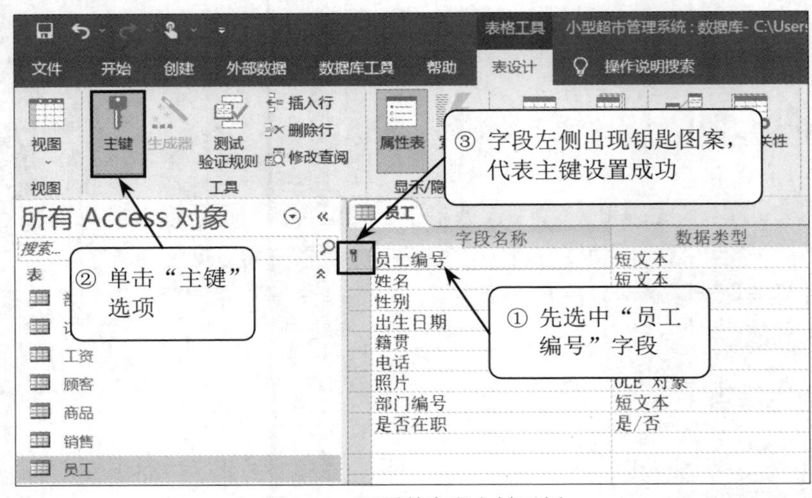

图 2-50　设置单字段主键示例

2. 多字段主键

多字段主键是由两个或两个以上的字段组合在一起来唯一标识表中的一条记录。如果表中没有一个字段的值可以唯一标识一条记录，就可以考虑选择多个字段组合一起作为主键。

【例 2-20】为“工资”表设置主键。

“工资”表中的“员工编号”“发放日期”“应发工资”“扣税”和“实发工资”这 5 个字段，任何单独一个字段都无法唯一标识一条记录，因为每个字段里都有重复的值，因此可以采用多字段组合作为主键。考虑到每位员工每个月只会发一次工资，所以可以把“员工编号”和“发放日期”两个字段组合起来成为主键。具体步骤如下：

(1) 把“工资”表切换到设计视图。

(2) 按住键盘的 Ctrl 键，选取“员工编号”和“发放日期”字段，然后单击“主键”命令，在“员工编号”和“发放日期”字段左侧同时出现钥匙图案，设置完成，如图 2-51 所示。

值得注意的是，多字段主键在目前的数据库设计中已经很少使用，因为当数据量足够大时，很难保证多键组合不会出现重复，而且多字段主键会使得表之间的关系变得更复杂。当无法采用单字段作为主键时，建议采用下面介绍的“自动编号”字段作为主键。

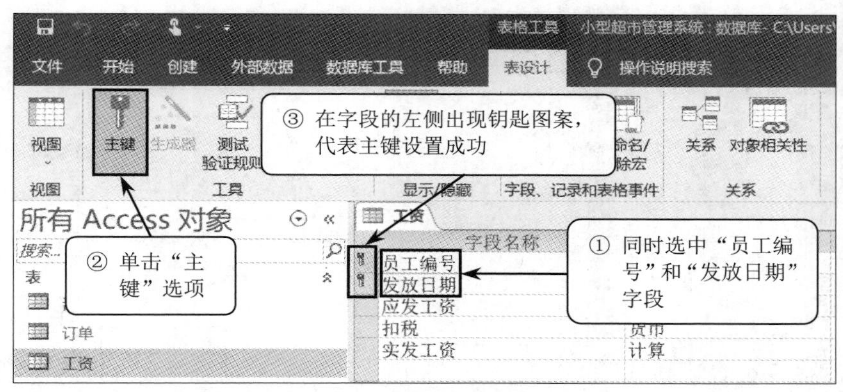

图 2-51　设置多字段主键示例

3. 自动编号

自动编号字段作为主键，在本质上也是单字段主键。当表中任何一个字段都不能单独作为主键时，可以增加一个自动编号类型的字段，自动编号字段不具有任何实际意义，由计算机自动生成，且值是唯一的。

2.5.3　删除主键

删除主键不会删除表中的字段或数值，只是删除这些字段的主键指定。在设计视图中，选中主键字段，再单击“主键”命令，字段旁边的钥匙图案就会消失，代表主键指定已经删除，该字段不再是主键。

2.6　表的编辑与操作

视频 2-6　表的编辑与操作

随着数据库应用的不断变化，需要及时修改数据库的表结构及其数据，因此表的操作与编辑是数据库维护的日常工作。

2.6.1　编辑表的字段

对表字段的编辑主要包括增加/删除字段、更改字段名、移动字段位置等操作。由于表是数据库的基础，修改表的字段等同于修改表的结构，与此字段相关联的表、查询、窗体或报表都会受到影响，因此修改表字段需要慎重，且事先要做好备份工作。

1. 增加/删除字段

增加或者删除字段，可以在数据表视图中操作，也可以在设计视图中操作。如图 2-52 所示，对着某个字段单击鼠标右键，在弹出的快捷菜单中选择“插入字段”或“插入行”就能在当前选中字段前增加一个字段，选择“删除字段”或“删除行”就能删除当前选中的字段。

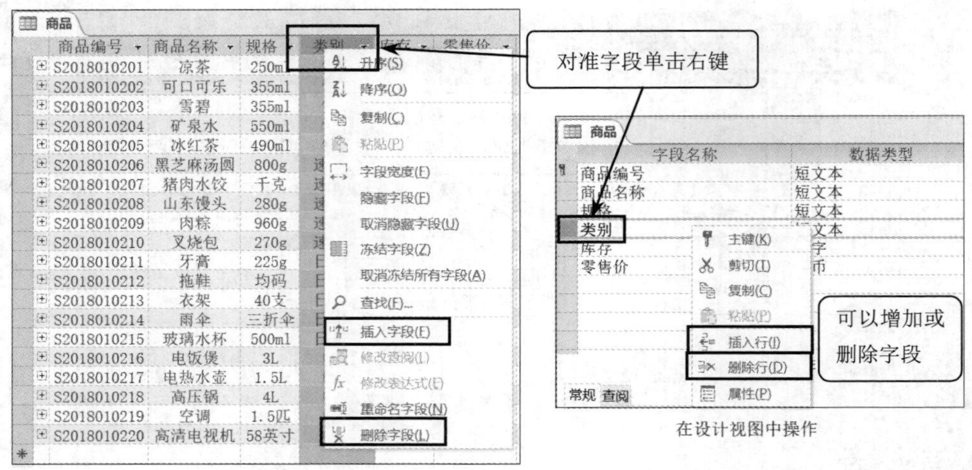

图 2-52　增加/删除字段示例

2. 更改字段名

更改字段的名字对数据不会产生影响，修改的方法有以下两种：

(1) 在数据表视图中，双击字段名字，可以直接修改。

(2) 在设计视图中，直接修改该字段名称。

3. 移动字段位置

移动字段的位置对数据不会产生影响，移动的方法有以下两种：

(1) 在数据表视图中，利用鼠标左键把字段名拖动到新的位置上即可。

(2) 在设计视图中，利用鼠标左键把字段名拖动到新的位置上即可。

2.6.2　操作表的记录

常用的记录操作有记录定位、增加/删除记录、记录排序、数据的查找和替换、记录筛选等。

1. 记录定位

【例 2-21】将指针定位到“商品”表的第 8 条记录。

具体步骤如下：

(1) 打开“商品”表，以数据表视图呈现表格记录。

(2) 把记录定位器的内容改成 8，然后按 Enter 键。定位后的效果如图 2-53 所示。

2. 增加/删除记录

增加/删除记录只能在数据表视图中操作。对着某条记录单击鼠标右键，在弹出的快捷菜单中，如图 2-54 所示，选择“新记录”，光标自动定位在最后一条空白记录上(新记录都是默认在最后一行)。也可以在最后一行记录(左侧带*号的记录)直接录入新的记录数据。

商品

商品编号	商品名称	规格	类别	库存	零售价
S2018010201	凉茶	250ml	饮品	810	¥2.40
S2018010202	可口可乐	355ml	饮品	91	¥2.50
S2018010203	雪碧	355ml	饮品	145	¥2.50
S2018010204	矿泉水	550ml	饮品	121	¥1.30
S2018010205	冰红茶	490ml	饮品	150	¥2.40
S2018010206	黑芝麻汤圆	800g	速冻品	147	¥14.90
S2018010207	猪肉水饺	千克	速冻品	100	¥18.20
S2018010208	山东馒头	280g	速冻品	86	¥39.90
S2018010209	肉粽	960g	速冻品	100	¥74.90
S2018010210	叉烧包	270g	速冻品	50	¥22.00
S2018010211	牙膏	225g	日用品	20	¥16.90
S2018010212	拖鞋	[illegible]	[illegible]	[illegible]	[illegible]
S2018010213	衣架	[illegible]	[illegible]	[illegible]	[illegible]
S2018010214	雨伞	[illegible]	[illegible]	[illegible]	[illegible]
S2018010215	玻璃[illegible]杯	500ml	日用品	20	¥39.00

记录: 第 8 项(共 20 项　无筛选器　搜索

记录定位器中输入 8

图 2-53　记录定位示例

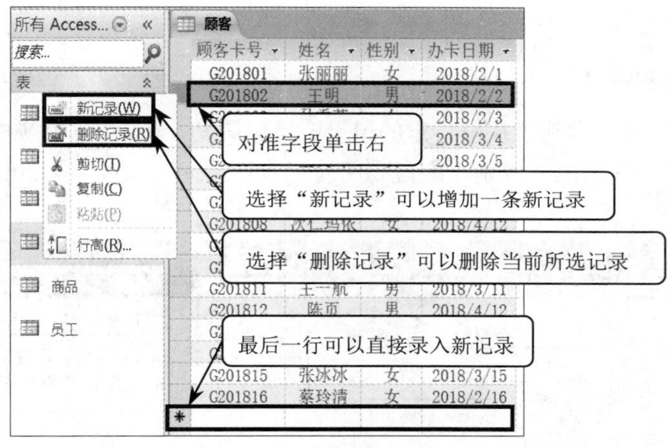

图 2-54　增加/删除记录示例

选择“删除记录”会弹出提示框，询问是否要删除，单击“确定”按钮就会删除掉当前选中的记录。删除记录操作是无法撤销的，意味着删除掉的记录是无法恢复的，所以要慎重使用删除操作。

3. 记录排序

排序是指某个字段的值按照一定的规则重新排列记录。默认情况下，Access 按照主键升序来排序，如果表中没有定义主键，则按照输入的次序显示记录。下面介绍最简单的单字段排序方法。

【例 2-22】 在“顾客”表中，按照“办卡日期”字段升序排列记录。

具体步骤如下：

(1) 打开“顾客”表，以数据表视图呈现表格记录。

(2) 针对指定字段选择排序方式。如图 2-55 所示，单击“办卡日期”字段名右侧的下拉按钮，选择升序，则代表记录会按照该字段的值从小到大排列。

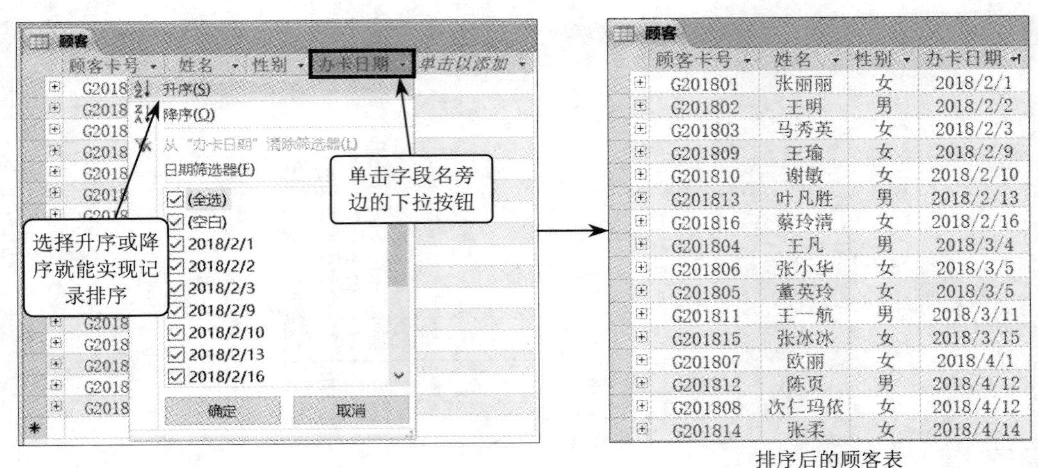

图 2-55　单字段排序示例

4. 数据的查找和替换

查找和替换功能可以实现查找出特定的记录或字段中某些值，并逐个或批量替换成新的值。如图 2-56 所示，把顾客表的“性别”字段中所有“女”改为“女性”，就可以使用替换功能来完成。

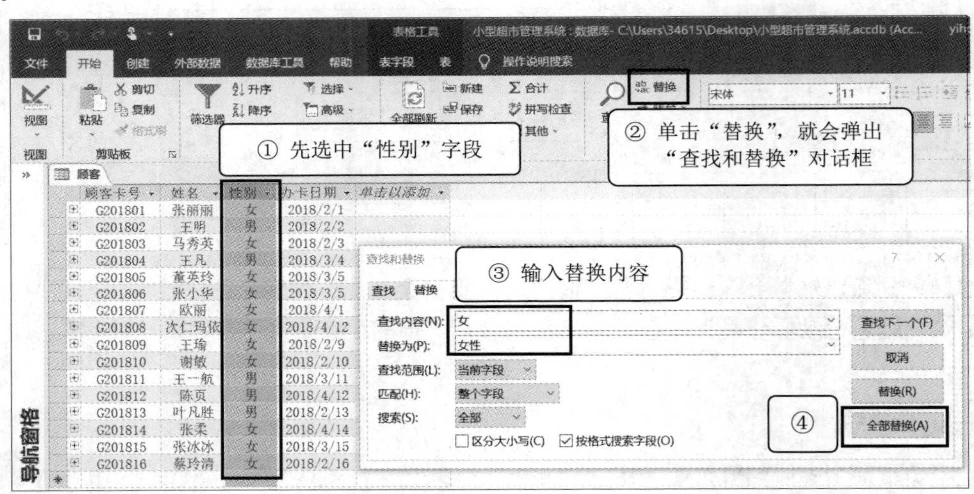

图 2-56　查找和替换功能示例

5. 记录筛选

记录筛选是将表中符合条件的记录显示出来，不符合条件的记录暂时隐藏。

【例 2-23】 在“顾客”表中，筛选出性别是男的所有记录。

具体步骤如下：

(1) 打开“顾客”表，以数据表视图呈现表格记录。

(2) 针对指定字段设置筛选条件。如图 2-57 所示，单击“性别”字段名右侧的下拉按钮，单击“文本筛选器”，然后选择“等于”，弹出自定义筛选对话框，在对话框中输入要设置的条件，这里输入“男”。单击“确定”按钮后就会把所有男性的记录筛选并显示出来。

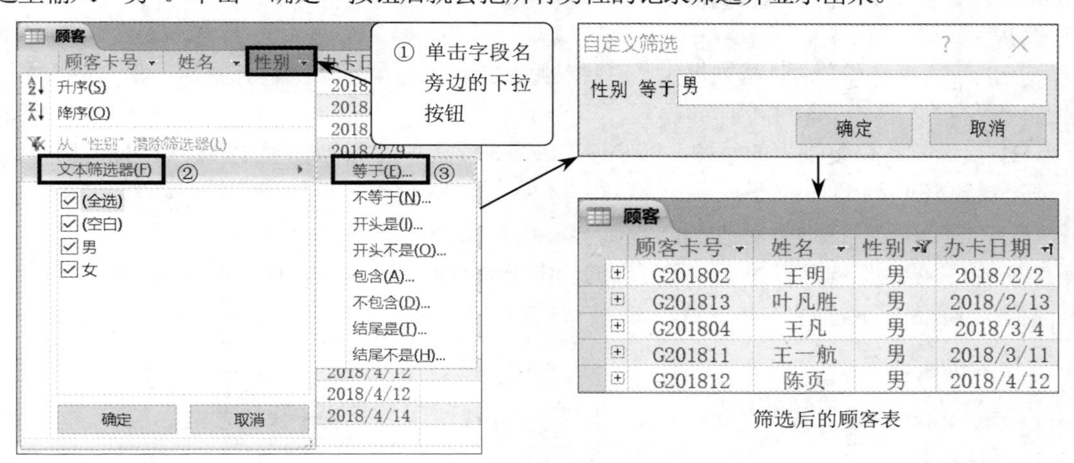

图 2-57　单字段筛选示例

2.6.3　表的复制、删除和导出

1. 表的复制

【例 2-24】将“订单”表复制，得到“订单备份”表。

具体步骤如下：

(1) 打开数据库，如图 2-58 所示，在导航窗格中，对准“订单”表单击鼠标右键，弹出快捷菜单，选择“复制”命令。

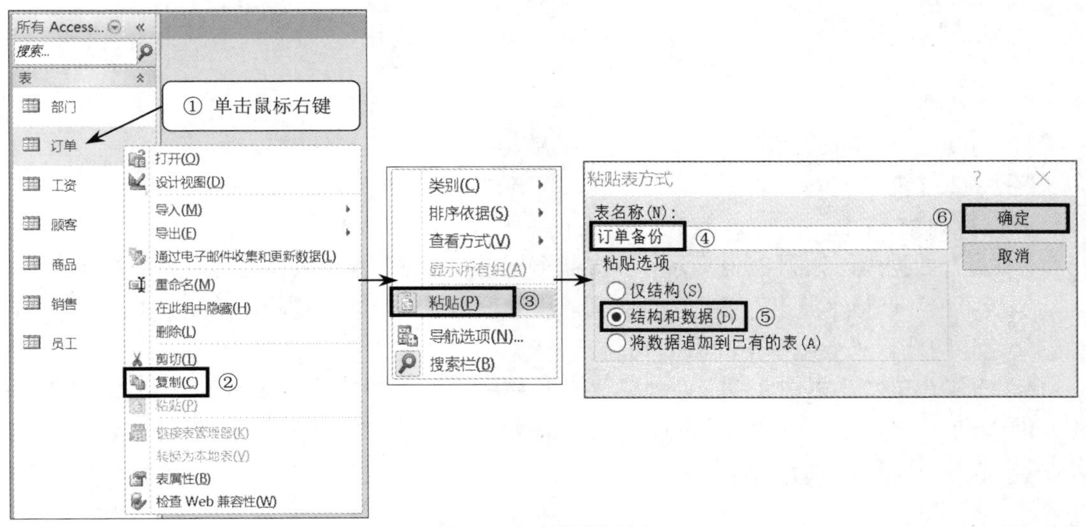

图 2-58　表复制示例

(2) 在导航窗格的“表”对象空白处，单击鼠标右键，选择“粘贴”命令，弹出“粘贴表方式”对话框，在“表名称”文本框内输入新表的名字“订单备份”，选择“结构和数据”粘贴选项，单击“确定”按钮就会在数据库里生成一张名为“订单备份”的表，表结构和记录数据与“订单”表一模一样。

在“粘贴表方式”对话框中提供了三种粘贴方式：“仅结构”“结构和数据”和“将数据追加到已有的表”。这三者的区别如下。

(1) 仅结构：仅复制表的结构，即字段名、字段属性和字段数据类型，生成的新表中没有任何记录数据。

(2) 结构和数据：不单复制表的结构，还复制表的记录。

(3) 将数据追加到已有的表：把复制的表中记录数据追加到数据库中已有的另一张表中，但前提是这两张表的表结构是一致的。

2. 表的重命名

在导航窗格中找到需要重命名的表，对准表单击鼠标右键，弹出快捷菜单，选择“重命名”命令即可修改。

3. 表的删除

在导航窗格中找到需要删除的表，对准表单击鼠标右键，弹出快捷菜单，选择“删除”命令，会弹出提示框，如图 2-59 所示，单击“是”按钮即可删除。删除表后，表数据是无法恢复的，所以要慎重使用删除表操作。

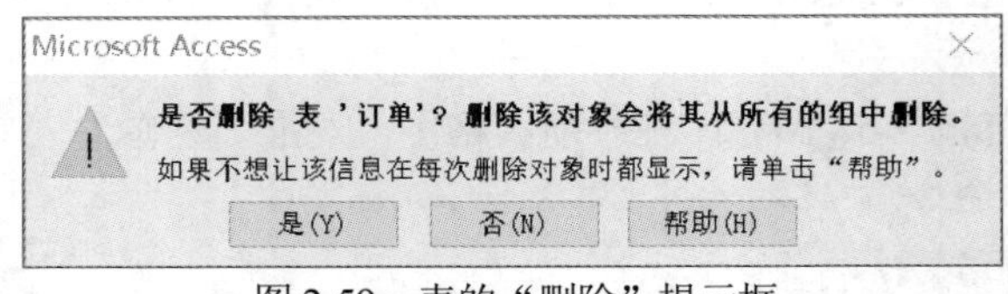

图 2-59　表的“删除”提示框

4. 表的导出

导出功能可以将表数据导出到各种支持的数据库、程序或文件中。

【例 2-25】把“订单”表以 Excel 的格式导出到电脑桌面上。

具体步骤如下：

(1) 打开数据库，如图 2-60 所示，在导航窗格中找到“订单”表，对准表单击鼠标右键，弹出快捷菜单，选择“导出”命令，单击 Excel 选项。另一个方法是单击功能选项区的“外部数据”选项，选择“导出”中的 Excel 命令。

(2) 在弹出的对话框中，单击“浏览”按钮选择存放文件的地址，默认文件格式为“Excel 工作薄”，单击“确定”按钮即可完成表的导出操作。

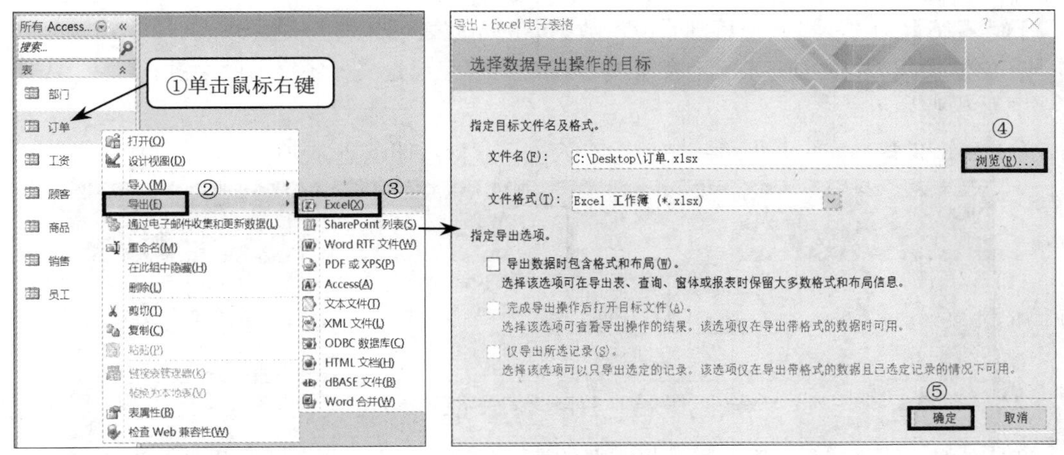

图 2-60　表的导出示例

2.7 表间关系

视频 2-7　表间关系

一个数据库中通常包含多个表，每张表存储不同类别的数据，因此需要通过一定的方式来连接不同表的数据，这种数据表间的相互连接称为“表间关系”。通过表间关系既能建立表之间的关联，还能保证不同表之间数据的同步性和参照完整性，避免意外删除或修改数据导致孤立记录或错误记录。

表间关系的类型可分为一对一、一对多和多对多。

(1) 一对一关系。假设A表与B表是一对一关系，则A表中的每一条记录仅能在B表中有一条匹配的记录，并且B表中的每一条记录仅能在A表中有一条匹配的记录。

(2) 一对多关系。假设A表与B表是一对多关系，则A表中的一条记录能与B表中的多条记录匹配，但在B表中的一条记录仅能与A表中的一条记录匹配。

(3) 多对多关系。假设A表与B表是多对多关系，则A表中的一条记录能与B表中的多条记录匹配，并且在B表中的一条记录也能与A表中的多条记录匹配。

在Access数据库中可以直接建立两表间的一对一关系和一对多关系，而多对多关系只能通过连接第三个表来达成。

2.7.1　创建表间关系

表间关系是通过两张表的公共字段(即具有相同数据类型、属性和含义的字段)建立连接的，因此在创建表间关系时，需要寻找到这个公共字段。在大多数情况下，这个公共字段是两个表中使用相同名称的字段(也可以名称不同，但必须数据类型、属性和含义相同)，一个字段是所在表的主键，另一个字段是所在表的外键。

(1) 主键。主键是保证表中记录唯一性和实体完整性的重要手段。

(2) 外键。外键是表的一个字段，既可以是一个普通字段，也可以是主键或主键的一部分，但外键一定是其他表的主键。

【例 2-26】为“小型超市管理系统”数据库的 7 张表创建表间关系。

在创建表间关系之前，先确保数据库中的所有表已经定义好了合适的主键。

具体步骤如下：

(1) 单击“数据库工具”选项，单击“关系”命令，如图 2-61 所示。

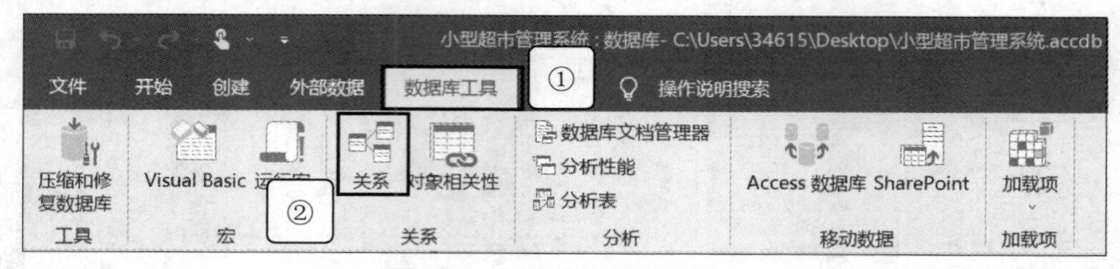

图 2-61　创建表间关系示例(a)

(2) 在弹出的“关系”窗口里，把需要的表添加进去。在“关系设计”选项里单击“添加表”，会弹出“显示表”对话框。在对话框里列出了所有的表和查询，选择需要添加的表，单击“添加”按钮，该表就会添加进去。把所有需要的表添加完毕后，单击“关闭”按钮关闭“显示表”对话框，如图 2-62 所示。

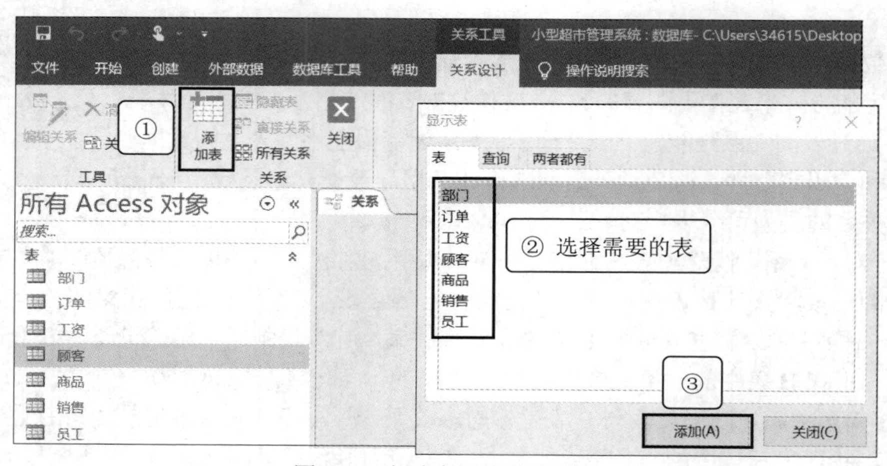

图 2-62　创建表间关系示例(b)

(3) 拖动表，调整表的位置，方便后面创建表间关系，如图 2-63 所示。如果不小心多添加了表，可以对准该表单击右键，选择“隐藏表”就能把表从“关系”窗口中删除。

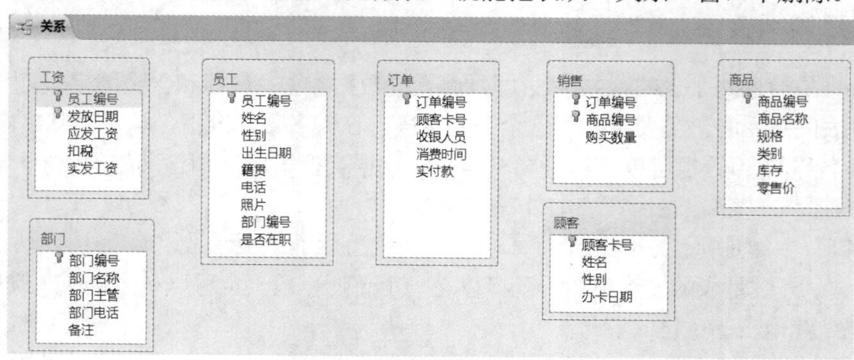

图 2-63　创建表间关系示例(c)

(4) 两表之间创建关系。先创建“员工”和“部门”表间关系，根据表间关系的规则：表间关系通过主键和外键实现，“部门编号”字段是“部门”表的主键，是“员工”表的外键，且这个字段属性相同，数据相同，因此通过“部门编号”字段建立两表间关系。创建的步骤如图 2-64 所示。创建完毕后，在窗口中可以看到“部门”和“员工”表的“部门编号”字段用一根线连接了起来。

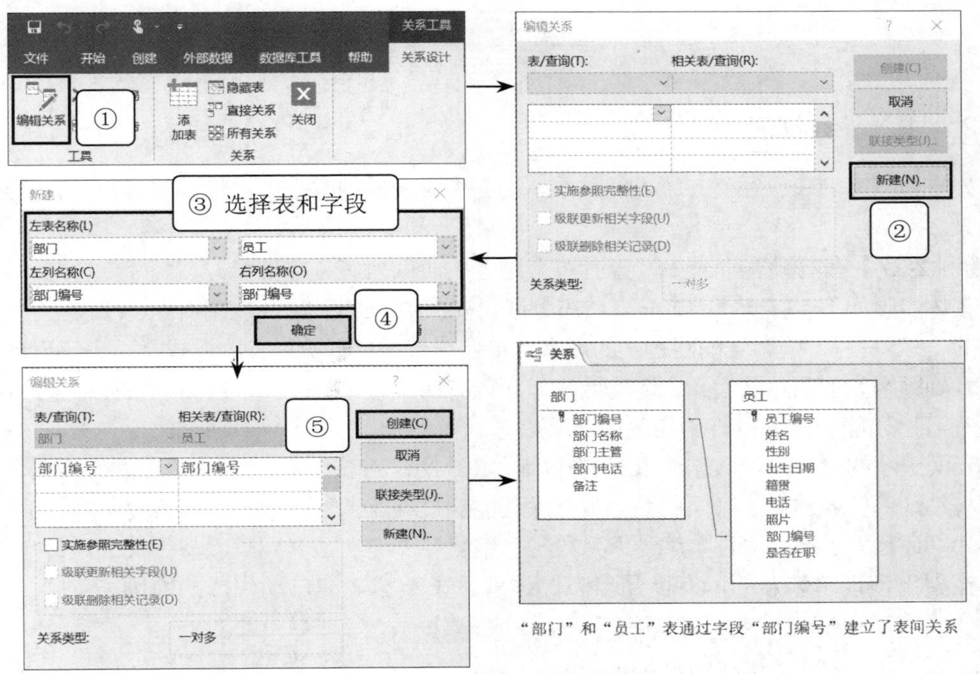

图 2-64　创建表间关系示例(d)

上面的步骤可以简化，在“关系”窗口中，鼠标单击“部门”表中的“部门编号”字段，一直按住左键，移动到“员工”表的“部门编号”字段处，放开左键，就会弹出“编辑关系”的对话框。这种方法更加直观和简洁，是最常用的方法。

(5) 采用步骤(4)的方法，把其他表的关系也建立好，如图 2-65 所示。

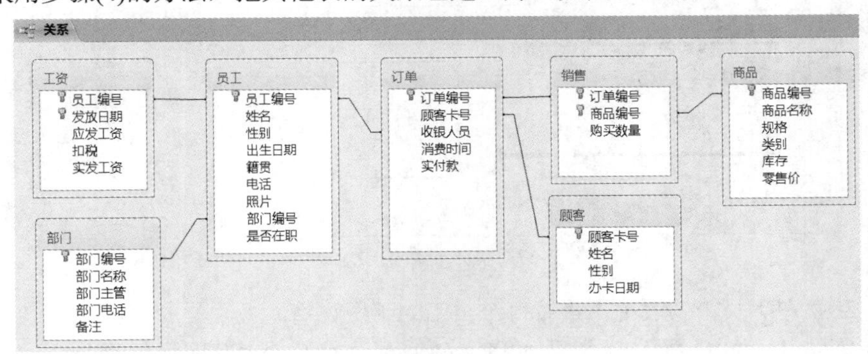

图 2-65　创建表间关系示例(e)

如果要重新编辑关系或删除关系，只要对准两表间的连线，单击鼠标右键，选择“编辑关系”可以重新编辑，选择“删除”可以删除关系，如图 2-66 所示。

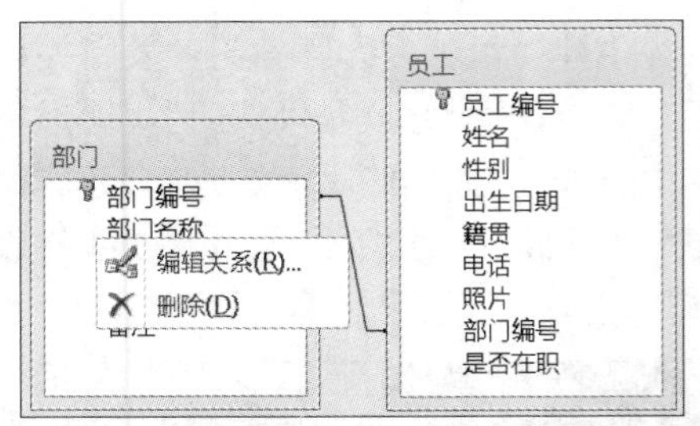

图 2-66 创建表间关系示例(f)

2.7.2 插入子数据表

如果数据库的表已经建立了表间关系，则在查看表的同时也可以查看与其相关联的其他表的记录。

【例 2-27】在“顾客”表中，查看每个顾客购买的所有订单信息。

具体步骤如下：打开“顾客”表，在数据表视图中，如图 2-67 左图所示，单击第一条记录左边的“+”符号，顾客张丽丽购买的所有订单信息就会以子数据表的方式呈现在该记录下面。可以看到顾客张丽丽总共在超市购物两次，所以有两条订单记录。单击第一条订单记录左边的“+”符号，还能看到该条订单相关的商品信息。

表间关系的建立是子数据表形成的基础，如图 2-67 右图所示，“顾客”表通过“顾客卡号”字段与“订单”表建立了表间关系，数据库就能通过顾客卡号搜索出该顾客的所有订单编号，又因为“订单”表通过“订单编号”字段与“销售”表建立了表间关系，因此通过订单编号，就能搜索出该订单涉及的所有商品信息，这就是子数据表能自动生成的原因。

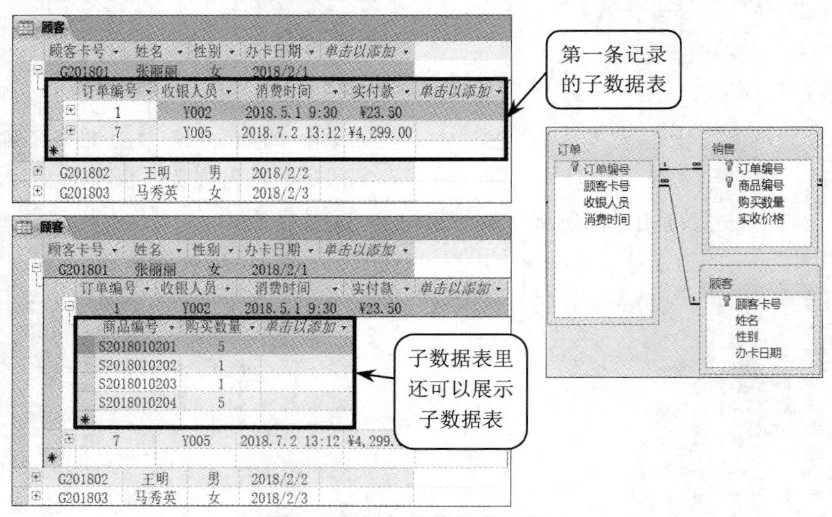

图 2-67 插入子数据表示例(a)

【例 2-28】在“员工”表中，查看每个员工的工资详情。

具体步骤如下：打开“员工”表，如图 2-68 所示，在数据表视图中，单击记录左边的“+”符号，弹出“插入子数据表”对话框，选择“工资”表，单击“确定”按钮，员工赖涛的所有工资信息就会以子数据表的方式呈现在该记录下面。继续单击其他记录左边的“+”符号，同样能看到对应的子数据表。

本例之所以会弹出“插入子数据表”对话框，是因为“员工”表与其他多张表有建立直接的表间关系，在形成子数据表时，选择不同的表就会产生不同的记录数据。

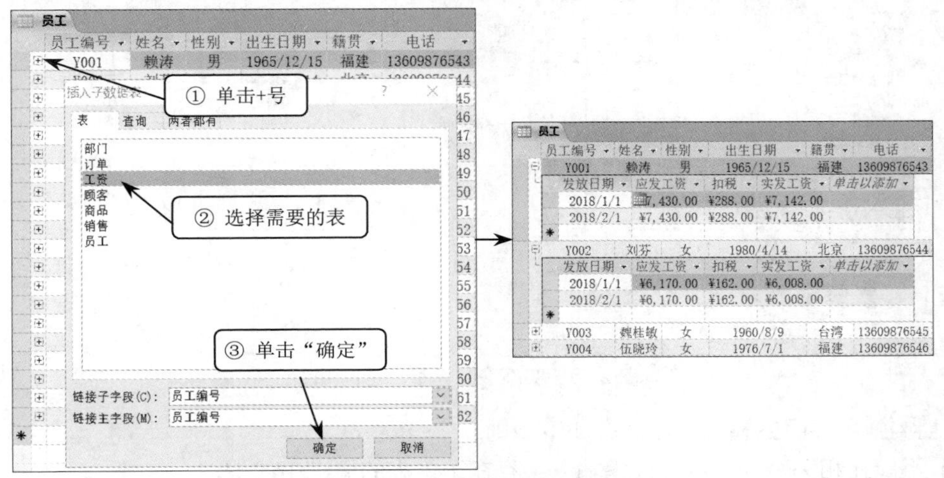

图 2-68　插入子数据表示例(b)

2.7.3　关系的参照完整性

当所有表都建好关系后，还可以实施关系的参照完整性。实施参照完整性后，数据库会确保相关表中记录之间关系的有效性，并且可以避免意外删除或更改相关数据。

【例 2-29】为“小型超市管理系统”数据库中的七张表间关系实施参照完整性。

具体步骤如下：

(1) 打开数据库，进入“关系”窗口。

(2) 先编辑“部门”和“员工”表间的关系。对准两表间的连接线双击，或者右击选择“编辑关系”，弹出“编辑关系”对话框。

(3) 如图 2-69 所示，在“编辑关系”对话框中，勾选“实施参照完整性”的复选框，单击“确定”按钮即可。设置完成后，“部门”和“员工”两表间的连线会出现 1 对多的符号(线上显示 1 和∞)。1 对多的符号代表“部门”表中的一个“部门编号”对应很多个“员工”表中的“部门编号”，现实意义可以理解为一个部门有多个员工，一个员工只能在一个部门。

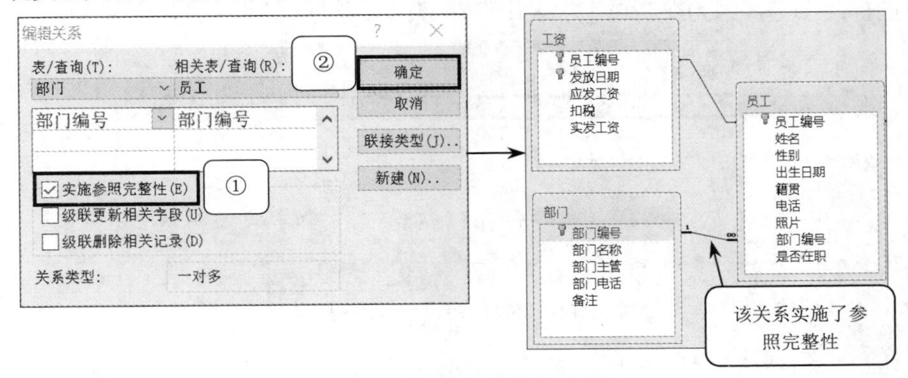

图 2-69　实施参照完整性示例(a)

(4) 按照步骤(3)的方法，把其他的表间关系也实施参照完整性，最终得到的效果如图 2-70 所示。

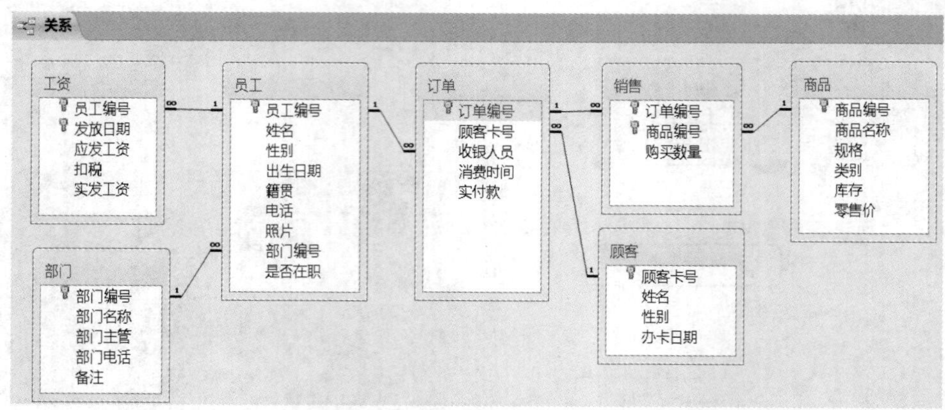

图 2-70　实施参照完整性示例(b)

一旦实施了参照完整性，则会有如下规则：

(1) 不能在相关表的外键字段中输入不存在于主表的主键中的值。

例如，把“员工”表中第一条记录的“部门编号”从 D1 改为 D7，则弹出如图 2-71 所示的提示信息，提示不能进行此操作。从“员工”表和“部门”表的表间关系来看，“部门编号”字段是“员工”表的外键，是“部门”表的主键。

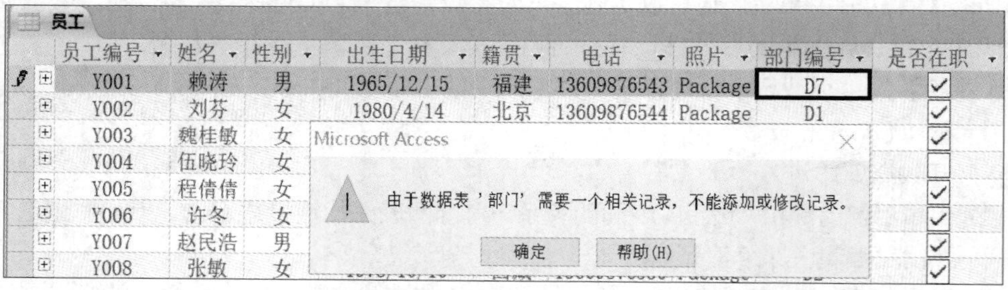

员工

员工编号	姓名	性别	出生日期	籍贯	电话	照片	部门编号	是否在职
Y001	赖涛	男	1965/12/15	福建	13609876543	Package	D7	☑
Y002	刘芬	女	1980/4/14	北京	13609876544	Package	D1	☑
Y003	魏桂敏	女						☑
Y004	伍晓玲	女						☐
Y005	程倩倩	女						☑
Y006	许冬	女						☑
Y007	赵民浩	男						☑
Y008	张敏	女						☑

Microsoft Access

由于数据表‘部门’需要一个相关记录，不能添加或修改记录。

确定　帮助(H)

图 2-71　实施参照完整性示例(c)

(2) 如果在相关表中存在匹配的记录，不能从主表中删除这个记录。

例如，把“部门”表中“部门编号”为 D1 的记录删除，则弹出如图 2-72 所示的提示信息，提示不能进行此操作，因为在“员工”表中存在部门编号为 D1 的记录。

部门

部门编号	部门名称	部门主管	部门电话	备注
D1	客服部	Y001	86828385	负责售前和售后的客
D2	人事部	Y006	86821222	负责人力资源管理
D3				
D4				
D5				
D6				

Microsoft Access

由于表‘员工’中了包含相关记录，不能删除或改变该记录。

确定　帮助(H)

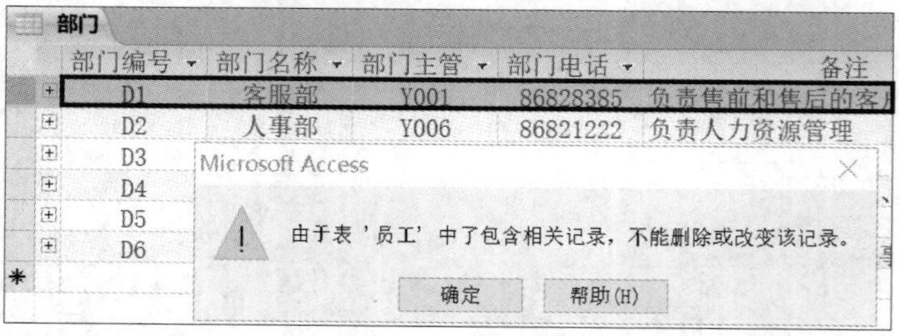

图 2-72　实施参照完整性示例(d)

(3) 如果在相关表中存在匹配记录，则不能在主表中更改主键值。

例如，把“部门”表中“部门编号”从 D1 改为 D7，则弹出如图 2-73 所示的提示信息，提示不能进行此操作，因为在“员工”表中存在部门编号为 D1 的记录。

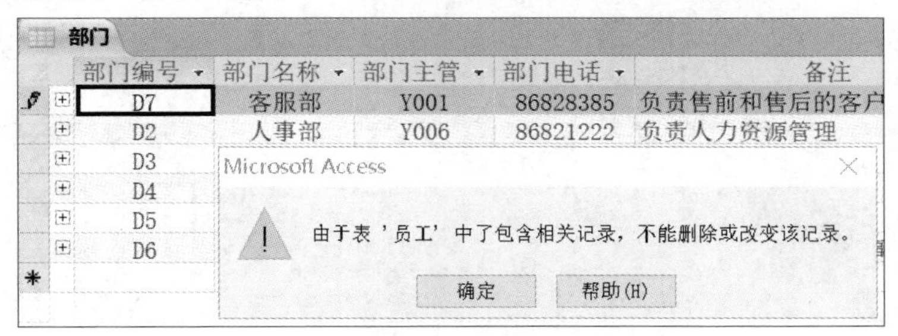

图 2-73　实施参照完整性示例(e)

如果在实际的操作过程中的确需要修改或删除表中主键的值以及相关联的其他表的值，则需要使用“级联更新”或“级联删除”功能。

1. 级联更新

基于表间关系已经建立好，且实施了参照完整性，需要修改表中主键的值，需要启用“级联更新”功能。

【例 2-30】把“部门”表的“部门编号”从 D1 改为 D001，同时确保与之相关的其他表数据也同时修改。

具体步骤如下：

(1) 打开数据库，进入“关系”窗口。

(2) 由于“部门”表只与“员工”表有直接关系，因此只需编辑两表间关系即可。对准“部门”表与“员工”表的连线双击，打开“编辑关系”对话框。

(3) 勾选“级联更新相关字段”的复选框，单击“确定”按钮，如图 2-74 所示。

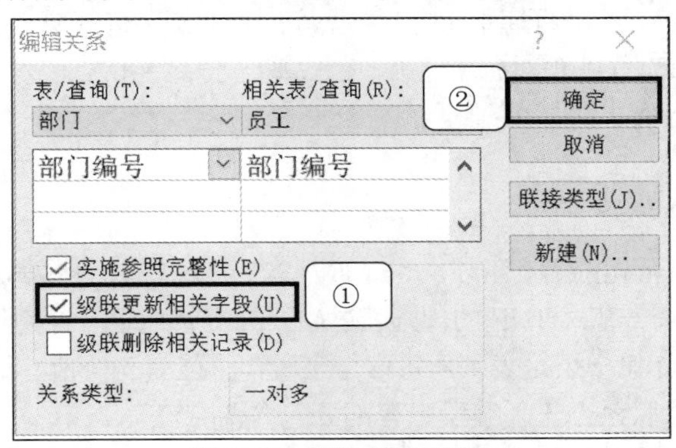

图 2-74　级联更新示例(a)

(4) 打开“部门”表，在数据表视图中，直接修改 D1 为 D001，没有任何提示信息，意味着修改成功。此时打开“员工”表，里面所有原来是 D1 的部门编号全部自动变成了 D001，如图 2-75 所示。这就是级联更新的作用，它会帮助用户修改所有与该字段相关联的所有字段值，确保数据的完整性和统一性。

部门

部门编号	部门名称	部门主管	部门电话
D001	客服部	Y001	86828385
D2	人事部	Y006	86821222
D3	销售部	Y009	86820304
D4	财务处	Y013	86824511
D5	采购部	Y015	86827171
D6	行政部	Y020	86826698

员工

员工编号	姓名	性别	出生日期	籍贯	电话	照片	部门编号	是否在职
Y001	赖涛	男	1965/12/15	福建	13609876543	Package	D001	☑
Y002	刘芬	女	1980/4/14	北京	13609876544	Package	D001	☑
Y003	魏桂敏	女	1960/8/9	台湾	13609876545	Package	D001	☑
Y004	伍晓玲	女	1976/7/1	福建	13609876546	Package	D001	☐
Y005	程倩倩	女	1978/2/19	上海	13609876547	Package	D001	☑
Y006	许冬	女	1980/3/31	江苏	13609876548	Package	D2	☑
Y007	赵民浩	男	1985/11/2	福建	13609876549	Package	D2	☑
Y008	张敏	女	1978/10/10	西藏	13609876550	Package	D2	☑
Y009	李国安	男	1965/7/28	安徽	13609876551	Package	D3	☑
Y010	刘燕	女	1978/6/8	河北	13609876552	Package	D3	☑

图 2-75　级联更新示例(b)

2. 级联删除

和“级联更新相关字段”类似，基于表间关系已经建立好，且实施了参照完整性，需要删除表中的某些记录，需要启用“级联删除”功能。

只要在“编辑关系”对话框中勾选“级联删除相关记录”复选框即可。一旦删除表中作为主键字段的某条记录，其他相关表中与之对应的记录也将删除。

2.8 表的规范

视频 2-8　表的规范

在设计数据库的表时，需要进行规范化处理，这样才能设计出性能优良的数据库应用程序。在关系型数据库中，构造数据库的表要满足最低要求的规范有三个范式：第一范式(1NF)，在满足第一范式基础上满足第二范式(2NF)，在满足第二范式基础上满足第三范式(3NF)。

2.8.1 第一范式(1NF)

第一范式(1NF)是规范化的第一阶段，也是最基本的规范要求，不满足第一范式 1NF 的数据库就不是关系数据库。第一范式(1NF)的规则表述如下：表中的每一个字段只能包含一个唯一值。

1NF 包含两层含义，第一层是表中的每一个字段都只能有一个值，图 2-76 所示是一个不满足 1NF 的表，该表的“联系方式”字段中有部分包含两个值。

员工

员工编号	姓名	性别	出生日期	籍贯	联系方式
Y001	赖涛	男	1965/12/15	福建	13609876543, 0591-87654321
Y002	刘芬	女	1980/4/14	北京	13609876544
Y003	魏桂敏	女	1960/8/9	台湾	13609876545, 0591-87654322
Y004	伍晓玲	女	1976/7/1	福建	13609876546
Y005	程倩倩	女	1978/2/19	上海	13609876547

两个值

图 2-76　不满足 1NF 的表

要修改成满足 1NF，可以把“联系方式”字段拆分成两个字段：“手机”和“座机”，如图 2-77 所示。

员工

	员工编号	姓名	性别	出生日期	籍贯	座机	手机
⊞	Y001	赖涛	男	1965/12/15	福建	0591-87654321	13609876543
⊞	Y002	刘芬	女	1980/4/14	北京		13609876544
⊞	Y003	魏桂敏	女	1960/8/9	台湾	0591-87654322	13609876545
⊞	Y004	伍晓玲	女	1976/7/1	福建		13609876546
⊞	Y005	程倩倩	女	1978/2/19	上海		13609876547

图 2-77　拆分字段使其满足 1NF

1NF 包含的第二层含义是不能有字段名相同的字段。例如，图 2-76 的“联系方式”字段，就不能拆分成两个“联系方式”字段。

2.8.2　第二范式(2NF)

满足 1NF 的表就可以在数据库中使用了，但还有可能存在问题，需要进一步满足第二范式(2NF)的要求。第二范式(2NF)的规则表述如下：每一个非主键的字段都完全依赖于主键字段。

所谓“完全依赖”是指不能存在不依赖主键的字段，或者仅依赖主键一部分的字段，如果存在，那么这个字段应该移动到另一个表中。

图 2-78 所示是一个满足 1NF 但并不满足 2NF 的表，该表的每一个字段都是一个独立的属性，字段的值也只有一个，完全满足 1NF 的要求。

订单详情

订单编号	顾客卡号	收银人员	消费时间	商品编号	购买数量
1	G201801	Y002	2018.5.1 9:30	S2018010201	5
1	G201801	Y002	2018.5.1 9:30	S2018010202	1
1	G201801	Y002	2018.5.1 9:30	S2018010203	1
1	G201801	Y002	2018.5.1 9:30	S2018010204	5
2	G201802	Y003	2018.5.1 11:30	S2018010207	2
2	G201802	Y003	2018.5.1 11:30	S2018010208	2
2	G201802	Y003	2018.5.1 11:30	S2018010211	1

图 2-78　满足 1NF 但存在问题的表

虽然满足 1NF，但是也存在以下问题。

(1) 数据冗余。“订单编号”“顾客卡号”“收银人员”和“消费时间”这 4 个字段存在重复的数据。如果一个顾客在一次消费中购买了 10 种不同的商品，则这 4 个字段的数值就会重复出现 10 次。

(2) 更新麻烦。如果要修改“订单编号”字段值，则需要对整张表格进行搜索和替换，否则很容易出现错漏。

“订单详情”表的主键由“订单编号”和“商品编号”组合而成，根据 2NF 的要求分析该表就会发现，“顾客卡号”“收银人员”和“消费时间”字段只依赖“订单编号”，并不依赖“商品编号”，可见非主键的字段并不完全依赖主键，所以该表不满足2NF。因此，可以将此表拆分成 2 个表，如图 2-79 所示。

订单

订单编号	顾客卡号	收银人员	消费时间
1	G201801	Y002	2018.5.1 9:30
2	G201802	Y003	2018.5.1 11:30
3	G201805	Y003	2018.5.3 14:31

销售

订单编号	商品编号	购买数量
1	S2018010201	5
1	S2018010202	1
1	S2018010203	1

图 2-79　将不符合 2NF 的表拆分

2.8.3　第三范式(3NF)

满足 2NF 的表是一个合格的表了，但依然可能存在问题，还需要进一步满足第三范式(3NF)的要求。第三范式(3NF)的规则表述如下：除了主键以外的其他字段都不传递依赖于主键字段。

所谓"传递依赖"，是指如果一张表中存在"A 字段→ B 字段→ C 字段"的决定关系，则 C 字段传递依赖于 A 字段。

3NF 可以有以下两种理解方式。

(1) 表中任何非主键字段都不依赖于其他非主键字段。如图 2-80 所示，"主管编号"和"主管姓名"都是该表的非主键字段，而且"主管姓名"依赖于"主管编号"，产生了传递依赖，因此需要把"主管姓名"字段去掉。

部门

部门编号	部门名称	主管编号	主管姓名	部门电话
D1	客服部	Y001	赖涛	86828385
D2	人事部	Y006	许冬	86821222
D3	销售部	Y009	李国安	86820304
D4	财务处	Y013	吴年华	86824511
D5	采购部	Y015	许嘉新	86827171
D6	行政部	Y020	李清	86826698

图 2-80　不符合 3NF 的表

(2) 表中不能包含其他表中已经有的非主键字段。图 2-81 左图是一个满足 2NF 但并不满足 3NF 的表，该表的"部门主管"字段存放的是"员工"表的"姓名"数据，就等同于包含了"员工"表中已有的非主键"姓名"字段，因此违反了 3NF。从常理来分析，人的姓名是有可能相同的，在"部门主管"字段使用姓名是无法唯一标识某个人的，所以字段值改为部门主管的"员工编号"更合适，如图 2-81 右图所示。

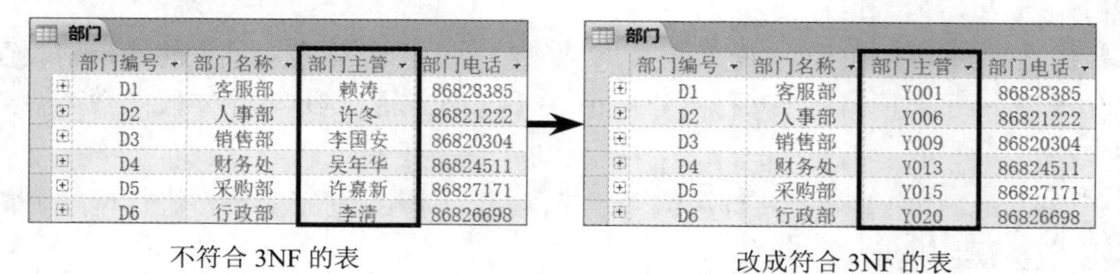

部门

部门编号	部门名称	部门主管	部门电话
D1	客服部	赖涛	86828385
D2	人事部	许冬	86821222
D3	销售部	李国安	86820304
D4	财务处	吴年华	86824511
D5	采购部	许嘉新	86827171
D6	行政部	李清	86826698

部门

部门编号	部门名称	部门主管	部门电话
D1	客服部	Y001	86828385
D2	人事部	Y006	86821222
D3	销售部	Y009	86820304
D4	财务处	Y013	86824511
D5	采购部	Y015	86827171
D6	行政部	Y020	86826698

不符合 3NF 的表　　　　改成符合 3NF 的表

图 2-81　修改不符合 3NF 的表

满足 1NF、2NF 和 3NF 的表，消除了大部分冗余数据和异常，具有较好的性能。值得一提的是，三大范式只是设计数据库的基本理念，可以建立冗余较小、结构合理的数据库。但如果有特殊情况，也需要特殊对待，数据库设计最重要的是满足需求和性能：需求>性能>表结构，因此不能一味地追求范式建立数据库。

2.9 思考与练习

2.9.1 思考题

1. 创建 Access 数据库有哪些方法？
2. 打开 Access 数据库有哪些方法？
3. 以独占方式打开 Access 数据库文件后，其他用户还能使用该数据库吗？
4. 在 Access 2016 中，创建表的方法有哪几种？简述每种方法的特点。
5. 表有哪几种视图？简述每种视图的作用和特点。
6. 表的主键有什么作用？选择主键有哪些原则？
7. 在表间关系中，实施“参照完整性”的具体含义是什么？“级联更新”和“级联删除”有何区别？
8. 举例说明字段的“输入掩码”属性的含义和使用方法。
9. 举例说明字段的“验证规则”和“验证文本”属性的含义和使用方法。

2.9.2 选择题

1. Access 2016 数据库文件的扩展名为(　　)。

　A. .accdb　　B. .mdb　　C. .docx　　D .xlsx

2. 在数据表视图中，不能进行操作的是(　　)。

　A. 删除记录　　B. 删除字段　　C. 追加记录　　D. 修改字段类型

3. 如果在创建表中建立字段“性别”，并要求用汉字表示，则其数据类型应当使用(　　)。

　A. 短文本　　B. 数字　　C. 是/否　　D. 长文本

4. 如果字段内容为声音文件，则该字段的数据类型应定义为(　　)。

　A. 短文本　　B. 长文本　　C. 超级链接　　D. OLE 对象

5. 在数据库中，当一个表的字段数据取自于另一个表的字段数据时，最好采用下列(　　)方法来输入数据而不会发生输入错误。

　A. 直接输入数据
　B. 把该字段的数据类型定义为查阅向导，利用另一个表的字段数据创建一个查阅列表，通过选择查阅列表的值进行输入数据
　C. 不能用查阅列表值输入，只能直接输入数据
　D. 只能用查阅列表值输入，不能直接输入数据

6. 若“学号”字段由 4 位组成，首位仅限英文，后三位仅限数字且不可缺省，应设置“学号”的输入掩码为(　　)。

　A. L0　　B. L000　　C. L9　　D. L999

7. 在表设计视图中，为了限制“性别”字段只能输入“男”或者“女”，该字段的验证规则是(　　)。

　A. [性别]="男" And [性别]="女"　　B. [性别]="男" Or [性别]="女"
　C. 性别="男" And 性别="女"　　D. 性别="男" Or 性别="女"

8. 若要求日期/时间型的“出生日期”字段只能输入包括 2019 年 1 月 1 日在内的以后的日期，则在该字段的“验证规则”中应该输入(　　)。

A. <=#2019-1-1#　　B. >=2019-1-1

C. <=2019-1-1　　D. >=#2019-1-1#

9. 假设一个书店用(书号，书名，主编，出版社，出版日期……)一组属性来描述图书，则可以作为“关键字”的是(　　)。

A. 书号　　B. 书名　　C. 主编　　D. 出版社

10. 对于两个具有一对多关系的表，如果在子表中存在与之相关的记录，就不能在主表中删除这个记录，为此需要定义的规则是(　　)。

A. 输入掩码　　B. 验证规则　　C. 默认值　　D. 参照完整性

11. 一个工作人员只能使用一台计算机，而一台计算机可被多个工作人员使用，以此构成数据库中工作人员信息表与计算机信息表之间的联系应设计为(　　)。

A. 一对一联系　　B. 无联系　　C. 一对多联系　　D. 多对多联系

12. 在“成本”表中有字段：装修费、人工费、水电费和总成本。其中，总成本=装修费+人工费+水电费，那么在建表时应将字段“总成本”的数据类型定义为(　　)。

A. 数字　　B. 单精度　　C. 双精度　　D. 计算

꧁ 第3章 ꧂

查　询

用户建立数据库的目的是存储和提取信息，信息的提取关键在于方便地查询和统计数据库中的数据，因此，查询便成了数据库操作的主要内容。除了直接的查询操作，对数据的追加、更新、删除等操作也可以通过查询来实现。本章以前面章节创建的“小型超市管理系统”为基础，介绍查询的基本概念、创建方法和条件设置等内容。

本章要点

- 使用查询向导和设计视图创建查询
- 选择查询、参数查询和操作查询的创建和设置
- 交叉表查询、重复项查询和不匹配项查询的创建方法
- 查询条件的设置

本章知识结构如图 3-1 所示。

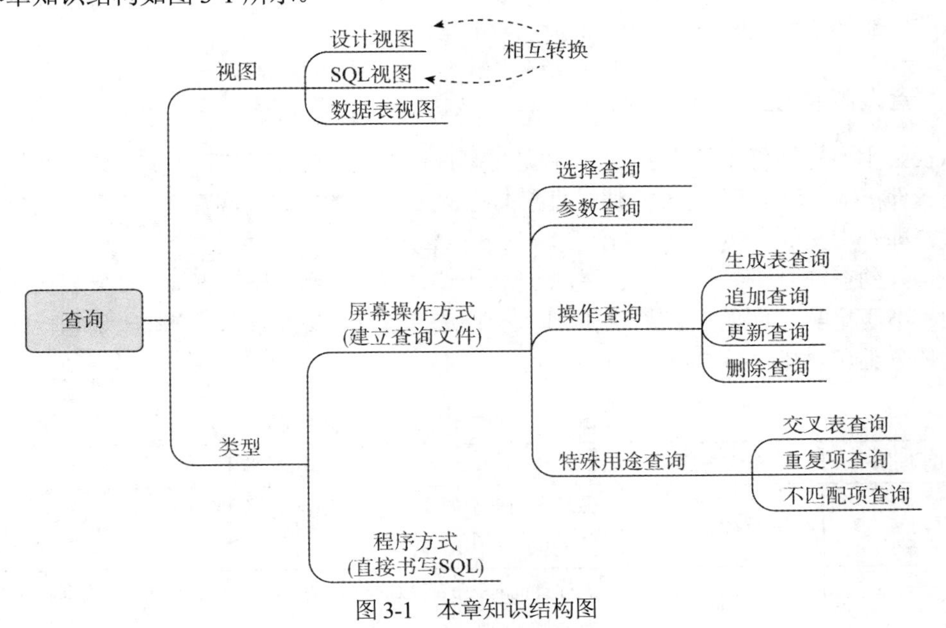

图 3-1　本章知识结构图

3.1 查询概述

视频 3-1　查询概述

在设计数据库时，为了减少数据的冗余，一个数据库中的多个相关数据表之间基本不存在重复字段。这样做的好处是可以减少数据维护过程中的工作量，最大限度地保证了数据库中相关数据的一致性。但坏处是增加了数据浏览的难度，因为数据信息被分放在几个不同的数据表中，打开其中一个数据表浏览时，只能看到部分数据。为了对数据库中的多个表中存储数据的一体化浏览及其他加工操作，必须通过查询来实现。

3.1.1　查询的作用

当运行一个查询时，Access 首先从数据源(表或已有查询)中提取查询要求的数据记录，并将查询结果放在一个被称为动态记录集的临时表中。动态记录集看起来像一张“表”，但它不是真正的表，不存储在数据库磁盘里，只在内存中临时存储和显示。当用户关闭这个动态记录集后，内存中的存储就会清除掉。因为这个动态记录集来源于数据库中的表的数据，当表数据发生改变后，再运行查询文件，查询结果就发生改变；反之，当用户修改查询结果中的数据，查询结果从内存写回数据库磁盘，同样也会改变数据源。

Access 查询的作用概括如下：

(1) 基于一个或多个表或已知查询，利用查询创建一个满足特定需求的数据集。

(2) 利用已知表或已知查询中的数据，可以进行数据的计算，生成新字段。

(3) 利用查询可以将表中数据按某个字段进行分组并汇总，从而更好地查看和分析数据。

(4) 利用查询可以生成新表，可以更新、删除数据源表中的数据，也可以为数据源追加数据。

(5) 查询为窗体、报表或其他查询提供数据来源。

3.1.2　查询的类型

Access 主要提供两种查询方式：一种是屏幕操作方式，通过建立查询文件的可视化方法存储查询条件；另一种是程序方式，通过直接书写 SQL 命令的方式实现查询。本章着重介绍第一种方式，即查询文件。SQL 语言的使用将在下一章介绍。

Access 的查询文件有多种形式，包括选择查询、参数查询、操作查询、交叉表查询、重复项查询、不匹配项查询等，可以总结成四大类：选择查询、参数查询、操作查询和特殊用途查询。具体分类和功能说明如表 3-1 所示。

表 3-1　Access 查询文件的分类和功能说明

查询类型	查询方式	功能说明
选择查询	选择查询	最基本的查询方式，指定记录和字段并对查询结果排序、分组、统计汇总
参数查询	参数查询	执行查询时提供参数的输入接口，实现用户交互式查询，本质上也是选择查询

(续表)

查询类型	查询方式	功能说明
操作查询	生成表查询	查询结果生成一张新的基本表
	追加查询	将查询结果插入一张基本表
	更新查询	对查询结果进行更新，存入数据源表
	删除查询	将查询结果从数据源表中删除
特殊用途查询	交叉表查询	用交叉表的形式组织查询结果，本质上也是一种选择查询
	重复项查询	查找指定字段的重复项，本质上也是一种选择查询
	不匹配项查询	在一张表中查询和另一张表不相关的记录

3.1.3 查询的视图

Access 提供三种查询视图：数据表视图、SQL 视图和设计视图。

(1) 数据表视图：是查询的数据浏览界面，通过该视图可以查看查询的运行结果，即查询所检索到的记录。

(2) SQL 视图：查询和编辑 SQL 语句的窗口。在 SQL 视图中，用户可以创建查询，也可以查看当前查询文件对应的 SQL 语句，还可以直接修改 SQL 语句。

(3) 设计视图：查询设计视图就是查询设计器。通过该视图，用户可以创建和修改除指定 SQL 查询以外的任何类型的查询。

3.1.4 查询的创建方法

创建查询文件有两种方式：一种是“查询向导”，另一种是“查询设计”视图。查询向导按照一定的模式引导用户一步一步创建查询，实现基本的查询操作，不需要过多的较为专业的数据库操作，简单易实现，但缺点是功能比较单一。若要完成丰富多变的查询任务，需要使用“查询设计”视图。下面通过一个例子来掌握查询的两种创建方式。

【例 3-1】查询“商品”表中的所有数据，并把查询文件命名为“查询商品信息”。

1. 利用“查询向导”创建查询

(1) 打开数据库，选择“创建”选项，单击“查询向导”命令，在弹出的“新建查询”对话框中选择“简单查询向导”，单击“确定”按钮，如图 3-2 所示。

(2) “表/查询”列表里选择“商品”表，“可用字段”会列出所选表的所有字段。把需要的字段选到右方的“选定字段”框中，单击“下一步”按钮，如图 3-3 所示。

(3) 单击图 3-4 左图中的“下一步”按钮，然后在“请为查询指定标题”里输入查询的名字“查询商品信息”，单击“完成”按钮即可，如图 3-4 右图所示。

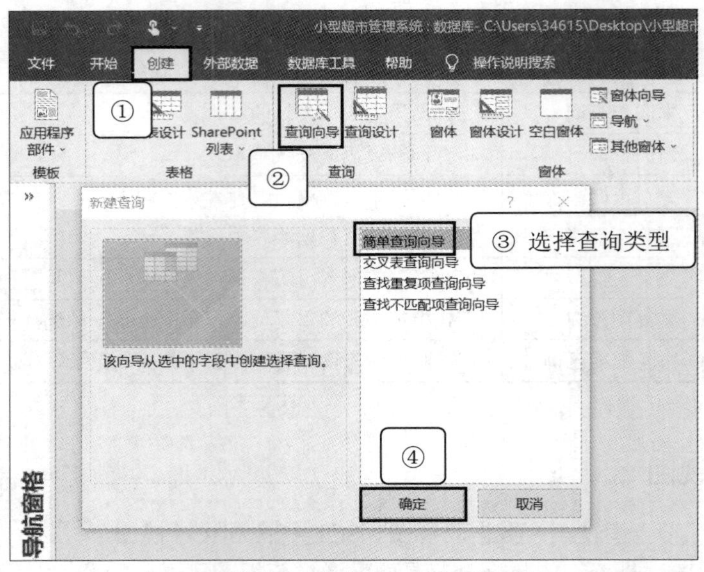

图 3-2 利用“查询向导”创建查询示例(a)

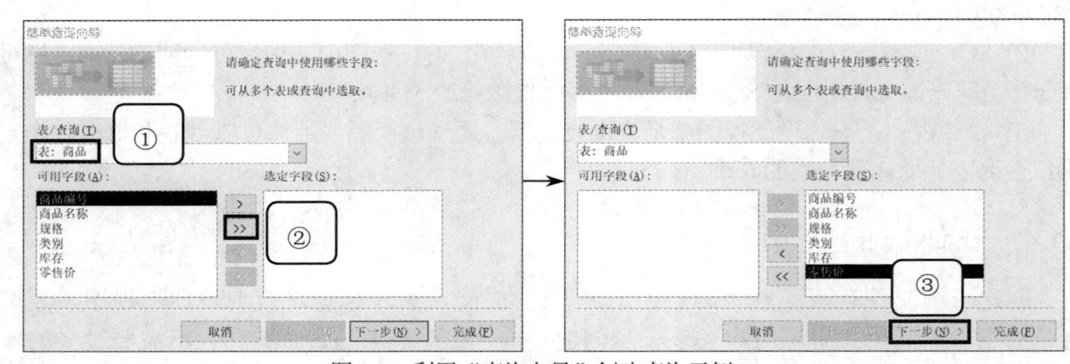

图 3-3 利用“查询向导”创建查询示例(b)

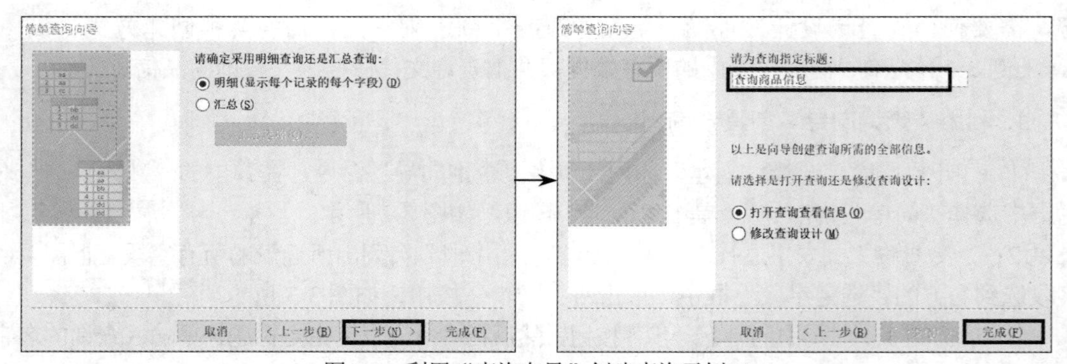

图 3-4 利用“查询向导”创建查询示例(c)

生成的查询显示结果如图 3-5 所示。在导航窗格里，查询对象中出现了“查询商品信息”。虽然这个查询结果看起来是一张表，但不是真正意义的表，它只是查询语句的一种视图呈现方式，临时存储在内存中。

商品编号	商品名称	规格	类别	库存	零售价
S2018010201	凉茶	250ml	饮品	810	¥2.40
S2018010202	可口可乐	355ml	饮品	91	¥2.50
S2018010203	雪碧	355ml	饮品	145	¥2.50
S2018010204	矿泉水	550ml	饮品	121	¥1.30
S2018010205	冰红茶	490ml	饮品	150	¥2.40
S2018010206	黑芝麻汤圆	800g	速冻品	147	¥14.90
S2018010207	猪肉水饺	千克	速冻品	100	¥18.20
S2018010208	山东馒头	280g	速冻品	86	¥39.90
S2018010209	肉粽	960g	速冻品	100	¥74.90

图 3-5　利用“查询向导”创建查询示例(d)

在该查询的数据表视图中，把商品名“凉茶”改为“咖啡”，打开“商品”表，会发现该字段的“凉茶”也自动更改为“咖啡”。如果在“商品”表中把“咖啡”再改回 “凉茶”，再打开查询，会发现该字段也自动改成“凉茶”。这也验证了前面所说的，当表中数据发生改变后，运行查询文件，查询结果就发生改变，反过来也成立。

2. 利用“查询设计”创建查询

(1) 打开数据库，选择“创建”选项，单击“查询设计”命令，自动生成一个名为“查询 1”的查询，同时弹出“显示表”对话框(“显示表”对话框可以通过查询工具的“添加表”命令调出来)，选择“商品”表，单击“添加”按钮，把表加到查询的设计视图中，如图 3-6 所示。

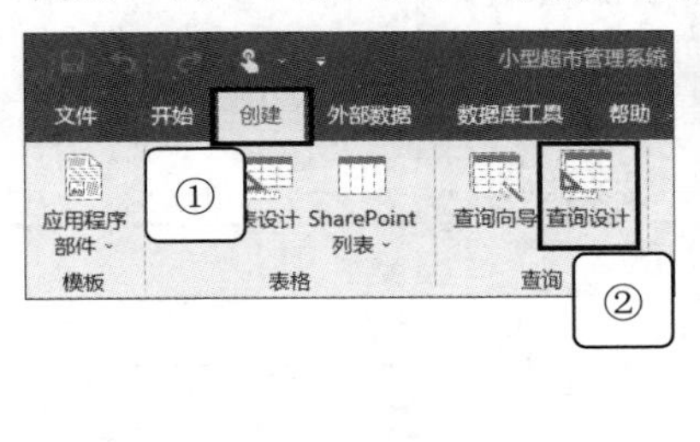

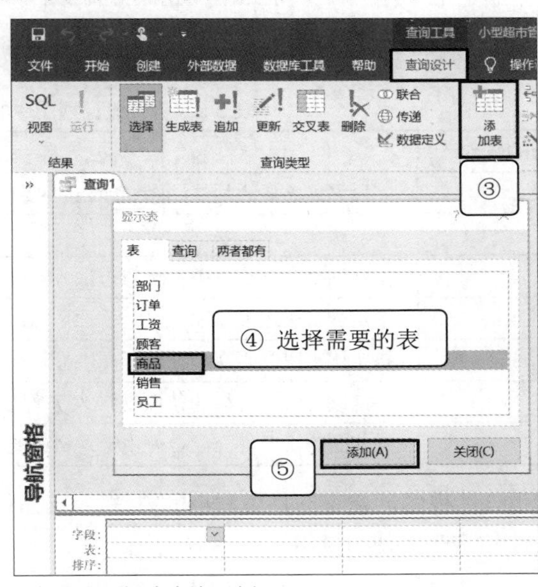

图 3-6　利用“查询设计”创建查询示例(a)

(2) 关闭“显示表”对话框，双击“商品”表中的“*”符号，在下方的字段中就会出现“商品.*”，其中“*”号代表该表中所有字段都显示。也可以双击表的每个字段，效果是一样的，如图 3-7 所示。

(3) 可以单击“运行”命令先查看结果，然后保存，也可以直接保存。查询结果与之前介绍的利用“查询向导”方法创建的是一致的。

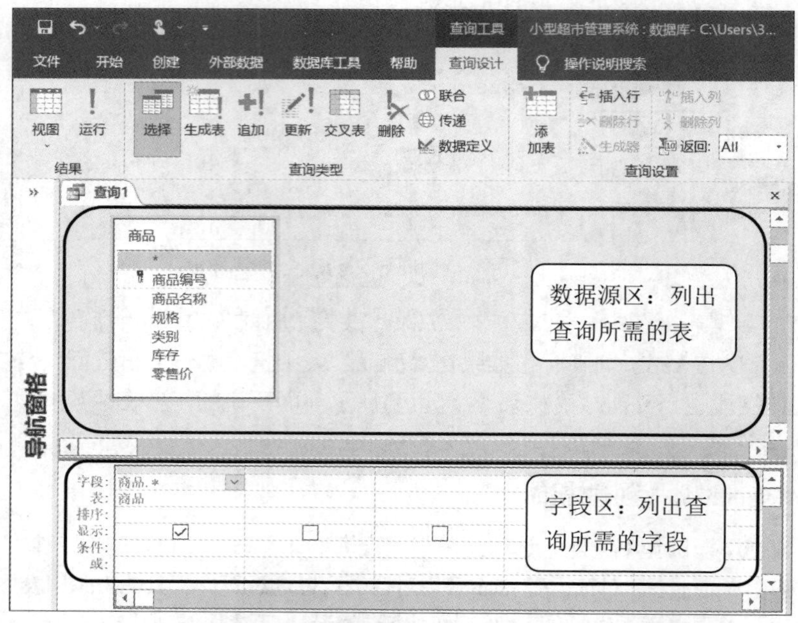

图 3-7　利用“查询设计”创建查询示例(b)

在查询设计视图下方的字段区，每一行的标题所代表的含义如表 3-2 所示。

表 3-2　查询设计视图中的字段区说明

行的名称	作用
字段	字段名或字段表达式(每个查询至少要有一个字段)
表	字段所在表的表名
总计	指定该字段在查询中的运算方法
排序	指定查询采用的排序方法
显示	指定该字段是否在数据表视图中显示
条件	指定该字段应遵循的条件(通常写条件表达式或逻辑表达式)
或	跟前面的“条件”配合使用，逻辑或的条件

利用设计视图创建查询是最常用的方法，在设计视图里可以选择需要的表和需要的字段，设置条件和排序，使用分组和汇总等功能。

3.2 选择查询

视频 3-2　选择查询

选择查询是最基本的查询方式，根据指定条件从一个或多个数据源中获取数据，还可以实现对查询结果的排序、分组和汇总统计。

3.2.1 创建不带条件的查询

创建查询可以使用向导方式，也可以使用设计视图方式。下面重点介绍利用设计视图创建查询的方法。

【例3-2】创建一个查询，命名为"查询员工的实发工资"，显示员工的"姓名""发放日期"和"实发工资"字段。

具体步骤如下：

(1) 打开数据库，先分析该查询需要的表。从要显示的字段可知需要两张表，分别是"员工"和"工资"，因此创建查询之前，先为这两张表建立表间关系。当然，也可以进入查询设计视图后再建立表间关系。

(2) 选择"创建"选项，单击"查询设计"命令，在弹出的查询设计视图中选择"员工"和"工资"表。如果发现表间关系还没有设置，也可以在查询设计视图中设置表间关系。

(3) 逐个双击所需的字段，字段会在下方的字段区域显示出来，如图3-8左图所示。该查询对字段取值没有任何条件。

(4) 保存查询，命名为"查询员工的实发工资"，然后运行该查询，结果如图3-8右图所示。

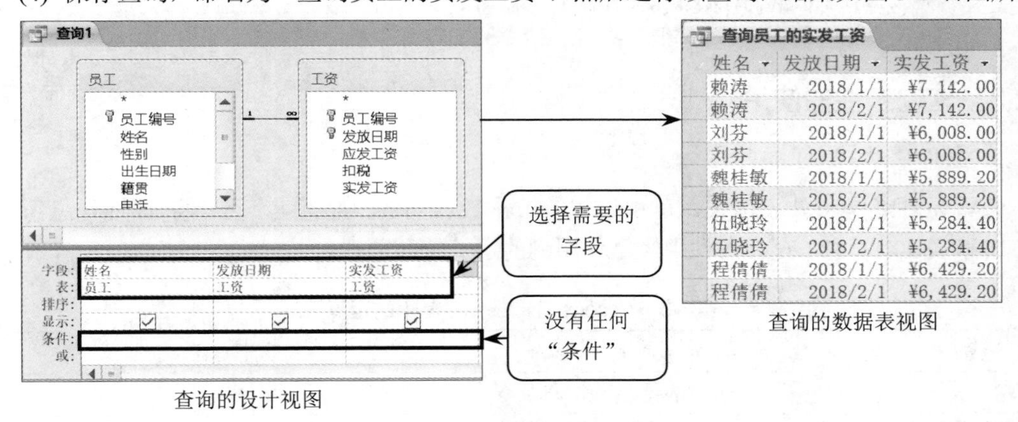

图3-8 创建不带条件的查询示例

3.2.2 创建带条件的查询

在查询中使用条件，就是对字段添加限制条件，使得查询结果只包含满足条件的数据记录。在查询的设计视图中，通过在指定字段下的"条件"一行处设置表达式，就能限制该字段的筛选条件。

【例3-3】创建一个查询，显示员工的"姓名""发放日期"和"实发工资"字段，只能显示实发工资大于6000的记录，而且工资从高到低排序。

具体步骤如下：对表和字段的选择与【例3-2】一样，但是要增加条件和排序的设置。"实发工资大于6000"是一个条件，所以在"实发工资"字段的"条件"行输入表达式">6000"。"工资从高到低排序"是排序方式，所以在"实发工资"字段的"排序"行选择"降序"。这意味数据库在筛选记录时，既要遵循"条件"中的表达式，又要遵循"排序"方式。设置好的设计视图如图3-9左图所示。保存运行查询，结果如图3-9右图所示。

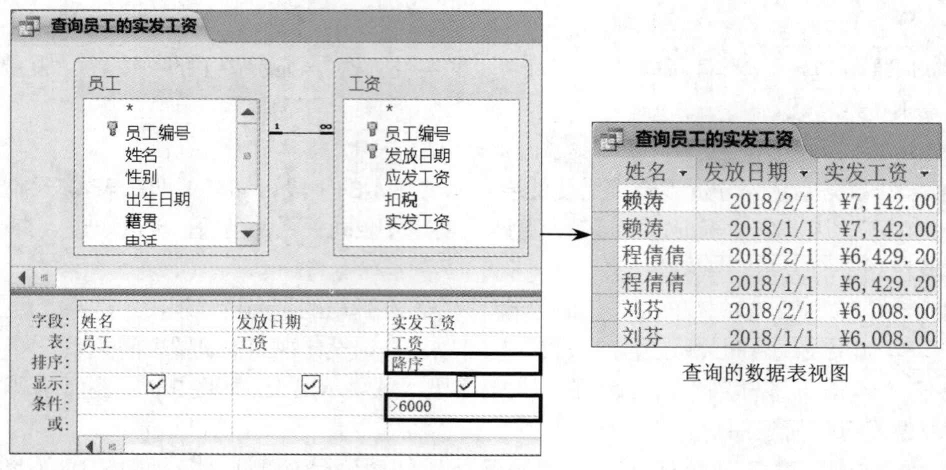

图 3-9 创建带条件的查询示例

3.2.3 查询条件的使用

1. 条件表达式

查询条件就是条件表达式，可由运算符、常数、函数、字段名、控件和属性任意组合。表 3-3 和表 3-4 罗列了查询条件中经常使用到的运算符和函数。

表 3-3 Access 查询条件中常用的运算符

运算符	符号	功能
算术运算符	+(加)，－(减)，*(乘)，/(除)，^(乘方)，&(连接符)	
关系运算符	=(等于)，>(大于)，<(小于)，>=(大于等于)，<=(小于等于)，<>(不等于)	
逻辑运算符	And (与)	当 And 前后的两个表达式均为真时，整个表达式的值为真，反之为假
	Or (或)	当 Or 前后的两个表达式有一个为真时，整个表达式的值为真，反之为假
	Not (非)	把 Not 后面的表达式的值取反
特殊运算符	[Not] Between…And…	用于判断某一字段的值不在/在……和……的范围内
	[Not] In	用于判断某一字段的值不属于/属于指定集合
	[Not] Like "匹配字符串"	用于指定查找文本字段的字符模式 like 可与以下通配符搭配使用： * 号表示与任何个数的字符匹配 ? 号表示与任何单个字母的字符匹配 # 号表示与任何单个数字的字符匹配
	Is [Not] Null	用于判断某一字段是否为非空/空

表 3-4 Access 查询条件中常用的函数

类别	函数	功能
算术函数	Fix(数值表达式)	返回数值表达式的整数部分
	Int(数值表达式)	取数值表达式运算结果的整数部分
	Rnd(数值表达式)	返回[0,1)之间的随机小数
	Round(数值表达式,小数位数)	返回数值表达式四舍五入后的结果
	Sgn(数值表达式)	返回数值表达式的符号值
日期/时间函数	Date( )	返回当前的系统日期
	Time( )	返回当前的系统时间
	Now( )	返回系统当前的日期与时间
	Year(date)	返回当前日期的年值
	Month(date)	返回当前日期的月值
	Hour(date)	返回当前日期的小时值
	Weekday(date)	返回当前日期的星期值
字符函数	Left(字符表达式,数值表达式)	从左侧开始截取指定长度的字符串
	Right(字符表达式,数值表达式)	从右侧开始截取指定长度的字符串
	Len(字符表达式)	求字符串的字符个数
统计函数	Sum(数值表达式)	计算数值表达式的总和
	Avg(数值表达式)	计算数值表达式的平均值
	Count(数值表达式)	统计数值表达式的记录个数
	Max(数值表达式)	返回数值表达式的最大值
	Min(数值表达式)	返回数值表达式的最小值

注意：

(1) 表达式中的文本必须使用全英文输入法状态下输入的双引号，例如"教授"。而数字则无须使用双引号，例如，4、3、60、80 等真正意义上的数字。

(2) 表达式中，除了中文，其他所有符号都必须在全英文输入法的状态下输入，否则会提示该表达式含有无效字符。

(3) 在表达式里使用字段名，需要给字段名加上中括号[ ]。

(4) 在表达式里使用日期格式的数据，必须在日期两边加#号，代表是日期格式，例如#1999-01-01#。

2. 常用条件的写法

在查询中使用的条件多种多样，下面列举一些较为常用的条件的写法。

(1) 使用数值作为查询条件：前提是对应字段也应该是数值类型，否则会出现数据类型不匹配的错误。以“工资”表的“实发工资”字段为例，表 3-5 列出了常见的用法。

表 3-5　使用数值作为查询条件的示例

字段名	条件	功能
实发工资	<6000	查询实发工资小于 6000 的记录
	>=3000 And <=5000	查询实发工资范围在 3000~5000(包括 3000 和 5000)之间的记录
	Between 3000 And 5000	
	<3000 Or >=6000	查询实发工资小于 3000 或者大于等于 6000 的记录

(2) 使用文本作为查询条件：前提也是要求对应字段是文本类型。以“员工”表里的字段为例，表 3-6 列出了常见的用法。

表 3-6　使用文本作为查询条件的示例

字段名	条件	功能
籍贯	"福建"	查询籍贯是“福建”的记录
	"北京" Or "上海"	查询籍贯是“北京”或者“上海”的记录
姓名	"张敏" Or "李国安"	查询姓名为“张敏”或“李国安”的记录
	In("张敏","李国安")	
	Like "刘*"	查询姓“刘”的记录
	Not Like "刘*"	查询不姓“刘”的记录
	Like "*国*"	查询姓名里有“国”字的记录
	Len([姓名])>2	查询姓名大于 2 个字的记录

(3) 使用日期作为查询条件：前提也是要求对应字段是日期/时间类型。以“员工”表里的字段为例，表 3-7 列出了常见的用法。

表 3-7　使用文本作为查询条件的示例

字段名	条件	功能
出生日期	Between #1999-01-01# And #1999-12-31#	查询在 1999 年出生的记录
	Year([出生日期])=1999	
	>=#2000-01-01#	查询在 2000 年及以后出生的记录

3. 表达式生成器

在输入条件表达式时，有时会需要输入比较难以书写的函数或字段名等，这时可以使用 Access 提供的“表达式生成器”工具。“表达式生成器”工具提供了数据库中所有“表”和“查询”中的字段名称，窗体和报表中的各种控件名称，各种函数、常量、操作符和通用表达式等。

打开“表达式生成器”的方法如下。

(1) 在查询的设计视图中，单击字段的“条件”行。

(2) 在“查询设计”功能区中选择“生成器”命令，弹出“表达式生成器”对话框，如图 3-10 所示。

(3) 根据具体要求分别在“表达式元素”“表达式类别”和“表达式值”里选择需要的符号，得到表达式。

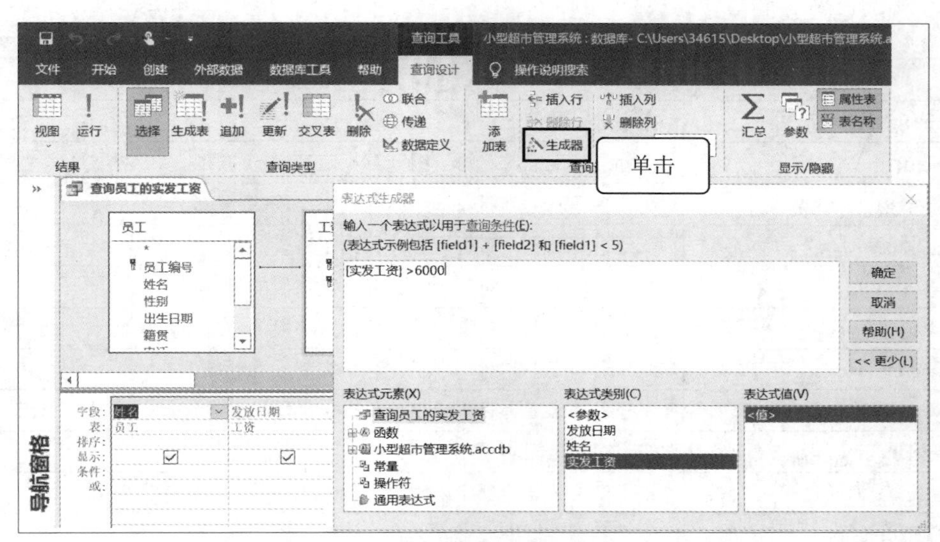

图 3-10 使用“表达式生成器”

3.2.4 在查询中使用计算

如果希望对查询的结果进行统计分析，需要用到查询的计算功能。查询的计算功能有两种类型：预定义计算和自定义计算。

1. 预定义计算

在查询中，预定义计算又叫“总计”功能。在查询的设计视图中，单击“汇总”命令就会在设计视图的字段区中显示“总计”行，如图 3-11 所示。

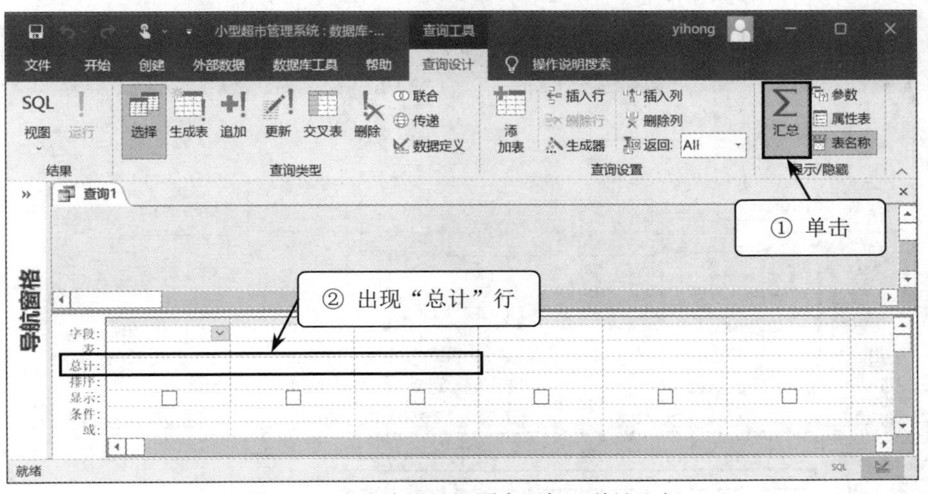

图 3-11 在查询设计视图中添加“总计”行

每个字段都可以选择“总计”行中的预定义计算公式进行统计分析。“总计”中共有 12 个预定义计算公式，其名称和功能如表 3-8 所示。

表 3-8 “总计”中预定义计算公式的名称和功能

名称	功能
分组(Group By)	指定进行数值汇总的分组字段
合计(Sum)	在分组基础上，对每一组计算指定字段的总和
平均值(Avg)	在分组基础上，对每一组计算指定字段的平均值
最大值(Max)	在分组基础上，对每一组计算指定字段的最大值
最小值(Min)	在分组基础上，对每一组计算指定字段的最小值
计数(Count)	在分组基础上，对每一组计算指定字段的记录条数
标准差(StDev)	在分组基础上，对每一组计算指定字段的标准偏差
变量(Var)	在分组基础上，对每一组计算指定字段的变量值
第一条记录(First)	按照输入时间的顺序返回第一条记录的指定字段值
最后一条记录(Last)	按照输入时间的顺序返回最后一条记录的的指定字段值
表达式(Expression)	在“字段”行中使用表达式
条件(Where)	限制表中的部分记录参与汇总

【例 3-4】创建一个查询，作用是统计各种类别的商品的平均价格、最高价格和最低价格。查询命名为“查询商品价格统计”，显示“商品类别”“平均价格”“最高价格”和“最低价格”字段。

查询的设计视图如图 3-12 所示，得到的显示结果如图 3-13 所示。在“总计”行中，都是默认给每一个字段设置 Group By 功能，Group By 功能就是分组功能。对“类别”字段分组意味着把类别相同的记录归为一组。对“零售价”字段求平均值，则意味着在分组的基础上，对每一组记录的零售价算出平均值。而求最大值和最小值也一样，都是对一组记录进行计算。

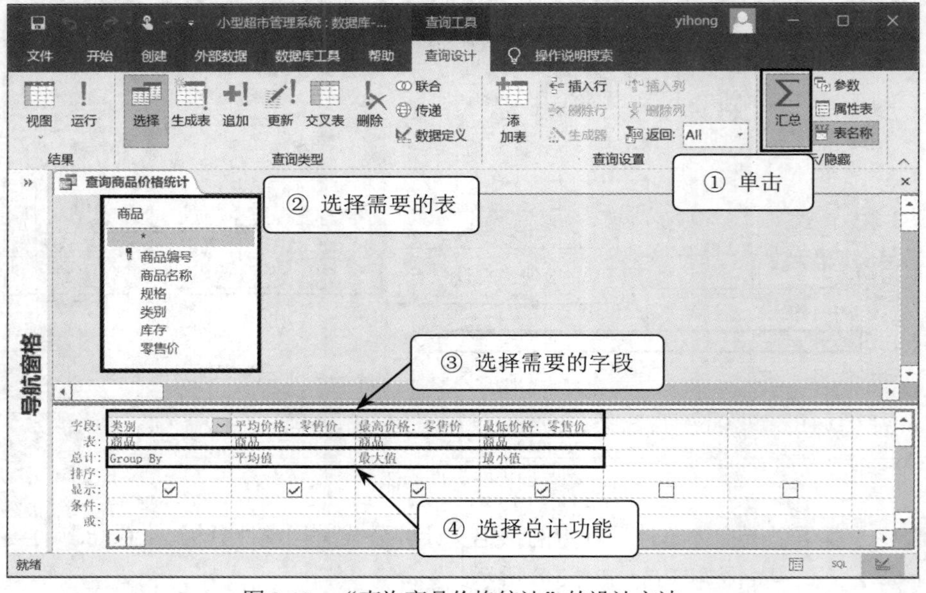

图 3-12 “查询商品价格统计”的设计方法

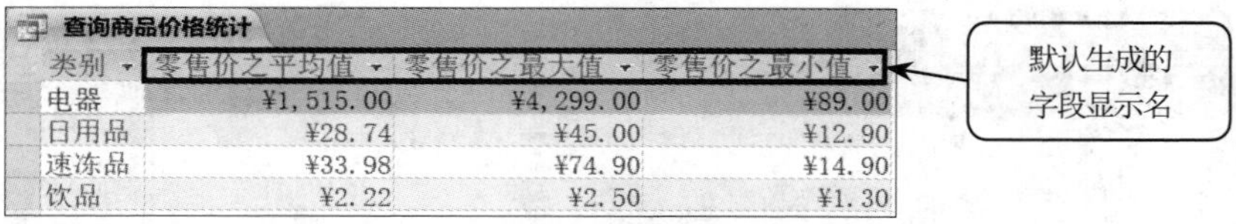

查询商品价格统计
类别 零售价之平均值 零售价之最大值 零售价之最小值
电器 ¥1,515.00 ¥4,299.00 ¥89.00
日用品 ¥28.74 ¥45.00 ¥12.90
速冻品 ¥33.98 ¥74.90 ¥14.90
饮品 ¥2.22 ¥2.50 ¥1.30
默认生成的
字段显示名

图 3-13　“查询商品价格统计”的数据表视图

由于例题中要求显示的字段名是“商品类别”“平均价格”“最高价格”和“最低价格”，所以需要进一步修改字段显示名，修改后的设计视图如图 3-14 所示，得到的显示结果如图 3-15 所示。

查询商品价格统计
商品
*
商品编号
商品名称
规格
类别
库存
零售价
修改字段显示名
字段: 类别 平均价格: 零售价 最高价格: 零售价 最低价格: 零售价
表: 商品 商品 商品 商品
总计: Group By 平均值 最大值 最小值
排序:
显示:
条件:
或:

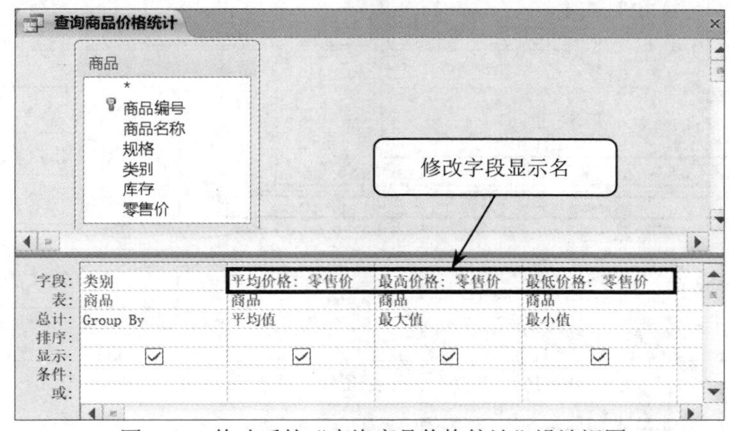

图 3-14　修改后的“查询商品价格统计”设计视图

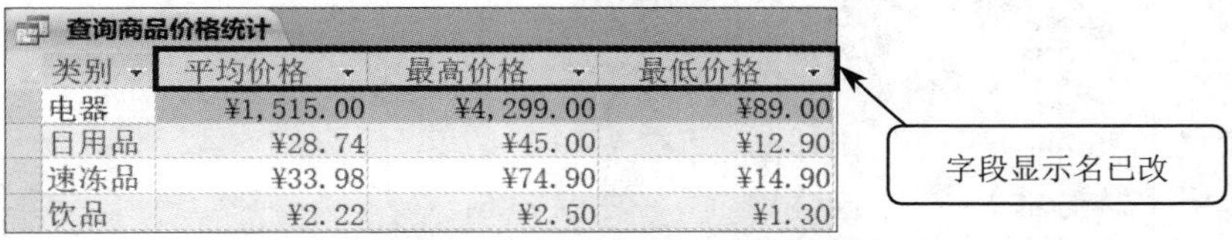

查询商品价格统计
类别 平均价格 最高价格 最低价格
电器 ¥1,515.00 ¥4,299.00 ¥89.00
日用品 ¥28.74 ¥45.00 ¥12.90
速冻品 ¥33.98 ¥74.90 ¥14.90
饮品 ¥2.22 ¥2.50 ¥1.30
字段显示名已改

图 3-15　修改后的“查询商品价格统计”数据表视图

这里的“字段显示名”是在查询的数据表视图中呈现的字段名字，是可以根据需求来修改的，无须跟表中字段名一致。在查询的设计视图中修改字段显示名，格式是：显示名字:字段名。

【例 3-5】创建一个查询，命名为“查询员工工资统计”，功能是统计超市每个员工的实发工资总数，以及发放了几个月。显示“员工编号”“姓名”“实发工资总数”和“发放月数总计”字段。

查询的设计视图如图 3-16 所示，得到的显示结果如图 3-17 所示。在设计视图中，对“员工编号”字段分组，意味着数据库会把所有员工编号相同的记录归为一组，然后在这一组记录里面对“实发工资”进行合计(即对该字段的数值求和)得到实发工资总数，对“实发工资”进行计数(即统计该字段的记录数)得到月数总计。

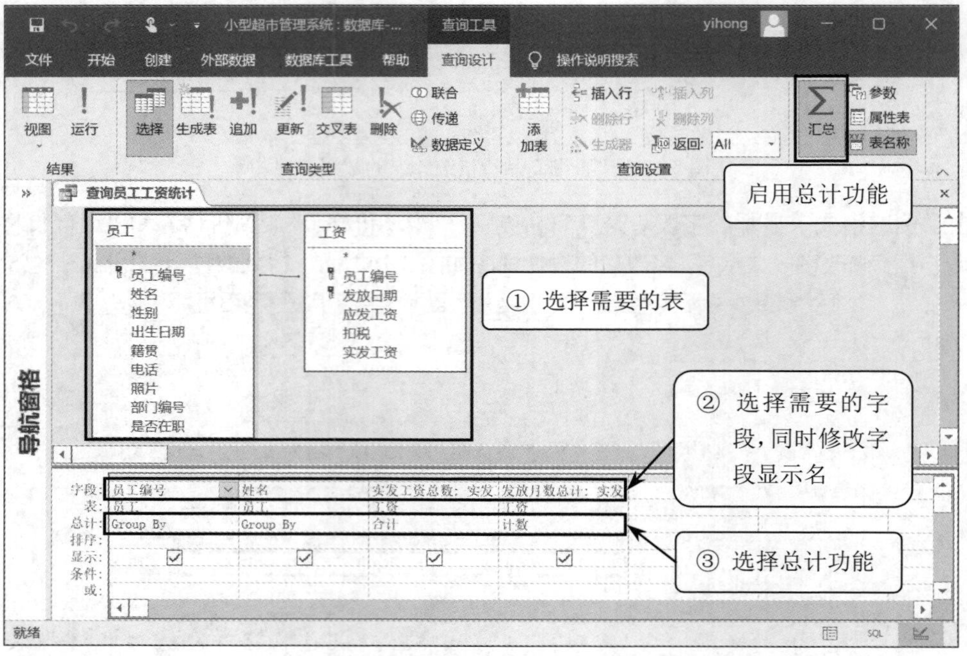

图 3-16 “查询员工工资统计”的设计视图

查询员工工资统计

员工编号	姓名	实发工资总数	发放月数总计
Y001	赖涛	¥14, 284. 00	2
Y002	刘芬	¥12, 016. 00	2
Y003	魏桂敏	¥11, 778. 40	2
Y004	伍晓玲	¥10, 568. 80	2
Y005	程倩倩	¥12, 858. 40	2
Y006	许冬	¥11, 418. 40	2
Y007	赵民浩	¥10, 182. 16	2
Y008	张敏	¥10, 182. 16	2

图 3-17 “查询员工工资统计”的数据表视图

2. 自定义计算

自定义计算是自己定义计算表达式，在表达式中使用字段的数据进行运算。自定义计算的使用方法是在设计视图的字段区中的“字段”行里直接写表达式。自定义计算经常用在当用户需要统计的数据不在表中，或者用于计算的数据来源于多个字段的组合计算，则需要创建一个新的字段，字段数值用表达式来计算。

【例 3-6】创建一个查询，命名为“查询员工年龄”，显示“姓名”“性别”和“年龄”字段。

查询的设计方法如图 3-18 所示。由于在“员工”中没有任何字段是“年龄”数据，所以需要利用“出生日期”字段来计算年龄。计算年龄的公式是 Year(Date())-Year([出生日期])，这个公式是利用当前系统日期数据减去出生日期数据，得到实际年龄数据。

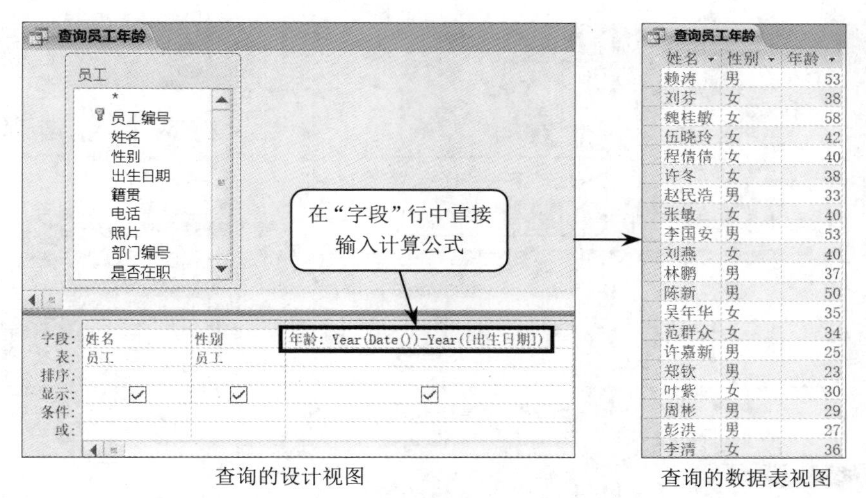

查询的设计视图　　查询的数据表视图

图 3-18　使用字段的数据进行自定义计算

3.3 参数查询

视频 3-3　参数查询

前面介绍的选择查询，无论是对行(记录)还是对列(字段)的限定条件，都是由数据库程序员事先设计好的，查询条件是不可变的，若想设置另一个条件，必须设计另一个选择查询。在实际的数据库开发项目中，程序设计人员是无法准确猜测到用户提出的条件的，因此为了提高数据库的通用性，Access 提供了参数查询功能。参数查询本质上也是选择查询，因为它是根据指定条件对记录和字段进行筛选，但是所指定的条件是允许用户输入的。打开参数查询时，会首先弹出一个对话框，提示用户输入条件，用户输入完成后，查询会根据用户输入的条件来筛选数据显示。

要创建参数查询，必须在查询设计视图中的“条件”行上对应字段位置输入参数表达式，表达式用方括号[ ]括起来。

3.3.1 单参数查询

【例 3-7】创建一个查询，命名为“根据类别查询商品信息”，作用是根据用户输入的商品类别进行商品信息查询，显示“商品名称”“规格”和“零售价”字段。

查询的设计方法如图 3-19 所示。由于需要使用“类别”字段，但查询结果又不能显示出来，所以“类别”字段的“显示”行不能打勾。同时在该字段的“条件”行输入参数表达式，参数表达式用中括号[ ]括起来，中括号里输入要提示的文字。保存好查询后，运行查询，在弹出的“输入参数值”对话框中输入“日用品”，数据库会把所有类别是“日用品”的记录筛选出来。

注意：

要注意区分“字段”行和“条件”行中使用中括号[ ]代表的含义。“字段”行中的中括号[ ]是使用在字段名，代表中括号内的是一个字段名。“条件”行中使用中括号[ ]代表是参数查询。

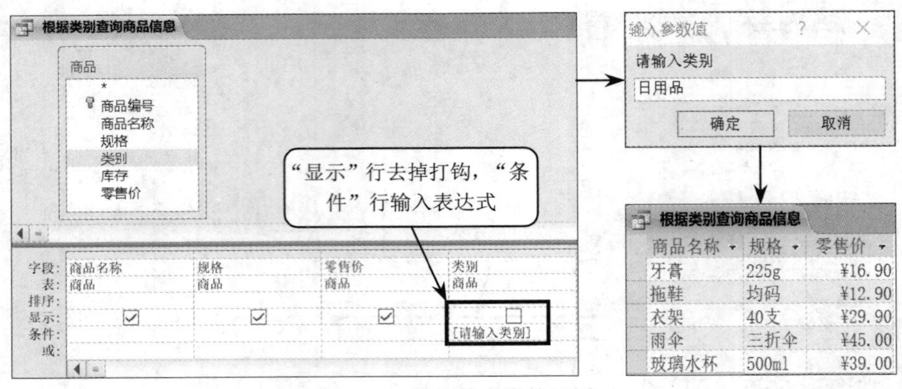

图 3-19　单参数查询的示例

3.3.2　多参数查询

【例 3-8】创建一个查询，命名为"根据性别和籍贯查询员工信息"，作用是根据用户输入的性别和籍贯进行员工信息查询，显示"姓名""性别"和"籍贯"字段。

查询的设计方法如图 3-20 所示。在弹出的"输入参数值"对话框中输入性别"男"，单击"确定"按钮，然后弹出"输入参数值"对话框，提示输入籍贯，输入"福建"后单击"确定"按钮，则数据库会把所有籍贯是福建的男性记录筛选出来。

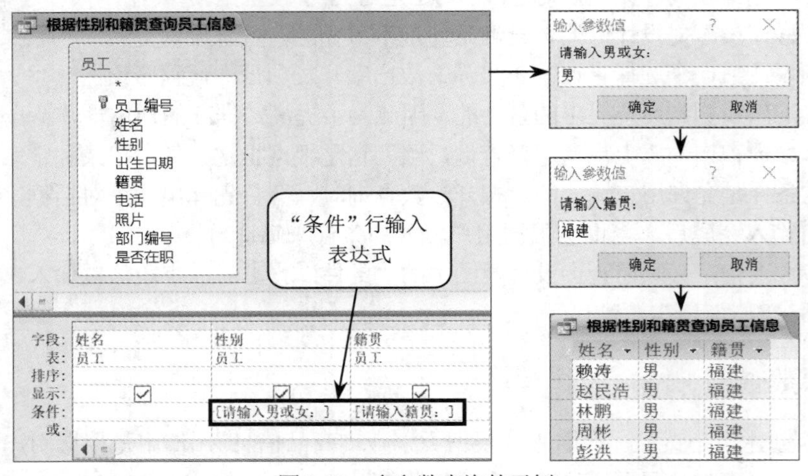

图 3-20　多参数查询的示例

3.4　操作查询

视频 3-4　操作查询

选择查询、参数查询或交叉表查询等都是根据指定条件从数据源中提取符合条件的数据，并以数据表的方式呈现出来，但并不修改数据源的数据。在数据库的日常运行和维护工作中，经常需要进行大量的数据修改操作，比如记录更新、记录添加、记录删除等。如果使用人工的方式对表数据进行操作，工作量很大，效率无疑是非常低下的。所以，Access 提供操作查询功能，允许利用操作查询来批量修改表中数据，同时把修改结果存入数据库中。但要注意的是，操作查询对数据源中数据的更改是不可恢复的，错误的操作将导致数据丢失，所以在运行操作查询前必须对数据库进行备份。

3.4.1 生成表查询

生成表查询是从一个或多个表中提取需要的数据组合起来生成一个新表，该新表保存在数据库中。如果经常需要从多个表中提取数据，生成表查询是最有效的方法。

【例 3-9】 创建一个名为“生成表查询-1 月份员工工资”的查询，显示“姓名”“发放日期”和“应发工资”字段，并生成一张新表，新表命名为“1 月份员工工资”。

具体步骤如下：

(1) 创建查询，选择需要的表“工资”和“员工”，选择需要的字段“姓名”“发放日期”和“应发工资”。

(2) 如图 3-21 所示，在“发放日期”字段的“条件”行输入条件表达式#2018/1/1#，日期的两边规定要用#号。

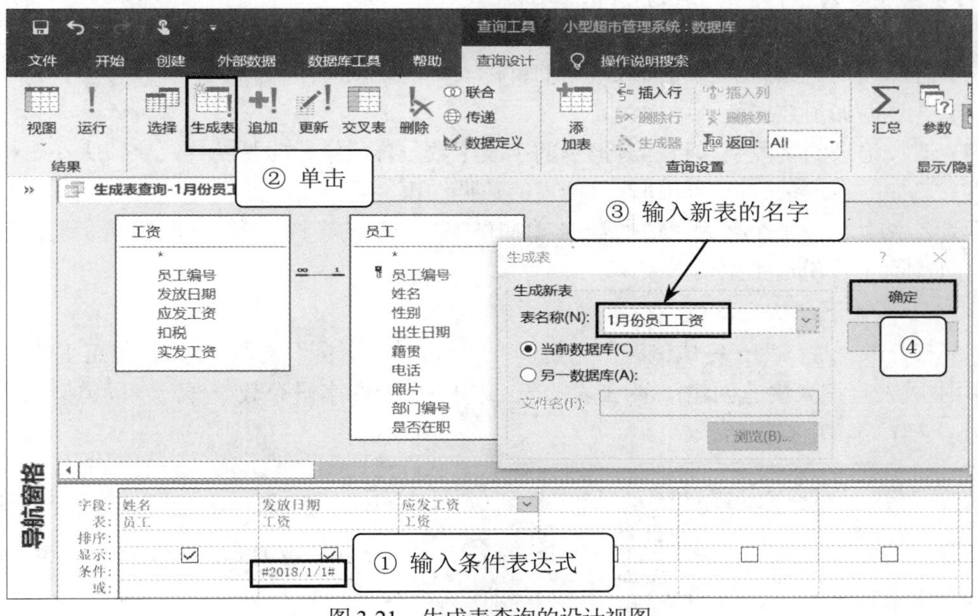

图 3-21 生成表查询的设计视图

(3) 单击查询类型中的“生成表”按钮(或者在数据源区单击鼠标右键，在弹出的快捷菜单中选择“查询类型”→“生成表查询”)，弹出“生成表”对话框，提示输入新表的名字，输入新表名称“1 月份员工工资”后，单击“确定”按钮。

(4) 保存查询，命名为“生成表查询-1 月份员工工资”。生成表查询的图标与选择查询的图标不同。如图 3-22 所示，运行该查询，会弹出一个提示框，提示要向新表粘贴数据，单击“是”按钮后，一张名为“1 月份员工工资”的表就会生成，表中的记录都是根据发放日期条件来筛选的。

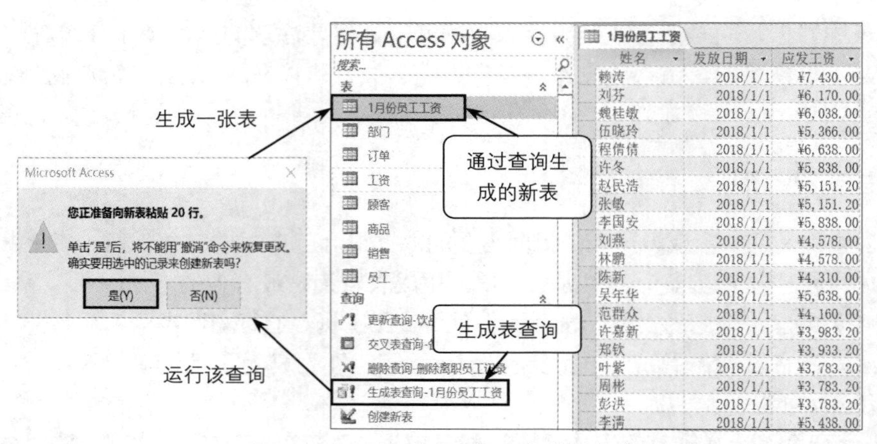

图 3-22　运行生成表查询会生成新的表

3.4.2　追加查询

追加查询是从一个或多个表中获取一组记录，添加到另一个或多个表的尾部，从而提高数据输入速度。追加查询的前提也是一个选择查询，同时要满足以下要求：

(1) 追加查询的数据源表和插入数据的目标表不能是同一个表。

(2) 一旦追加了数据就不可撤销。

(3) 追加记录的字段要和目标表记录的字段个数一样，字段类型一样，字段大小一样。

(4) 追加的新记录数据不能违背目标表的数据约束。

【例 3-10】创建一个名为“追加查询-追加员工工资”的查询，将“2 月份员工工资”表的数据追加到“1 月份员工工资”表中。

具体步骤如下：

(1) 打开数据库，为了完成例题，先创建“1 月份员工工资”表和“2 月份员工工资”表(可以利用生成表查询来快速创建)。两张表的表结构要一致(即字段个数一样，字段类型一样，字段大小一样)，如图 3-23 所示。

1月份员工工资

姓名	发放日期	应发工资
赖涛	2018/1/1	¥7,430.00
刘芬	2018/1/1	¥6,170.00
魏桂敏	2018/1/1	¥6,038.00
伍晓玲	2018/1/1	¥5,366.00
程倩倩	2018/1/1	¥6,638.00

2月份员工工资

姓名	发放日期	应发工资
赖涛	2018/2/1	¥7,430.00
刘芬	2018/2/1	¥6,170.00
魏桂敏	2018/2/1	¥6,038.00
伍晓玲	2018/2/1	¥5,366.00
程倩倩	2018/2/1	¥6,638.00

图 3-23　“1 月份员工工资”表和“2 月份员工工资”表

(2) 如果这两张表有设置主键，以“员工编号”作为主键，为了完成后面的追加操作，要先把主键撤销。因为如果不撤销主键，追加进去的记录中“员工编号”字段就与目标表中的“员工编号”值重复了，违反了主键值不能重复的规则，数据库是无法完成追加操作的。

(3) 选择“创建”选项，单击“查询设计”命令，创建一个新查询。

(4) 选择“2 月份员工工资”表到数据源区，关闭“显示表”对话框，双击表中的*号，代表所有字段都需要。

(5) 如图 3-24 所示，单击查询类型中的“追加”按钮(或者在数据源区单击鼠标右键，在弹出的快捷菜单中选择“查询类型”→“追加查询”），弹出“追加”对话框，输入要追加的表名“1月份员工工资”后，单击“确定”按钮，此时设计视图的字段区出现了“追加到”行。

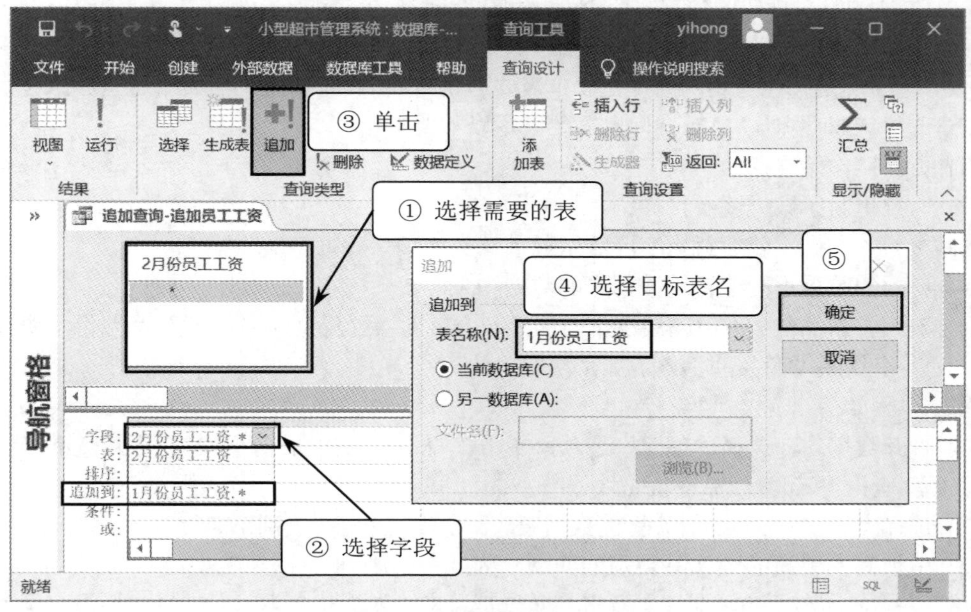

图3-24　追加查询的设计方法

(6) 保存查询，为查询命名为“追加查询-追加员工工资”。

(7) 运行该追加查询，如图3-25所示，弹出提示框，单击“是”按钮即可。如果追加的数据满足目标表的数据约束，则不会出现错误提示信息。追加成功后，打开“1月份员工工资”表，可以看到“2月份员工工资”表的记录已经全部追加进去了。

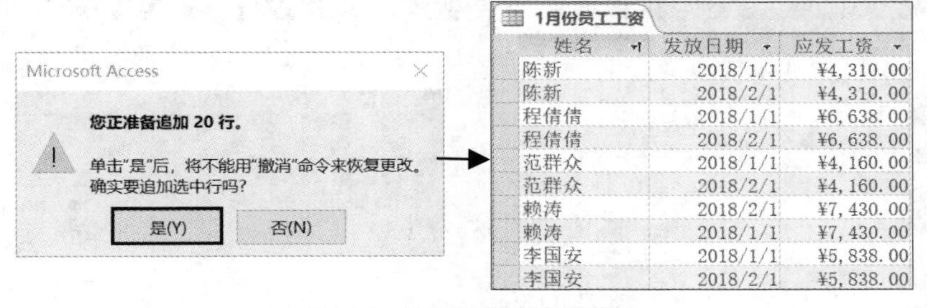

姓名	发放日期	应发工资
陈新	2018/1/1	¥4,310.00
陈新	2018/2/1	¥4,310.00
程倩倩	2018/1/1	¥6,638.00
程倩倩	2018/2/1	¥6,638.00
范群众	2018/1/1	¥4,160.00
范群众	2018/2/1	¥4,160.00
赖涛	2018/2/1	¥7,430.00
赖涛	2018/1/1	¥7,430.00
李国安	2018/1/1	¥5,838.00
李国安	2018/2/1	¥5,838.00

图3-25　运行追加查询的结果

如果本例题并没有执行第2步骤，即并没有取消表的主键，在运行追加查询时，就会弹出如图3-26所示的错误提示。

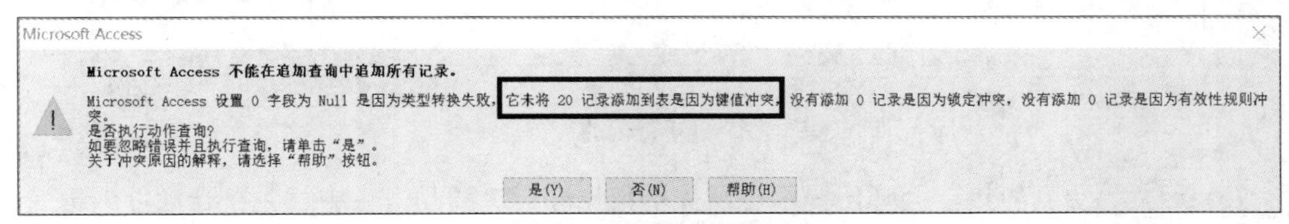

图3-26　键值冲突提示

3.4.3 更新查询

表中少量的没有规律的数据需要更新，可以直接在表的数据表视图中手动修改。如果需要修改满足一定条件的大量数据，可以使用“更新”查询来提高效率。

“更新查询”是按照一定的条件把表中需要更新的数据查找出来，然后对这些数据进行更新处理。与追加查询类似，更新查询也需要满足以下要求：

(1) 更新操作始终在一个表中完成。

(2) 一旦更新了数据就不可撤销。

(3) 更新的数据不能违背原字段的字段数据类型和字段大小。

(4) 更新的数据不能违背原数据表的数据约束。

【例 3-11】饮品类的商品需要涨价，创建一个名为“更新查询-饮品类商品涨价 1 块钱”的查询，为所有饮品类商品的零售价加 1 块钱。

具体步骤如下：

(1) 打开数据库，选择“创建”选项，单击“查询设计”命令，创建一个新查询，保存命名为“更新查询-饮品类商品涨价 1 块钱”。

(2) 选择“商品”表到设计视图的数据源区，字段区选择“类别”字段和“零售价”字段。

(3) 由于需要更新的是饮品类别的商品，因此在“类别”字段的“条件”行设置条件"饮品"(也可以写成 ="饮品")，要注意双引号必须是英文输入法状态下输入的。如果没有设置类别的条件，会导致所有类别商品的零售价都受到影响。

(4) 如图 3-27 所示，单击查询类型中的“更新”按钮，设计视图的字段区出现了“更新为”行，为“零售价”字段的“更新为”设置表达式：[零售价]+1，因为“零售价”是一个字段名，但凡字段名参与运算，都要为字段名加上中括号[ ]。

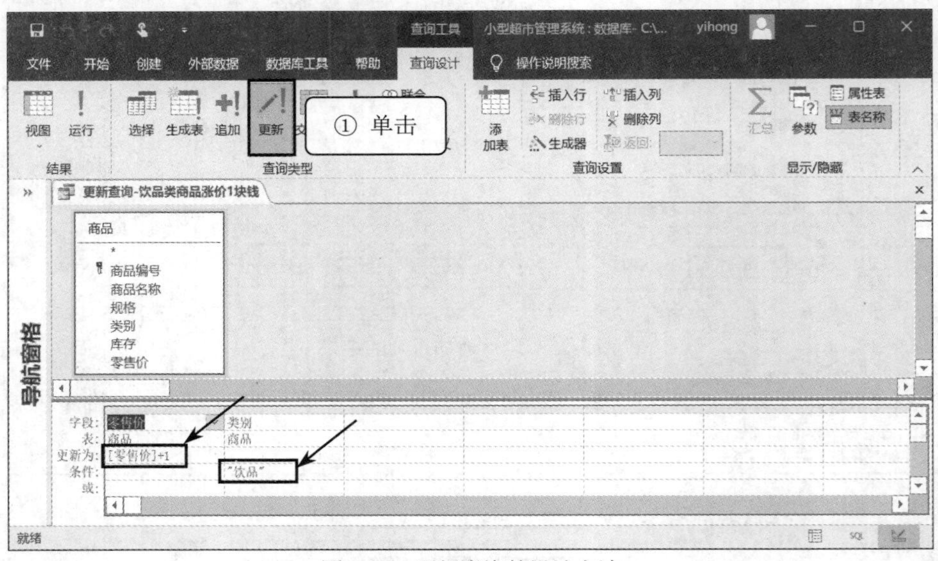

图 3-27 更新查询的设计方法

(5) 运行该更新查询，会弹出提示框，提示数据库在“商品”表中找到符合条件的记录，单击“是”按钮，就会按照表达式“[零售价]+1”来为“零售价”字段的值加上 1。

(6) 打开“商品”表，检查饮品类的“零售价”字段的数值是否已经加上1。图3-28是“商品”表在运行更新查询的前后对比图。

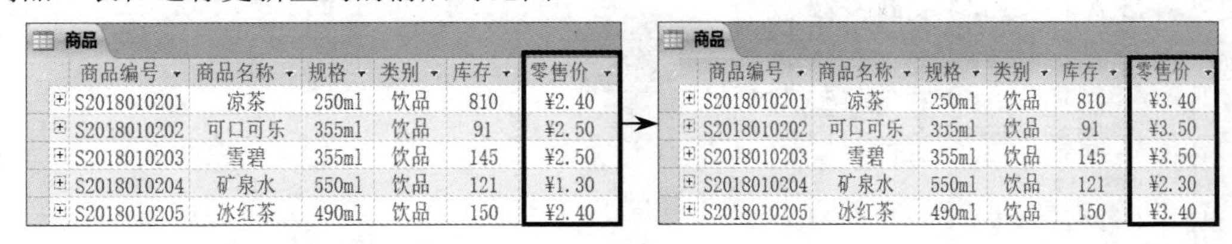

商品

商品编号	商品名称	规格	类别	库存	零售价
S2018010201	凉茶	250ml	饮品	810	¥2.40
S2018010202	可口可乐	355ml	饮品	91	¥2.50
S2018010203	雪碧	355ml	饮品	145	¥2.50
S2018010204	矿泉水	550ml	饮品	121	¥1.30
S2018010205	冰红茶	490ml	饮品	150	¥2.40

运行更新查询前

商品

商品编号	商品名称	规格	类别	库存	零售价
S2018010201	凉茶	250ml	饮品	810	¥3.40
S2018010202	可口可乐	355ml	饮品	91	¥3.50
S2018010203	雪碧	355ml	饮品	145	¥3.50
S2018010204	矿泉水	550ml	饮品	121	¥2.30
S2018010205	冰红茶	490ml	饮品	150	¥3.40

运行更新查询后

图3-28 运行更新查询的前后对比图

3.4.4 删除查询

随着时间的推移，表中数据会越来越多，很多无用的数据应该及时删除，删除查询能够从一个或多个表中删除一组记录。若想要删除的数据来自多张表，必须满足以下要求：

(1) 相关表已经建立了表间关系。

(2) 表间关系勾选了“实施参照完整性”。

(3) 表间关系勾选了“级联删除相关记录”。

【例3-12】创建一个名为“删除查询-删除离职员工记录”的查询，功能是删除“员工”表中所有离职员工的记录，包括“工资”表中与离职员工有关的所有工资信息都删除掉。

具体步骤如下：

(1) 打开数据库工具的“关系”，如图3-29所示，编辑“工资”表和“员工”表间关系，把“级联删除相关记录”选项打勾。只有启用级联删除功能，才能在删除“员工”表记录时，删除“工资”表中相关的记录。

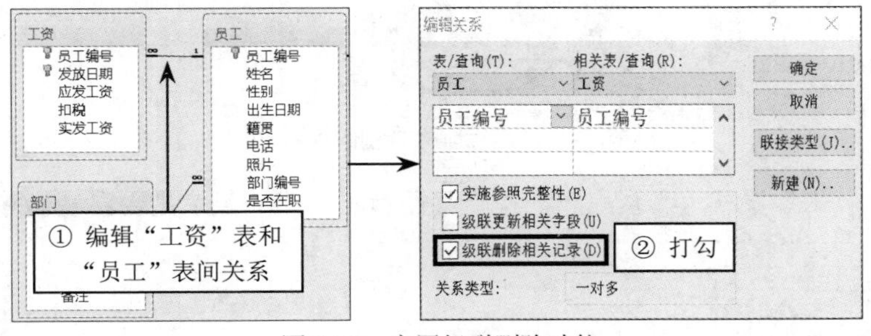

图3-29 启用级联删除功能

(2) 打开数据库，选择“创建”选项，单击“查询设计”命令，创建一个新查询，保存命名为“删除查询-删除离职员工记录”。

(3) 选择“员工”表到设计视图的数据源区，字段区选择“是否在职”字段。由于要删除的是离职员工，所以在“是否在职”字段的“条件”行写表达式No(“是否在职”字段的数据类型是“是/否”，取值是Yes/No)。

(4) 如图3-30所示，单击查询类型中的“删除”按钮，设计视图的字段区出现了“删除”行，内容默认为Where。“删除”行的出现代表数据库会根据“是否在职”字段设定好的条件，把所有符合条件的记录都删除了。

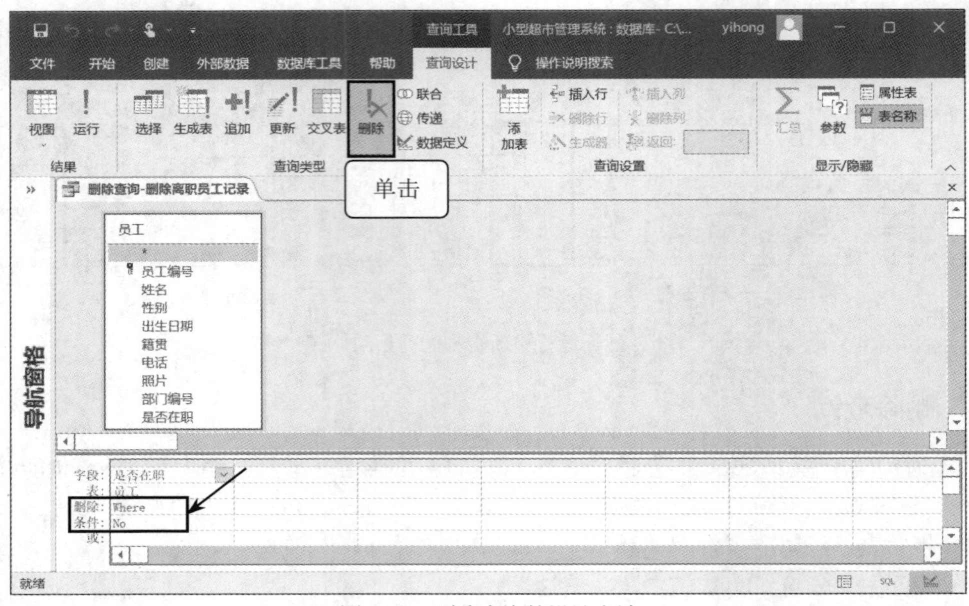

图 3-30　删除查询的设计方法

(5) 运行删除查询，弹出如图 3-31 所示的提示框，意思是数据库在“员工”表中找到 2 条符合条件的记录，单击“是”按钮，就会删除符合条件的所有记录。

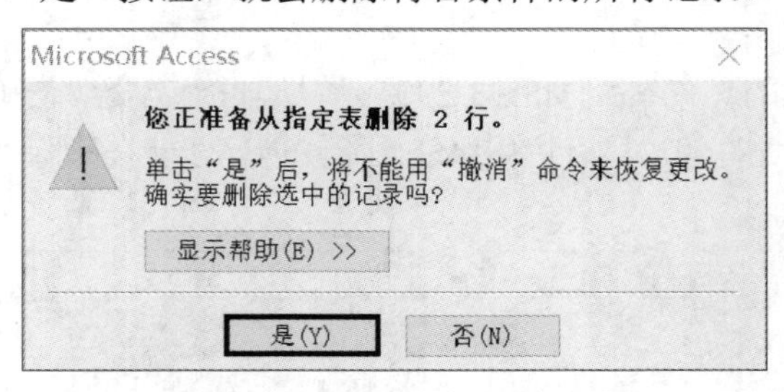

图 3-31　运行删除查询的提示框

(6) 打开“员工”表和“工资”表，检查离职员工的相关记录是否已经删除掉。

3.5 交叉表查询

视频 3-5　交叉表查询

交叉表查询是以行和列的字段作为标题和条件来选取数据，并在行与列的交叉处对数据进行统计。在创建交叉表时，需要指定三个字段。

(1) 作为行标题的字段，该字段值出现在查询表的最左端。

(2) 作为列标题的字段，该字段值出现在查询表的最上面。

(3) 行与列交叉处用于计算的字段。计算的方式可以是计数、总和、平均值等。

例如，统计超市各部门员工的男女人数分布，查询数据呈现如图 3-32 所示。

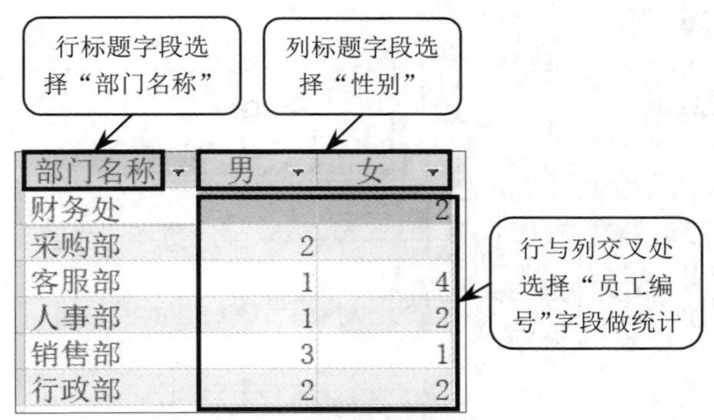

部门名称	男	女
财务处		2
采购部	2	
客服部	1	4
人事部	1	2
销售部	3	1
行政部	2	2

图 3-32　交叉表查询结果示例

创建交叉表查询有两种方式：通过向导方式创建和通过设计视图方式创建。

3.5.1　通过向导方式创建

【例 3-13】通过向导方式创建一个交叉表查询，名为“交叉表查询-各部门员工男女人数”，功能是统计各部门员工的男女人数。

具体步骤如下：

(1) 打开数据库，选择“创建”选项，单击“查询向导”按钮，在弹出的对话框中选择“交叉表查询向导”，单击“确定”按钮，如图 3-33 所示。

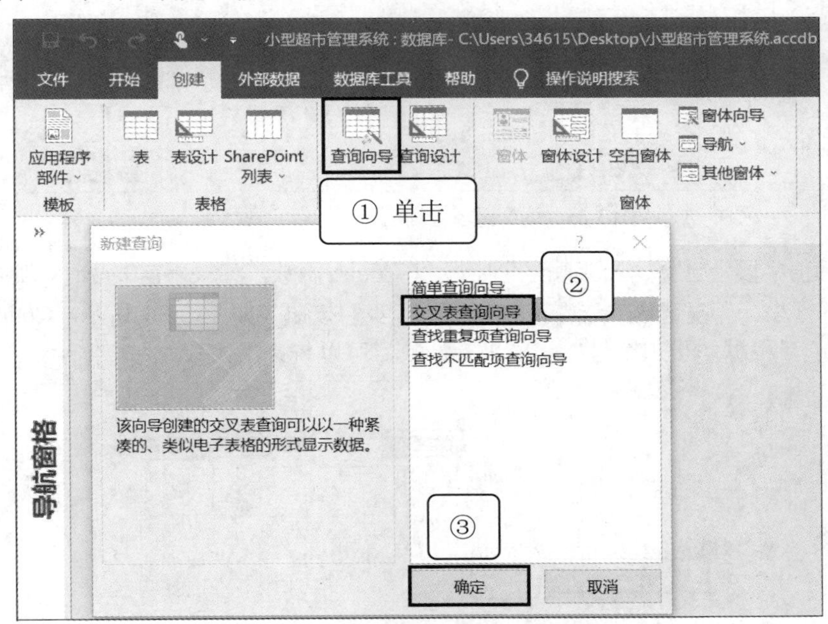

图 3-33　选择交叉表查询向导

(2) 弹出“交叉表查询向导”对话框，视图中选择“表”，然后在表区域中选择“表：员工”，单击“下一步”按钮，如图 3-34 所示。

如果所需要的字段位于多张表中，还需要在创建交叉表查询之前创建一个查询，查询中把需要的字段包含其中。本例题只需要使用“员工”表即可。

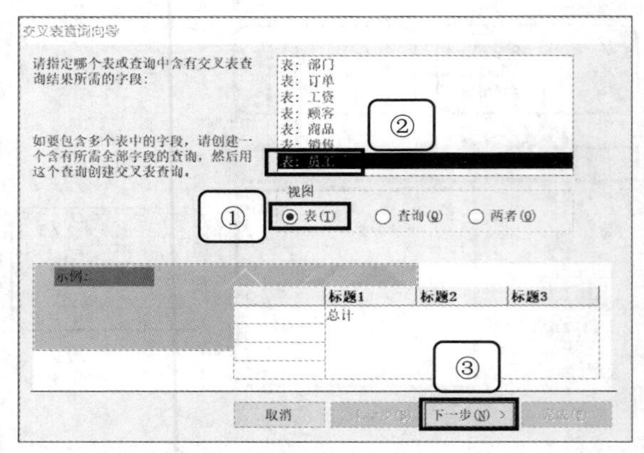

图 3-34　为交叉表查询选择表

(3) 选择行标题，在“可用字段”列表框中把“部门编号”字段移动到“选定字段”列表框，单击“下一步”按钮，如图 3-35 左图所示。然后选择列标题，选择“性别”字段，单击“下一步”按钮，如图 3-35 右图所示。

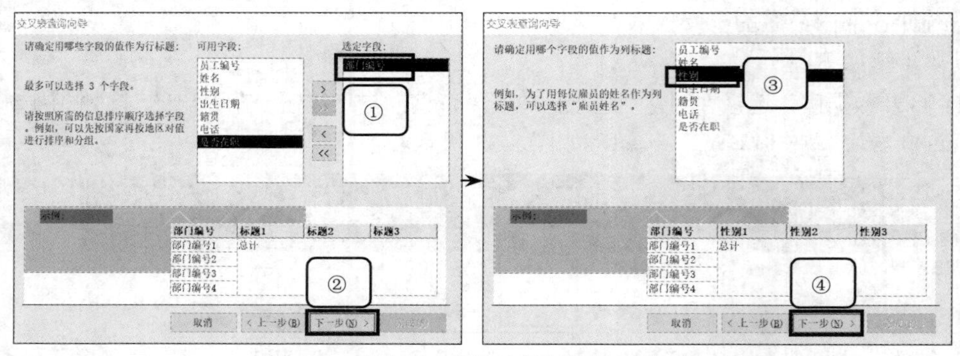

图 3-35　为交叉表查询选择行标题和列标题

(4) 选择值字段，选择“员工编号”字段和 Count 函数，如果不需要小计，则撤销下方的“是，包含各行小计”复选框的选择，单击“下一步”按钮，如图 3-36 所示。Count 函数的功能是计数功能，根据“员工编号”字段进行计数，可以统计出人数。

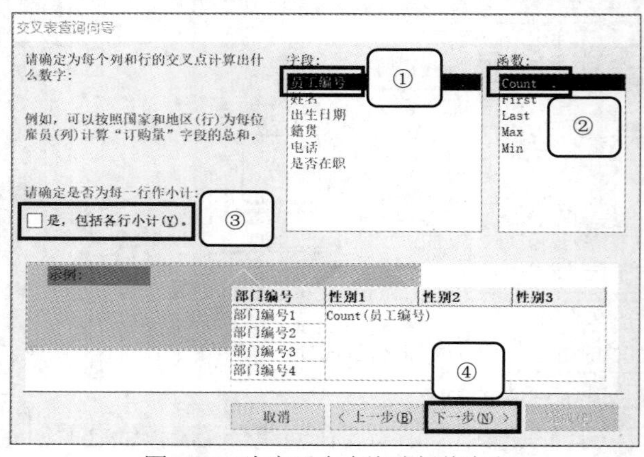

图 3-36　为交叉表查询选择值字段

(5) 为查询命名为“交叉表查询-各部门员工男女人数”，单击“完成”按钮，完成交叉表查询的创建。运行该查询，查询结果如图 3-37 所示。

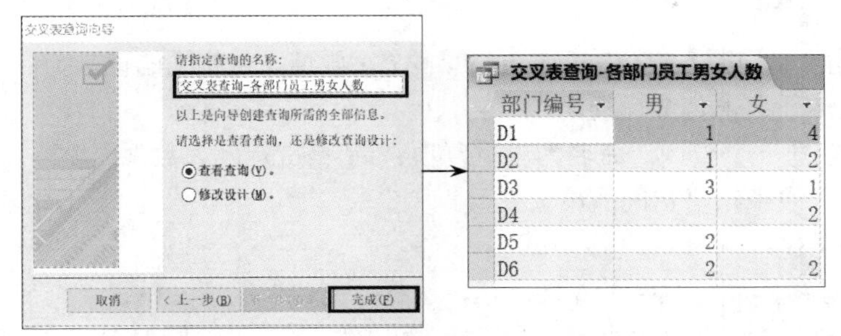

图 3-37 为交叉表查询命名并查看结果

3.5.2 通过设计视图方式创建

通过设计视图能够更灵活地创建交叉表查询，可以选择多张表，还能设置条件等。

【例 3-14】利用设计视图创建一个交叉表查询，名为“交叉表查询-各部门男女人数”，功能与上例一样，统计各部门员工的男女人数，但显示效果稍作改进，要显示出“部门名称”。

具体步骤如下：

(1) 打开数据库，选择“创建”选项，单击“查询设计”按钮，创建一个新查询，保存命名为“交叉表查询-各部门男女人数”。

(2) 如图 3-38 所示，数据源区选择“员工”表和“部门”表，选择“部门”表是因为需要使用“部门名称”字段。然后单击查询工具中的“交叉表”按钮，在字段区出现“交叉表”行。选择“部门名称”字段，做 Group by 分组统计，行标题；选择“性别”字段，做 Group by 分组统计，列标题；选择“员工编号”字段，做计数统计，值。

(3) 保存查询，运行查看结果。

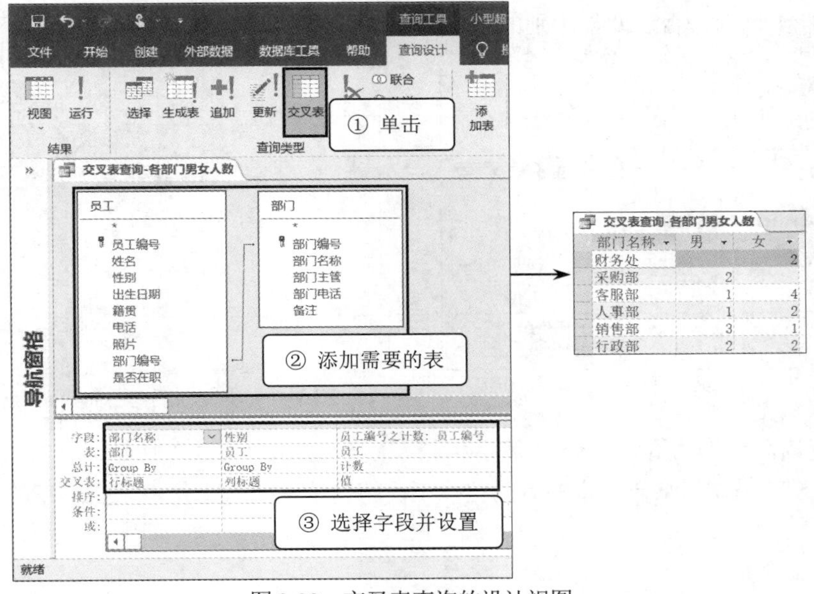

图 3-38 交叉表查询的设计视图

3.6 重复项查询

视频3-6　重复项查询

使用重复项查询，可以在表中找到一个或多个字段值完全相同的记录数。重复项查询本质上也是选择查询。

【例3-15】创建一个查询，命名为“重复项查询-籍贯相同人数”，功能是查找“员工”表中籍贯相同的员工人数。

具体步骤如下：

(1) 打开数据库，如图3-39的左图所示，选择“创建”选项，单击“查询向导”按钮，在弹出的“新建查询”对话框里选择“查找重复项查询向导”，单击“确定”按钮。

(2) 选择“表：员工”，单击“下一步”按钮，如图3-39的右图所示。

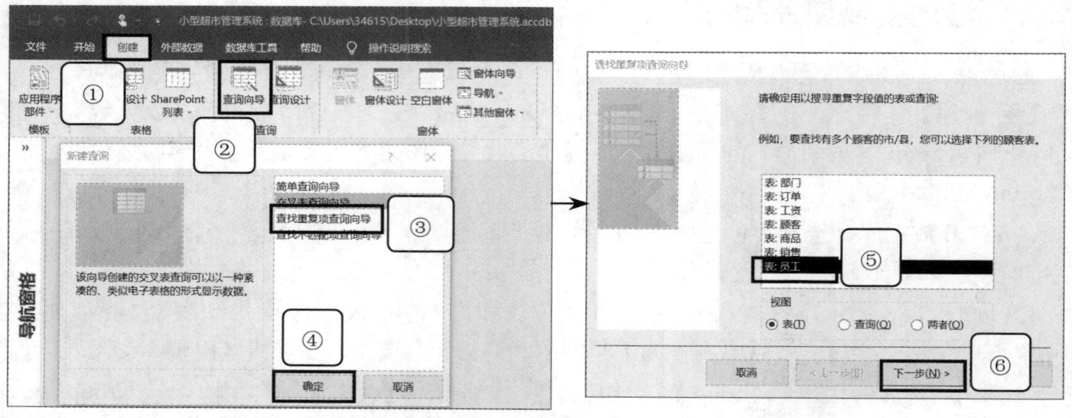

图3-39　选择“查找重复项查询向导”

(3) 选择“籍贯”字段到“重复值字段”列表框内，单击“下一步”按钮，如图3-40所示。

(4) 图3-41询问是否还要显示别的字段，这里可以不做选择，单击“下一步”按钮。

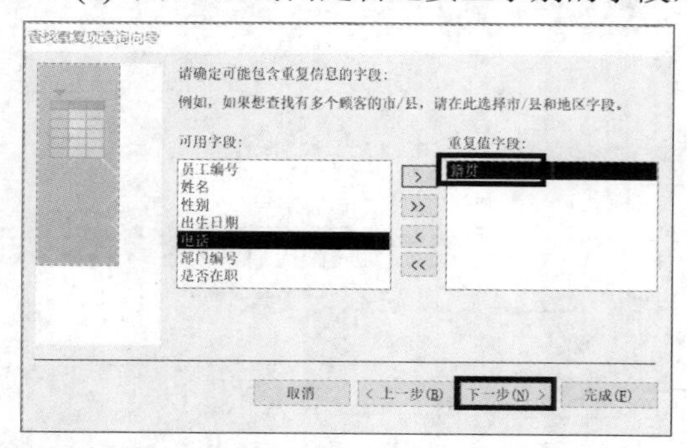

图3-40　重复项查询选择重复值字段

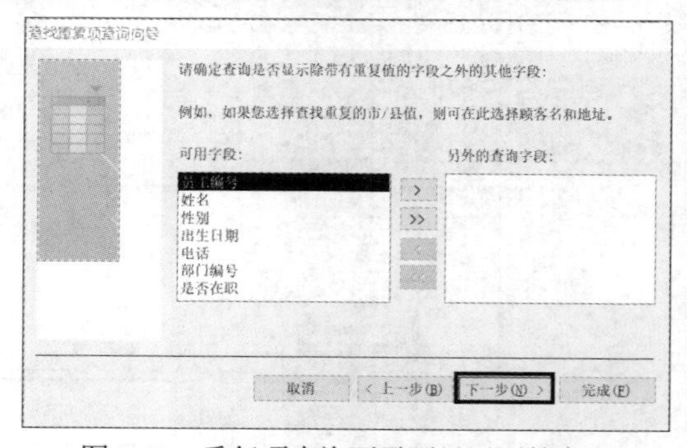

图3-41　重复项查询不需要显示别的字段

(5) 为查询命名为“重复项查询-籍贯相同人数”，单击“完成”按钮，查看查询结果，如图3-42所示。结果显示来自北京的有两位员工，来自福建的有七位，来自广东的有两位。

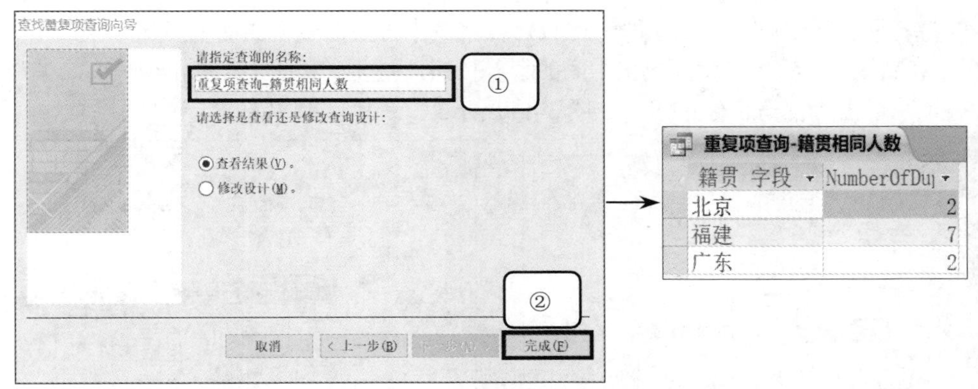

图 3-42 为重复项查询命名并查看结果

3.7 不匹配项查询

视频 3-7 不匹配项查询

不匹配项查询可以在表中找到与其他表中指定字段信息不匹配的记录。例如，超市管理者希望查询出从未销售过的商品，从而调整销售策略，因此需要比较“商品”表和“销售”表的“商品编号”字段，筛选出两者不匹配的记录，就能查询出从未销售过的商品信息。

【例 3-16】创建一个不匹配查询，命名为“不匹配项查询-没有销售过的商品”。功能是比较“商品”表和“销售”表，筛选出两者不匹配的记录，查询出从未销售过的商品信息。

具体步骤如下：

(1) 打开数据库，选择“创建”选项，单击“查询向导”按钮，在弹出的对话框里选择“查找不匹配项查询向导”，如图 3-43 的左图所示，单击“确定”按钮。

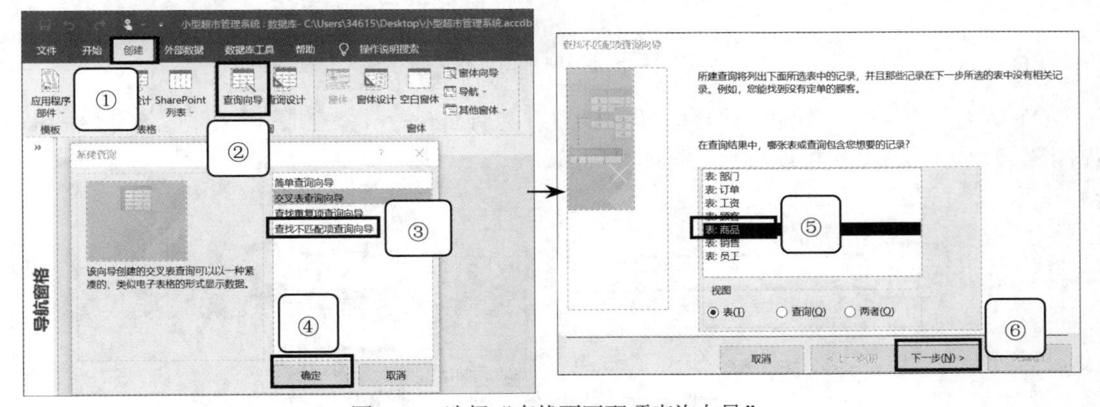

图 3-43 选择“查找不匹配项查询向导”

(2) 在“查找不匹配项查询向导”对话框里，选择“表：商品”，单击“下一步”按钮，如图 3-43 的右图所示。

(3) 选择要比较的表“销售”，单击“下一步”按钮，如图 3-44 所示。

(4) 选择两张表要按照什么字段来比较，在本例中需要比较“商品编号”字段，所以两边都选择“商品编号”字段，然后单击中间的 <=> 按钮，就会在匹配字段处出现“商品编号<=>商品编号”，单击“下一步”按钮，如图 3-45 所示。

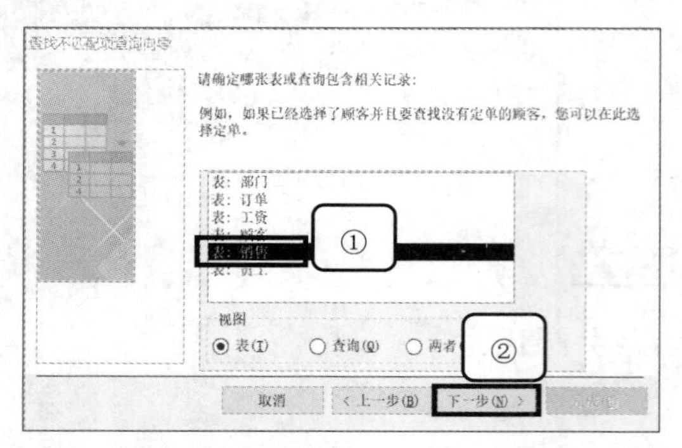

图 3-44 为不匹配项查询选择要比较的第 2 张表

图 3-45 为不匹配项查询选择比较字段

(5) 选择查询结果中要显示什么字段，本例选择全部字段，所以单击 >> 符号把所有字段选到右边的选定字段列表框中，单击“下一步”按钮，如图 3-46 所示。

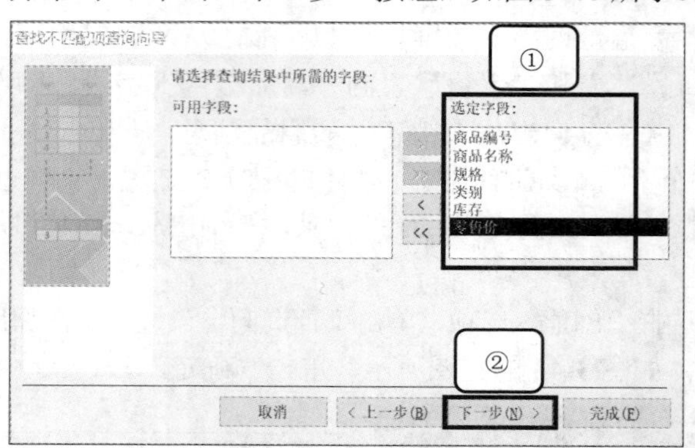

图 3-46 为不匹配项查询选择显示字段

(6) 为查询命名为“不匹配项查询-没有销售过的商品”，单击“完成”按钮，查看显示结果，如图 3-47 所示。从结果可以看到，有四种商品从未卖出过。

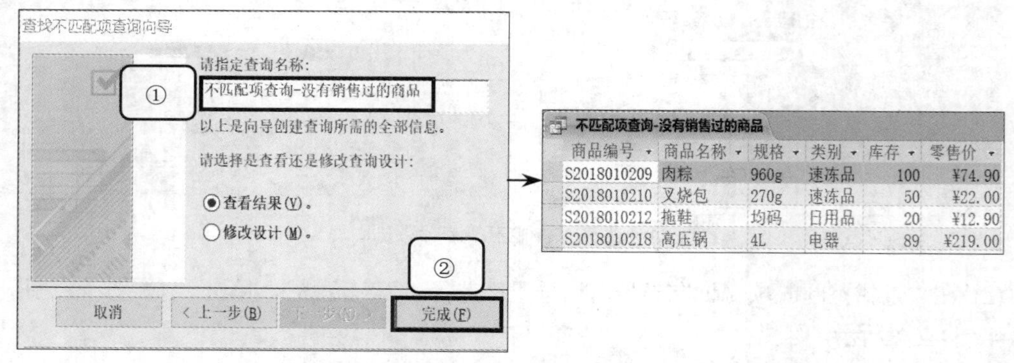

商品编号	商品名称	规格	类别	库存	零售价
S2018010209	肉粽	960g	速冻品	100	¥74.90
S2018010210	叉烧包	270g	速冻品	50	¥22.00
S2018010212	拖鞋	均码	日用品	20	¥12.90
S2018010218	高压锅	4L	电器	89	¥219.00

图 3-47 为不匹配项查询命名并查看结果

3.8 思考与练习

3.8.1 思考题

1. 查询与表有什么区别？
2. 查询视图有哪几种？各有什么特点？
3. 查询有几种类型？创建查询的方法有几种？
4. 查询中的数据源有哪些？
5. 操作查询和选择查询有何区别？

3.8.2 选择题

1. 以下关于 Access 查询的叙述中，错误的是(　　)。
   A. 查询的结果可以作为其他数据库对象的数据源
   B. 用户在设计视图下创建查询后，无法使用 SQL 视图修改对应的 SQL 语句
   C. 根据应用不同，分为选择查询、参数查询、交叉表查询、操作查询和 SQL 查询五种
   D. 查询的数据源来自表或已有的查询
2. 利用对话框提示用户输入值的查询过程称为(　　)。
   A. 选择查询　　B. 操作查询　　C. 参数查询　　D. SQL 查询
3. 在 Access 数据库的查询类型中，根据一定条件能从一个或多个表中检索数据，还可以通过查询方式更改表中记录的是(　　)。
   A. 选择查询　　B. 操作查询　　C. 参数查询　　D. SQL 查询
4. 以“员工”表为数据源，查询设计视图如下图所示，可判断该查询要查找的是(　　)的所有记录。

字段:	员工编号	姓名	性别	出生日期
表:	员工	员工	员工	员工
排序:				
显示:	☑	☑	☑	☑
条件:			"女"	>#1990/1/1#
或:				

   A. 性别为“女”并且出生日期为 1990 年及以后出生的员工
   B. 性别为“女”并且出生日期为 1990 年以前出生的员工
   C. 性别为“女”或者出生日期为 1990 年及以后出生的员工
   D. 性别为“女”或者出生日期为 1990 年以前出生的员工
5. 图书表中有“单价”(数字型)等字段，在查询设计视图中，“单价”字段的条件表达式(　　)与 Between 100 And 200 等价。
   A. In (100,200)　　B. ＞=100 And＜=200
   C. ＞100 And＜200　　D. ＞100 Or＜200

6. 如果已知“消费”表中有“衣”“食”“住”“行”4 个字段，需要在查询中计算这 4 个字段的和，放在新字段“消费总额”中显示，则新字段应写为(　　)。

A. 衣+食+住+行

B. 消费总额=衣+食+住+行

C. [消费总额]=[衣]+[食]+[住]+[行]

D. 消费总额:[衣]+[食]+[住]+[行]

7. 下列逻辑表达式中，能正确表示条件“x 和 y 都是奇数”的是(　　)。

A. x Mod 2 = 1 Or y Mod 2 = 1　　B. x Mod 2 = 0 Or y Mod 2 = 0

C. x Mod 2 = 1 And y Mod 2 = 1　　D. x Mod 2 = 0 And y Mod 2 = 0

8. 查询设计视图中通过设置(　　)行，可以让某个字段只用于设定条件，而不出现在查询结果中。

A. 排序　　B. 显示　　C. 字段　　D. 条件

9. 在 Access 中，删除查询操作中被删除的记录属于(　　)。

A. 逻辑删除　　B. 物理删除　　C. 可恢复删除　　D. 临时删除

10. 利用表中的行和列来统计数据的查询是(　　)。

A. 选择查询　　B. 操作查询　　C. 交叉表查询　　D. 参数查询

꧁ 第4章 ꧂

结构化查询语言(SQL)

SQL(Structured Query Language)，直译为结构化查询语言，它是所有关系型数据库管理系统都支持的标准语言，用于存取数据及查询、更新和管理关系数据库系统。常用的数据库系统有很多种，在数据库技术发展之初，不同的数据库管理系统采用不同的操作界面和命令体系，但就像人类的自然语言系统一样，虽然存在多种方言，但在全国通用的却是汉语普通话。而SQL语言就是数据库领域的“普通话”，无论是Oracle、SQL Server等常见的企业级数据库管理系统，还是Access、Visual FoxPro等桌面级数据库管理系统，都支持SQL语言。可见，掌握SQL语言的使用将有助于在实际应用中面对各种不同的数据库管理系统平台。本章以前面章节创建的“小型超市管理系统”为基础，介绍SQL查询的创建方法、SQL数据查询语句和SQL数据操作语句的使用。

本章要点

- SQL 查询的创建
- SQL 数据查询语句的使用
- SQL 数据操作语句的使用
- SQL 数据定义语句的使用

本章知识结构如图4-1所示。

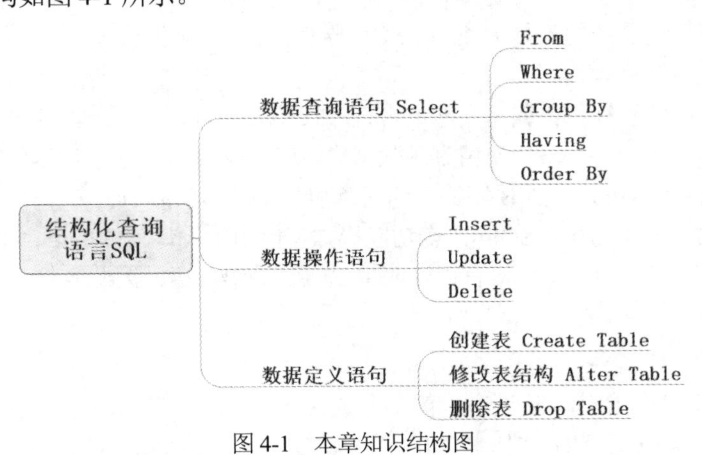

图4-1　本章知识结构图

4.1 SQL 概述

视频 4-1 SQL 概述

SQL 概念的建立起始于 1974 年，随着 SQL 的发展，国际标准化组织(International Organization for Standardization，ISO)、美国国家标准协会(American National Standards Institute，ANSI)等国际权威标准化组织都为其制定了标准，从而建立了 SQL 在数据库领域中的核心地位。

4.1.1 SQL 的特点

SQL 的特点有如下几个方面。

(1) 非过程化。使用 SQL 语言进行数据操作时，用户只需要提出“做什么”，而不必关心“怎么做”，数据库系统会自行确定一个较好的任务完成方式。同时，SQL 的这种非过程化特点也使得 SQL 程序的可移植性增强，即当数据的存储结构发生改变时，SQL 语言编写的程序不需要做出调整。

(2) 面向集合。这里的集合可以理解为关系数据库中的表，这就意味着 SQL 语言的操作对象是表，它的操作结果也以表格的形式输出。以查询员工表中性别为“男”的员工信息为例，SQL 查询的对象是员工表，查询的结果也是以一张查询表的形式输出的，如图 4-2 所示。

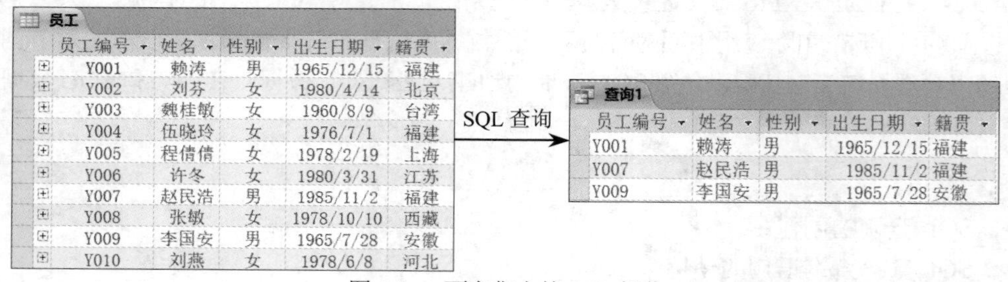

员工

员工编号	姓名	性别	出生日期	籍贯
Y001	赖涛	男	1965/12/15	福建
Y002	刘芬	女	1980/4/14	北京
Y003	魏桂敏	女	1960/8/9	台湾
Y004	伍晓玲	女	1976/7/1	福建
Y005	程倩倩	女	1978/2/19	上海
Y006	许冬	女	1980/3/31	江苏
Y007	赵民浩	男	1985/11/2	福建
Y008	张敏	女	1978/10/10	西藏
Y009	李国安	男	1965/7/28	安徽
Y010	刘燕	女	1978/6/8	河北

查询1

员工编号	姓名	性别	出生日期	籍贯
Y001	赖涛	男	1965/12/15	福建
Y007	赵民浩	男	1985/11/2	福建
Y009	李国安	男	1965/7/28	安徽

图 4-2　面向集合的 SQL 操作

(3) 通用性强。SQL 既是一种自含式程序语言，又可以作为一种嵌入式语言嵌入到其他语言中使用。SQL 一般有两种使用方式。

① 在数据库管理系统的工具中使用。SQL 语言在各种不同数据库软件提供的 SQL 语言执行界面中都可以直接输入并执行。

② 嵌入其他语言执行。在编写其他语言程序代码时，直接写入一段 SQL 语句，由高级语言的编译程序决定该段 SQL 语句使用哪种数据库编译器来编译。这种特性使得 SQL 语言的通用性变强，如 Java、Python 和 VB 等编程语言都可以嵌入 SQL 语句。

(4) 语言简洁，易学易用。SQL 语言功能极强，但由于设计巧妙，语言十分简洁，完成核心功能只用了九个动词，且 SQL 语言语法简单，接近英语口语，因此容易学习，也容易使用。

4.1.2 SQL 的功能

SQL 虽然直译为结构化查询语言，但不要认为 SQL 的功能就仅仅是数据的查询，实际上 SQL 语言可以完成数据库的所有基本交互任务。SQL 的完整功能包括以下内容。

(1) 数据定义功能。数据定义语言用于描述数据库中各种数据对象的结构，如对数据库、表、索引、视图的建立、修改或删除。

(2) 数据查询功能。SQL 的查询语句只有 1 个(Select 语句)，可以由 6 个子句构成，根据查询需要增删组合，也可以嵌套使用。

(3) 数据操作功能。数据操作语言用于对数据库对象的日常维护，如对数据库中的数据进行插入、删除、修改等操作。

(4) 数据控制功能。数据控制语言用于维护数据库的安全性、完整性和事务控制。

SQL 语言的功能非常强大，但使用的核心命令只有九个，如表 4-1 所示。

表 4-1　SQL 基本功能的常用命令

SQL 语句类型	命令	功能
数据定义	CREATE	创建一个新的数据库对象
	ALTER	修改数据库对象的结构
	DROP	删除一个数据库对象
数据查询	SELECT	查询满足条件的记录，并可以对查询的结果进行分组、汇总或排序。 可以与以下命令组合使用： FROM、WHERE、ORDER BY、GROUP BY、HAVING
数据操作	INSERT INTO	向一个基本表或视图中插入新的行
	UPDATE	更新表格或视图中的某些数据内容
	DELETE	删除一个基本表或视图的某些记录
数据控制	GRANT	对数据库的不同用户授以不同级别的安全操作权限
	REVOKE	对数据库用户操作权限的回收

4.1.3　SQL 查询语句和 Access 查询文件的关系

前面章节学习的“查询”中，各例创建的查询又称为“查询文件”。在 Access 中，当创建查询文件时，系统会自动将操作命令转化为 SQL 语句，因此，只要打开查询文件，切换到 SQL 视图就可以看到系统自动生成的 SQL 代码。其实，查询文件也是通过 SQL 语句实现查询的，Access 建立的每一个查询文件的背后，都由 Access 自动生成与之对应的 SQL 语句，再由该 SQL 语句的编译执行得到查询文件的查询结果。查询文件只不过是 Access 提供的一种屏幕操作方式，使数据库的查询和日常维护工作可视化，交互性更强。但是查询文件不能完全替代 SQL 语句，原因有以下两点：

(1) 查询文件只能完成部分查询任务，而 SQL 语言的功能更完善、更强大。

(2) 查询文件是一种屏幕交互的使用方式，而 SQL 可以编写独立程序或嵌入其他编程语言，实现数据库的应用程序开发。

下面以一个查询文件为例，说明查询的查询文件如何与 SQL 语句相对应。对应关系如图 4-3 所示，如果是利用设计视图创建查询文件，选择好表、字段，设置好总计、排序和条件后，把视图切换到 SQL 视图，会看到数据库自动生成对应的 SQL 语句。反之，如果先在 SQL 视图中写好 SQL 查询语句，然后切换到设计视图，也会自动呈现同样的设计视图。

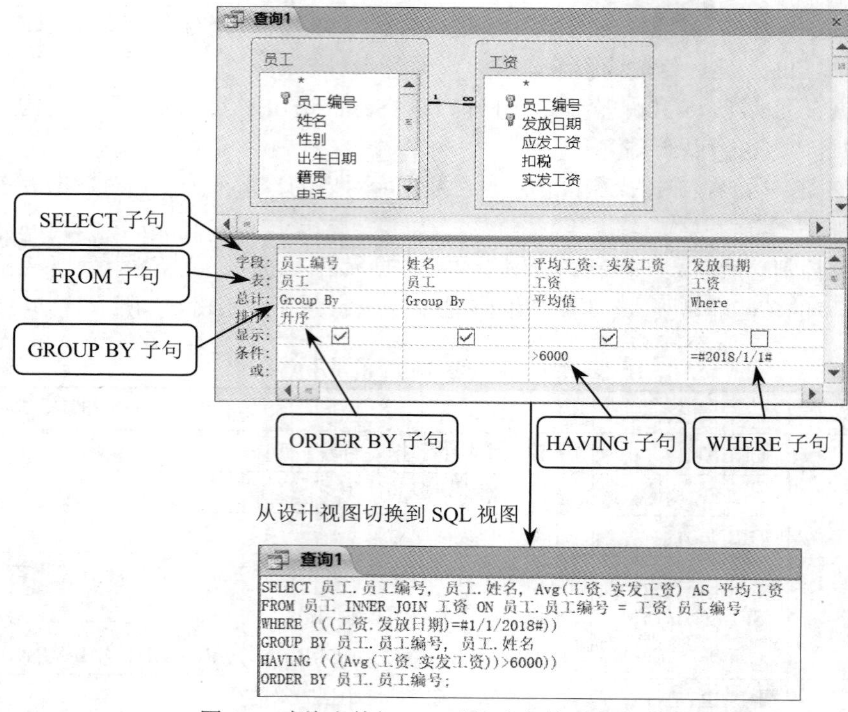

图 4-3　查询文件与 SQL 查询字句的对应关系

4.2 SQL 查询的创建

创建 SQL 查询的步骤如下:

(1) 打开数据库，选择“创建”选项，单击“查询设计”命令。

(2) 关闭随之弹出的“显示表”对话框(不选择任何的表)，把该查询的视图切换到“SQL 视图”，就可以输入 SQL 语句了，如图 4-4 所示。

图 4-4　在查询的 SQL 视图中输入 SQL 语句

在输入 SQL 语句时要注意以下几个问题:

(1) Access 的语法规定，在一条 SQL 语句中间可以不换行，也可以根据需要多次换行，但语句的结束要加一个“;”作为本条 SQL 语句的结束标识。

(2) SQL 语句中所有的标点符号均要求使用英文格式。

(3) SQL 语句命令可以用英文大写，也可以用英文小写。

语句输入完成后，单击窗口左上角的“运行”按钮执行该语句。图 4-5 是一个选择查询语句和运行后结果的示例。

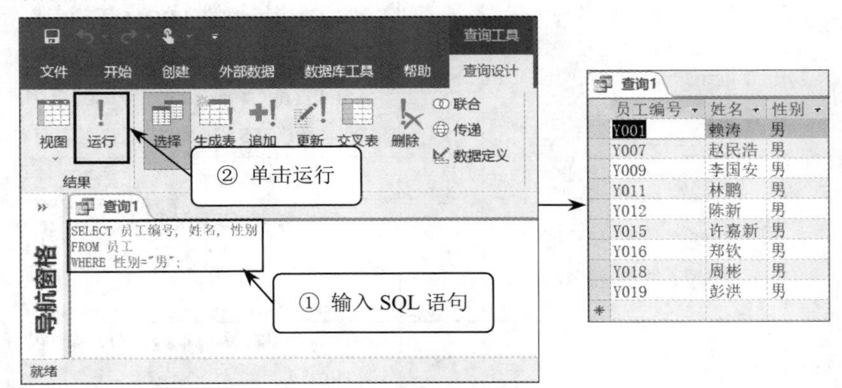

图 4-5　SQL 查询语句的输出结果

SQL 语句的操作对象是数据库中的基本表，这些表的每一条记录都在外存储器中存储。而查询的运行结果得到的是查询表，查询表是从基本表中按照一定规则提取的子集合，这个查询表只在内存中临时存储供我们浏览，一旦关闭这个查询表窗口，查询的记录就会从内存中清除，而且不会保留在外存储器中，数据库中保留的只有实现该查询的 SQL 语句而已。

4.3　SQL 数据查询语句

数据库中最常见的操作是数据查询。SQL 语言使用 Select 命令完成查询功能。

视频 4-2　SQL 查询语句的一般格式

4.3.1　SQL 查询语句的一般格式

查询语句的一般格式如下：

```
SELECT [ALL|DISTINCT] [字段名 1[,字段名 2, ……]]
FROM 表名 1[,表名 2, ……]
[WHERE 连接条件 [AND 连接条件……] [AND 查询条件 [AND|OR 查询条件……]]]
[GROUP BY 分组字段名]
[HAVING 分组条件表达式]
[ORDER BY 排序字段名 [ASC|DESC] [, 排序字段名 [ASC|DESC]……]];
```

整个语句的含义是：根据 WHERE 子句中的条件表达式，从 FROM 子句指定的一个或多个数据表中找出满足条件的记录，按 SELECT 子句中的字段列表，选出数据表中的字段形成查询结果表。如果有 ORDER BY 子句，则结果表要根据指定的表达式按升序(ASC)或降序(DESC)排序。如果有 GROUP BY 子句，则将结果按字段名分组，根据 HAVING 指出的条件，选取满足该条件的组输出。我们可以用以上形式的语句完成数据库中的所有查询任务。

SELECT 中各选项及子句的归纳说明如表 4-2 所示。

表 4-2　SQL 查询命令子句及其功能说明

SQL 查询子句	功能说明	是否必需	注意事项
SELECT	查询结果包含哪些字段	是	➢ ALL 表示选取 FROM 子句所列举数据表中的所有记录，不写的情况下就是默认 ALL。 ➢ DISTINCT 表示消除查询结果中的重复行。 ➢ 字段名可以用“*”代表选取所有的字段
FROM	从哪些表中查询这些字段	是	当查询数据来自多张表，表名用逗号分隔
WHERE	1. 查询字段满足什么条件 2. 数据源表怎样连接	否	在 FROM 子句指定的数据源表有两个及以上时，要用 WHERE 子句指定多表之间主键=外键的连接条件
GROUP BY	查询结果如何分组	否	将查询结果按指定字段名分组后，提供给汇总函数使用
HAVING	保留什么条件的分组	否	➢ HAVING 子句必须要跟在 GROUP BY 子句后使用。 ➢ HAVING 子句用在分组之后筛选满足条件的组，而 WHERE 子句用在分组前筛选满足条件的记录
ORDER BY	查询结果如何排序	否	➢ 默认为升序(ASC 可以不写)，加 DESC 为降序。 ➢ ORDER BY 子句要放在整个 SELECT 语句的最后

一个极小化的查询语句中，只有 SELECT 子句和 FROM 子句是必需的，因为至少要说明从哪些表中选取哪些字段输出。

4.3.2　单表查询

视频 4-3　单表查询

单表查询是指从查询条件到查询结果，所有的查询操作都在一个表中完成。一个单表查询的基本任务有两个：一是从一个表中将某些字段筛选出来，相当于关系运算中的投影运算；二是从一个表中将满足条件的行筛选出来，相当于关系运算中的选择运算。单表查询是所有 SQL 查询命令的基本成分。

1. 用 SELECT 子句指定查询字段

(1) 字段选取。

【例 4-1】创建一个查询，列出全部员工的姓名及出生日期。

查询的 SQL 语句和查询结果如图 4-6 所示。

说明：该 SQL 语句将从“员工”表中取出“姓名”和“出生日期”字段的所有记录，形成新的查询记录输出。

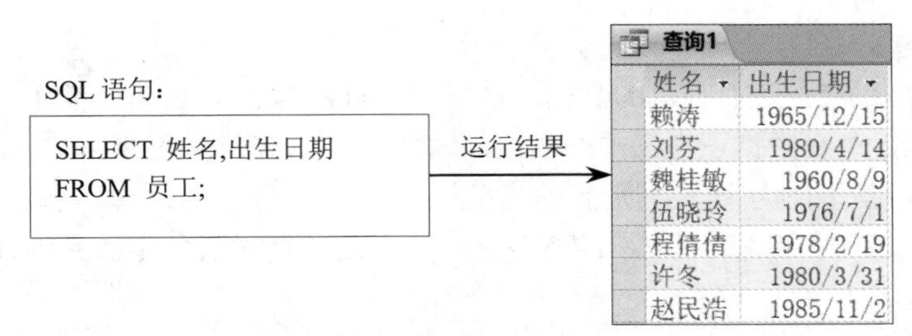

图 4-6　单表查询示例(a)

【例 4-2】 创建一个查询，列出员工表的所有字段信息。

查询的 SQL 语句是：

```
SELECT *
FROM 员工;
```

说明：要在查询中列出所有字段名，可以在 SELECT 子句中写上所有的字段名，也可以用“*”号代替。

(2) 用表达式生成自定义新字段。

除了可以用数据表现有的字段作为查询结果输出，还可以通过表达式计算生成新的字段值作为查询项。

【例 4-3】 创建一个查询，列出所有员工的姓名和年龄。

查询的 SQL 语句和查询结果如图 4-7 所示。

说明：Date()函数返回当前系统日期，再利用 Year()函数提取年份数据来计算准确的年龄值。

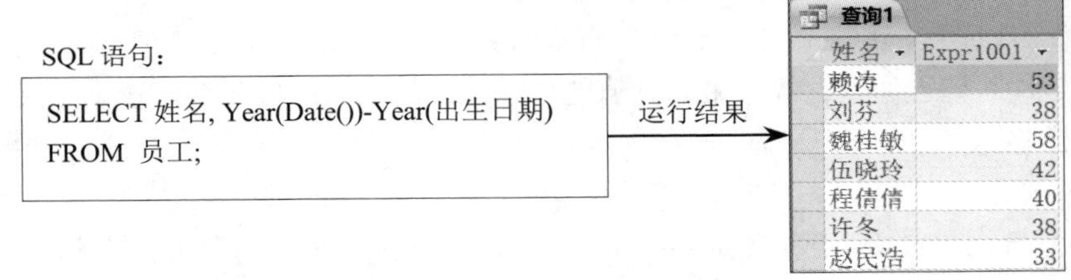

图 4-7　单表查询示例(b)

通过表达式计算生成的新字段自动命名为 Expr1001，如果还有新字段，依次自动命名为 Expr1002，Expr1003，…，以此类推。

在 SELECT 子句中，常用的计算函数主要是实现汇总功能的聚合函数，如表 4-3 所示。表中也列出了该函数在查询设计视图中对应的汇总函数名称。

表 4-3　Select 子句中的聚合函数

函数名称	函数功能	与设计视图中的汇总函数对应
SUM(字段名)	计算字段值的总和	合计
AVG(字段名)	计算字段值的平均值	平均值
COUNT(字段名)	计算字段值的个数	计数
COUNT(*)	计算查询结果的总行数	计数
MAX(字段名)	计算(字符、日期、数值型)字段值的最大值	最大值
MIN(字段名)	计算(字符、日期、数值型)字段值的最小值	最小值

(3) 为字段定义别名。

用表达式生成的字段没有自己的名称，系统生成的名称难以概括该字段的含义，所以需要为新字段自定义别名(在数据表视图中的字段显示名)，可以使用关键字 AS。

【例 4-4】为上例的新字段定义别名为“年龄”。

查询的 SQL 语句和查询结果如图 4-8 所示。可见之前字段别名显示 Expr1001 的已经变成“年龄”了。

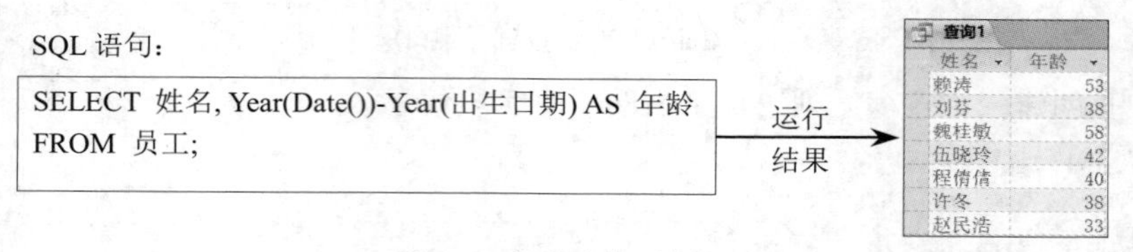

图 4-8 单表查询示例(c)

(4) 用 Distinct 消除重复记录。

【例 4-5】查询“员工”表中的员工籍贯有哪些地方。

查询的 SQL 语句和查询结果如图 4-9 所示，从结果可以看到数据库把相同籍贯的归为一条记录。

SQL 语句：

```
SELECT Distinct 籍贯
FROM 员工;
```

运行结果

籍贯
安徽
北京
福建
广东
河北
湖南
江苏
上海
台湾
天津
西藏
重庆

图 4-9 单表查询示例(d)

2. 用 WHERE 子句指定查询条件

WHERE 子句后要跟一个逻辑表达式。多个查询条件可以用 And、Or、Not 连接。查询时系统对 FROM 指定的数据源表进行逐条记录的扫描，凡是代入该表达式计算结果为真值的，该记录的相应字段就纳入查询结果，代入结果为假值的就排除。

(1) 记录选取。

【例 4-6】查询“员工”表中性别为“男”的员工信息，列出姓名和性别字段。

查询的 SQL 语句和查询结果如图 4-10 所示，数据库对员工表的记录进行扫描，把每条记录的“性别”字段值代入 WHERE 子句的表达式中，如果表达式的计算结果为真(即性别是“男”)，则把该条记录的所选字段纳入查询结果中。

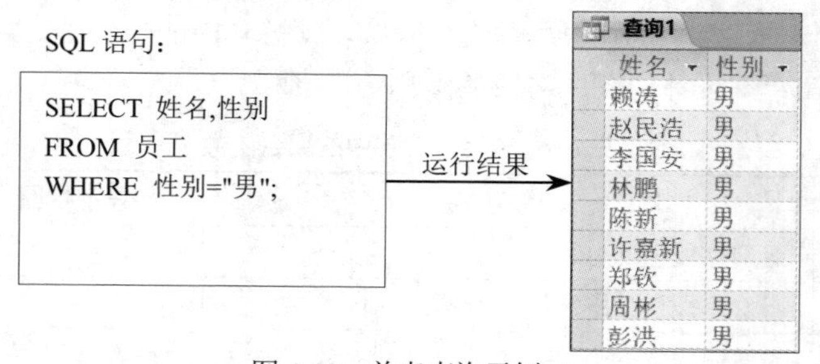

图 4-10 单表查询示例(e)

(2) Between…And…运算符。

【例 4-7】查询“工资”表中实发工资在 4000~4999 之间(包括 4000 和 4999)的员工编号和实发工资。

查询的 SQL 语句和查询结果如图 4-11 所示。

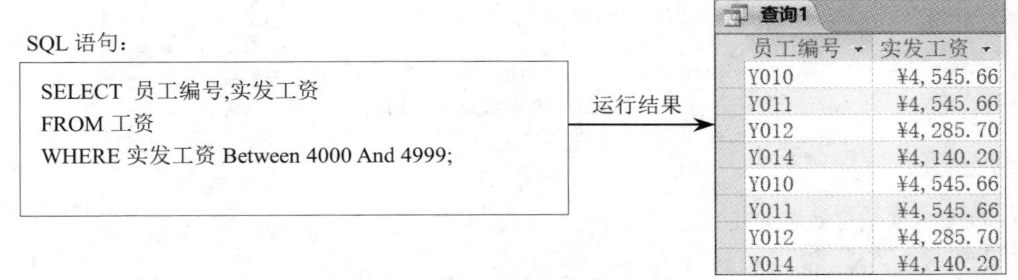

图 4-11　单表查询示例(f)

本例也可以写成：

```
SELECT 员工编号,实发工资
FROM 工资
WHERE 实发工资>=4000 And 实发工资<=4999;
```

要表达与 Between…And…相反的区间范围，可以使用 Not Between…And…，例如：

```
SELECT 员工编号,实发工资
FROM 工资
WHERE 实发工资 Not Between 4000 And 4999;
```

(3) Like 运算符。

Like 运算符可以对字符型数据进行字符串匹配，使用“*”号匹配一个或多个字符的字符串。

【例 4-8】查询“员工”表中姓刘的员工姓名和籍贯。

查询的 SQL 语句和查询结果如图 4-12 所示。

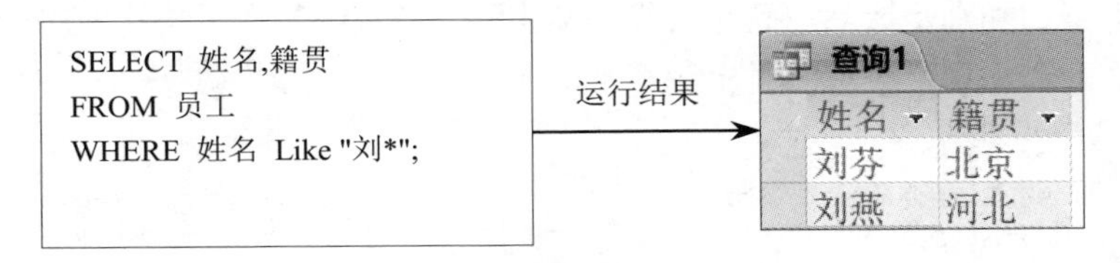

图 4-12　单表查询示例(g)

(4) In 运算符。

在查询中经常会遇到要求表的字段值是某几个值中的一个，此时可以用 In 运算符。

【例 4-9】查询“员工”表中员工编号为 Y001、Y003 和 Y007 的员工姓名和性别。

查询的 SQL 语句和查询结果如图 4-13 所示。由于员工编号字段是文本类型，所以在 SQL 语句中使用其值时，需要加上双引号。

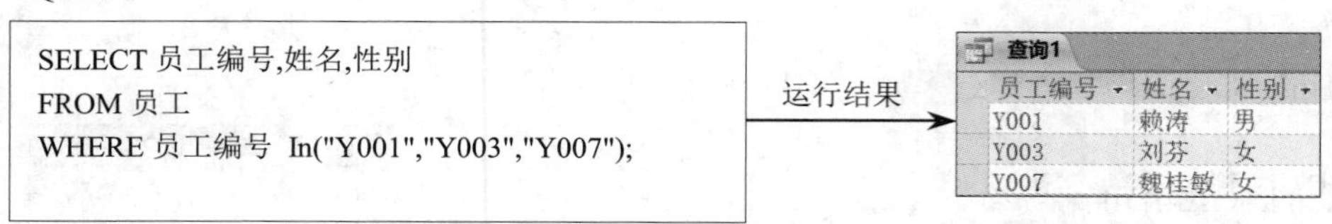

图 4-13　单表查询示例(h)

它等价于：

```
SELECT 员工编号,姓名,性别
FROM 员工
WHERE 员工编号="Y001" Or 员工编号="Y003" Or 员工编号="Y007";
```

SQL 的 SELECT 语句的查询方式很丰富，在 WHERE 子句中可以用算术运算符、关系运算符、逻辑运算符及特殊运算符构成复杂的条件表达式。这些常用的运算符归纳如表 4-4 所示。

表 4-4　WHERE 子句中的常用运算符

运算符类型	运算符
算术运算符	+，-，*，/ 等
关系运算符	>，<，=，>=，<=，<>
逻辑运算符	And, Or, Not
特殊运算符	[Not] Between…And…
	[Not] Like
	[Not] In

3. 用 ORDER BY 子句排序查询结果

SQL 语句的查询结果可以用 ORDER BY 子句根据需要排序，当有多个排序字段时，按字段先后顺序一一列举。

【例 4-10】 查询类别是饮品的商品名称和零售价，查询结果按零售价降序排列。

查询的 SQL 语句和查询结果如图 4-14 所示。

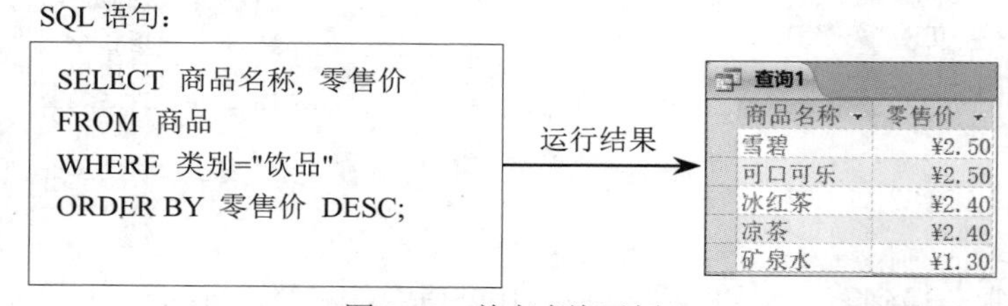

图 4-14　单表查询示例(i)

4.3.3　多表查询

视频 4-4　多表查询

多数情况下，单独使用一个表是无法查询到所有数据的，这时需要 SQL 语言能从多个表中查询数据。多表查询能用一条 SQL 语句将多个表中的数据，按照表的一对多关系连接到一起。进行多表连接操作时，用于连接的字段非常重要，表与表之间依靠哪个字段产生连接，需要用户对数据表的结构非常熟悉。

【例 4-11】查询归属于客服部门且性别是女性的员工信息，显示部门名称、姓名及性别字段。

查询的 SQL 语句和查询结果如图 4-15 所示。

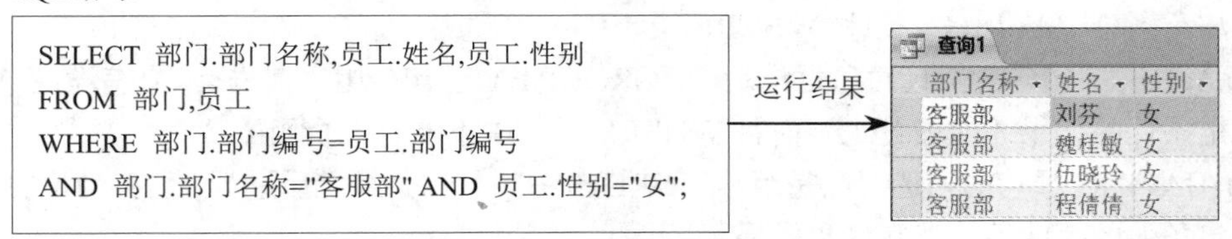

图 4-15　多表查询示例

在 WHERE 子句中，除了查询条件(部门名称为“客服部”，员工性别是“女”)外，还要增加表的连接条件(部门.部门编号=员工.部门编号)，类似于在数据库工具中编辑表间关系，寻找到表的主键和外键，然后连接起来。

在多表查询中，SELECT 子句中的字段名一般要加上表名前缀，格式为：表名.字段名。这样的语句可读性较好，且不会导致不同表的相同字段名产生冲突。

4.3.4　分组查询

视频 4-5　分组查询

1. 用 GROUP BY 子句分组

GROUP BY 子句可以将记录先分组再查询。GROUP BY 后面指出按照什么字段为依据进行分组，该字段取值相同的记录分成一组，然后对每一组进行相同的汇总统计。

【例 4-12】查询每个部门的人数，显示部门编号和员工人数。

查询的 SQL 语句和查询结果如图 4-16 所示。

SQL 语句：

```
SELECT 部门编号, Count(员工编号) AS 员工人数
FROM 员工
GROUP BY 部门编号;
```

运行结果

查询1

部门编号	员工人数
D1	5
D2	3
D3	4
D4	2
D5	2
D6	4

图 4-16　分组查询示例(a)

在书写分组查询语句时，最重要的无疑是确定 GROUP BY 后面应该写什么字段名。Access 的 SQL 语言规定，SELECT 子句中除了聚合函数以外的字段都必须作为分组字段写入 GROUP BY 子句。

2. 用 HAVING 子句限定分组条件

【例 4-13】列出员工人数超过三个的部门编号及其员工人数。

查询的 SQL 语句和查询结果如图 4-17 所示。

SQL 语句：

```
SELECT 部门编号, Count(员工编号) AS 员工人数
FROM 员工
GROUP BY 部门编号
HAVING Count (员工编号)>=4;
```

运行结果

查询1

部门编号	员工人数
D1	5
D3	4
D6	4

图 4-17　分组查询示例(b)

要注意区分 HAVING 子句和 WHERE 子句：

(1) WHERE 子句的筛选对象是记录，在 GROUP BY 子句分组之前进行，只有满足 WHERE 子句限定条件的记录才能被分组。而且 WHERE 子句中不能有聚合函数。

(2) HAVING 子句的筛选对象是组，在 GROUP BY 子句分组之后进行，只有满足 HAVING 子句限定条件的那些组才能在结果中显示。

在上例中，“员工人数超过三个”的限定显然是针对分组后的结果进行筛选的，因此 Count(员工编号)>=4 应该写在 HAVING 子句中。

4.4 SQL 数据操作语句

视频 4-6　SQL 数据操作语句

SQL 的数据操作命令包括对表中记录的插入(INSERT)、数据内容的更新(UPDATE)和记录的删除(DELETE)。这三条语句都不可逆，即不能用“撤销”等命令还原，因此必须谨慎操作。

4.4.1　在表中插入记录

命令格式：

```
INSERT INTO 表名[(字段名 1 [,字段名 2, ……])]
VALUES (常量 1 [,常量 2, ……])
```

【例 4-14】超市招聘了一位新员工，需要将这位新员工的信息(员工编号：Y021，姓名：蔡丽，性别：女，出生日期：1993-1-3，籍贯：北京，电话：13601111111)添加到员工表中。

查询的 SQL 语句和查询结果如图 4-18 所示。

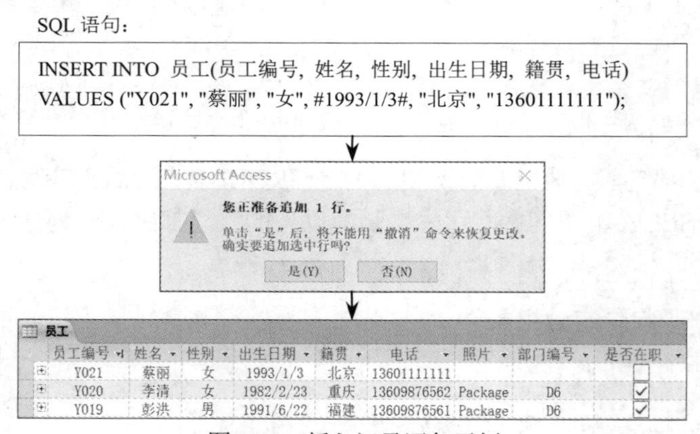

员工编号	姓名	性别	出生日期	籍贯	电话	照片	部门编号	是否在职
Y021	蔡丽	女	1993/1/3	北京	13601111111			☐
Y020	李清	女	1982/2/23	重庆	13609876562	Package	D6	☑
Y019	彭洪	男	1991/6/22	福建	13609876561	Package	D6	☑

图 4-18　插入记录语句示例

INSERT INTO…VALUES 语句的语法需要注意以下问题：

(1) VALUES 后罗列的值要与 INSERT INTO 后面罗列的字段顺序一一对应。

(2) 如果 INSERT INTO 子句中的字段名列表缺省，表示新插入的记录必须在每个字段上均有值。

(3) 插入的数值必须满足表的数据格式和约束。

4.4.2　在表中更新记录

命令格式：

```
UPDATE 表名
SET 字段名 1=表达式 1 [,字段名 2=表达式 2 ……]
[WHERE 条件表达式 1 [ And|Or 条件表达式 2 ……]]
```

【例 4-15】修改员工表中姓名为“蔡丽”的籍贯为“福建”。

查询的 SQL 语句和查询结果如图 4-19 所示。

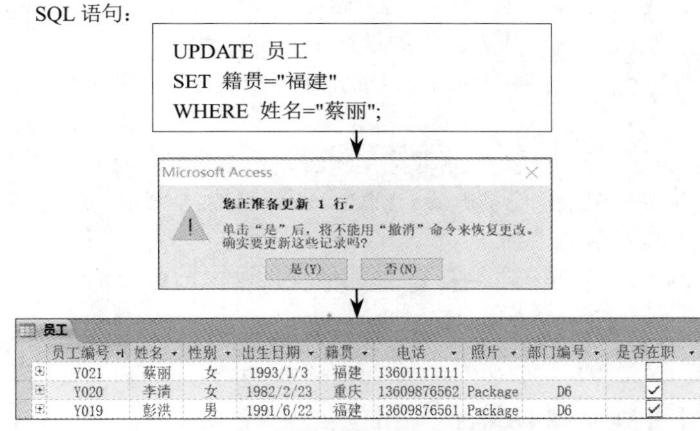

图 4-19　更新记录语句示例

UPDATE…SET…WHERE 语句的语法需要注意以下问题：

(1) SET 之后的表达式指出字段的新值，新的值可以是一个常量，也可以是表达式。

(2) WHERE 子句指明满足哪些条件的记录才可以更新，如果省略 WHERE 子句则代表对表中所有记录进行更新。

4.4.3　在表中删除记录

命令格式：

```
DELETE FROM 表名
[WHERE 条件表达式 1 [ AND|OR 条件表达式 2 ……]]
```

【例 4-16】删除员工表中姓名为“蔡丽”的员工记录。

查询的 SQL 语句和查询结果如图 4-20 所示。

SQL 语句：

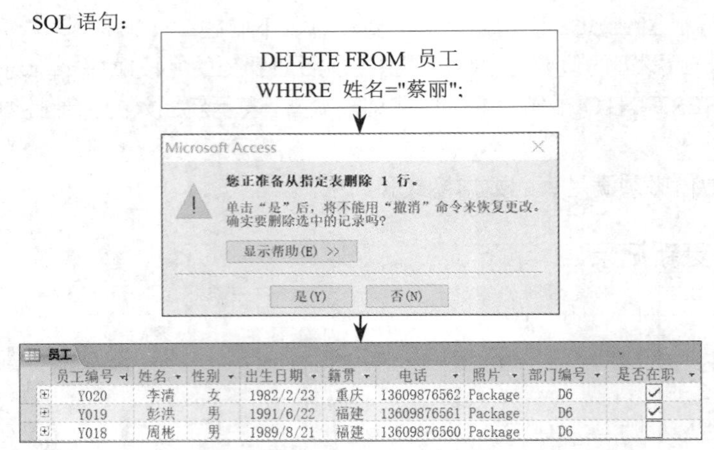

员工编号	姓名	性别	出生日期	籍贯	电话	照片	部门编号	是否在职
Y020	李清	女	1982/2/23	重庆	13609876562	Package	D6	☑
Y019	彭洪	男	1991/6/22	福建	13609876561	Package	D6	☑
Y018	周彬	男	1989/8/21	福建	13609876560	Package	D6	☐

图 4-20　删除记录语句示例

DELETE FROM…WHERE 语句的语法需要注意以下问题：

(1) DELETE 语句仅删除表中记录，不会删除整张表、表结构或数据约束。数据库会自动将 DELETE 调整成 DELETE *，代表删除的是记录的所有字段。

(2) DELETE 语句不能删除单个列的值，而是删除整条记录，单个列的值应该用 UPDATE 语句修改。

(3) 如果表间建立了参照完整性，并且启用了级联删除功能，使用 DELETE 语句删除记录时，别的表中与此相关的记录也会被删除。例如，删除员工表中的一条员工记录，工资表中与此员工有关的记录都将被删除。

(4) WHERE 子句指明满足哪些条件的记录才可以删除，如果省略 WHERE 子句则代表删除表中所有记录。

4.5 SQL 数据定义语句

视频 4-7　SQL 数据定义语句

SQL 语句的数据定义功能包括创建表、修改表和删除表等基本操作。

4.5.1 创建表

在 SQL 语句中，用户可以使用 CREATE TABLE 语句建立基本表。语句格式如下：

```
CREATE TABLE 表名
(
    字段名 1 数据类型 [字段级完整性约束条件],
    字段名 2 数据类型 [字段级完整性约束条件],
    字段名 3 数据类型 [字段级完整性约束条件],
    ....
) [,表级完整性约束条件];
```

各参数说明如下。

- 表名：指需要创建的表的名称。

- 字段名：指创建的新表中的字段名。
- 数据类型：指对应字段的数据类型(具体符号参见表 4-5)。创建新表时要求每个字段必须定义字段名称和数据类型。
- 字段级完整性约束条件：指定义相关字段的约束条件，包括主键约束(Primary Key)、数据唯一性约束(Unique)、空值约束(Not Null 或 Null)和完整性约束(Check)等。

表 4-5 CREATE TABLE 语句中常用的字段数据类型

类型	数据类型的符号	说明
整数	byte	字节型
	smallint	整型
	integer	长整型
小数	numeric	双精度型
	real	单精度型
文本	char 或 char(size)	短文本型。在括号中规定字段大小
货币	currency	——
日期时间	datetime	——

【例 4-17】 创建“进货清单”表，表里包括“单号”“货名”“型号”“数量”“单价”“进货日期”六个字段。

对应的 SQL 语句和运行结果如图 4-21 所示。

运行 SQL 查询后，导航窗格中出现了“进货清单”表，表中有六个字段，其中“单号”字段被设为主键，短文本类型，字段大小为 10；“货名”字段为短文本类型，字段大小为 20；“型号”字段为短文本类型，字段大小为 20；“数量”字段为数字类型，字段大小为长整型；“单价”字段为货币类型；“进货日期”字段为日期/时间类型。

SQL 语句：

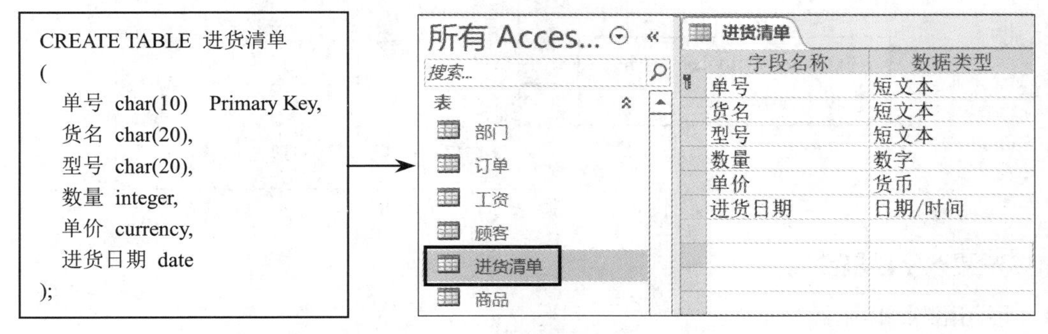

图 4-21 创建表语句示例

4.5.2 修改表结构

在 SQL 语句中，用户可以使用 ALTER TABLE 语句修改已建立表的表结构。

1. 添加表字段

语句格式如下：

```
ALTER TABLE 表名
ADD 新字段名 数据类型 [字段级完整性约束条件];
```

【例 4-18】 在例 4-17 创建的“进货清单”表中，增加“备注”字段，字段数据类型为短文本型，字段大小为 100。

对应的 SQL 语句和运行结果如图 4-22 所示。

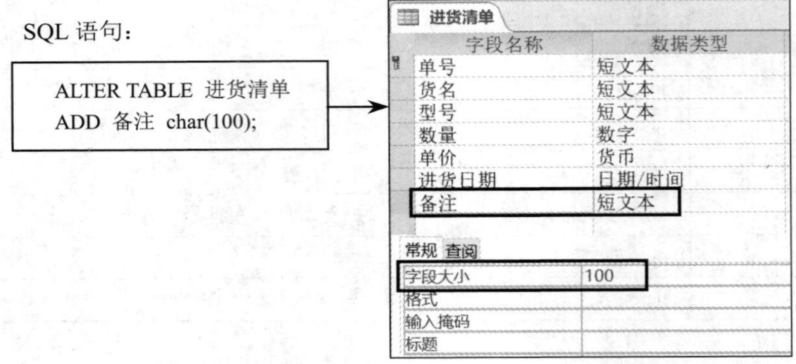

图 4-22　添加表字段语句示例

2. 删除表字段

语句格式如下：

```
ALTER TABLE 表名
DROP 字段名;
```

【例 4-19】 在例 4-18 创建的“进货清单”表中，删除“型号”字段。

对应的 SQL 语句和运行结果如图 4-23 所示。

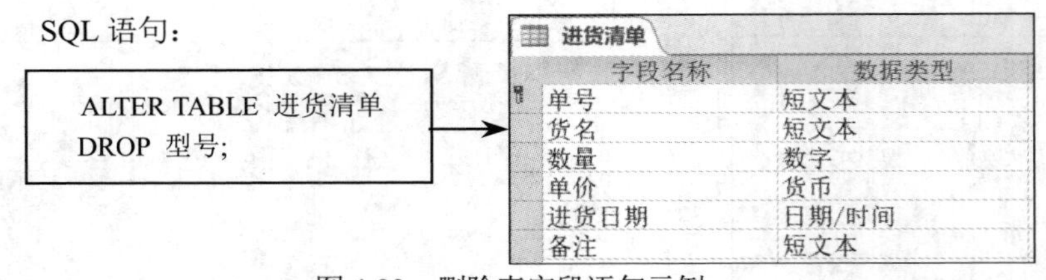

图 4-23　删除表字段语句示例

3. 更改字段属性

语句格式如下：

```
ALTER TABLE 表名
ALTER 字段名 新属性;
```

【例 4-20】 在例 4-19 创建的“进货清单”表中，修改“单号”字段大小为 20。

对应的 SQL 语句和运行结果如图 4-24 所示。

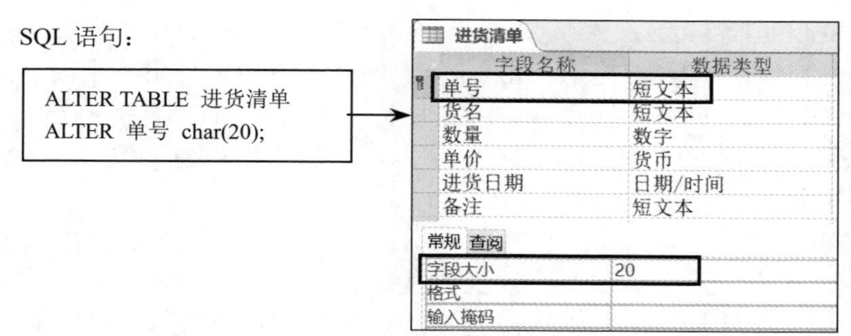

图 4-24　更改字段属性语句示例

4.5.3　删除表

在 SQL 语句中，用户可以使用 DROP TABLE 语句删除不需要的表(包括表结构和表中的全部数据)。语句格式如下：

```
DROP TABLE 表名;
```

【例 4-21】通过 SQL 语句把例 4-20 创建的“进货清单”表删除。

对应的 SQL 语句：

```
DROP TABLE 进货清单;
```

4.6　思考与练习

4.6.1　思考题

1. SQL 语句有哪些功能？
2. 在 SELECT 查询语句中，对查询结果进行排序的子句是什么？能消除重复行的关键字是什么？
3. 在 SELECT 查询语句中，GROUP BY 子句有哪些用途？

4.6.2　选择题

1. 在 SELECT 语句中，用于指定数据表的子句是(　　)。
   A. FROM　　B. WHERE
   C. ORDER BY　　D. GROUP BY
2. 在 SELECT 语句中，用于限制显示记录条件的子句是(　　)。
   A. SELECT　　B. FROM
   C. WHERE　　D. ORDER BY
3. 设员工表中有职称(文本型)和性别(文本型)等字段，查询男性工程师的信息，正确的 SQL 语句是(　　)。
   A. SELECT * FROM 员工 WHERE 职称="工程师" OR 性别="男"

B. SELECT * FROM 员工 GROUP BY 职称 WHERE 性别="男"

C. SELECT * FROM 员工 ORDER BY 职称 WHERE 性别="男"

D. SELECT * FROM 员工 WHERE 职称="工程师" AND 性别="男"

4. “工资”表中有“职工号”(字符型)、“基本工资”(数字型)和“奖金”(数字型)等字段，若要查询职工的收入，正确的SQL语句是(　　)。

A. SELECT 职工号,(基本工资+奖金) AS 收入 FROM 工资

B. SELECT 收入=基本工资+奖金 FROM 工资

C. SELECT * FROM 工资 WHERE 收入=基本工资+奖金

D. SELECT * FROM 工资 WHERE 基本工资+奖金 AS 收入

5. “图书”表有“图书名称”(字符型)、“出版日期”(日期/时间型)等字段，要查询2010年出版的所有图书信息，正确的SQL语句是(　　)。

A. SELECT * FROM 图书 WHERE 出版日期=2010

B. SELECT * FROM 图书 WHERE 出版日期>=2010-01-01 And 出版日期<=2010-12-31

C. SELECT * FROM 图书 WHERE 出版日期 Between 2010-01-01 And 2010-12-31

D. SELECT * FROM 图书 WHERE 出版日期 Between #2010-01-01# And #2010-12-31#

6. SELECT语句中有“ORDER BY 专业 ASC”子句，其功能是(　　)。

A. 按专业字段升序排列

B. 按专业字段分组

C. 按专业字段降序排列

D. 显示表中专业字段内容

7. 设员工表中有性别(文本型)和工资(数字型)等字段，按性别查询男女员工的最高工资，正确的SQL语句是(　　)。

A. SELECT Max(工资) FROM 员工 GROUP BY 工资

B. SELECT Min(工资) FROM 员工 GROUP BY 性别

C. SELECT Max(工资) FROM 员工 GROUP BY 性别

D. SELECT Max(工资) FROM 员工 ORDER BY 性别

8. 设员工表中有工号(文本型)和部门(文本型)等字段，将所有工号以Y打头的员工部门改为“运营部”，正确的SQL语句是(　　)。

A. UPDATE 工号="Y*" SET 部门="运营部"

B. UPDATE 员工 WHERE 部门="运营部" WHERE 工号 Like "Y%"

C. UPDATE 员工 SET 部门="运营部" WHERE 工号 Like "Y*"

D. UPDATE 员工 SET 部门="运营部" WHERE 工号 Like "Y%"

9. 设员工表中有工号(文本型)等字段，删除所有工号第2、3位为18的员工信息，正确的SQL语句是(　　)。

A. DELETE FROM 员工 WHERE 工号 Like "%18*"

B. DELETE FROM 员工 WHERE 工号 Like "*18*"

C. DELETE FROM 员工 WHERE 工号 Like "*18%"

D. DELETE FROM 员工 WHERE 工号 Like "%18%"

10. 设“商品”表中有“商品编号”(字符型)、“数量”(数字型)和“产地”(字符型)3 个字段，若向“商品”表中插入商品编号为 G006，数量为 200，产地为北京的新记录，正确的语句是(　　)。

A. INSERT INTO 商品 VALUES(G006,200,北京)

B. INSERT INTO 商品(商品编号,数量,产地) VALUES(G006,200,北京)

C. INSERT INTO 商品 VALUES("G006",200, "北京")

D. INSERT INTO 商品(商品编号,数量,产地) VALUES("G006","200","北京")

第5章 窗 体

用户平时接触到的大部分应用程序，都是由一个个窗体(Form)构成的。窗体是 Access 数据库重要的数据库对象之一，它可以将各种数据库对象组织在一起，灵活地实现用户与程序的交互。因此，窗体设计的好坏直接影响 Access 应用程序的交互友好性和用户可操作性。本章以前面章节创建的“小型超市管理系统”为基础，介绍各种窗体的创建方法、窗体控件的使用、窗体和控件属性的设置、窗体的美化、启动窗体和导航窗体的设计等知识。

本章要点

- 窗体的组成和视图切换
- 使用向导和设计视图创建窗体
- 使用窗体控件
- 设置窗体和控件的属性

本章知识结构如图 5-1 所示。

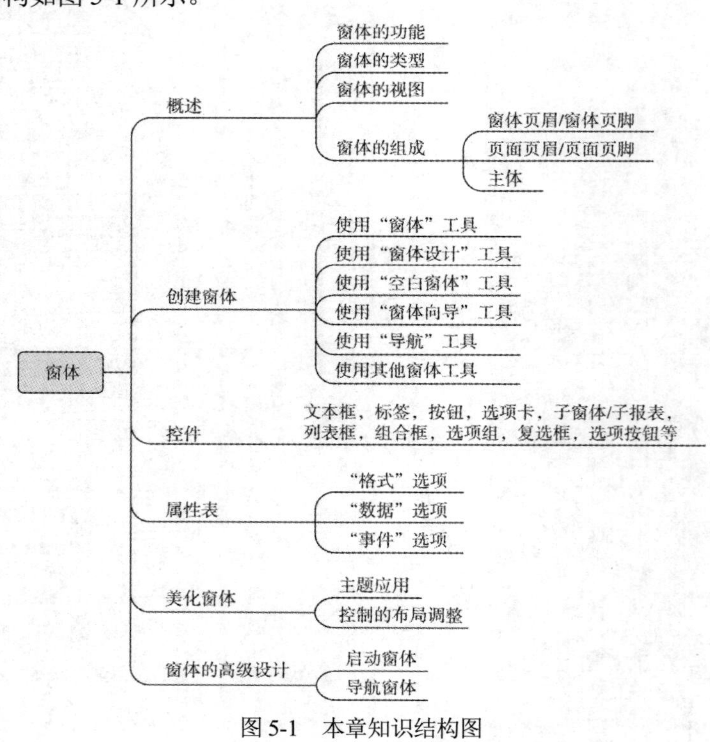

图 5-1　本章知识结构图

5.1 窗体概述

视频 5-1　窗体概述

窗体自身并不存储数据，通常需要指定数据源，数据源可以是表、查询、SQL 语句或通过键盘输入等，也可以没有数据源。它以直观的方式为用户提供浏览和编辑数据功能，并控制应用程序的运行流程。

5.1.1　窗体的功能

窗体的功能主要有以下几点。

(1) 数据的输入与反馈。用户通过窗体输入数据，窗体对输入的数据做处理后给予反馈。

(2) 显示数据。用户可以通过窗体直观地查看数据库中的数据。

(3) 控制程序流程。通过在窗体上使用控件并触发控件的事件来实现程序的功能，从而控制程序的流程。

5.1.2　窗体的类型

Access 提供了多种窗体类型，下面以“小型超市管理系统”数据库的表为例，按照数据在窗体上的显示方式，把窗体分为以下几种类型。

(1) 多个项目窗体。一次显示多条记录，记录以行的形式排列，如图 5-2 所示，主要用于查看和维护数据。

员工

员工

员工编号	姓名	性别	出生日期	籍贯	电话	照片	部门编号	是否在职
Y001	赖涛	男	1965/12/15	福建	13609876543		D1	☑
Y002	刘芬	女	1980/4/14	北京	13609876544		D1	☑
Y003	魏桂敏	女	1960/8/9	台湾	13609876545		D1	☑
Y004	伍晓玲	女	1976/7/1	福建	13609876546		D1	☐
Y005	程倩倩	女	1978/2/19	上海	13609876547		D1	☑

图 5-2　多个项目窗体示例

(2) 数据表窗体。以数据表视图的形式呈现字段信息，如图 5-3 所示，主要用于查看和编辑数据。

员工

员工编号	姓名	性别	出生日期	籍贯	电话	照片	部门编号	是否在职
Y001	赖涛	男	1965/12/15	福建	13609876543	Bitmap Image	D1	☑
Y002	刘芬	女	1980/4/14	北京	13609876544	Bitmap Image	D1	☑
Y003	魏桂敏	女	1960/8/9	台湾	13609876545	Bitmap Image	D1	☑
Y004	伍晓玲	女	1976/7/1	福建	13609876546	Bitmap Image	D1	☐
Y005	程倩倩	女	1978/2/19	上海	13609876547	Bitmap Image	D1	☑

图 5-3　数据表窗体示例

(3) 分割窗体。分割窗体由上下两部分组成，上部分是单独显示一条记录的窗体，下部分是数据表窗体，单击下部分窗体的某条记录，上部分窗体的内容就会跟随着变化，如图 5-4

所示。

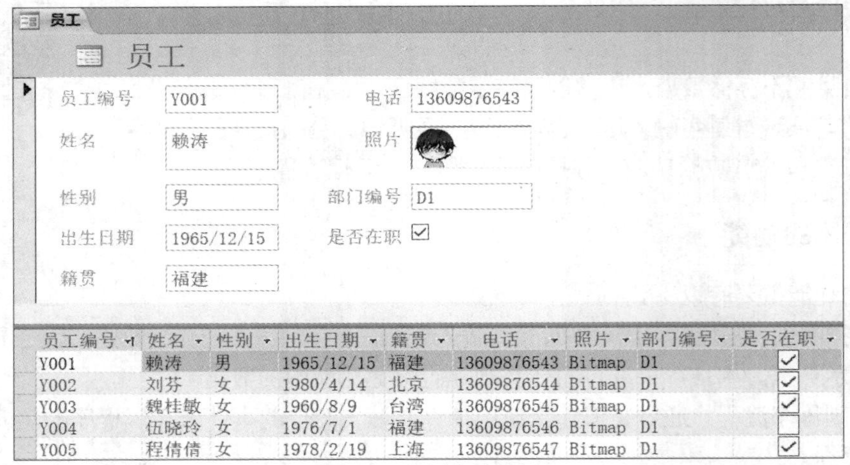

图 5-4　分割窗体示例

(4) 主/子窗体。一个窗体中嵌套窗体，外层窗体称为主窗体，里面嵌套的窗体称为子窗体，如图 5-5 所示，主要用于显示来自两个有关系的表或查询数据。

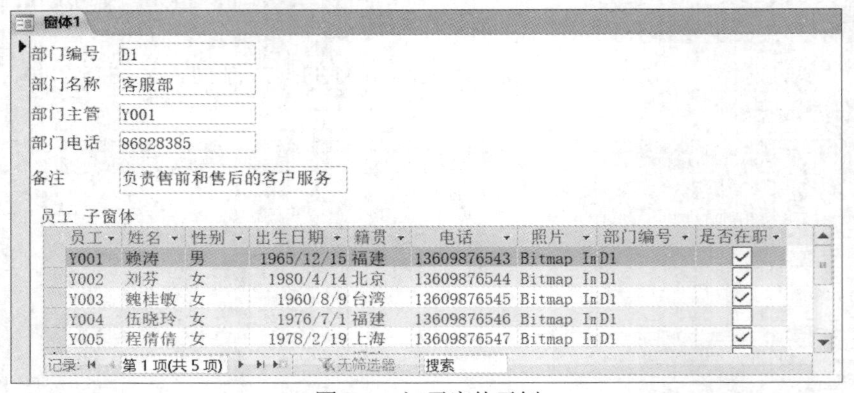

图 5-5　主/子窗体示例

(5) 模式对话框窗体。具有运行流程的窗体，接受用户输入，反馈信息，显示各种提示信息等，如图 5-6 所示。

图 5-6　交互信息窗体示例

(6) 图表展示窗体。以图表的形式展示数据统计信息，如图 5-7 所示。

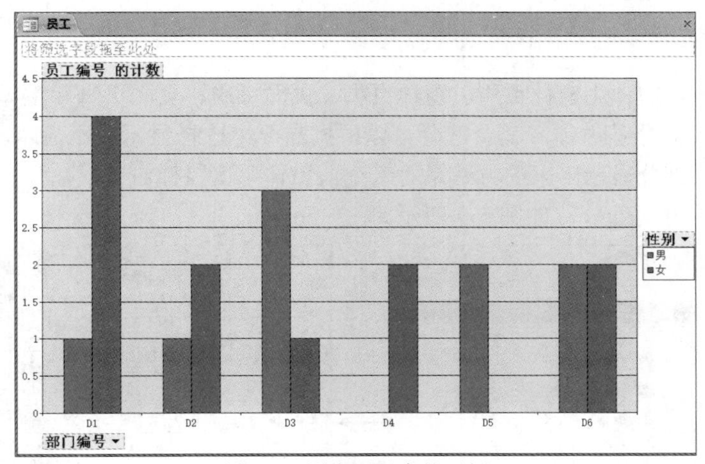

图 5-7　图表展示窗体示例

5.1.3　窗体的视图

Access 为窗体提供了四种不同的视图：窗体视图、布局视图、设计视图、数据表视图。不同类型的窗体具有不同的视图，例如，数据表窗体只有数据表视图和设计视图，交互信息窗体只有窗体视图、布局视图和设计视图。不同的视图显示出不同的形式和内容，用以实现不同的任务。在窗体设计过程中，经常使用的是以下三种视图。

(1) 窗体视图。窗体视图是用户看到的使用界面，是窗体运行时的显示界面。窗体视图下不能更改窗体的设计。

(2) 布局视图。布局视图主要用于调整控件的排列和界面的美观，它看起来和窗体视图非常相似，不同的是布局视图在查看数据的同时还能整体地设置控件大小和排版，是非常直观有用的视图。

(3) 设计视图。设计视图是窗体设计过程中最常用的视图。在设计视图里，窗体并没有运行，因此是无法查看数据的。设计视图提供了窗体结构的详细设计功能，以及控件的属性设置、事件设计和在布局视图中无法实现的很多功能，如图 5-8 所示。

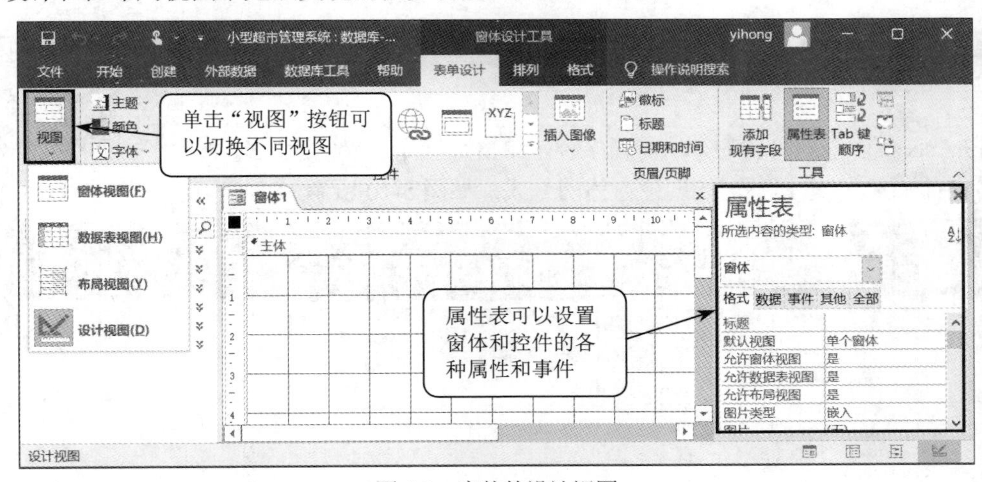

图 5-8　窗体的设计视图

5.1.4　窗体的组成

在设计视图下，窗体由窗体页眉、窗体页脚、页面页眉、页面页脚和主体五部分组成。在窗体中必不可少的部分是主体，其余部分可以根据需要来选择显示或不显示。

把窗体的组成部分显示出来的方法是对着空白窗体单击鼠标右键，在弹出的快捷菜单中可以选择除了主体以外的部分，如图 5-9 所示。

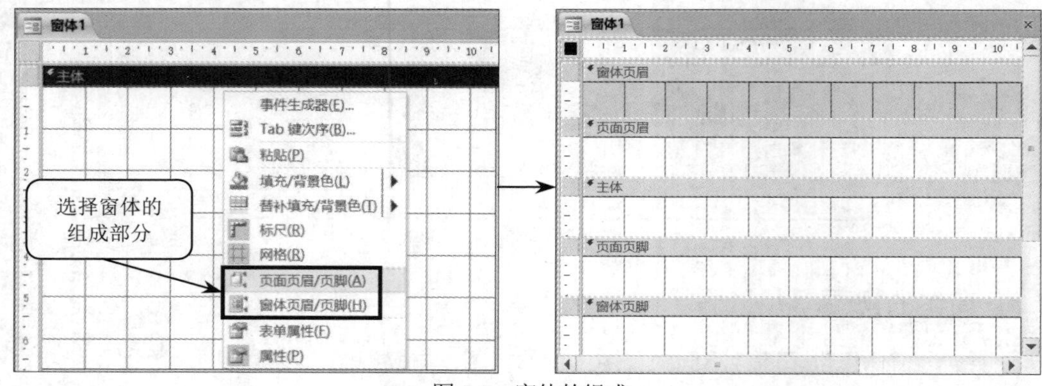

图 5-9　窗体的组成

(1) 窗体页眉。位于窗体最顶部，通常用于显示窗体的标题、图标等不会随着记录改变而改变的信息。

(2) 窗体页脚。位于窗体的尾部，作用与窗体页眉相同。

(3) 页面页眉。在窗体每一页的顶部，用来显示页码、日期、列标题等信息。把窗体切换到窗体视图后，是看不到页面页眉的，只有在打印预览或打印出来的窗体上才能看到页面页眉。

(4) 页面页脚。在窗体每一页的底部，用来显示页码、日期、本页汇总等信息。跟页面页眉一样，页面页脚也只出现在打印预览或打印的窗体上。

(5) 主体。主体是窗体必不可少的部分，用来显示来自表或查询的记录数据。如果主体区域较大，在窗体中可能出现滚动条，滚动条只能控制主体区域，无法控制页眉页脚区域。

5.2　创建窗体

视频 5-2　创建窗体

在 Access 中创建窗体的方法有很多种，单击数据库的“创建”选项，在窗体组件中可以选择不同的创建窗体的方式，如图 5-10 所示。

图 5-10　窗体的组件

5.2.1　使用“窗体”工具创建窗体

【例 5-1】使用“窗体”工具为“商品”表创建一个窗体，命名为“商品信息”。

具体步骤如下：打开数据库，如图 5-11 左图所示，在表对象中先选中“商品”表，然后单击“创建”选项，单击“窗体”命令。要注意先单击表，否则“窗体”按钮不可用。数据库自动创建一个窗体，以布局视图的方式呈现“商品”表的数据，如图 5-11 右图所示。在布局视图中可以调整排版，使得界面更美观，保存并为窗体命名为“商品信息”。

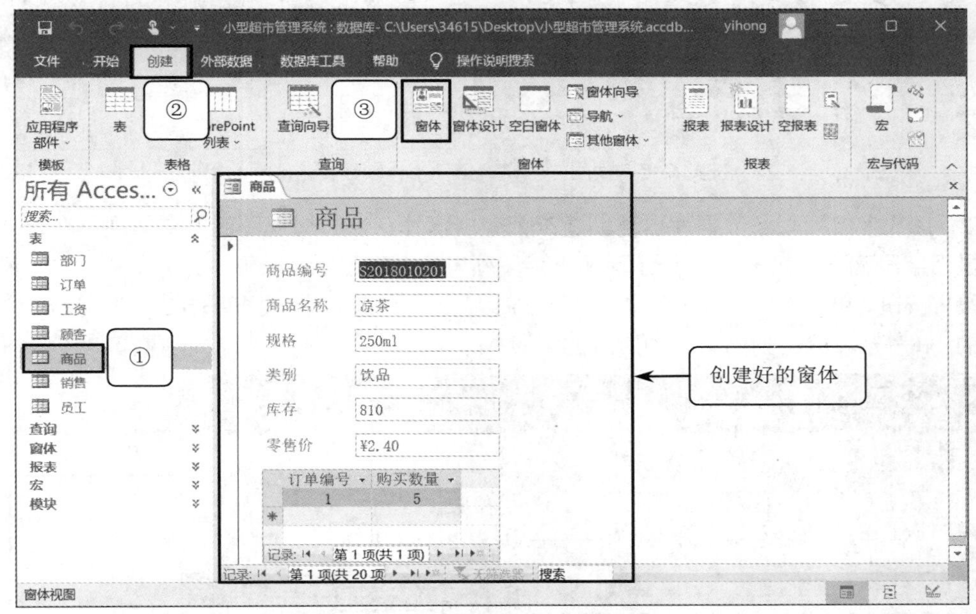

图 5-11　使用“窗体”工具创建窗体(a)

成功创建窗体后，在数据库的窗体对象中就会出现刚刚创建的窗体，把窗体切换到窗体视图，如图 5-12 所示，就是窗体运行时能看到的界面。

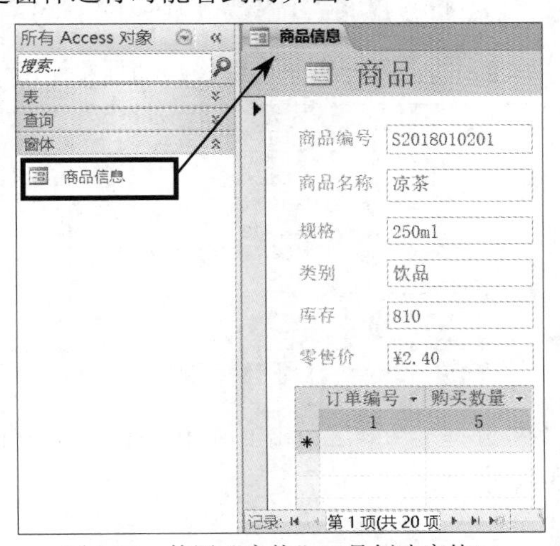

图 5-12　使用“窗体”工具创建窗体(b)

5.2.2 使用“空白窗体”工具创建窗体

空白窗体是指没有任何数据源的窗体，需要用户自行根据需要添加字段。

【例 5-2】使用“空白窗体”工具为“顾客”表创建一个窗体，命名为“顾客信息”。

具体步骤如下：

(1) 打开数据库，单击“创建”选项，单击“空白窗体”按钮，如图 5-13 所示。

图 5-13 使用“空白窗体”工具创建窗体(a)

(2) 打开字段列表。数据库自动创建一个空白窗体，以布局视图的方式呈现，在窗体右侧还会显示字段列表，如图 5-14 所示。如果字段列表没有出现，可以单击上方工具栏的“添加现有字段”按钮。单击“字段列表”中的“显示所有表”，就会列出数据库的所有表，单击“顾客”表前的“+”号，就会列出该表中所有的字段。

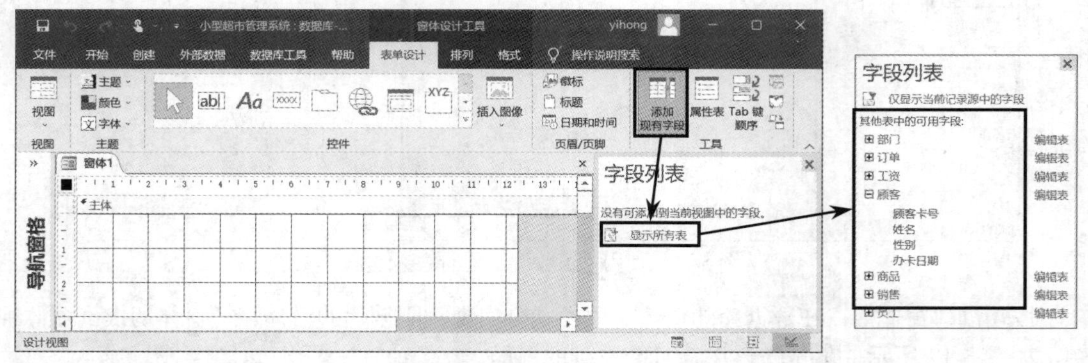

图 5-14 使用“空白窗体”工具创建窗体(b)

(3) 添加所需字段。将顾客表的字段一个一个拖住移动到左侧窗体中，结果如图 5-15 所示。

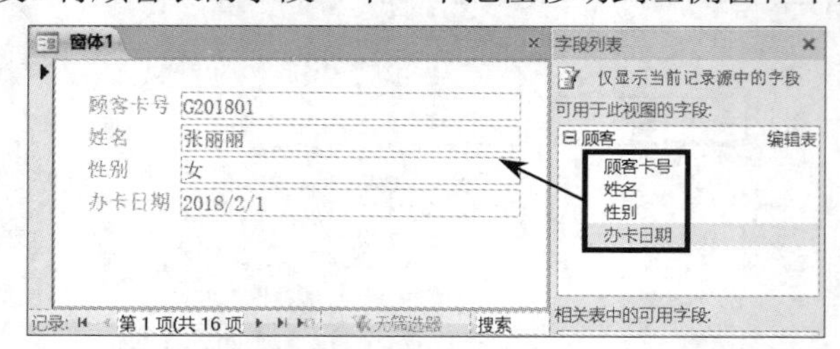

图 5-15 使用“空白窗体”工具创建窗体(c)

(4) 添加标题。在“页眉/页脚”功能区单击“标题”按钮，为窗体添加标题，在标题位置输入“顾客信息”，如图 5-16 所示。

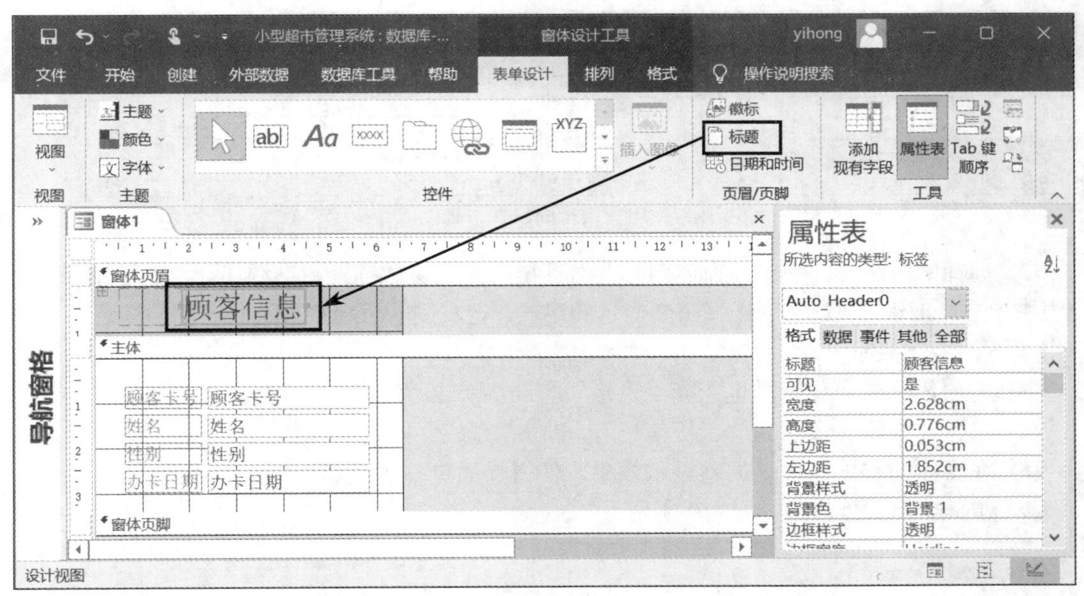

图 5-16　使用“空白窗体”工具创建窗体(d)

(5) 添加日期时间。如图 5-17 所示，在“页眉/页脚”功能区单击“时间和日期”按钮，弹出“日期和时间”对话框，选择需要的格式，单击“确定”按钮。为窗体插入日期和时间后，可以在布局视图中调整显示效果，最后保存并为窗体命名为“顾客信息”。

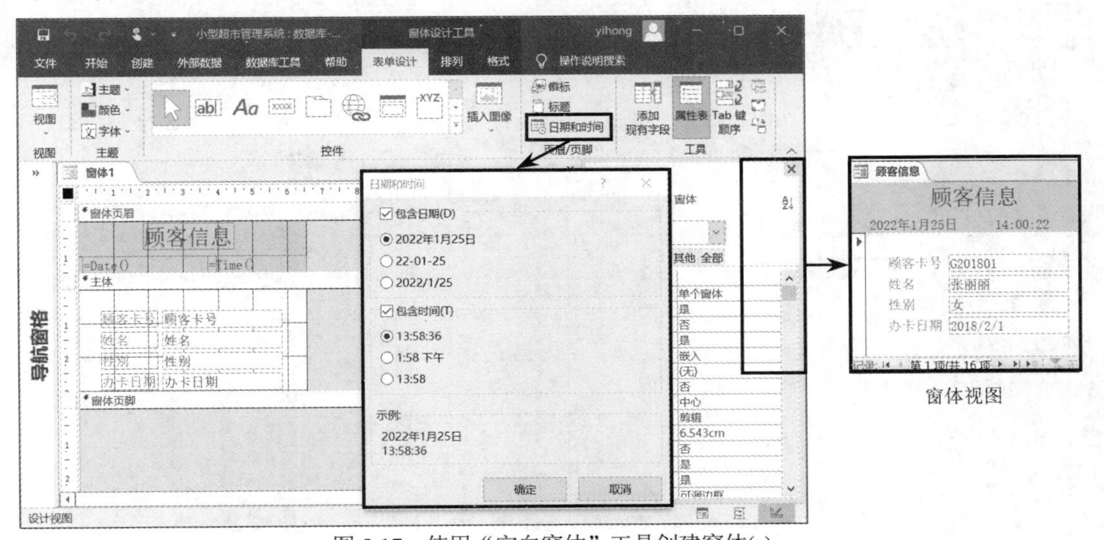

图 5-17　使用“空白窗体”工具创建窗体(e)

5.2.3　使用“窗体向导”工具创建窗体

【例 5-3】使用“窗体向导”工具为“工资”表创建一个表格式窗体，命名为“工资信息”。具体步骤如下：

(1) 打开数据库，单击“创建”选项，单击“窗体向导”按钮，如图 5-18 所示。

图 5-18　使用“窗体向导”工具创建窗体(a)

(2) 选择所需字段。弹出“窗体向导”对话框，先为窗体选择数据源，在“表/查询”下拉列表中单击“工资”表，然后选择需要显示的字段，把左侧的可用字段选到右侧的选定字段中，单击“下一步”按钮。

(3) 为窗体选择布局。这里选择“表格”布局，单击“下一步”按钮。

(4) 保存并为窗体命名为“工资信息”，单击“完成”按钮。

(5) 在窗体的布局视图里调整显示效果，使得界面更整齐美观。

窗体向导的设置步骤如图 5-19 所示。

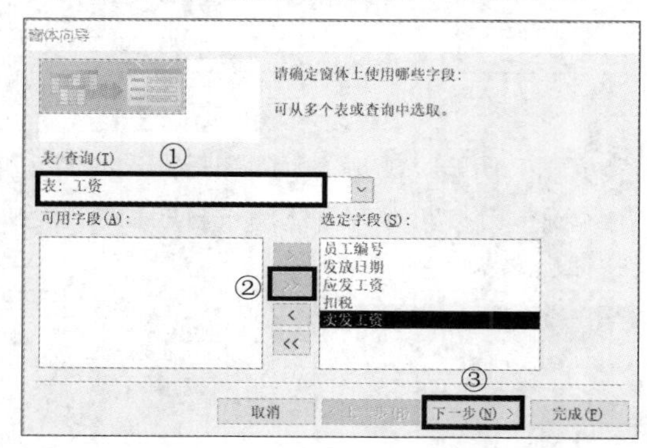

选择表和字段

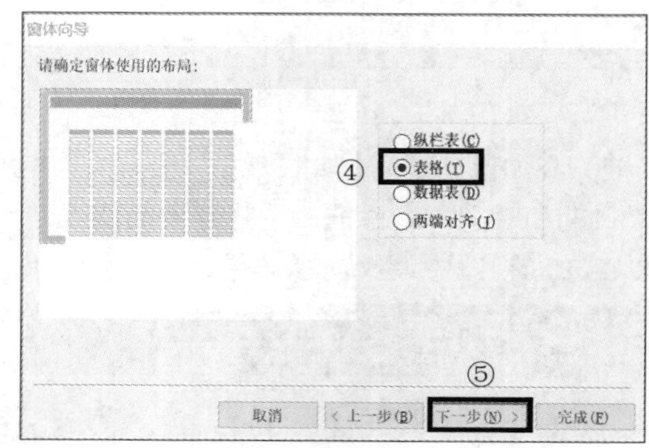

选择布局

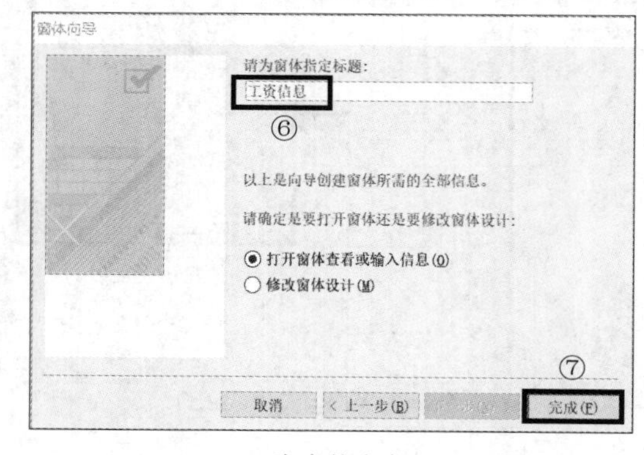

为窗体命名

工资信息

员工编号	发放日期	应发工资	扣税	实发工资
Y001	2018/1/1	¥7, 430. 00	¥288. 00	¥7, 142. 00
Y001	2018/2/1	¥7, 430. 00	¥288. 00	¥7, 142. 00
Y002	2018/1/1	¥6, 170. 00	¥162. 00	¥6, 008. 00
Y002	2018/2/1	¥6, 170. 00	¥162. 00	¥6, 008. 00
Y003	2018/1/1	¥6, 038. 00	¥148. 80	¥5, 889. 20
Y003	2018/2/1	¥6, 038. 00	¥148. 80	¥5, 889. 20
Y004	2018/1/1	¥5, 366. 00	¥81. 60	¥5, 284. 40
Y004	2018/2/1	¥5, 366. 00	¥81. 60	¥5, 284. 40

窗体视图

图 5-19　使用“窗体向导”工具创建窗体(b)

5.2.4　使用“多个项目”工具创建窗体

【例 5-4】使用“多个项目”工具为“部门”表创建一个窗体，命名为“部门信息”。

具体步骤如下：

(1) 打开数据库，在表对象中先选中“部门”表。如果不先选中数据表，“多个项目”工具是不能使用的。

(2) 单击“创建”选项，单击“其他窗体”按钮，在弹出的列表中选择“多个项目”，如图5-20所示。

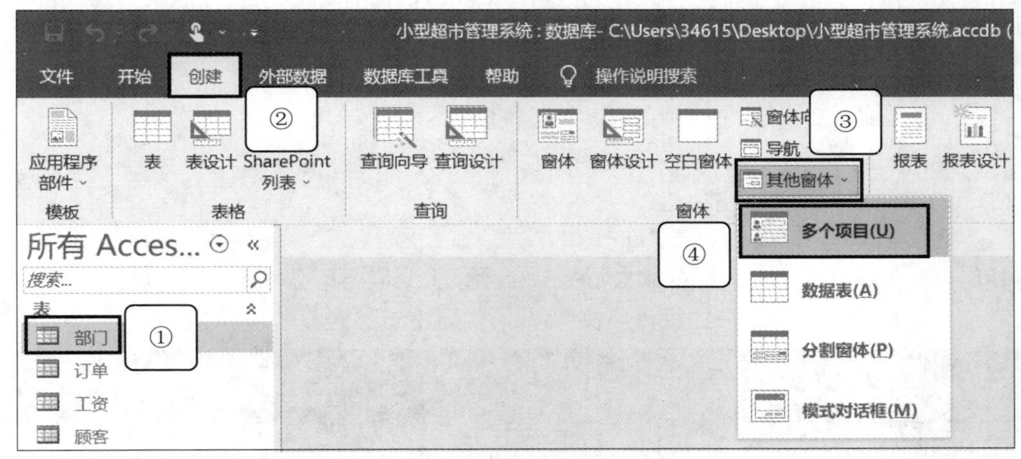

图5-20　使用“多个项目”工具创建窗体(a)

(3) 数据库自动为表生成一个窗体，以布局视图的方式呈现数据，在布局视图里可以调整排版。最后保存窗体，将窗体命名为“部门信息”，窗体视图如图5-21所示。

部门信息

部门

部门编号	部门名称	部门主管	部门电话	备注
D1	客服部	Y001	86828385	负责售前和售后的客户服务
D2	人事部	Y006	86821222	负责人力资源管理
D3	销售部	Y009	86820304	负责商品销售
D4	财务处	Y013	86824511	负责资金预算、管理、登记、核算等
D5	采购部	Y015	86827171	负责商品采购
D6	行政部	Y020	86826698	负责后勤和行政管理事务

图5-21　使用“多个项目”工具创建窗体(b)

5.2.5　使用“数据表”工具创建窗体

使用“数据表”工具创建窗体的步骤和前面介绍的使用“多个项目”工具创建窗体的步骤是一样的，都是先选中某个数据源(表、查询或窗体都可以作为数据源)，然后单击“数据表”工具即可创建。

图5-3就是利用“数据表”工具创建的窗体。

5.2.6　使用“分割窗体”工具创建窗体

使用“分割窗体”工具创建窗体的步骤和前面介绍的使用“多个项目”工具创建窗体的步骤是一样的，都是先选中某个数据源(表、查询或窗体都可以作为数据源)，然后单击“分割窗体”工具即可创建。

图5-4就是利用“分割窗体”工具创建的窗体。

5.2.7 使用“窗体设计”工具创建窗体

虽然使用前面介绍的方法可以创建各种窗体，对于初学者而言更容易入门，但随着学习的深入和实际应用需求的复杂性提升，必须使用窗体的设计视图来进一步设计窗体。使用“窗体设计”工具其实就是使用窗体的设计视图来创建和设计窗体。

使用设计视图创建窗体的关键步骤如下：

(1) 为窗体绑定数据源(数据源可以是表、查询或SQL语句)。

(2) 选取所需的控件，做好外观和功能的设计。

(3) 设置窗体和控件的属性。

(4) 根据窗体功能，设计对象的事件和方法。

使用“窗体设计”工具创建窗体，如图5-22所示，只需要单击“创建”选项，单击“窗体设计”按钮即可创建一个空白的窗体，窗体以设计视图的形式呈现。

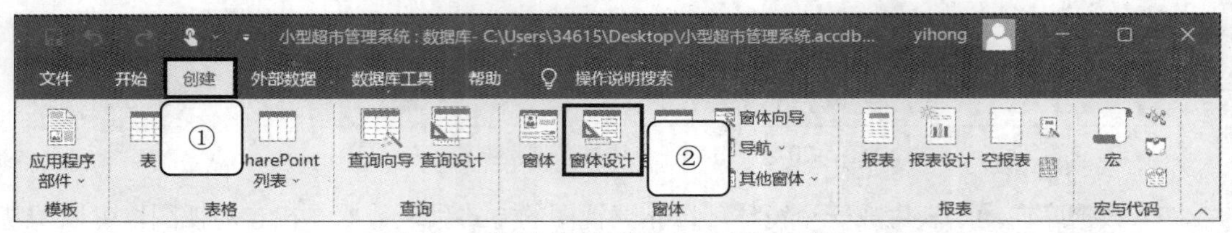

图5-22 使用“窗体设计”工具创建窗体

5.3 为窗体添加控件

在窗体的设计视图设计窗体时，都离不开控件的使用。图5-23是一个窗体的设计视图，里面包含了部分常用的控件。

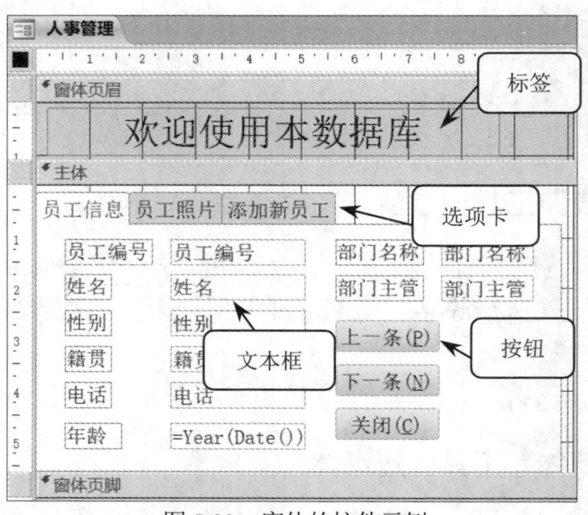

图5-23 窗体的控件示例

5.3.1　认识控件

视频 5-3　认识控件

1. 控件分类

控件是窗体的图形化对象，在 Access 中，控件分为绑定型控件和非绑定型控件两种。

(1) 绑定型控件。数据源是表或查询的字段，用于显示字段中的值。数据源也可以是表达式，表达式中可以使用字段值，也可以使用窗体或报表上其他的控件的数据。

(2) 非绑定型控件。没有数据源，常用于显示标题、说明信息、图片、线条或矩形。

2. 常用控件

图 5-24 为窗体在设计视图下“窗体设计工具”中的控件列表，为窗体添加控件时需要从控件列表中选取控件。

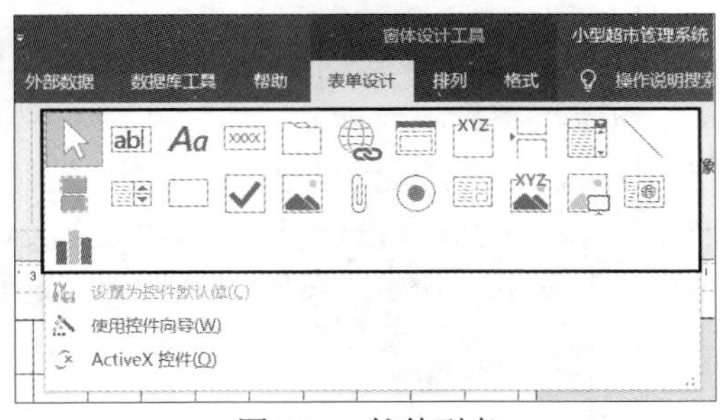

图 5-24　控件列表

将光标移动至某个控件上(无须单击)，系统自动给出该控件的名称。表 5-1 简要介绍了常用控件的名称、图案和用途。

表 5-1　常用控件的介绍

控件名称		控件图案	用途
中文名	英文名		
文本框	Text	abl	显示或输入数据。可以绑定字段，也可以显示提示信息，或接受用户输入
标签	Label	Aa	显示文本。没有数据源，属于非绑定型控件。可以单独创建，也可以附加创建，例如创建文本框控件时，在左侧就会附带标签控件
按钮	Command	XXXX	单击按钮时执行宏或 VBA 代码
选项卡	无		用于在一个窗体中展示多页信息
选项组	Frame	XYZ	存放多个选项按钮、复选框或切换按钮，用于显示一组可选值。但只能选择其中一个选项值
组合框	Combo		提供一个值下拉列表，用以提高数据输入速度。可以在组合框内输入新值，也可以在列表中选择一个值
图表	Graph		在窗体中创建图表
直线	Line		显示一条直线

(续表)

控件名称		控件图案	用途
中文名	英文名		
列表框	List		包含一组数据，以列表的方式供用户选择
矩形	Box		显示一个矩形
复选框	Check		一个二态选项按钮，代表选项是否选中。多个组合可以复选
选项按钮	Option		一个二态选项按钮，代表选项是否选中。多个组合只能单选
子窗体/子报表	Child		在窗体或报表中插入另一个窗体或报表
图像	Image		在窗体中显示静态图片

3. 控件向导

在图 5-24 的控件列表中，有一个选项 使用控件向导(W)，选中该项就会启动控件的向导功能。

4. 控件的属性

每个控件都有属于自己的属性，这些属性的设置决定了控件的外观和功能。需要设置某个控件的属性时，先选中该控件，再单击“窗体设计工具”→“表单设计”→“属性表”，窗体的右侧就会弹出“属性表”窗口，如图 5-25 所示。在属性表中可以设置该窗体所有对象的属性。

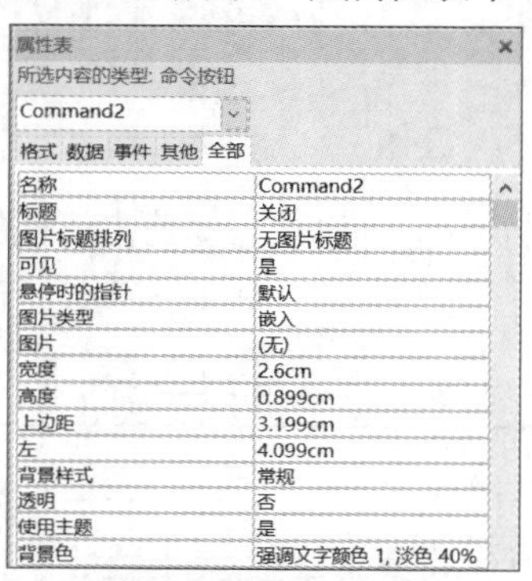

图 5-25　属性表示例

5. 添加控件的方法

在窗体中添加控件的一般步骤如下：

(1) 新建窗体或打开已经创建好的窗体，切换到窗体的设计视图。

(2) 单击“窗体设计工具”中的“表单设计”选项，在控件列表里，单击需要的控件。

(3) 将光标移动到窗体内部，在需要放置控件的位置单击创建一个默认尺寸的控件，又或者可以直接拖拽鼠标，画出一个合适大小的控件。

(4) 打开属性表，为控件设置数据源、属性、事件等。

5.3.2　使用文本框(Text)控件

视频 5-4　使用文本框(Text)控件

1. 文本框的数据源是字段

【例 5-5】创建一个窗体，命名为“人事管理”，显示员工信息，窗体视图的效果如图5-26所示。

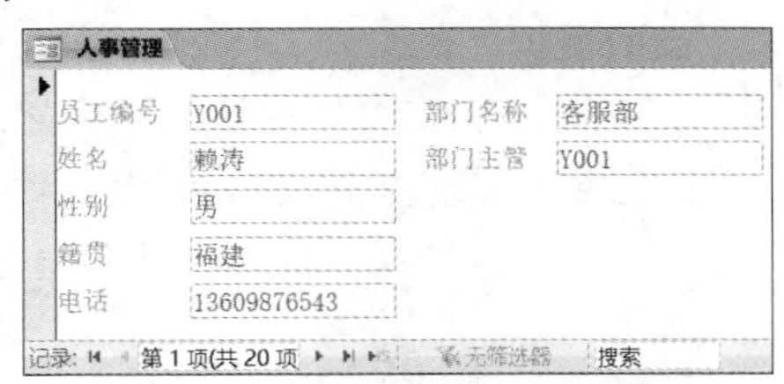

图5-26 文本框的数据源是字段(a)

具体步骤如下：

(1) 创建一个窗体。选择“创建”选项，单击“窗体设计”按钮，创建一个空白的窗体，并以设计视图的形式呈现，保存命名为“人事管理”。

(2) 打开字段列表。如图5-27所示，单击“添加现有字段”命令会弹出字段列表，新创建窗体的字段列表是空的，需要单击“显示所有表”才会看到数据库中可用的表。

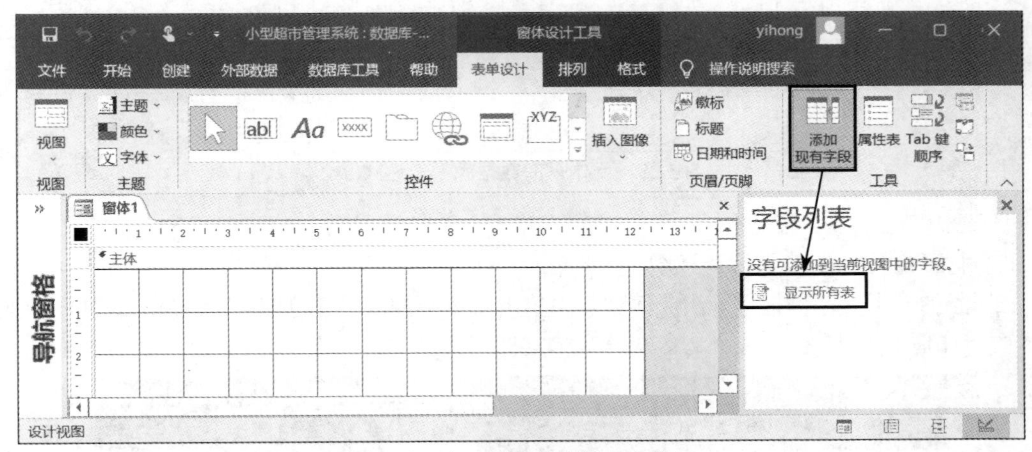

图5-27 文本框的数据源是字段(b)

(3) 在主体中添加所需的文本框。单击表前的“+”号展开表中所有字段，拖曳需要的字段到窗体中，如图5-28所示。最后保存。

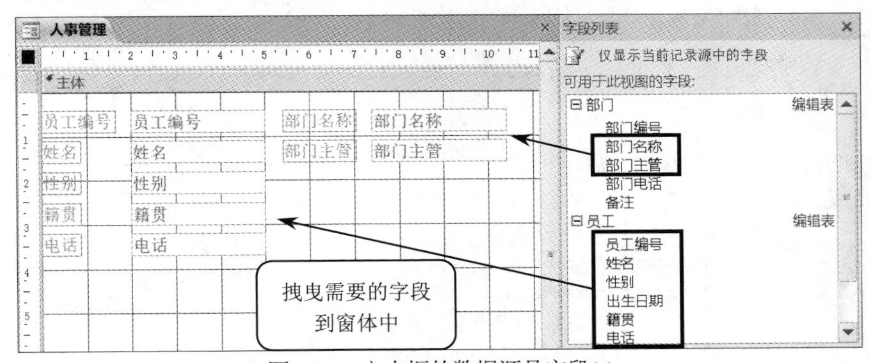

图5-28 文本框的数据源是字段(c)

创建绑定字段的文本框最快的方式就是直接拖曳字段列表中的字段到窗体中，文本框中就会自动绑定字段的值，且同时在文本框的左边生成一个标签，标签显示内容就是字段名。

在窗体设计视图里是看不到文本框绑定的字段值的，要切换到窗体视图(即运行窗体)才能看到，文本框默认显示第一条记录的数据。

本例使用了“部门”和“员工”两张表，在窗体中使用多张表的字段也需要建立表间关系。如果没有事先建立表间关系，在拖曳字段到窗体中时，会弹出一个“指定关系”对话框，让用户来指定关联字段。

2. 文本框的数据源是表达式

【例 5-6】以例 5-5 为基础，在窗体内增加员工的年龄信息，窗体视图的效果如图 5-29 所示。

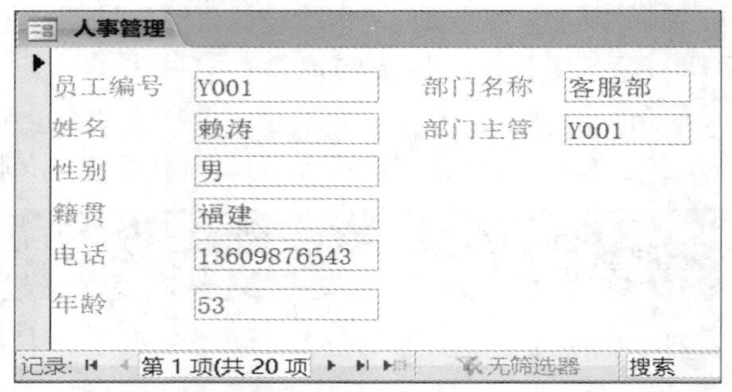

图 5-29　文本框的数据源是表达式(a)

具体步骤如下：

(1) 打开窗体并切换到设计视图。

(2) 添加一个文本框控件。在控件列表中单击文本框控件(不需要控件向导)，添加一个新的文本框，如图 5-30 所示。这个文本框没有绑定任何数据源。

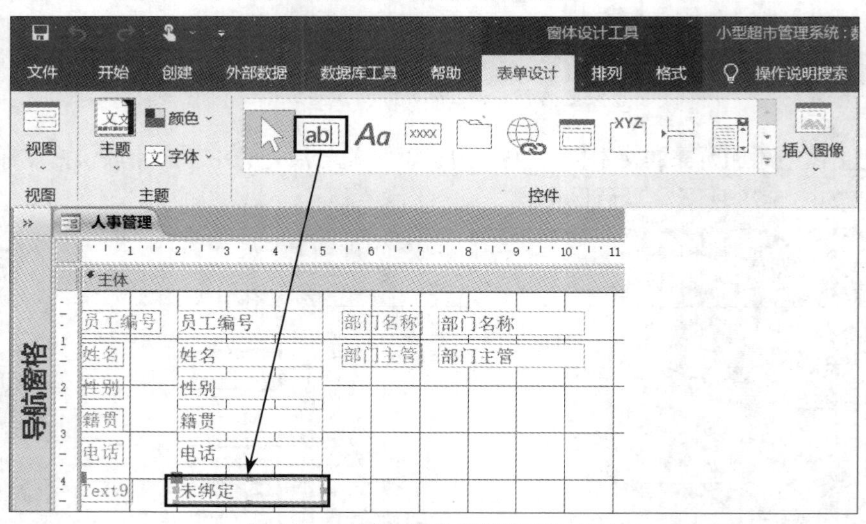

图 5-30　文本框的数据源是表达式(b)

(3) 设置文本框的属性。打开属性表，单击新文本框左侧的标签控件，属性表中会列出它的属性，可以看到这个标签的默认名称是 Label9。把标签的“标题”属性改为“年龄”，在窗体上就能看到标签显示的文字变为“年龄”，如图 5-31 所示。

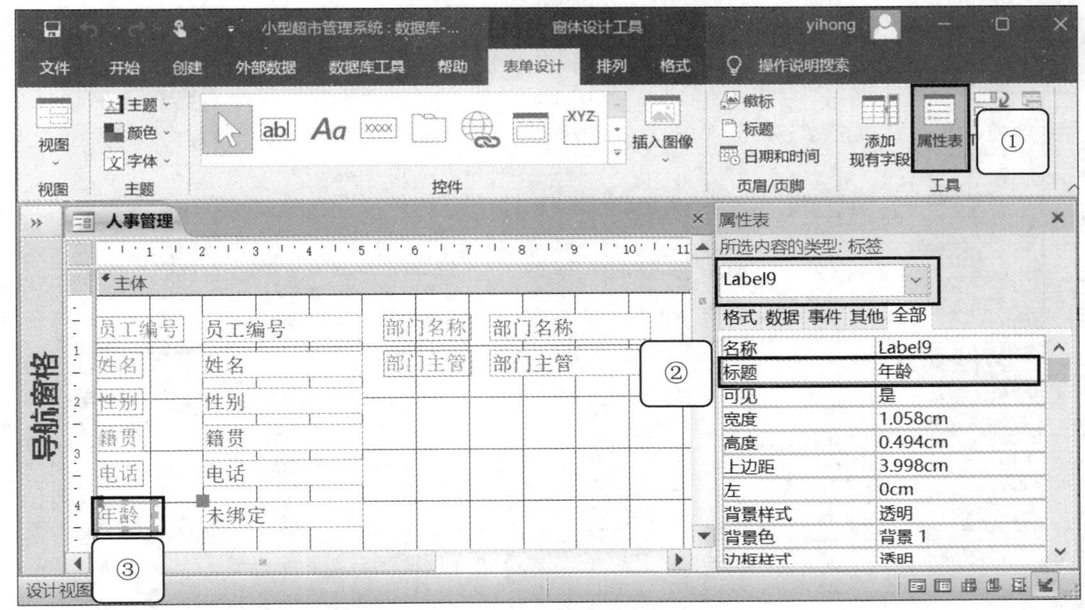

图 5-31　文本框的数据源是表达式(c)

(4) 把所需字段添加到字段列表中。单击“添加现有字段”调出字段列表，单击“仅显示当前记录源中的字段”，如图 5-32 所示，会显示出当前窗体能使用的字段名。可以看到当前窗体能使用的字段没有“出生日期”字段，因为计算年龄需要使用“出生日期”字段，所以需要把这个字段添加进来。单击“显示所有表”，把“员工”表中的“出生日期”字段添加到窗体中，然后在窗体中把由“出生日期”字段生成的控件删除。这样“出生日期”字段就会出现在“可用于此视图的字段”的字段列表中，窗体才能使用这个字段。

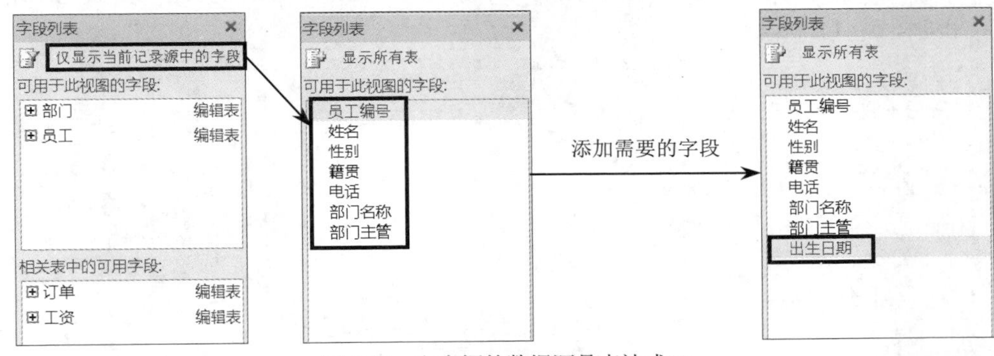

图 5-32　文本框的数据源是表达式(d)

(5) 为文本框设置属性“控件来源”。重新打开属性表，单击新文本框，属性表中会列出它的属性，可以看到这个文本框的默认名称是 Text1。修改文本框的“控件来源”属性，输入表达式=Year(Date())-Year([出生日期])，如图 5-33 所示。切换到窗体视图才可以看到文本框中显示出年龄数据。最后保存。

文本框可以在“控件来源”属性处输入表达式，表达式中使用字段值来进行计算。字段值参与运算都必须加上中括号[ ]。

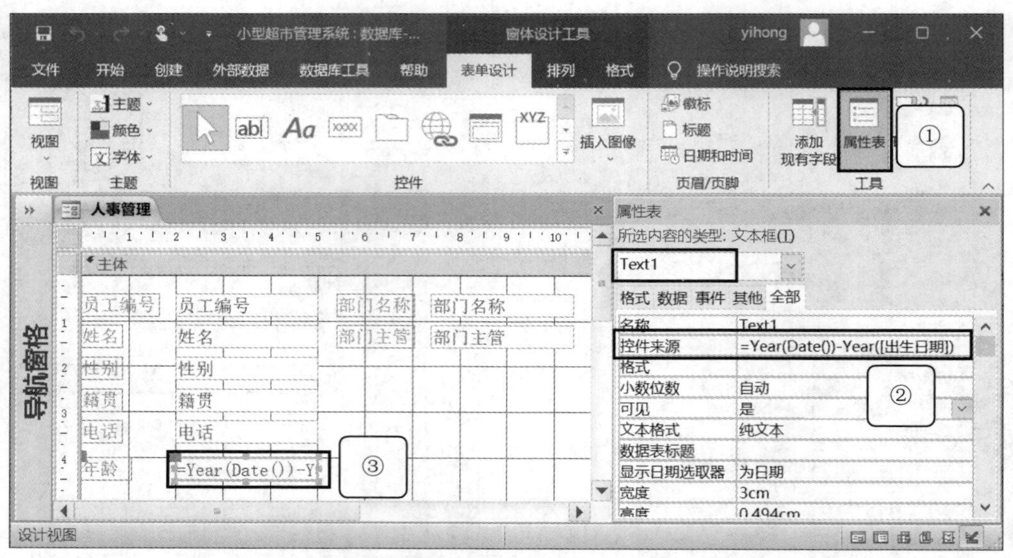

图 5-33　使用非绑定型的文本框控件(e)

5.3.3　使用标签(Label)控件

视频 5-5　使用标签(Label)控件

标签控件是典型的非绑定型控件，并不能显示字段的值，也不能进行计算，只能单向地向用户传达信息。

在上一小节介绍文本框的例子中已经使用过标签控件，文本框左侧的都是标签控件，是创建文本框时自带的，这个标签可以单独删除掉，只留下文本框控件。

【例 5-7】 以例 5-6 为基础，在窗体页眉处增加一行标题字“欢迎使用本数据库”，窗体视图的效果如图 5-34 所示。

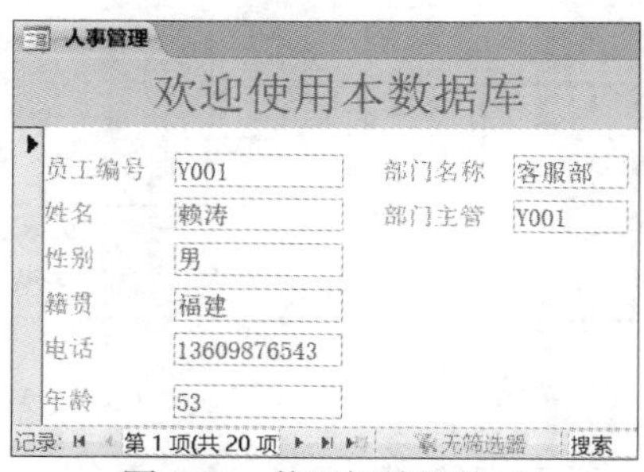

图 5-34　使用标签控件(a)

具体步骤如下：

(1) 打开窗体并切换到设计视图。

(2) 调出“窗体页眉/页脚”部分。对着窗体空白处单击右键，选择“窗体页眉/页脚”，窗体的设计视图中就会出现窗体的页眉部分和页脚部分，因为窗体页脚不需要显示信息，所以把页脚空间拖动至最小。

(3) 添加一个标签控件。在控件列表中单击标签控件，在窗体页眉处放置标签控件，把标签控件的“标题”属性改为“欢迎使用本数据库”，然后修改字体、字号和前景色属性使其美观，如图 5-35 所示。最后保存。

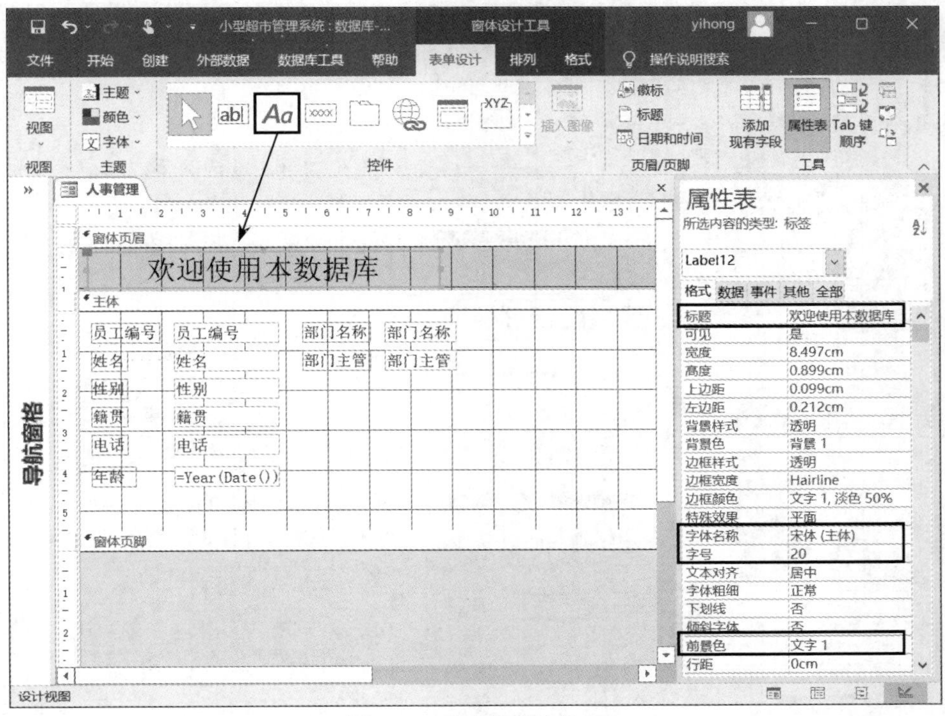

图 5-35　使用标签控件(b)

5.3.4　使用按钮(Command)控件

视频 5-6　使用按钮(Command)控件

【例 5-8】以例 5-7 为基础，在窗体上增加“上一条(P)”“下一条(N)”和“关闭(C)”三个按钮。单击“上一条(P)”按钮可以显示上一条记录信息(该按钮有快速访问功能，即同时按下键盘的 Alt 键和 P 键就能产生单击该按钮的相同效果)，单击“下一条(N)”按钮(该按钮有快速访问功能)可以显示下一条记录信息，单击“关闭(C)”按钮(该按钮有快速访问功能)可以关闭当前窗体。窗体视图的效果如图 5-36 所示。

人事管理
欢迎使用本数据库
员工编号 Y001　部门名称 客服部
姓名 赖涛　部门主管 Y001
性别 男　上一条(P)
籍贯 福建　下一条(N)
电话 13609876543　关闭(C)
年龄 53
记录: 第 1 项(共 20 项　无筛选器　搜索

图 5-36　使用按钮控件(a)

具体步骤如下：

(1) 打开窗体并切换到设计视图。

(2) 在控件列表中启用控件的向导功能，即单击点亮使用控件向导(W)。

(3) 使用向导添加按钮控件。单击控件列表中的按钮控件XXXX，在窗体内放置一个按钮，鼠标放开时马上弹出“命令按钮向导”对话框，按照图5-37所示的步骤来完成按钮的设置。

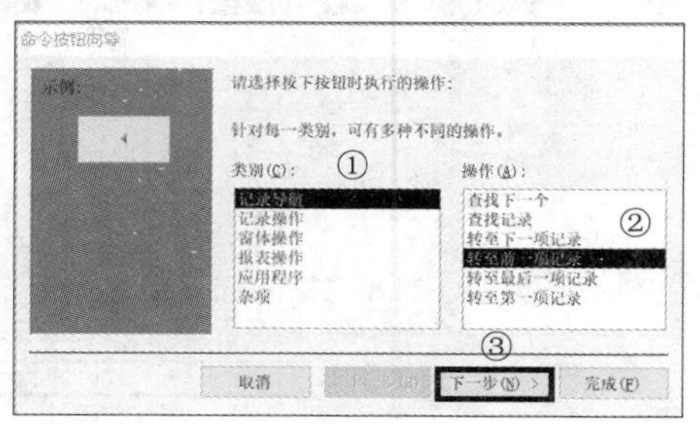

1.“类别”选择“记录导航”，然后在“操作”中选择“转至前一项记录”，单击“下一步”按钮。此步骤实现了按钮的切换记录功能。

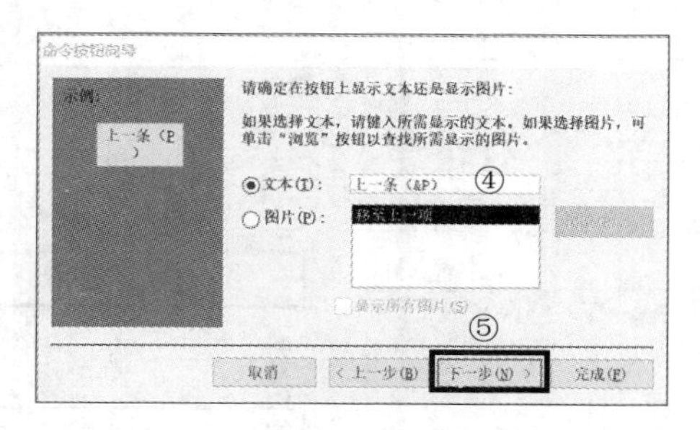

2. 选择“文本”，文本框内填写“上一条(&P)”，单击“下一步”按钮。此步骤设置了按钮的标题和访问键功能。

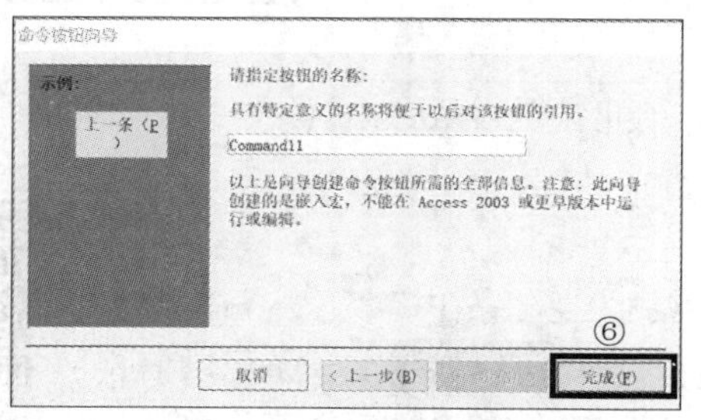

3. 不需要修改按钮的名称，所以直接单击“完成”按钮。

图5-37　使用按钮控件(b)

按钮设置完毕后，可以看到按钮的效果是上一条(P)。字母P下面的下划线代表这个按钮有快速访问的功能，不需要使用鼠标，同时按下键盘的Alt键和P键就能单击该按钮。在设置快速访问功能时，在字母前面加&的符号即可。

(4) 对照步骤3，设置“下一条”按钮。“类别”选择“记录导航”，然后在“操作”中选择“转至下一项记录”，单击“下一步”按钮。选择“文本”，文本框内填写“下一条(&N)”，单击“下一步”按钮。不需要修改按钮的名称，直接单击“完成”按钮。

(5) 对照步骤3，设置“关闭”按钮。“类别”选择“窗体操作”，然后在“操作”中选择“关闭窗体”，单击“下一步”按钮。选择“文本”，文本框内填写“关闭(&C)”，单击“下一步”按钮。不需要修改按钮的名称，直接单击“完成”按钮。

(6) 保存窗体，切换到窗体视图，单击“下一条”按钮就会显示当前记录的下一条记录的数据，单击“上一条”按钮就会显示当前记录的上一条记录的数据，单击“关闭”按钮就会关闭当前窗体。尝试使用快速访问键，按下键盘的Alt+P、Alt+N和Alt+C，测试下是否也完成相同的功能。

5.3.5 使用选项卡控件

视频 5-7 使用选项卡控件

当窗体中的内容较多，无法在一个界面上显示时，可以使用选项卡控件来进行分页显示。

【例 5-9】以例 5-8 为基础，在窗体上增加一个选项卡控件，里面有两页：第一页显示原来窗体的内容(即员工信息)，第二页显示员工照片。窗体视图的效果如图 5-38 所示。

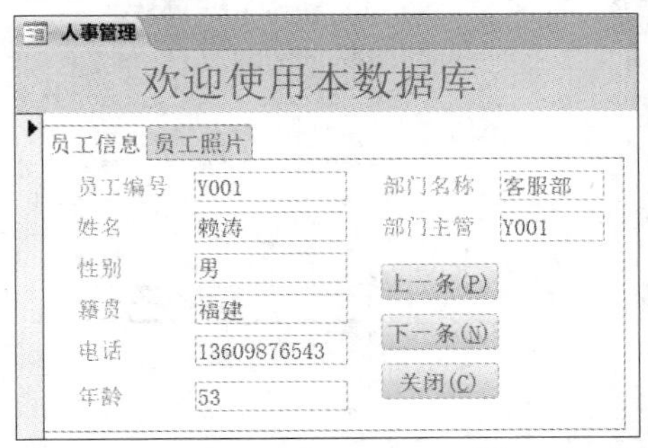

图 5-38 使用选项卡控件(a)

两页中的数据是同步的，如果第一页的员工信息切换到下一条记录，则第二页的员工姓名和图片也会同时切换到下一条记录的数据。

具体步骤如下：

(1) 打开窗体并切换到设计视图。

(2) 添加一个选项卡控件。单击控件列表中的选项卡控件，在窗体主体里添加选项卡控件，并拖放到合适大小，如图 5-39 所示。选项卡控件默认有两页，里面的每一页都是一个对象，都有自己的名字和属性。

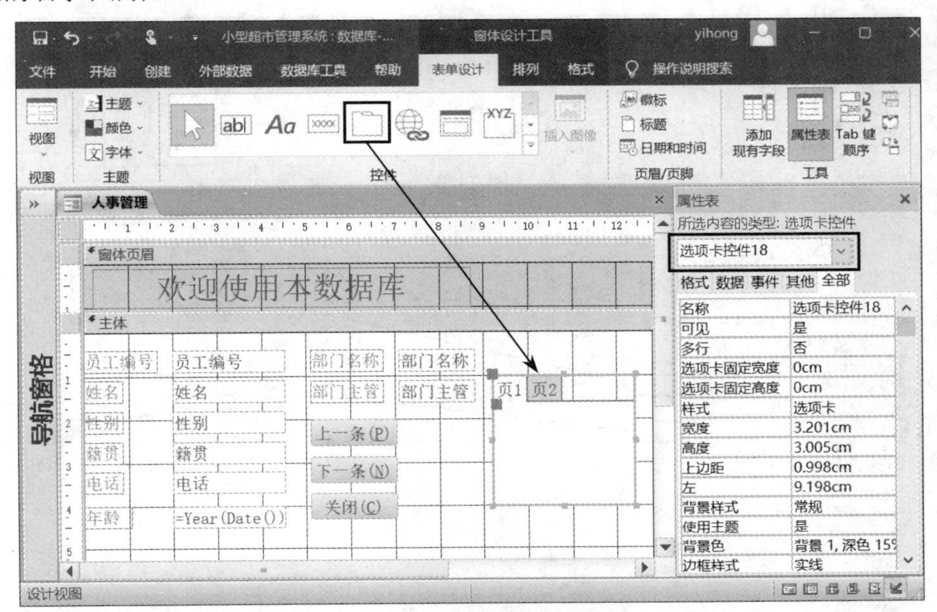

图 5-39 使用选项卡控件(b)

(3) 为第一页添加控件。选择之前创建好的控件，执行“剪切”命令，单击“页 1”(必须要先单击“页 1”，否则控件无法添加到第一页当中)，然后执行“粘贴”命令，刚刚剪切的控件就粘贴到第一页里面，如图 5-40 所示。把第一页的标题属性改为“员工信息”，然后调整选项卡控件的位置，调整窗体主体区域的大小，使得界面更美观。

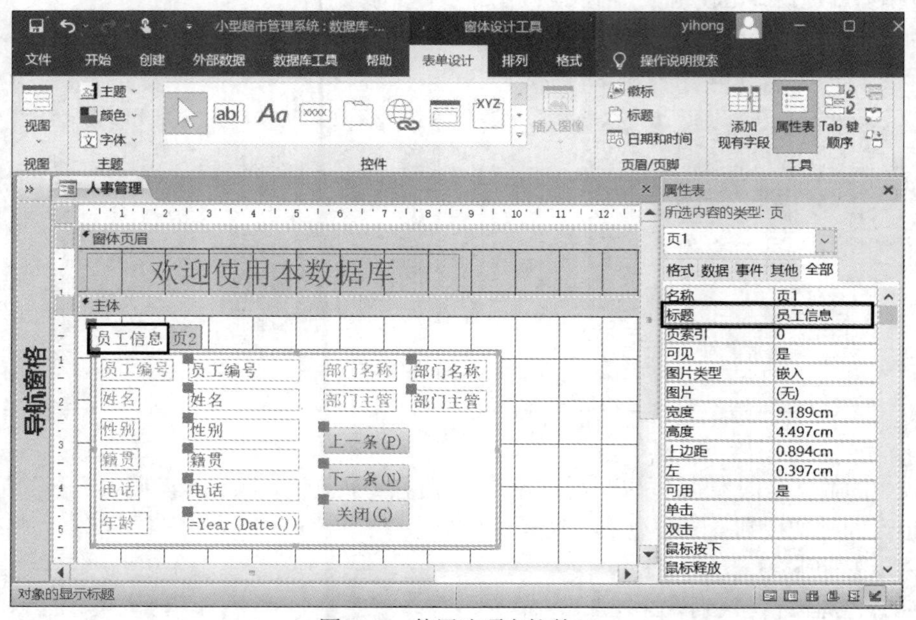

图 5-40　使用选项卡控件(c)

(4) 为第二页添加控件。单击第二页，修改它的标题属性为“员工照片”，然后打开字段列表，找到“姓名”字段和“照片”字段，拖曳到第二页里面，如图 5-41 所示。最后保存。

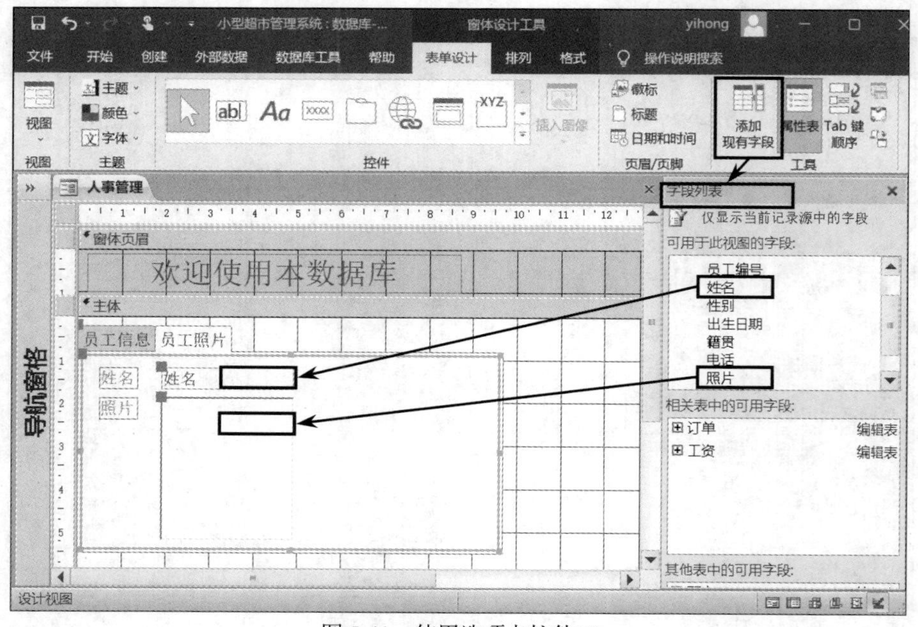

图 5-41　使用选项卡控件(d)

5.3.6　使用子窗体/子报表(Child)控件

视频 5-8　使用子窗体子报表(Child)控件

利用子窗体/子报表控件创建窗体，窗体中涉及的数据源表之间必须建立关系。

【例 5-10】以例 5-9 为基础，在选项卡的第一页中增加员工的工资信息，窗体视图的效果如图 5-42 所示。

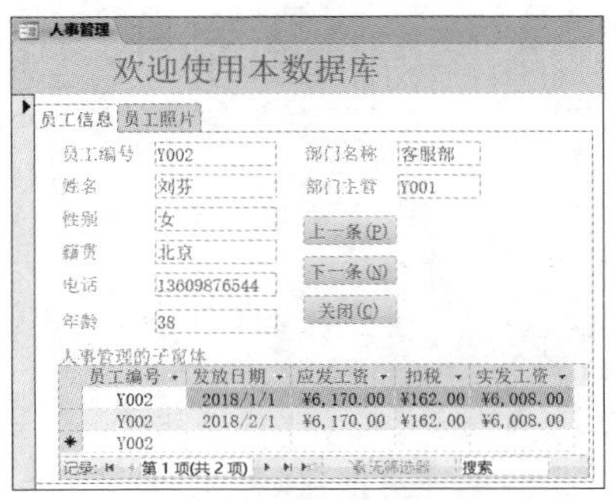

图 5-42　使用子窗体/子报表控件(a)

如果员工信息切换到下一条记录，则该员工的工资信息同时切换。

具体步骤如下：

(1) 打开窗体并切换到设计视图。

(2) 在控件列表中启用控件的向导功能，即单击点亮 使用控件向导(W)。

(3) 在控件列表中单击子窗体/子报表控件，添加到第一页控件中，放开鼠标时，会弹出“子窗体向导”对话框，按照图 5-43 所示的步骤进行设置。

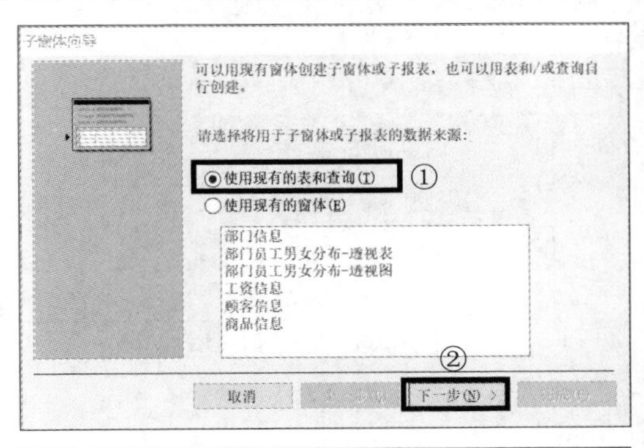

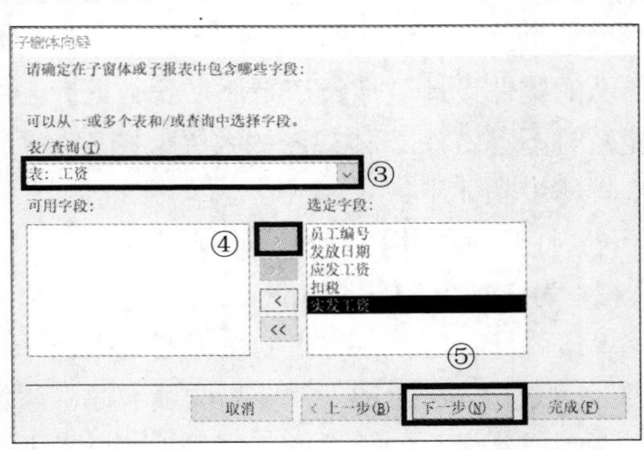

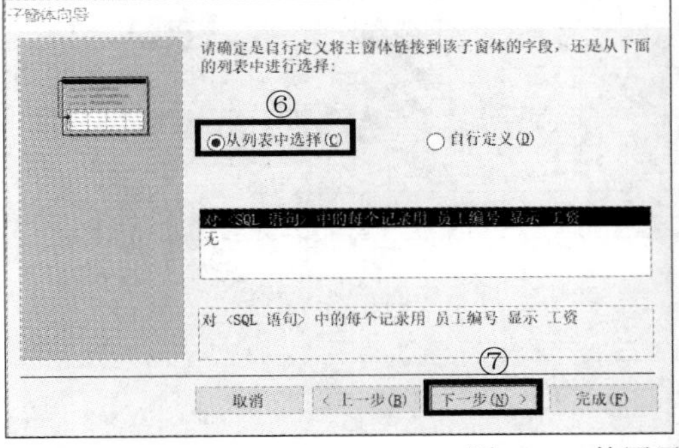

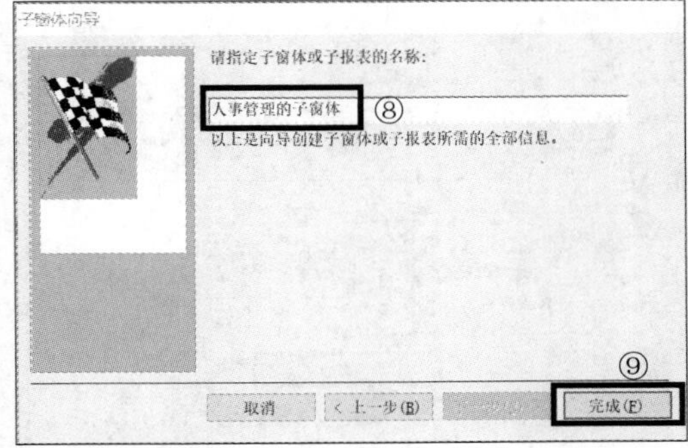

图 5-43　使用子窗体/子表控件(b)

(4) 把窗体切换到布局视图，调整布局和排版。主子窗体设计完毕且保存好之后，在导航窗格中会出现“人事管理的子窗体”的窗体，如图 5-44 所示，这是在前面设置子窗体/子报表控件时，数据库根据用户的设置自动创建的一个窗体。

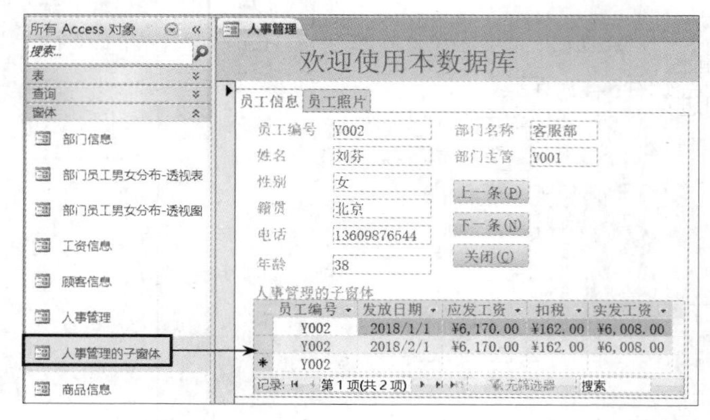

图 5-44　使用子窗体/子报表控件(c)

5.3.7　使用列表框(List)控件

视频 5-9 使用列表框(List)控件

列表框控件由一个列表和一个可选标签组成，用户只能选择列表框中提供的选项，不能在列表框中输入其他的值，这样既减少了用户输入的麻烦，也避免了输入错误数据的情况。列表框既可以绑定字段值(绑定型)，也可以自行输入列表值(非绑定型)。

【例 5-11】以例 5-10 为基础，在选项卡控件中再增加一页，实现增加新的员工信息功能(只需要实现界面的控件设计，把新记录添加到数据库表中的功能暂时不用做)。窗体视图的效果如图 5-45 所示。

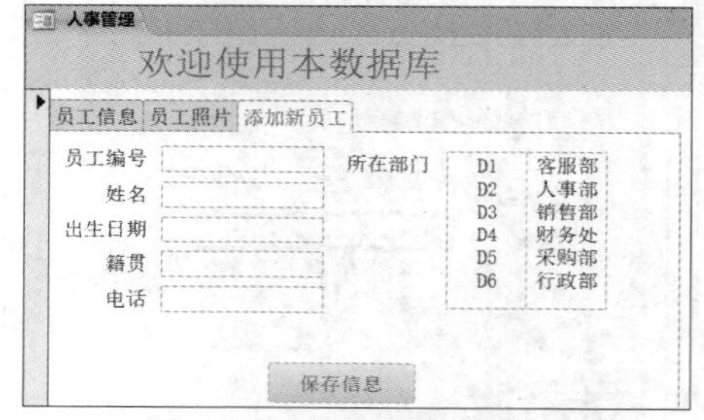

图 5-45　使用列表框控件(a)

具体步骤如下：

(1) 打开窗体并切换到设计视图。

(2) 为选项卡控件增加第三页。选中选项卡控件，单击鼠标右键，在弹出的快捷菜单中选择“插入页”，如图 5-46 所示，就会为选项卡控件添加新的一页。把新增页的“标题”属性改为“添加新员工”。

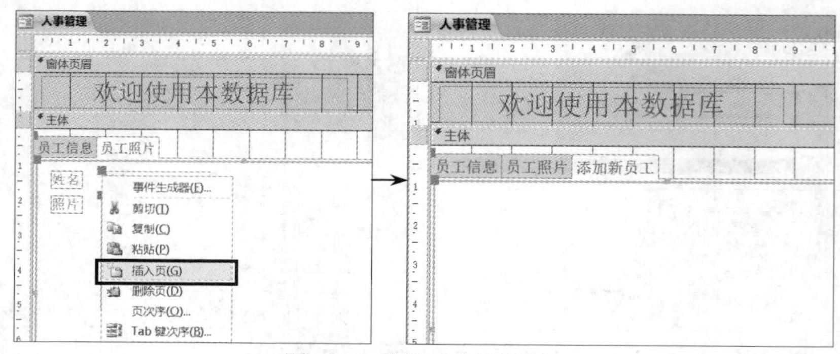

图 5-46　使用列表框控件(b)

(3) 添加五个非绑定的文本框控件，并修改对应标签的标题，效果如图 5-47 所示。

(4) 启用控件的向导功能，即单击点亮 使用控件向导(W)。

(5) 添加列表框控件。单击控件列表中的列表框控件，添加进第三页中。放开鼠标时，弹出“列表框向导”对话框，设置方法按照图 5-48 顺序进行。

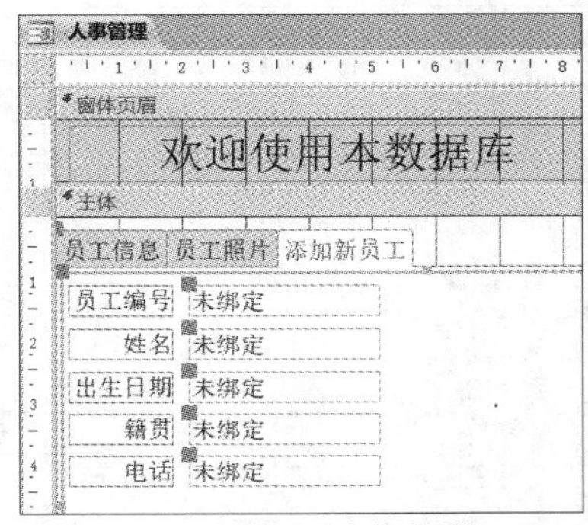

图 5-47　使用列表框控件(c)

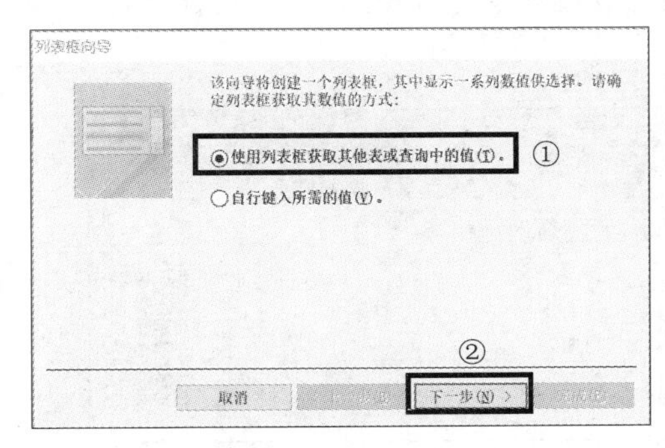

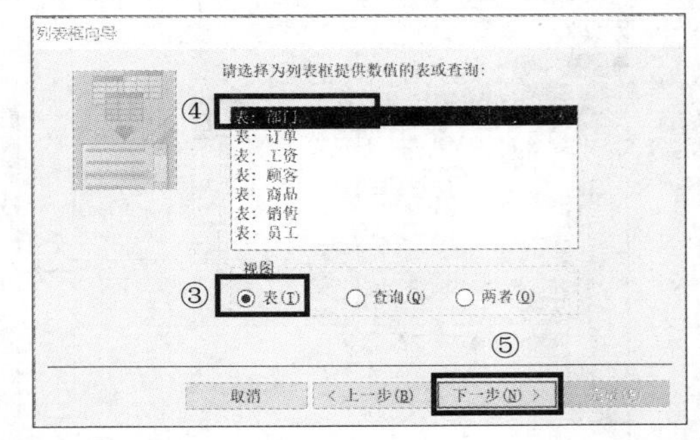

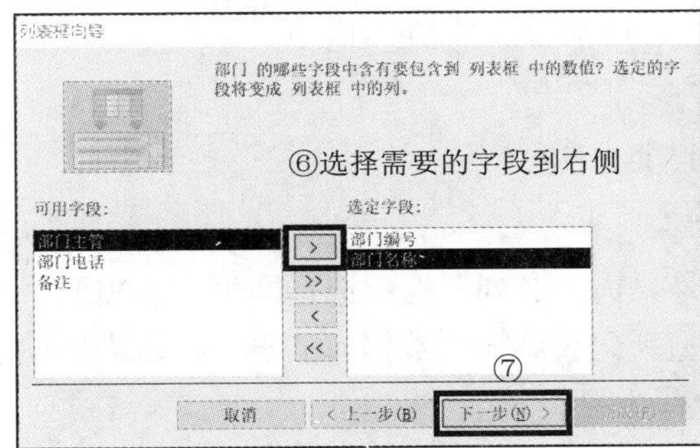

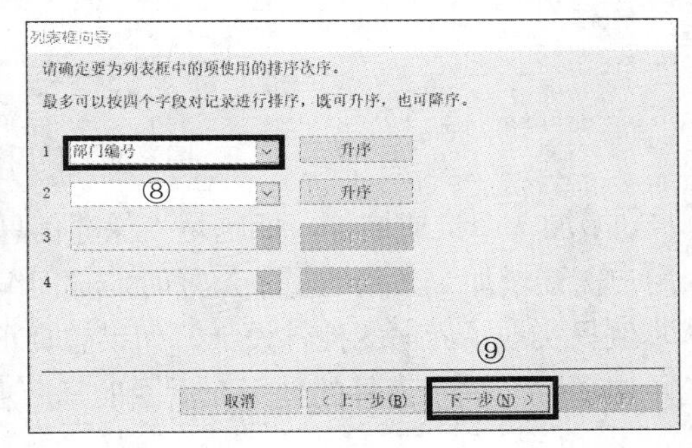

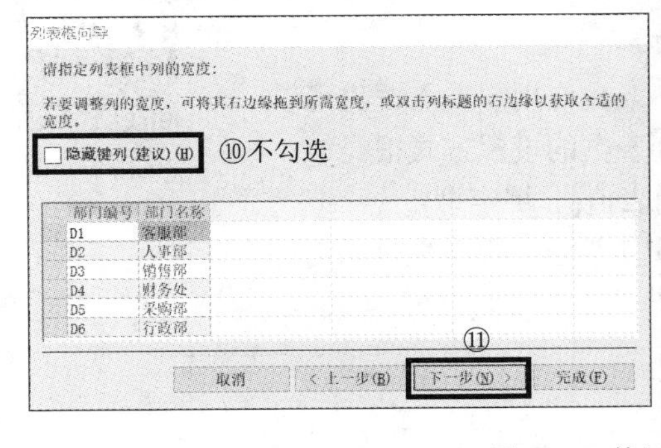

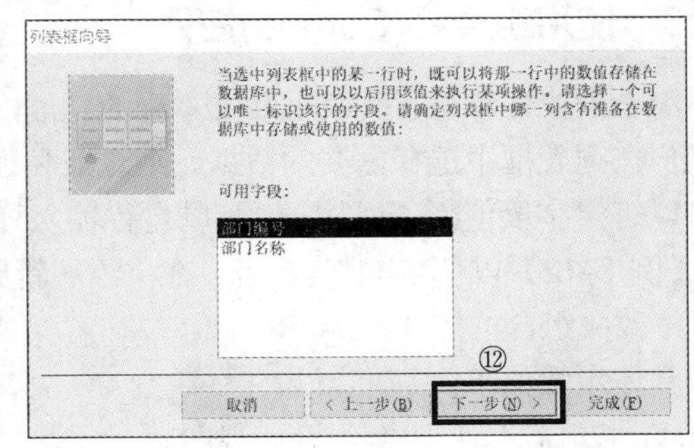

图 5-48　使用列表框控件(d)

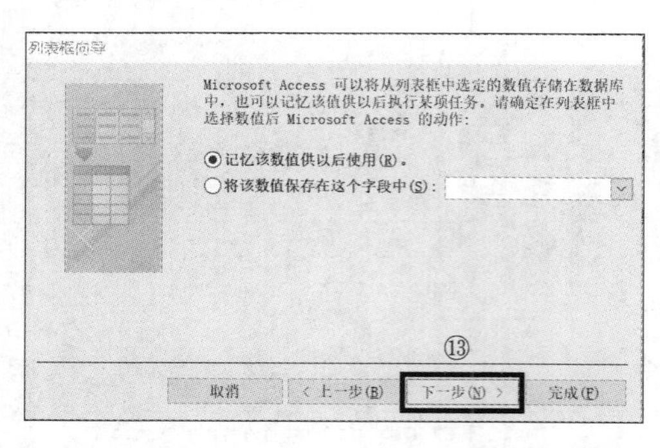

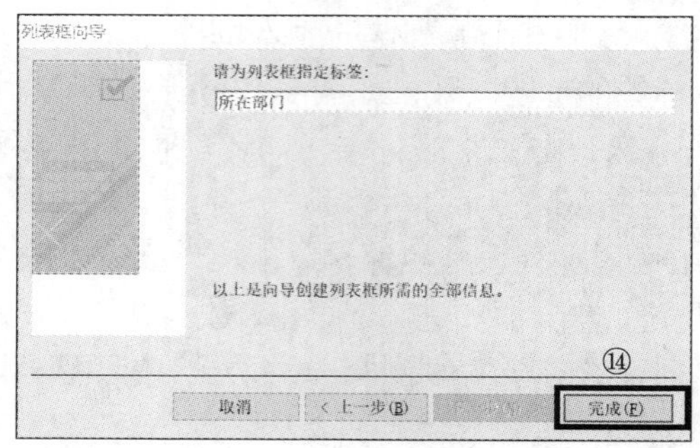

图 5-48　使用列表框控件(d)(续)

(6) 调整列表框的位置和大小，保存窗体。设计视图和窗体视图的效果如图 5-49 所示。

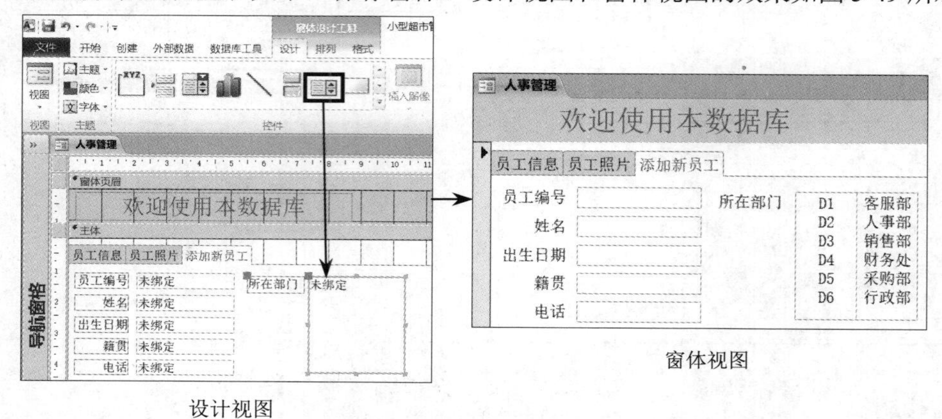

图 5-49　使用列表框控件(e)

(7) 增加一个按钮控件，标题是“保存信息”。

用户需要增加一条新的员工记录时，部门编号只需要在列表框中选择即可，不需要手动录入。本例只实现了界面的控件设计，如果想真正把新记录添加到数据库的表中，还需要编写按钮的单击事件，关于事件的使用在后面的章节会有介绍。

5.3.8　使用组合框(Combo)控件

视频 5-10 使用组合框(Combo)控件

组合框控件综合了列表框和文本框的功能，既允许用户输入，也可以让用户在列表框中选择需要的数据。组合框和列表框的设置方式很类似，既可以绑定字段值(绑定型)，也可以自行输入列表值(非绑定型)。

【例 5-12】 以例 5-11 为基础，在“添加新员工”这一页里把“籍贯”文本框改成组合框控件。

具体步骤如下：

(1) 打开窗体并切换到设计视图。

(2) 启用控件的向导功能，即单击点亮 使用控件向导(W)。

(3) 添加组合框控件。把原先的“籍贯”文本框删除，然后单击控件列表中的组合框控件，把控件添加到合适位置。放开鼠标时，弹出“组合框向导”对话框，设置方法按照图 5-50 顺序进行。

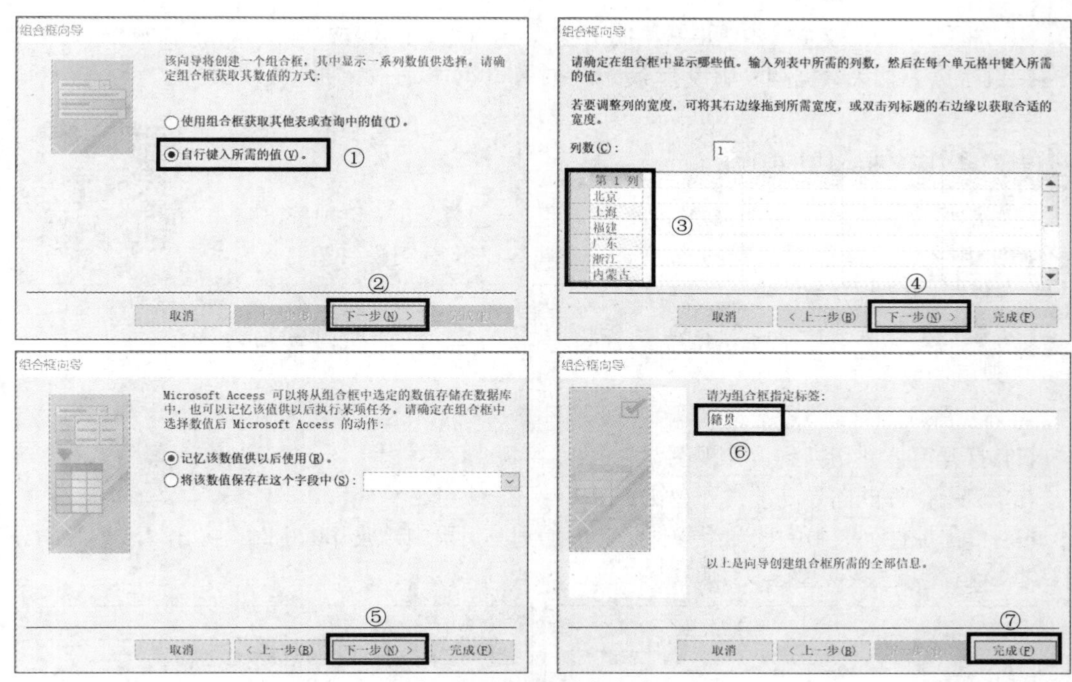

图 5-50 使用组合框控件(a)

(4) 调整控件的位置和大小，保存窗体。设计视图和窗体视图的效果如图 5-51 所示。

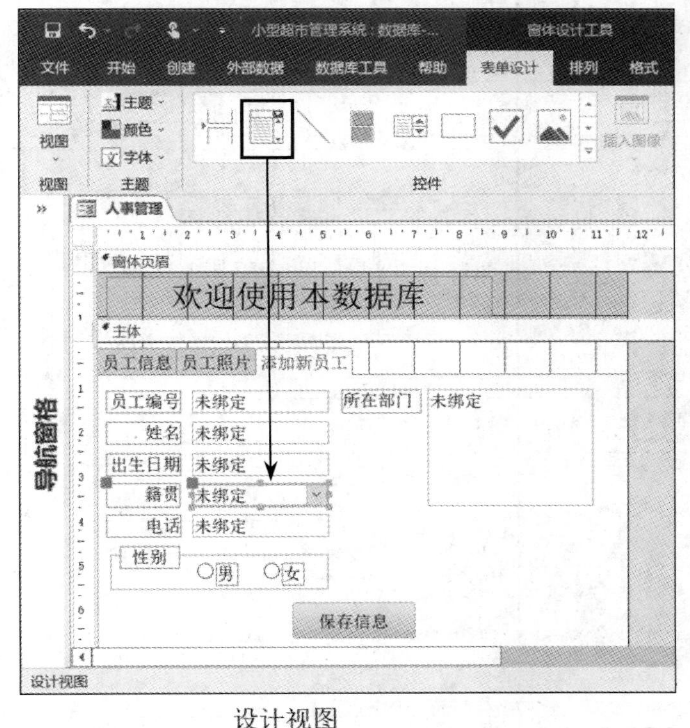

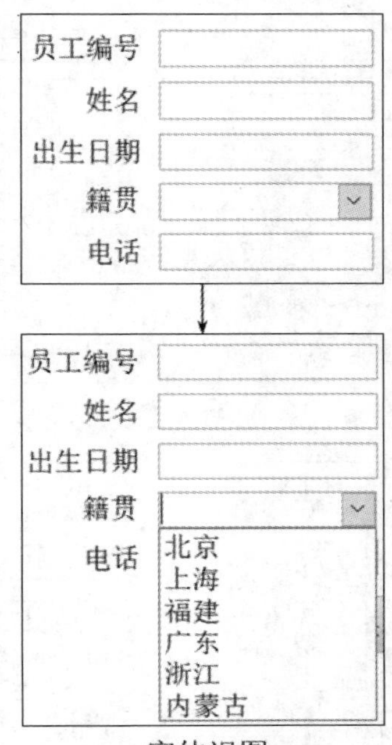

设计视图　　窗体视图

图 5-51 使用组合框控件(b)

组合框的界面比较简洁，单击右侧的下拉符号，就会出现数据列表，用户在数据列表中选择需要的数据。如果数据列表中没有需要的数据，也可以在文本框中输入数值。

5.3.9 使用选项组(Frame)控件

视频 5-11 使用选项组(Frame)控件

选项组可以为用户提供选择项，由一个框架和一组复选框、选项按钮或切换按钮组成。当这些控件位于同一个选项组中时，它们互相联系起来一起工作，但是一次只能选择一个。

【例 5-13】以例 5-12 为基础，在“添加新员工”这一页里增加性别信息，实现单选效果。

具体步骤如下：

(1) 打开窗体并切换到设计视图。

(2) 启用控件的向导功能，即单击点亮 使用控件向导(W)。

(3) 单击控件列表中的选项组控件，添加到第三页中，放开鼠标时会弹出“选项组向导”对话框，设置方法按照图 5-52 顺序进行。

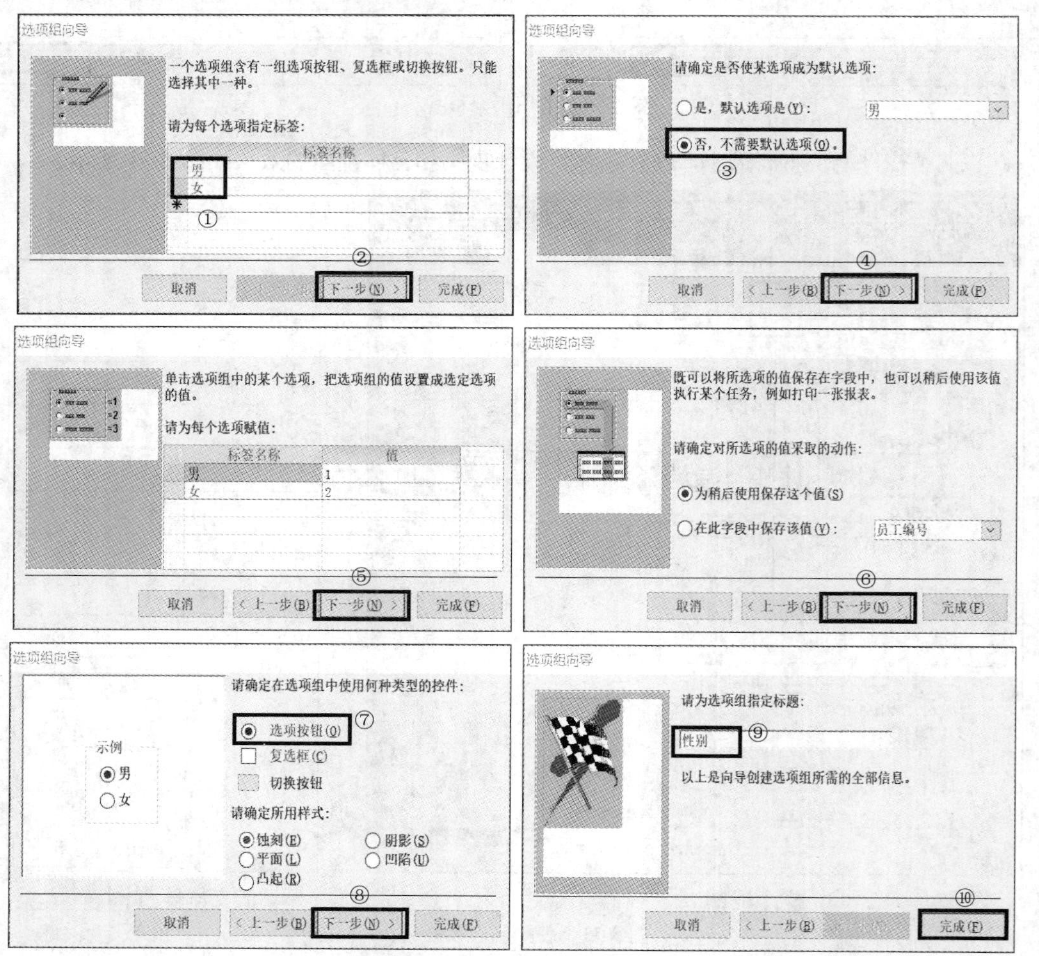

图 5-52 使用选项组控件(a)

(4) 调整控件的位置和大小，保存窗体。设计视图和窗体视图的效果如图 5-53 所示。

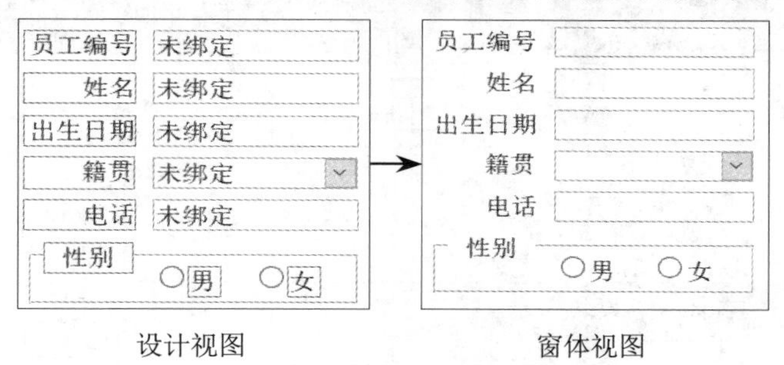

图 5-53　使用选项组控件(b)

5.3.10　使用复选框(Check)控件

视频 5-12　使用复选框(Check)控件

前面介绍的选项组控件只能实现单选功能，要实现复选功能可以使用复选框控件。创建复选框控件时，在复选框的右侧会自带一个标签控件。复选框的属性“默认值”设置为 True 时，复选框呈现出勾选状态☑；“默认值”设置为 False 时，复选框呈现出不勾选状态□。

【例 5-14】以例 5-13 为基础，在“添加新员工”这一页里增加岗位意向信息，可实现复选。窗体视图的效果如图 5-54 所示。

图 5-54　使用复选框控件(a)

具体步骤如下：

(1) 打开窗体并切换到设计视图。

(2) 启用控件的向导功能，即单击点亮 使用控件向导(W)。

(3) 在第三页里添加一个标签控件，标题改为“岗位意向”。

(4) 添加复选框控件。如图 5-55 所示，添加五个复选框控件，每个复选框的右侧都会自带一个标签，修改标签的标题。把五个复选框控件的属性“默认值”都设置为 False，使得复选框的初始状态为不勾选状态。最后保存。

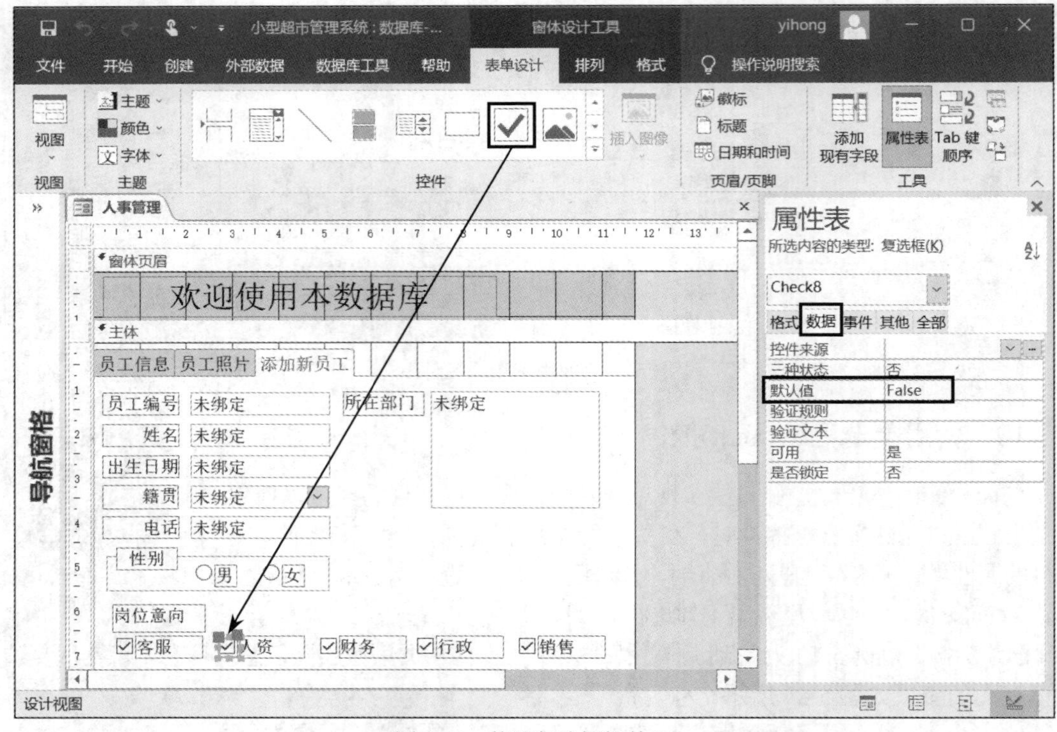

图 5-55　使用复选框控件(b)

5.3.11　使用选项按钮(Option)控件

视频 5-13　使用选项按钮(Option)控件

选项按钮控件和复选框控件非常相似，创建时也会在右侧自带一个标签控件，但如果要实现一组选项按钮的单选功能，需要跟选项组控件配合使用。实现一组选项按钮的步骤如下：

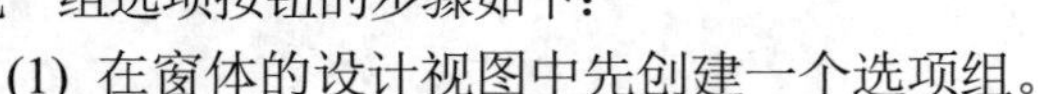

(1) 在窗体的设计视图中先创建一个选项组。

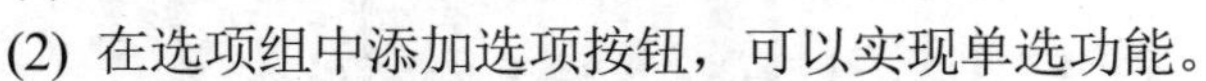

(2) 在选项组中添加选项按钮，可以实现单选功能。

当然，也可以直接利用选项组控件的向导功能来实现。

5.4　设置窗体和控件的属性

视频 5-14　设置窗体和控件的属性

在窗体上添加控件后，通常需要设置窗体和控件的属性，从而修改窗体和控件的外观、结构和数据特性等。每个对象都有自己的属性，不同类型的对象拥有不同的属性。属性的设置有两种方式：

(1) 在属性表里设置。这种方式在窗体运行后无法再更改属性。

(2) 在 VBA 程序里设置。这种方式允许在窗体运行过程中更改属性。附录 C 中提供了常用的窗体和控件属性的说明和样例。关于 VBA 程序里属性的设置方式，在“VBA 程序设计”一章里有详细介绍。

属性表窗格中有五个选项卡，分别是“格式”“数据”“事件”“其他”和“全部”，如

图 5-56 所示。“全部”选项是前面四个选项的总和。

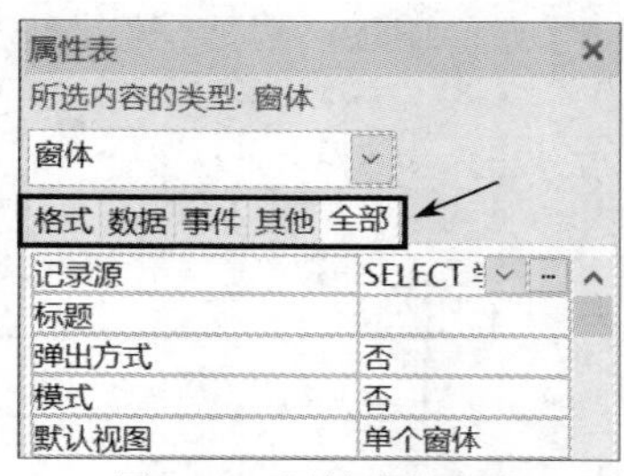

图 5-56　属性表的组成

5.4.1 “格式”选项

“格式”选项卡中的属性主要设置窗体或控件的显示外观，具体包括标题、图片、高度、宽度等。不同类型控件有不同的格式属性。

【例 5-15】为窗体“窗体-设置属性”设置常用的窗体格式属性。

具体步骤如下：

(1) 嵌入背景图片。设置窗体属性，要先在属性表里选择“窗体”，然后在“格式”选项中，设置图片的相关属性，如图 5-57 所示。

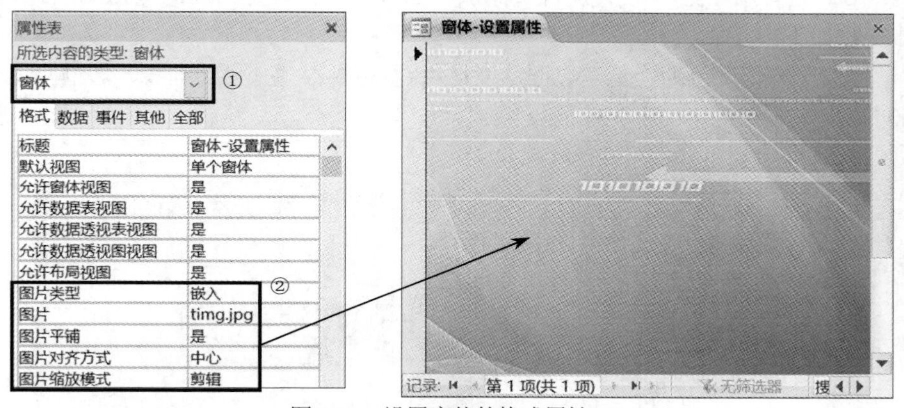

图 5-57　设置窗体的格式属性(a)

(2) 窗体在创建时，默认显示窗体的“记录选择器”“导航按钮”和“滚动条”，如图 5-58 所示。通过设置窗体属性可以不显示这些，如图 5-59 所示。

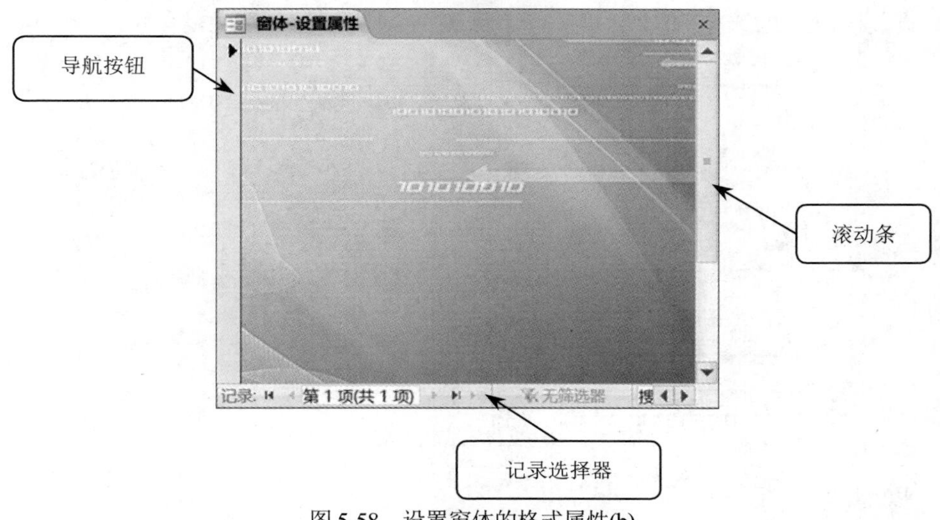

图 5-58　设置窗体的格式属性(b)

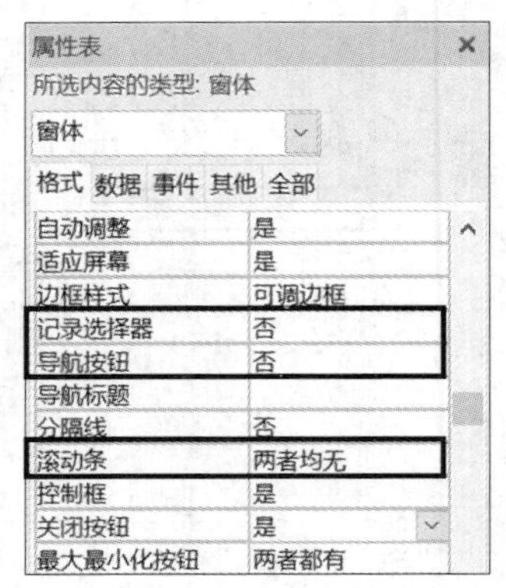

图 5-59　设置窗体的格式属性(c)

【例 5-16】为窗体“窗体-设置属性”添加一个按钮，并设置常用的按钮属性。

具体步骤如下：

(1) 设置按钮的背景色为红色，边框宽度是 4pt，边框样式采用短虚线，边框颜色是黑色，如图 5-60 所示。

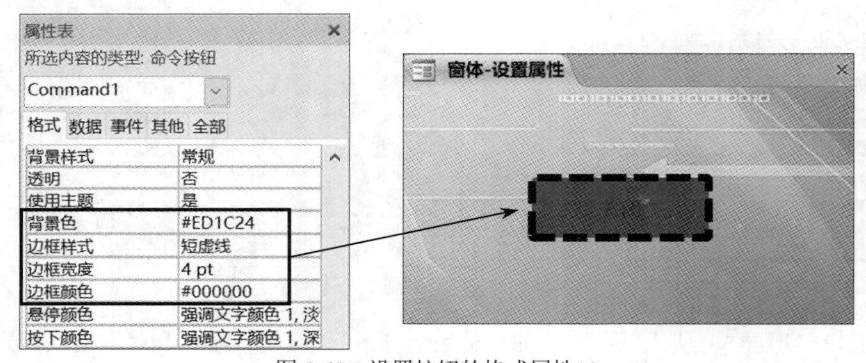

图 5-60　设置按钮的格式属性(a)

(2) 设置按钮的文字的字体为隶书，字号为 20 号，加粗，字体颜色是白色，如图 5-61 所示。

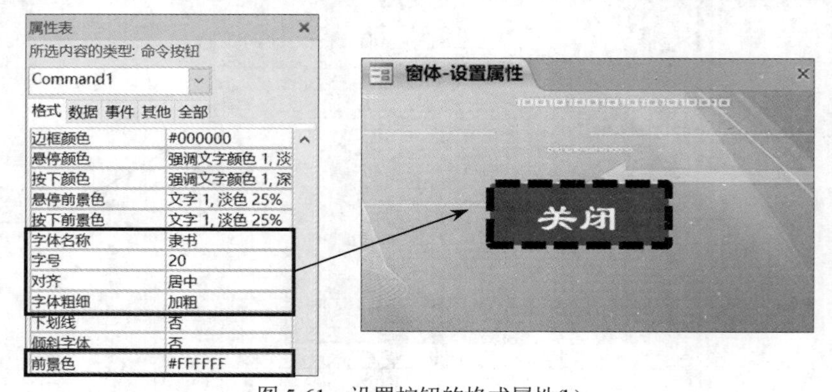

图 5-61　设置按钮的格式属性(b)

5.4.2 “数据”选项

“数据”选项卡中的属性主要设置窗体或控件的数据源、默认值、有效性规则、掩码、排序和可用性等。不同类型控件有不同的数据属性。

【例 5-17】为窗体“窗体-设置属性”设置常用的数据属性。把“员工”表里的字段作为窗体的数据源，如图 5-62 所示。

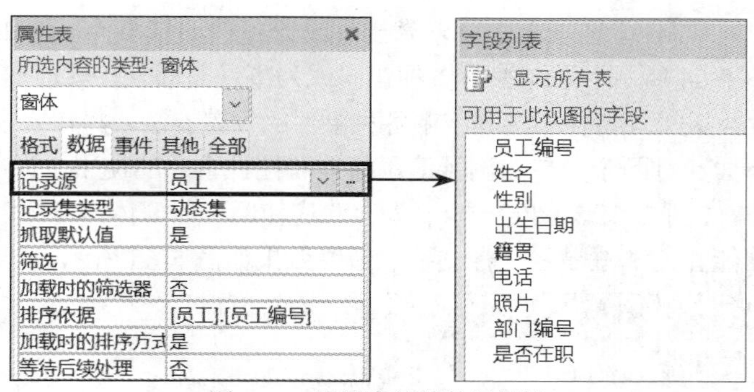

图 5-62　设置窗体的数据属性

创建窗体时，窗体是没有绑定数据源的，所以字段列表里没有窗体可用的字段。在“5.3 为窗体添加控件”小节中有介绍直接在字段列表中拖曳字段到窗体，从而绑定数据源。窗体的属性表中，“记录源”属性也可以设置窗体的数据源。

利用“记录源”属性设置窗体数据源有两种方法：

- 单击右侧的⌄符号，在下拉列表中可以选择所有的表或查询作为窗体数据源。
- 单击右侧的…符号，会弹出创建查询的窗口，在查询中选择需要的表和字段，还可以建立表间关系，选择的字段就能作为窗体的数据源。创建的这个查询是绑定当前窗体的，不会出现在导航窗格中。

本例操作步骤如下：单击“记录源”右侧的⌄符号，从下拉列表中选择“员工”表，即可将该表字段作为窗体的数据源。

【例 5-18】为窗体“窗体-设置属性”添加两个文本框，第一个文本框默认值是 Guest，第二个文本框输入任何数据都要显示为*号，如图 5-63 所示。

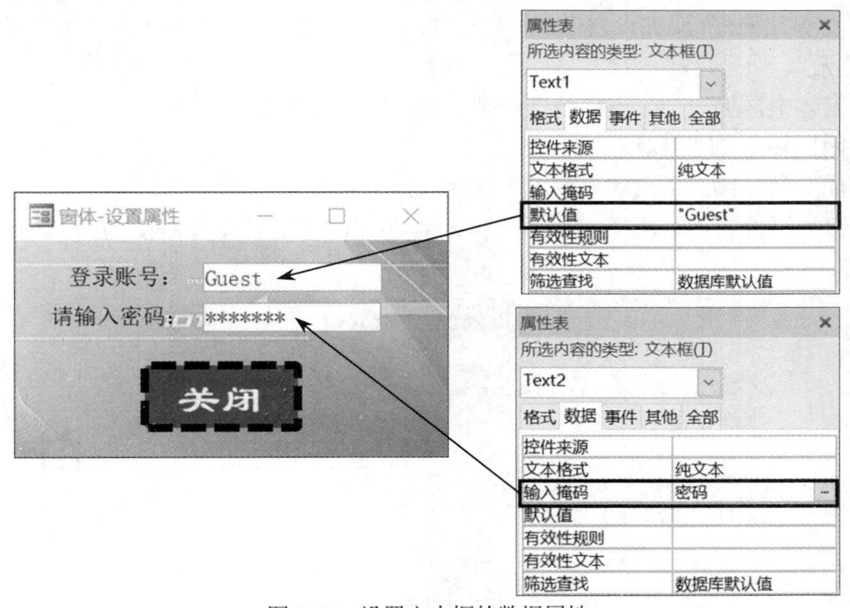

图 5-63　设置文本框的数据属性

具体步骤如下：创建两个文本框控件，分别设置 Text1 文本框的默认值为 Guest，Text2 文本框的输入掩码为密码。

5.4.3 “事件”选项

“事件”选项卡中可以为控件设置各种动作事件，例如按钮的单击事件、双击事件等，如图 5-64 所示。通过编写事件代码或为事件关联宏，就能实现各种流程控制。

关于“事件”选项卡中各种事件的设置方法，将在宏与 VBA 的相关章节进行详细介绍。下面通过两个简单的例子演示窗体和控件事件的使用，为后面学习宏和 VBA 编程做铺垫。

【例 5-19】创建一个名为“欢迎使用”的窗体，窗体内有一个文本框和一个按钮，单击按钮能让文本框显示一行文字，最终效果如图 5-65 所示。

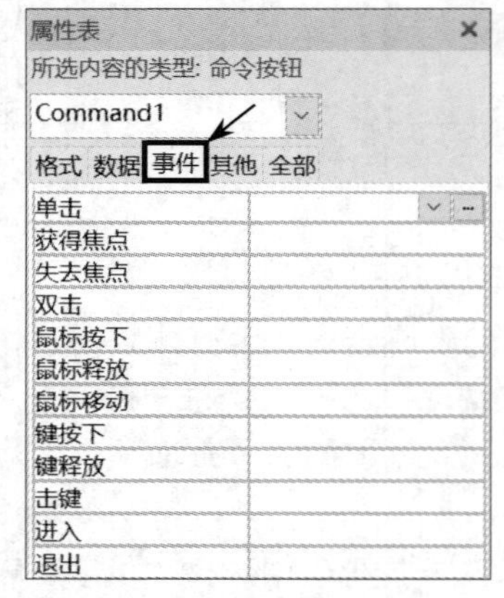

图 5-64　按钮控件的事件

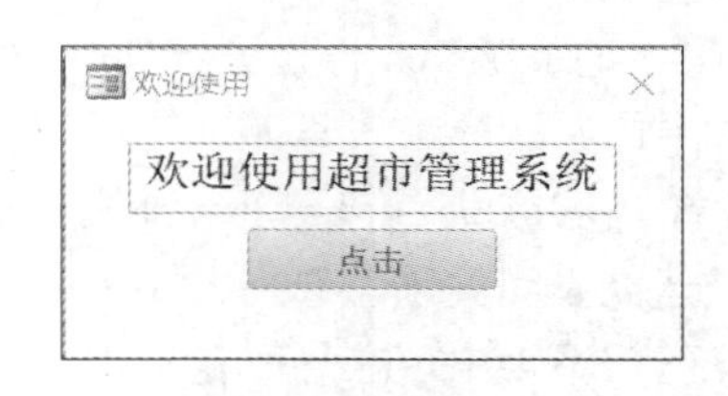

窗体视图

图 5-65　单击 Click 事件的使用(a)

具体步骤如下：

(1) 创建一个窗体，保存命名为“欢迎使用”，切换到设计视图。设置窗体的属性，把“记录选择器”“导航按钮”属性设为“否”，“滚动条”属性设为“二者皆无”，“最大最小化按钮”属性设为“无”。

(2) 在窗体中添加一个文本框控件，把左侧自带的标签控件删除。

(3) 关闭控件向导功能。

(4) 添加一个按钮，按钮的“标题”属性改为“点击”。

(5) 按钮的属性表中，选择“事件”选项卡，单击“单击”事件右侧的…按钮，如图 5-66 所示。

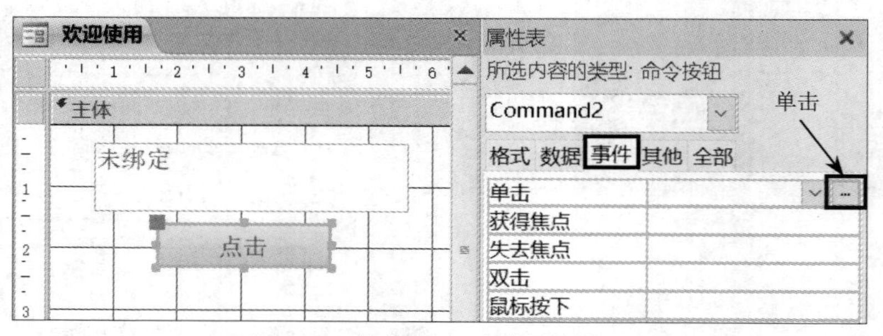

图 5-66　单击 Click 事件的使用(b)

(6) 弹出“选择生成器”对话框，选择“代码生成器”，单击“确定”按钮，打开程序编写窗口，如图 5-67 所示。

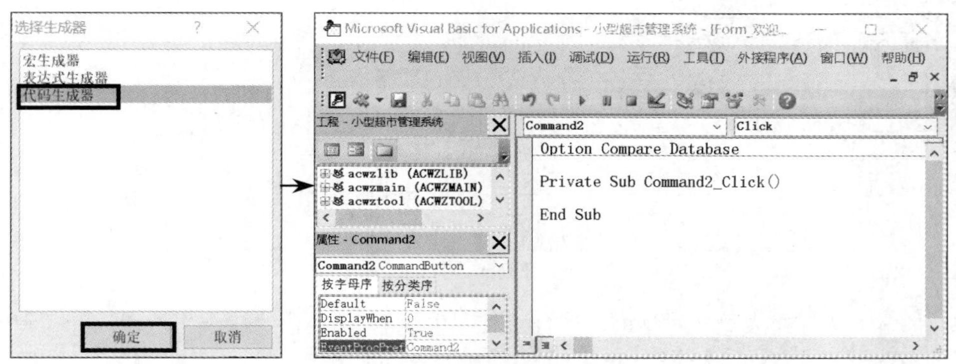

图 5-67 单击 Click 事件的使用(c)

(7) 在程序编写窗口中输入代码，如图 5-68 所示。

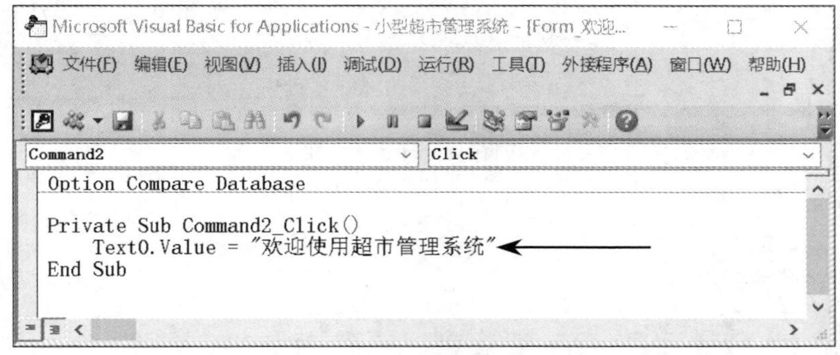

图 5-68 单击 Click 事件的使用(d)

(8) 保存并关闭程序编写窗口，调整控件的布局、字体和颜色等，切换到窗体视图，单击“点击”按钮，上方的文本框就会显示出“欢迎使用超市管理系统”文字，如图 5-65 所示。

【例 5-20】创建一个名为“系统时钟”的窗体，窗体内有一个文本框，文本框内动态显示当前系统时间，最终效果如图 5-69 所示。

图 5-69 Timer 事件的使用(a)

具体步骤如下：

(1) 创建一个窗体，保存命名为“系统时钟”，切换到设计视图。设置窗体的属性，把“记录选择器”“导航按钮”属性设为“否”，“滚动条”属性设为“二者皆无”，“最大最小化按钮”属性设为“无”。

(2) 设置窗体的“计时器间隔”属性值为 1000。“计时器间隔”属性值的单位是毫秒，当设置为 1000 时，代表间隔 1000 毫秒就会触发一次窗体的 Timer 事件。

(3) 在窗体中添加一个文本框控件，把左侧自带的标签控件删除。

(4) 在属性表中，选择“窗体”对象的“事件”选项卡，单击“计时器触发”事件右侧的 ... 按钮，如图 5-70 所示。

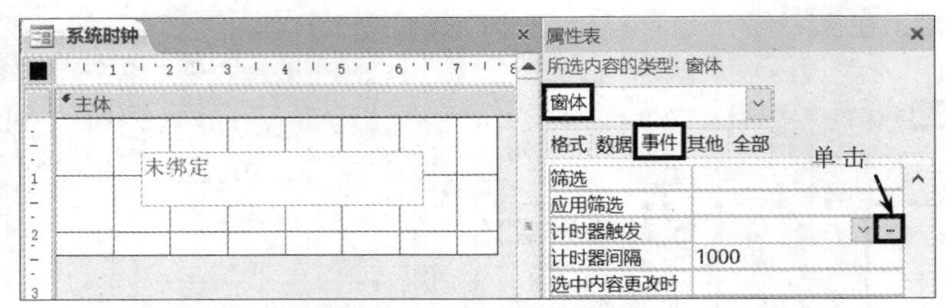

图 5-70 Timer 事件的使用(b)

(5) 弹出“选择生成器”对话框，选择“代码生成器”，单击“确定”按钮，打开程序编写窗口，如图 5-71 所示。

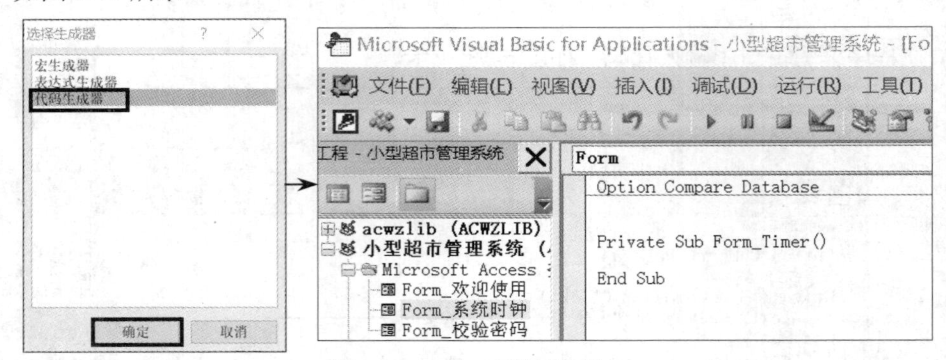

图 5-71 Timer 事件的使用(c)

(6) 在程序编写窗口中输入代码，如图 5-72 所示。

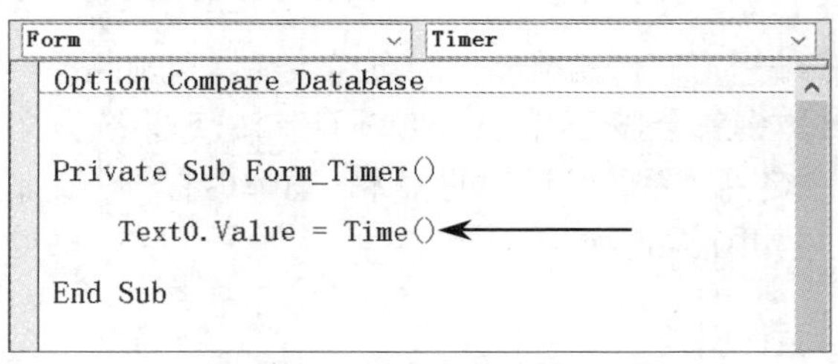

图 5-72 Timer 事件的使用(d)

(7) 保存并关闭程序编写窗口，调整控件的布局、字体和颜色等，切换到窗体视图，显示结果如图 5-69 所示。

5.5 美化窗体

视频 5-15 美化窗体

设计完窗体的基本功能后，需要进一步调整窗体及控件的格式、排版、图片和颜色等。

5.5.1 窗体的主题应用

主题应用是美化窗体的一种快捷方式，它有一套统一的配色方案和设计元素，能整体改变窗体的设计风格。在窗体的设计视图中，单击“表单设计”选项可看到“主题”工具，如图 5-73 所示。

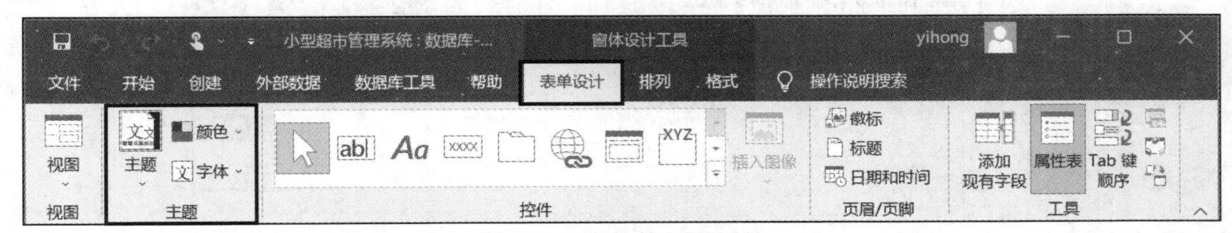

图 5-73　窗体的主题工具

5.5.2　控件的布局调整

当窗体内具有多个控件时，需要对控件的排列、大小、外观等进行设置，从而使得界面更加的有序和美观。在窗体的设计视图中，单击“排列”选项，能看到各种专门对控件进行排列控制的工具，如图 5-74 所示。

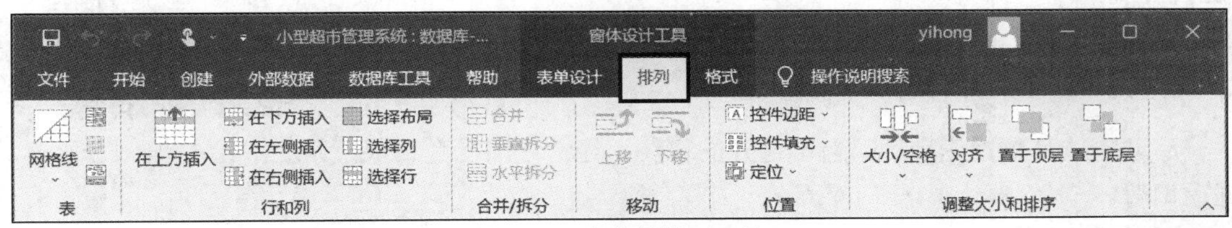

图 5-74　窗体的排列工具

在窗体的设计视图中，单击“格式”选项，能看到各种专门对控件格式进行设置的工具，如图 5-75 所示。

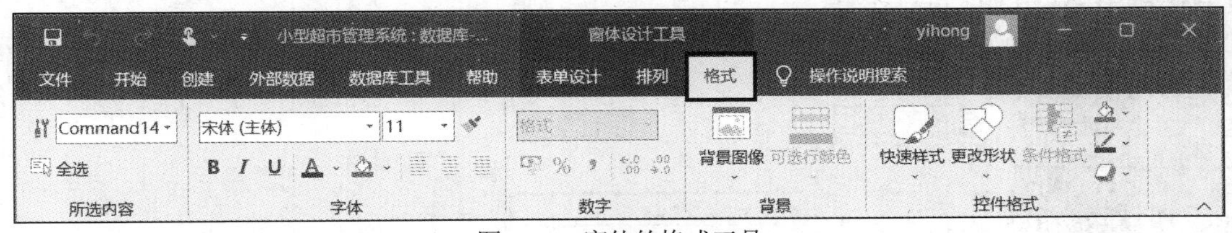

图 5-75　窗体的格式工具

【例 5-21】为窗体添加五个文本框，并排列整齐，美观。

具体步骤如下：

(1) 在窗体中添加五个文本框控件，创建时控件都是手动摆放位置的，通常都是对不齐的，如图 5-76 左图所示。

(2) 利用鼠标把五个标签全部选中，单击“排列”选项卡中的“大小/空格”命令，选择“至最宽”。然后单击“对齐”按钮，选择“靠右”命令。

(3) 利用鼠标把五个文本框全部选中，采用和步骤(2)一样的方法排列好。

(4) 把五个标签全部选中，单击“格式”选项卡中的“文本右对齐”按钮。

(5) 选中全部标签和文本框，单击“排列”选项卡中的“大小/空格”命令，选择“垂直相等”。

设置后的效果如图 5-76 右图所示。采用排列工具比手工移动控件效率更高，位置更准确。

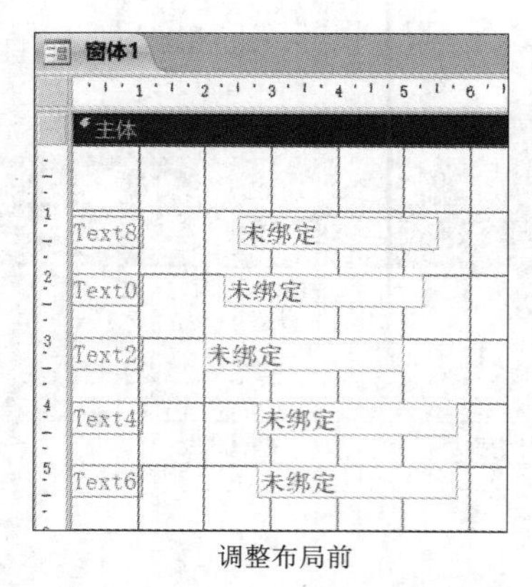

调整布局前

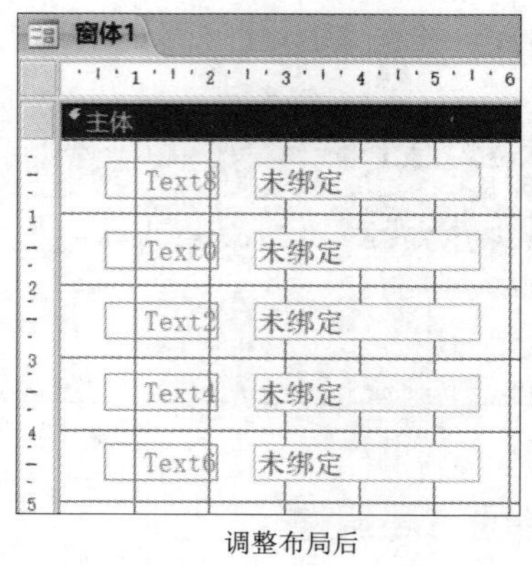

调整布局后

图 5-76 调整控件布局

5.6 窗体的高级设计

视频 5-16 窗体的高级设计

5.6.1 设置启动窗体

启动窗体是数据库启动时自动打开的窗体，经常使用在登录窗口、欢迎窗口等。

【例 5-22】将例 5-19 设计的“欢迎使用”窗体设置为启动窗体。

具体步骤如下：

(1) 打开数据库，单击“文件”选项卡中的“选项”命令，打开“Access 选项”对话框，然后按照图 5-77 所示进行设置。

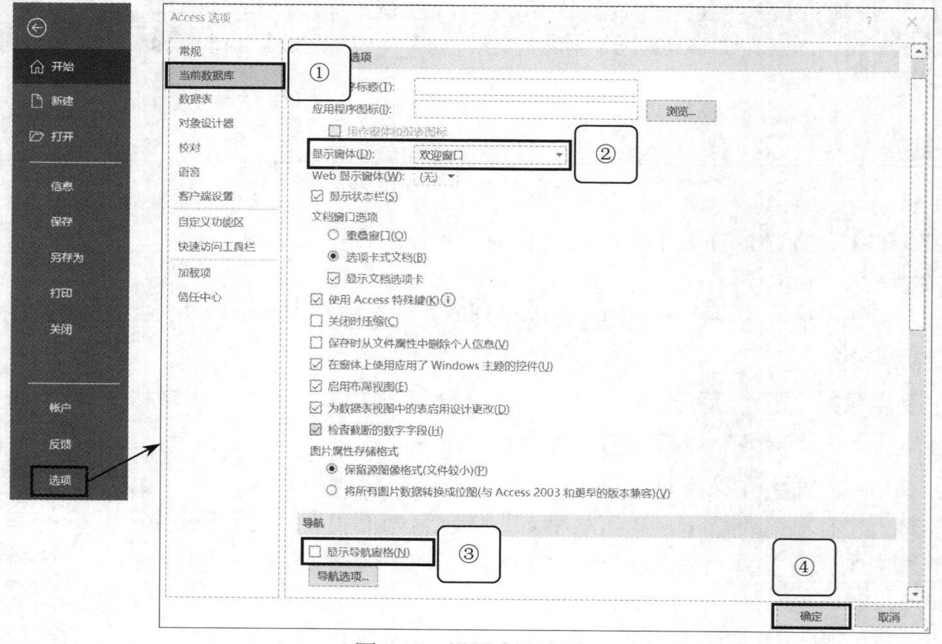

图 5-77 设置启动窗体

(2) 设置成功后，关闭数据库，再次打开数据库时，首先看到的就是“欢迎使用”窗体，而且左侧的导航窗格也看不到了。

如果要跳过启动窗体，先按住键盘的Shift键，然后再双击打开数据库文件，就会跳过启动窗体，直接进入数据库的设计模式。

5.6.2 设置导航窗体

导航窗体可以将数据库对象集成在一起，形成一个界面简洁直观的数据库系统。

【例5-23】使用窗体的“导航”功能创建一个名为“超市管理系统”的窗体，效果如图5-78所示，水平标签是一级导航按钮“人事管理”(对应的二级导航按钮是：“部门详情”和“工资详情”)，一级导航按钮“商品销售管理”(对应的二级导航按钮是：“商品清单”“订单详情”和“打印订单”)。

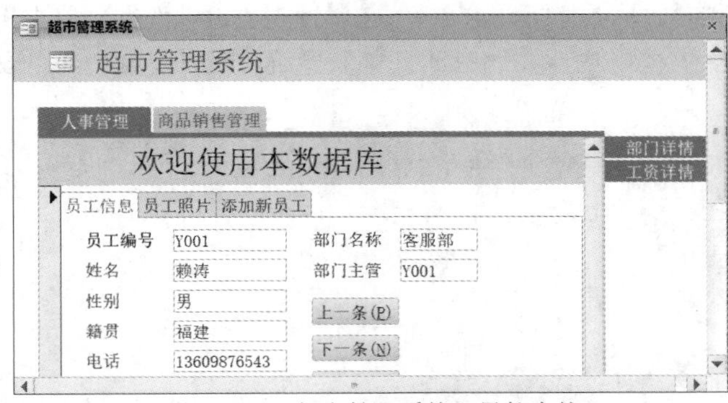

图5-78 “超市管理系统”导航窗体

具体步骤如下：

(1) 打开数据库，如图5-79所示，单击“创建”选项卡中的“导航”按钮，选择“水平标签和垂直标签，右侧(R)”，进入导航窗体的布局视图。

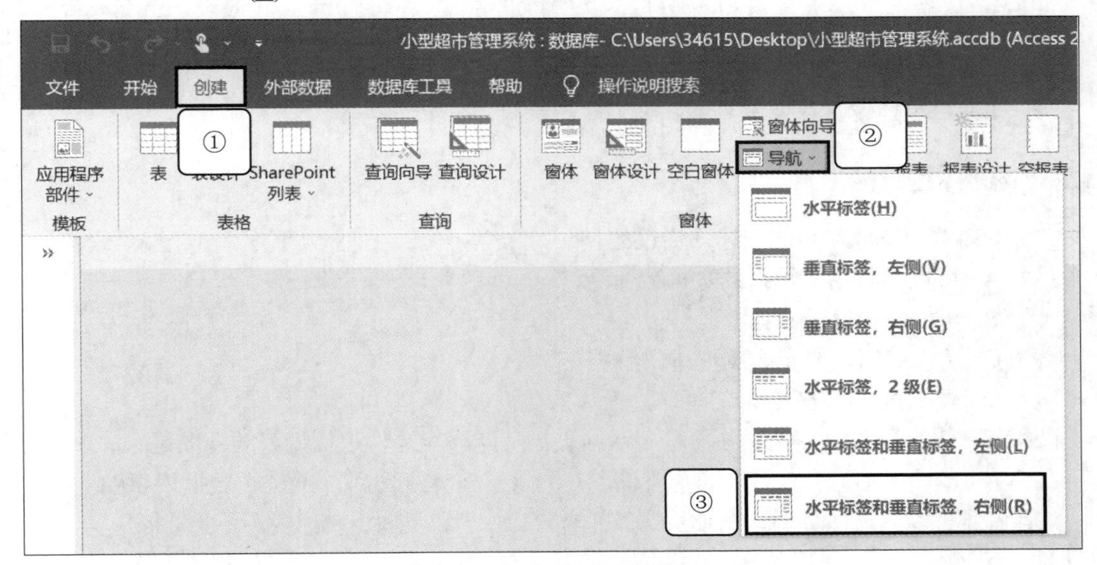

图5-79 创建导航窗体

(2) 在水平标签上设置一级导航按钮。在水平标签上双击“新增”，输入“人事管理”，由于窗体“人事管理”已经存在，因此，“人事管理”导航按钮的“导航目标名称”会自动设置为“人事管理”窗体。继续双击“新增”，输入“商品销售管理”。

(3) 在垂直标签上设置“人事管理”的二级导航按钮。先单击“人事管理”导航按钮，然后在垂直标签上双击“新增”，输入“部门详情”，打开属性表，单击“数据”，为“导航目标名称”选择“部门信息”窗体，意味着单击这个导航按钮就会在中间空白区域显示“部门信息”窗体的内容。同样的方法设置“工资详情”，为其“导航目标名称”选择“工资信息”窗体。

(4) 在垂直标签上设置“商品销售管理”的二级导航按钮。先单击“商品销售管理”导航按钮，然后在垂直标签上双击“新增”，输入“商品清单”，打开属性表，单击“数据”，为“导航目标名称”选择“商品信息”窗体，意味着单击这个导航按钮就会在中间空白区域显示“商品信息”窗体的内容。同样的方法设置“订单详情”，为其“导航目标名称”选择“订单详情”窗体。继续双击“新增”，输入“打印订单”，在属性表“事件”的“单击”中选择宏“查看订单信息.查看订单报表”，意味着单击“打印订单”导航按钮时，就会调用设置的宏，结果展示在中间区域。

5.7 思考与练习

5.7.1 思考题

1. 简述窗体的功能、类型和窗体视图。
2. 窗体由哪几部分组成？各部分主要用来放置什么信息和数据？
3. “属性表”任务窗格有什么作用？如何打开和关闭“属性表”任务窗格？
4. 窗体中的“导航按钮”“记录选择器”和“滚动条”分别是指窗体的哪里？如何让它们不显示出来？
5. 什么是“绑定型”控件？什么是“非绑定型”控件？各举一例说明。
6. 什么情况下使用“标签”控件？什么情况下使用“文本框”控件？各举一例说明。
7. 如何给窗体设置数据源？

5.7.2 选择题

1. 下列关于窗体作用的叙述，错误的是(　　)。
   A. 可以接收用户输入的数据或命令
   B. 可以直接存储数据
   C. 可以编辑、显示数据库中的数据
   D. 表、查询和SQL语句可作为窗体的数据源
2. 在窗体的视图中，既能够预览显示结果，又能够对控件进行调整的视图是(　　)。
   A. 设计视图　　B. 布局视图　　C. 窗体视图　　D. 数据表视图
3. 窗体可以由窗体页眉、窗体页脚、主体、(　　)和页面页脚组成。
   A. 组页眉　　B. 页面页眉　　C. 查询页眉　　D. 报表页眉

4. 在窗体设计视图中，必须包含的部分是(   )。

A. 主体　　B. 窗体页眉和页脚

C. 页面页眉和页脚　　D. 以上3项都要包括

5. 窗体的标题栏显示的文本用窗体的(   )属性设置。

A. Name　　B. Caption　　C. Picture　　D. RecordSource

6. 若设置窗体的“计时器间隔”属性为10000，该窗体的Timer事件对应的程序每隔(   )执行一次。

A. 0.1秒　　B. 1秒　　C. 10秒　　D. 1000秒

7. 主要用于显示、输入和更新数据库中的字段的控件类型是(   )。

A. 绑定型　　B. 非绑定型　　C. 计算型　　D. 非计算型

8. 在窗体中，标签的“标题”是标签控件的(   )。

A. 宽度　　B. 名称　　C. 大小　　D. 显示内容

9. 若要求在文本框中输入文本时，显示为“*”号，则应设置文本框的(   )属性。

A. 有效性规则　　B. 控件来源　　C. 默认值　　D. 输入掩码

10. 同时具有文本框和列表框功能的控件是(   )。

A. 复选框　　B. 图像　　C. 标签　　D. 组合框

11. 以下叙述正确的是(   )。

A. 在列表框和组合框中都不能输入新值

B. 可以在组合框中输入新值，而列表框不行

C. 可以在列表框中输入新值，而组合框不行

D. 在列表框和组合框中都可以输入新值

12. 命令按钮的标题设为“帮助(&H)”后，若要访问该按钮，可以用组合键(   )。

A. Ctrl + H　　B. F1 + H　　C. Alt + H　　D. Shift + H

13. 为窗体中的命令按钮设置单击鼠标时发生的动作，应选择设置其“属性”窗口的(   )。

A.“格式”选项卡　　B.“事件”选项卡

C.“方法”选项卡　　D.“数据”选项卡

第6章

报　表

报表是数据库的对象之一，用于打印和显示数据。精美且设计合理的报表能使数据清晰地呈现，使要传达的汇总数据、统计与摘要信息看起来一目了然。报表所有的内容格式和外观都可以由用户自己设计，还可以根据需要对数据进行分组、汇总和排序等。本章以前面章节创建的“小型超市管理系统”为基础，介绍报表的创建方法和设计方法。

本章要点

- 报表的组成和视图切换
- 使用向导和设计视图创建报表
- 在报表中使用控件和设置控件属性
- 在报表中使用分组、排序和汇总功能
- 在报表中使用计算控件

视频 6-1　报表

本章知识结构如图 6-1 所示。

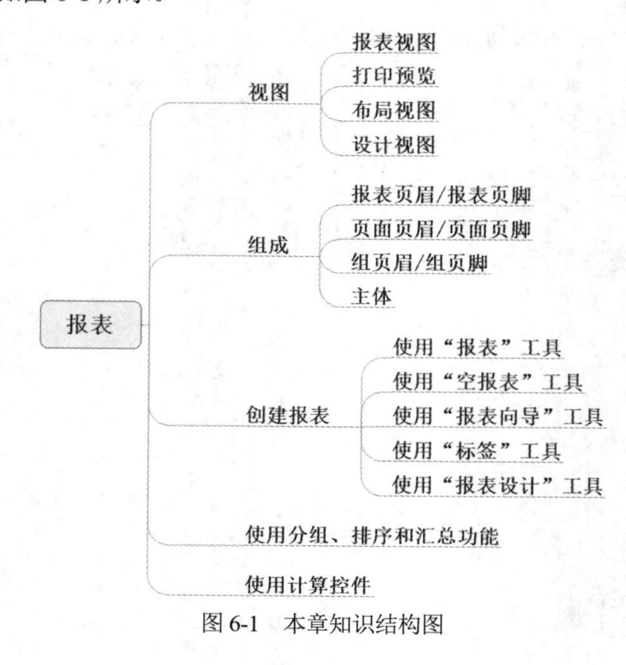

图 6-1　本章知识结构图

6.1 报表概述

报表是专门为打印而生的数据库对象，创建界面美观、数据清晰明了的报表，可以在一定程度上提高数据分析的效率。

6.1.1 报表的功能

报表的具体功能如下：

(1) 可以对表中数据进行比较、分组、排序和统计等。

(2) 可以根据需要把界面设计成标签、订单、发票、目录等多种形式。

(3) 提供单个记录的详细信息。

6.1.2 报表的类型

根据报表中内容显示方式的不同，可以把报表分为以下几种类型。

(1) 纵览式报表。通常是每页上显示一条或多条记录，每条记录的字段以垂直方式排列，如图 6-2 所示。

(2) 表格式报表。以行和列的形式显示数据，一行是一条记录，一页显示多条记录，如图 6-3 所示。

图 6-2 纵览式报表示例

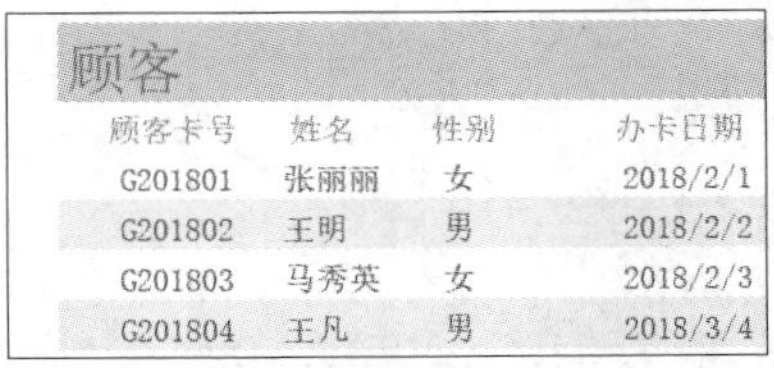

顾客

顾客卡号	姓名	性别	办卡日期
G201801	张丽丽	女	2018/2/1
G201802	王明	男	2018/2/2
G201803	马秀英	女	2018/2/3
G201804	王凡	男	2018/3/4

图 6-3 表格式报表示例

(3) 图表报表。在报表中使用图表控件，以图表的形式显示数据，更直观地描述数据的分组和统计等信息，如图 6-4 所示。

(4) 标签报表。在一页中显示多个大小和格式一致的标签，如图 6-5 所示。标签报表用作打印日常生活需要的各种标签，如商品价格标签、名片、行李托运标签等。

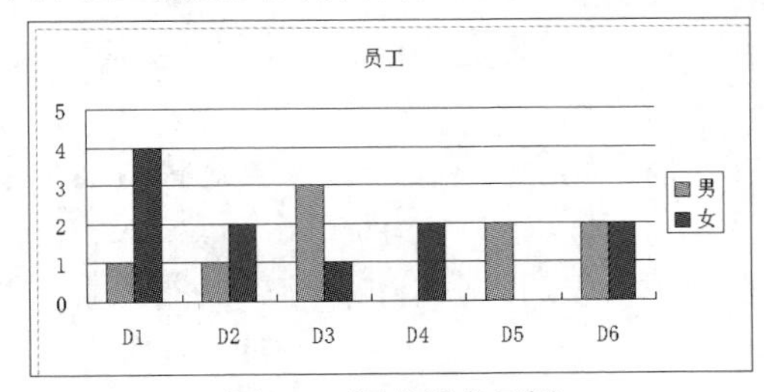

图 6-4 图表报表示例

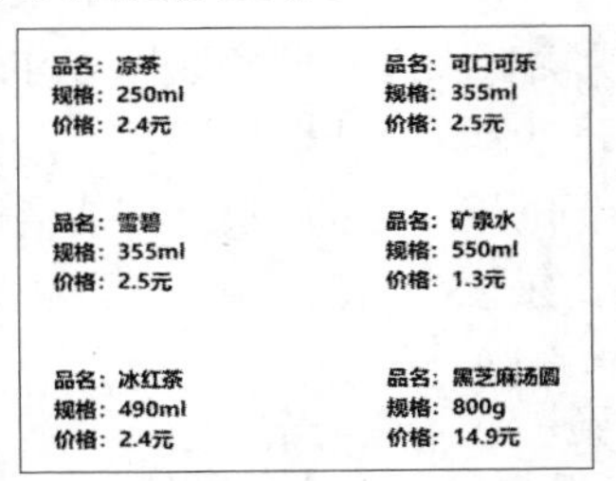

图 6-5 标签报表示例

6.1.3 报表的视图

Access 为报表提供了四种视图：报表视图、打印预览、布局视图和设计视图，它们的作用和效果如下。

(1) 报表视图。可以查看记录、筛选数据，并且把报表视图打印出来。

(2) 打印预览。展示打印效果，可以查看报表上的每一页数据，也可进行报表的页面设置。

(3) 布局视图。可以根据实际显示效果进行布局的调整，还能添加新的字段、设置报表和控件属性等。

(4) 设计视图。可以创建和设计报表，特别是对报表内控件的修改，通常都需要使用设计视图。

6.1.4 报表的组成

报表最多由七个部分组成，分别是报表页眉、报表页脚、页面页眉、页面页脚、组页眉、组页脚和主体，如图 6-6 所示。

图 6-6　报表的组成部分示例

(1) 报表页眉。在报表的最顶部，打印时出现在报表的第一页。通常用来显示报表的标题、图徽、说明性文字或专门设计为封面。

(2) 报表页脚。在报表的最后面，打印时出现在报表的最后一页的最后面。通常用来显示整个报表的计算汇总或其他统计数据。

(3) 页面页眉。在报表每一页的顶部，用来显示数据的列标题等信息，打印时每一页中都会出现。

(4) 页面页脚。在报表每一页的底部，用来显示页码、本页汇总等信息。跟页面页眉一样，打印时每一页中都会出现。

(5) 组页眉。组页眉只有在使用报表的“分组和排序”功能时才会出现。当选择对某个字段分组时，报表会自动实现分组输出。在报表的一页中，可以有多个组页眉。

(6) 组页脚。和组页眉一样，组页脚也是只有在使用报表的“分组和排序”功能时才会出现。当选择对某个字段汇总并指定要显示在组页脚时，报表会自动实现分组统计。在报表的一页中，可以有多个组页脚。

(7) 主体。主体是报表必不可少的部分，用来显示来自表或查询的记录数据。

6.1.5　报表与窗体的异同

窗体与报表极为相似，为它们添加控件和设置控件属性的方法都是一样的。它们不同之处有如下几点：

(1) 它们输出结果的目的不同。报表的主要目的是把数据打印出来，所以报表是没有数据输入功能的。而窗体除了可以查看数据，还可以允许用户输入数据。

(2) 在窗体中实现分组和汇总不太容易，但在报表中很容易实现。在报表中利用分组和汇总功能，会出现组页眉和组页脚这两部分，这也是窗体不具备的组成部分。

6.2　创建报表

在 Access 中有五个选项可以创建报表，单击数据库的“创建”选项，报表组件中可以选择不同的创建报表的方式，如图 6-7 所示。

图 6-7　报表组件

6.2.1　使用“报表”工具创建报表

【例 6-1】使用“报表”工具为“订单”表创建一个报表，命名为“订单报表”。

具体步骤如下：

(1) 打开数据库，先选中“订单”表，然后单击“创建”选项卡中的“报表”按钮，如图 6-8 所示。要注意先单击表，否则“报表”按钮不可用。

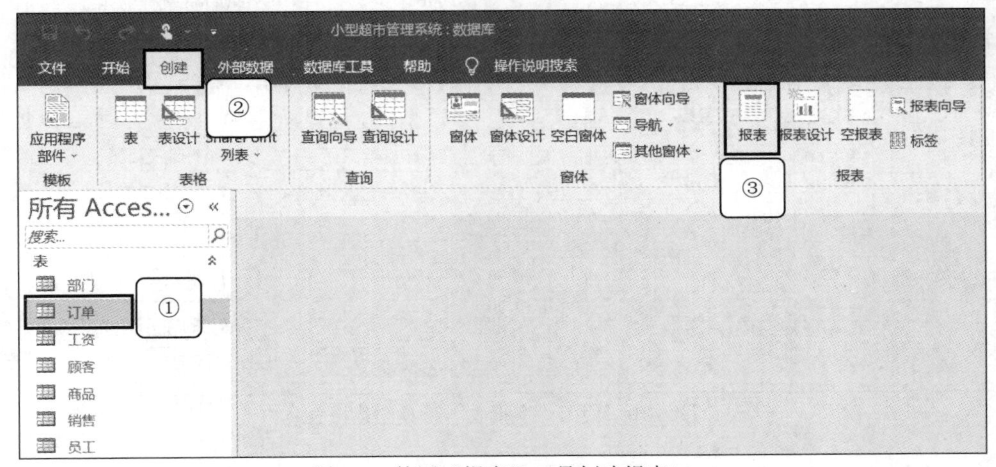

图 6-8　使用“报表”工具创建报表(a)

(2) 数据库自动创建一个报表，以布局视图的方式呈现“订单”表的数据。在布局视图中可以调整排版，使得界面更美观。

(3) 保存报表，命名为“订单报表”。成功创建报表后，在数据库的报表对象中会出现刚刚创建的报表，把报表切换到报表视图，如图 6-9 所示，就是报表运行时能看到的界面。这种方法创建的报表，会自动提供页眉、数据汇总、页码和日期时间。

订单报表

订单　　2018年8月7日 15:53:46

订单编号	顾客卡号	收银人员	消费时间	实付款
1	G201801	Y002	2018.5.1 9:30	¥23.50
2	G201802	Y003	2018.5.1 11:30	¥133.10
3	G201805	Y003	2018.5.3 14:31	¥206.00
4	G201811	Y005	2018.6.2 8:15	¥2,799.00
5	G201814	Y003	2018.6.2 16:23	¥25.50
6	G201816	Y002	2018.6.6 10:45	¥351.80
7	G201801	Y005	2018.7.2 13:12	¥4,299.00
8	G201802	Y002	2018.7.6 18:34	¥54.60
				¥7,892.50

共 1 页，第 1 页

图 6-9　使用“报表”工具创建报表(b)

6.2.2　使用“空报表”工具创建报表

使用“空报表”创建报表和使用“空白窗体”创建窗体的方法是一样的，如图 6-10 所示，都可以利用字段列表把需要的字段拖曳出来，这里不再赘述。

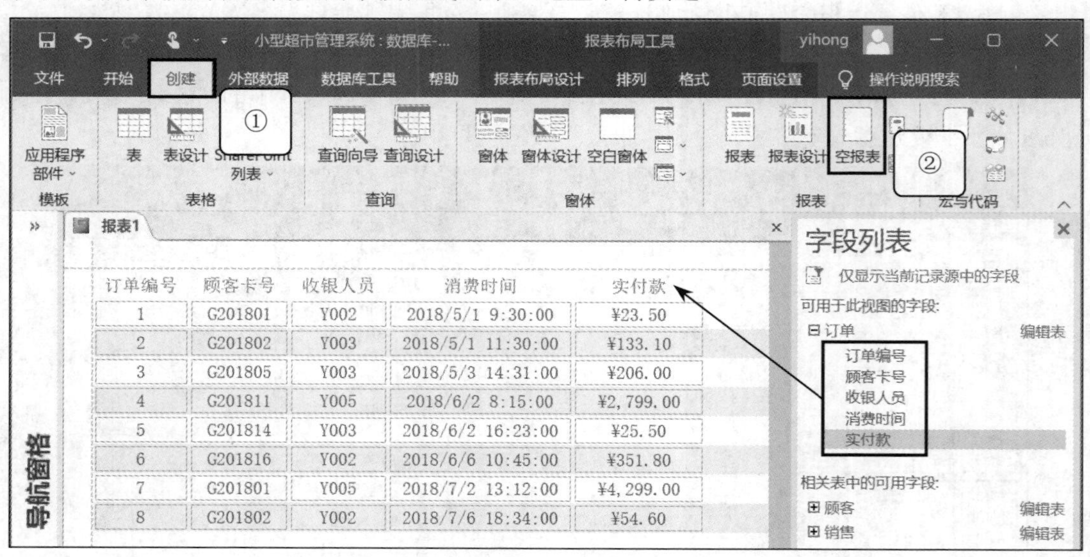

图 6-10　使用“空报表”工具创建报表

6.2.3 使用“报表向导”工具创建报表

【例 6-2】使用“报表向导”工具创建一个报表，显示每个顾客的订单信息，命名为“顾客的订单信息汇总”。报表的报表视图如图 6-11 所示。

顾客的订单信息汇总

顾客的订单信息汇总

顾客卡号	姓名	订单编号	消费时间	实付款
G201801	张丽丽			
		1	2018.5.1 9:30	¥23.50
		7	2018.7.2 13:12	¥4,299.00
G201802	王明			
		2	2018.5.1 11:30	¥133.10
		8	2018.7.6 18:34	¥54.60
G201805	董英玲			
		3	2018.5.3 14:31	¥206.00
G201811	王一航			
		4	2018.6.2 8:15	¥2,799.00
G201814	张柔			
		5	2018.6.2 16:23	¥25.50
G201816	蔡玲清			
		6	2018.6.6 10:45	¥351.80

2018年8月8日　　共 1 页，第 1 页

图 6-11　使用“报表向导”工具创建报表(a)

具体步骤如下：

(1) 打开数据库，单击“创建”选项卡中的“报表向导”按钮，如图 6-12 所示。

图 6-12　使用“报表向导”工具创建报表(b)

(2) 弹出“报表向导”对话框，设置方法如图 6-13 所示。多张表的数据关联性也是基于这些表已经事先建立了表间关系。

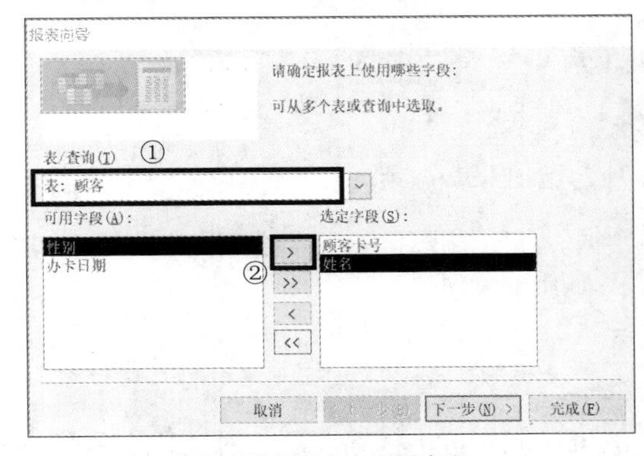

选择“顾客”表中所需字段

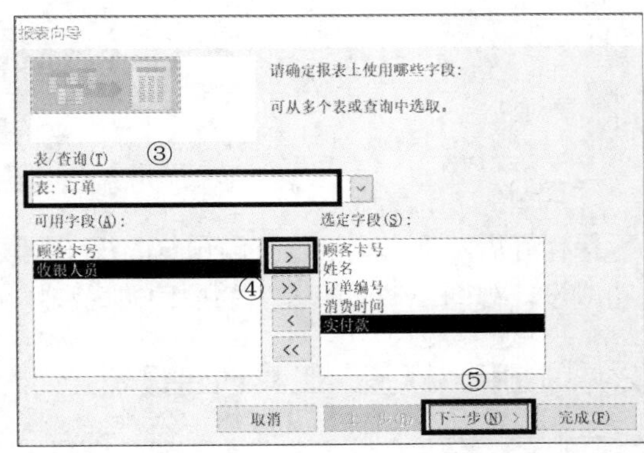

选择“订单”表中所需字段

图 6-13　使用“报表向导”工具创建报表(c)

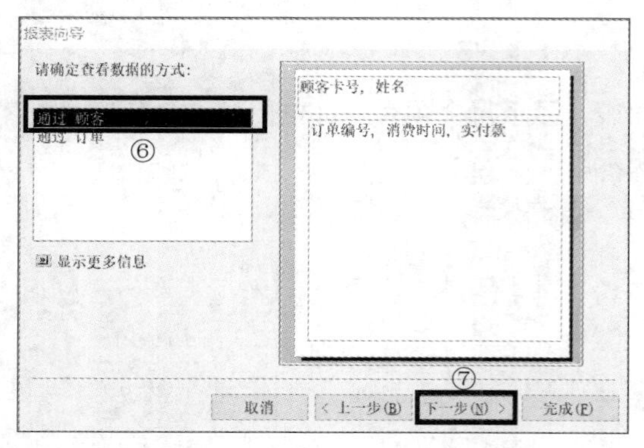

选择“通过顾客”的查看方式

默认是“顾客卡号”分组

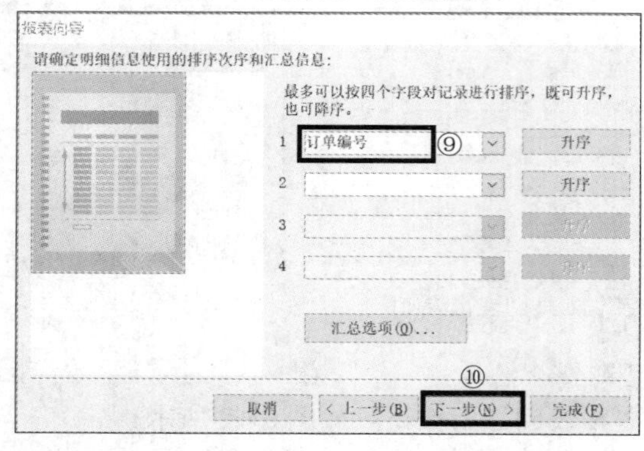

按照“订单编号”升序排列

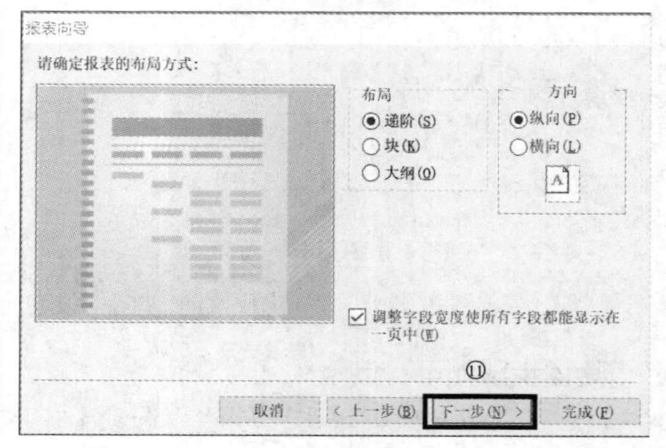

布局方式默认

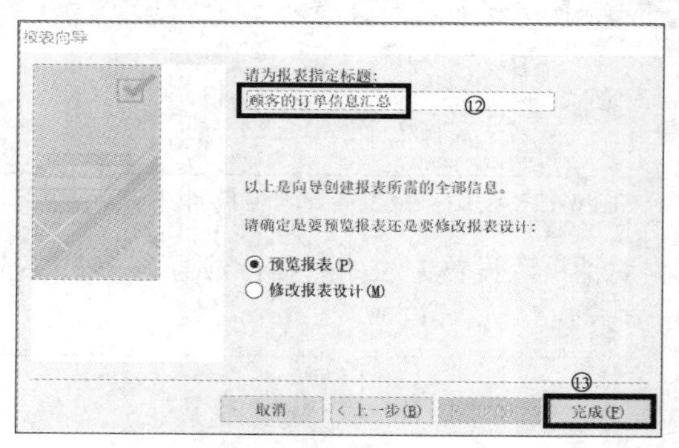

为报表命名

图 6-13　使用“报表向导”工具创建报表(c)(续)

保存好后，报表直接以打印预览的视图呈现数据。通常情况下，还需要把报表切换到布局视图或设计视图，调整报表里的控件布局和排版，使其更美观。

6.2.4　使用“标签”工具创建报表

【例 6-3】使用“标签”工具创建一个报表，为商品制作价格标签，命名为“商品标签”。报表的打印预览效果如图 6-14 所示。

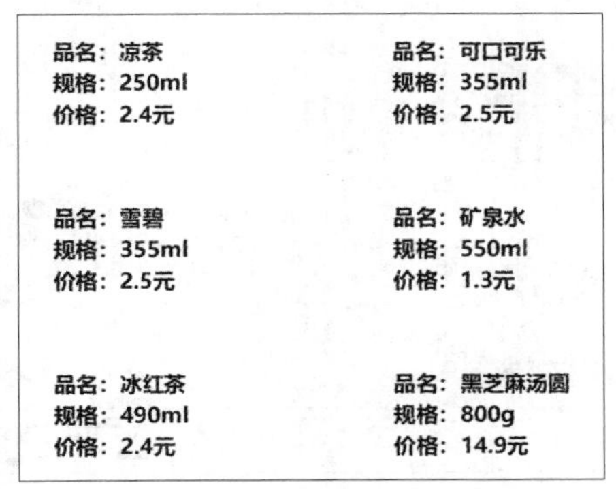

图 6-14 使用“标签”工具创建报表(a)

具体步骤如下：

(1) 打开数据库，选中“商品”表(如果没有选中数据源，“标签”工具无法使用)。

(2) 单击“创建”选项，然后选择“标签”按钮，如图 6-15 所示。

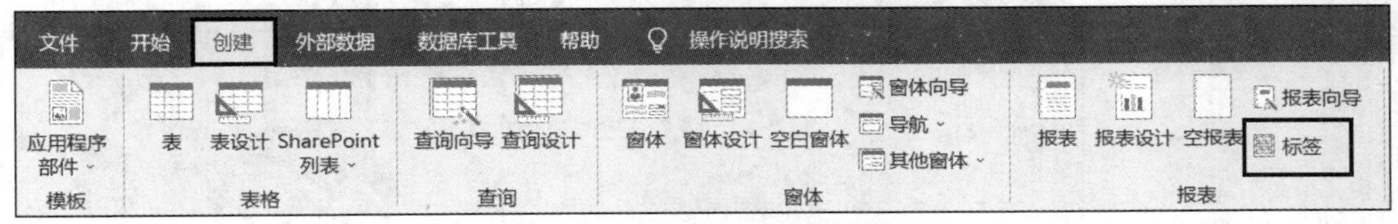

图 6-15 使用“标签”工具创建报表(b)

(3) 弹出标签向导，选择标签的型号、单位和类型，单击“下一步”按钮，如图 6-16 所示。

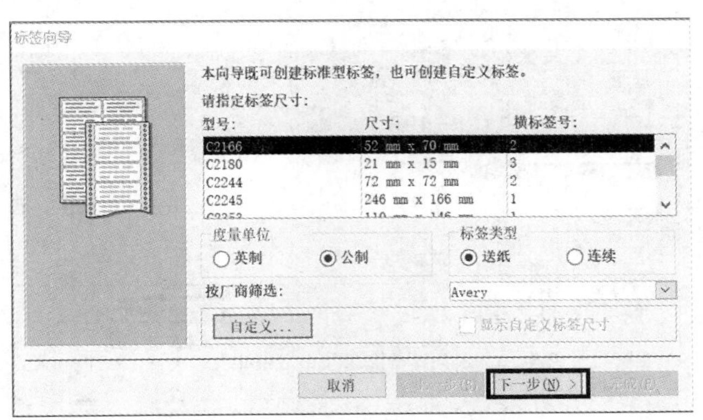

图 6-16 使用“标签”工具创建报表(c)

(4) 选择标签上文字的字体、字号、粗细和颜色等属性，单击“下一步”按钮，如图 6-17 所示。

(5) 在原型标签内输入需要的文字，文字的位置可自行调整，如图 6-18 所示。

(6) 把需要的字段选到右边“原型标签”中。字段名用花括号{ }括起来，代表绑定的是字段的数据，可以自由调节字段名所在的位置，然后单击“下一步”按钮，如图 6-19 所示。

(7) 为标签选择排序的字段，这里选择“商品编号”做排序，如图 6-20 所示，单击“下一步”按钮。

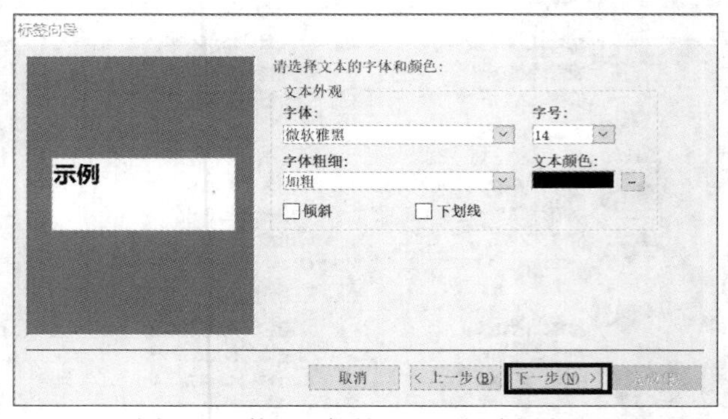

图 6-17　使用“标签”工具创建报表(d)

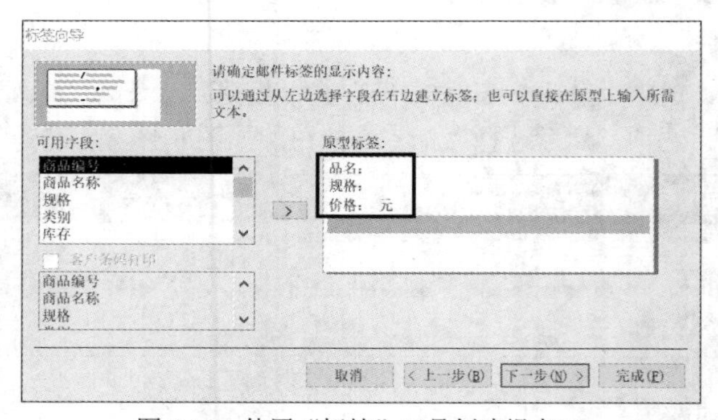

图 6-18　使用“标签”工具创建报表(e)

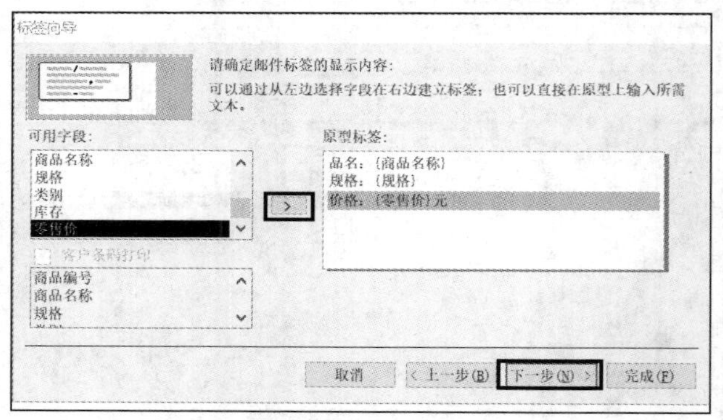

图 6-19　使用“标签”工具创建报表(f)

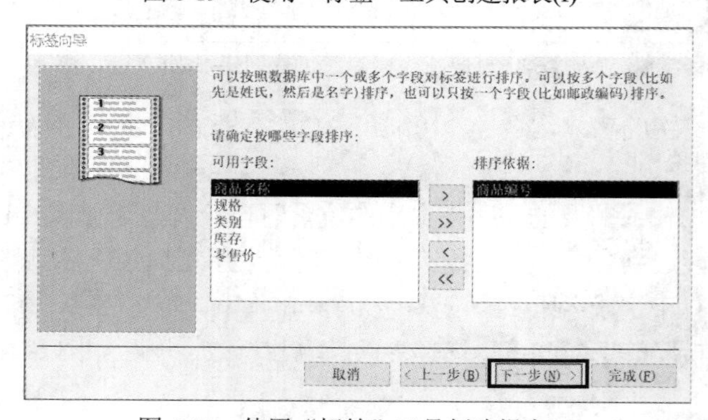

图 6-20　使用“标签”工具创建报表(g)

(8) 保存报表并命名，单击“完成”按钮，如图 6-21 所示。

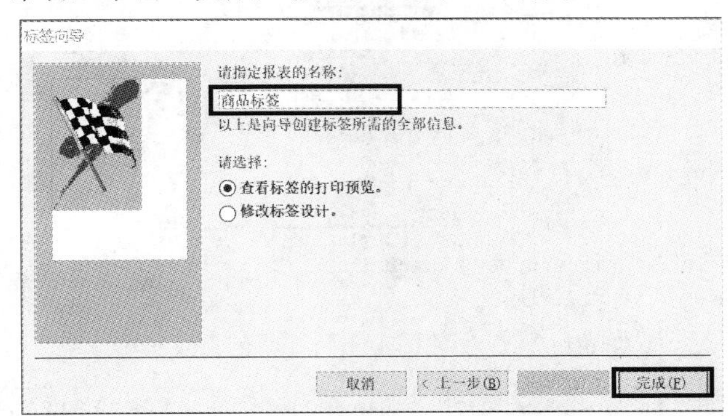

图 6-21　使用“标签”工具创建报表(h)

(9) 保存后的报表，通常还需要切换到布局视图或设计视图重新调整布局和排版，使得报表更美观。

6.2.5　使用“报表设计”工具创建报表

使用设计视图创建报表的关键步骤有如下几步：

(1) 为报表绑定数据源(数据源可以是表、查询或 SQL 语句)。

(2) 添加所需控件。

(3) 根据需要使用分组和汇总功能。

(4) 设置报表和控件的属性，做好外观设计和布局排版。

【例 6-4】创建一个名为“订单详情”报表，在报表里显示每个订单的详情(包括该订单的商品信息)。

具体步骤如下：

(1) 创建报表。打开数据库，如图 6-22 所示，单击“创建”选项，然后选择“报表设计”按钮，以设计视图方式创建一个新的报表，保存并命名。

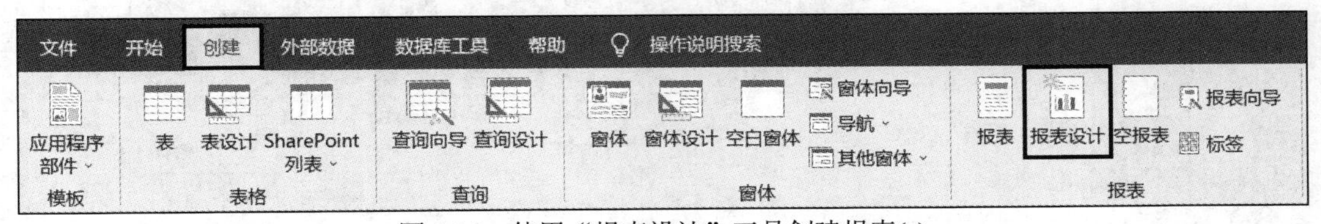

图 6-22　使用“报表设计”工具创建报表(a)

(2) 对着报表空白地方单击右键，调出报表页眉/页脚和页面页眉/页脚，如图 6-23 所示。

(3) 在报表页眉处添加一个标签控件和两个文本框控件(删除左侧自带的标签控件)。标签控件的标题改为“订单详情”。如图 6-24 所示，一个文本框控件显示当前日期，打开属性表，“控件来源”属性填写=Date( )，把“格式”属性改为“长日期”，“背景样式”和“边框样式”改为“透明”。另一个文本框显示当前时间，“控件来源”属性填写=Time( )，“格式”属性改为“长时间”，“背景样式”和“边框样式”改为“透明”。

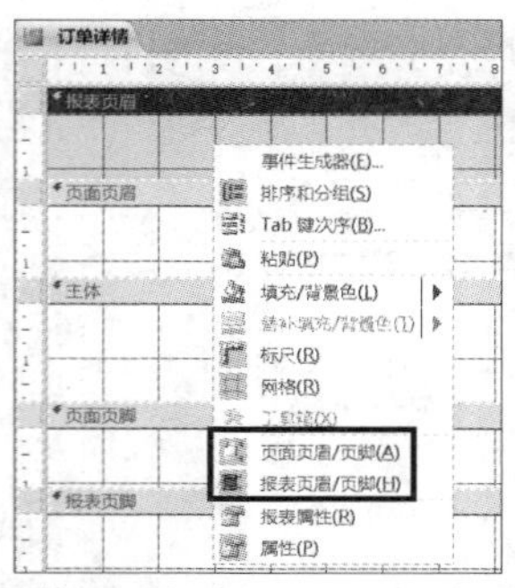

图 6-23　使用“报表设计”工具创建报表(b)

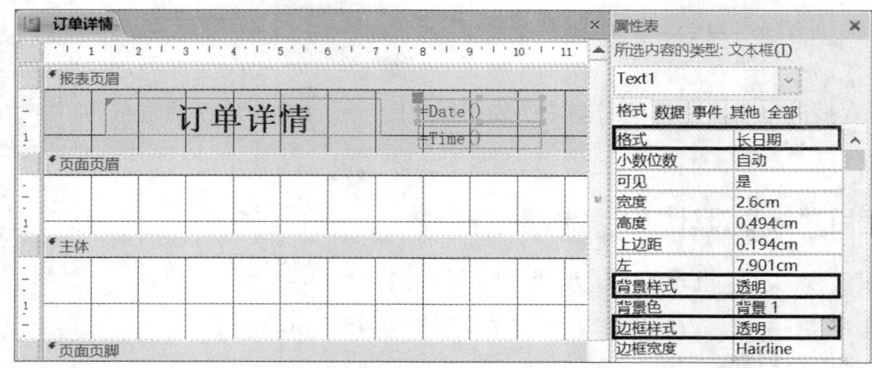

图 6-24　使用“报表设计”工具创建报表(c)

(4) 为报表绑定数据源。由于报表需要的字段来自多张表，所以利用新建查询的方式来绑定。如图 6-25 所示，单击报表的属性“记录源”右侧的⋯符号，会弹出创建查询的窗口。在查询窗口中选择需要的表和字段，并对“订单编号”字段进行排序。单击“关闭”按钮时，会弹出提示信息，选择“是”按钮，数据库就会为这个报表创建一个查询，该查询不会出现在导航窗格的查询对象中，它是专门为报表而创建的，嵌入在报表当中。

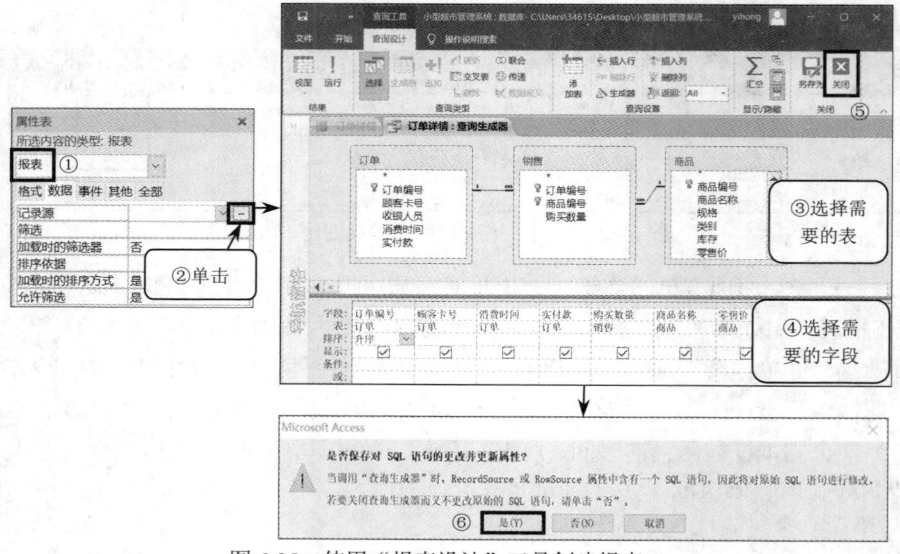

图 6-25　使用“报表设计”工具创建报表(d)

(5) 为报表添加控件。如图6-26所示，打开字段列表，把所有字段拖曳到报表的主体中，然后把报表主体中的所有标签控件选中，剪切到页面页眉中，使得主体中的控件都是文本框控件。切换到布局视图，调整好控件的大小、外观和布局，把所有标签控件和文本框控件的“边框样式”改为“透明”。

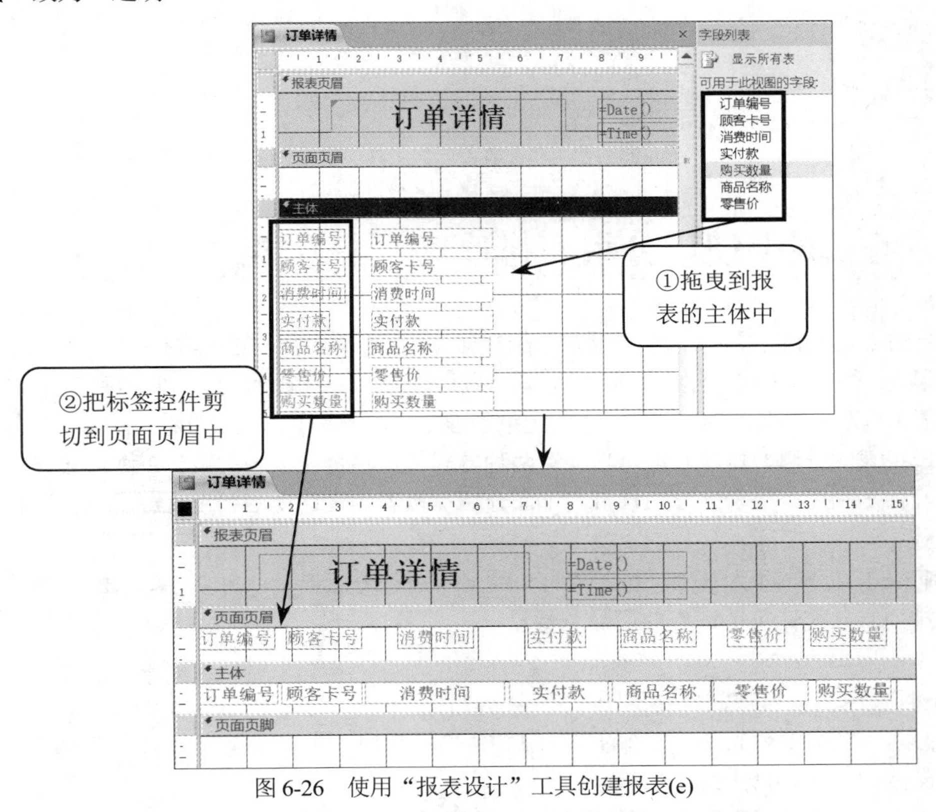

图6-26 使用“报表设计”工具创建报表(e)

(6) 添加页码。单击“报表设计工具”中的“页码”按钮，弹出“页码”对话框，如图6-27所示，选好格式和显示位置，单击“确定”按钮，就会在报表的页面页脚处增加一个显示页码的文本框控件。

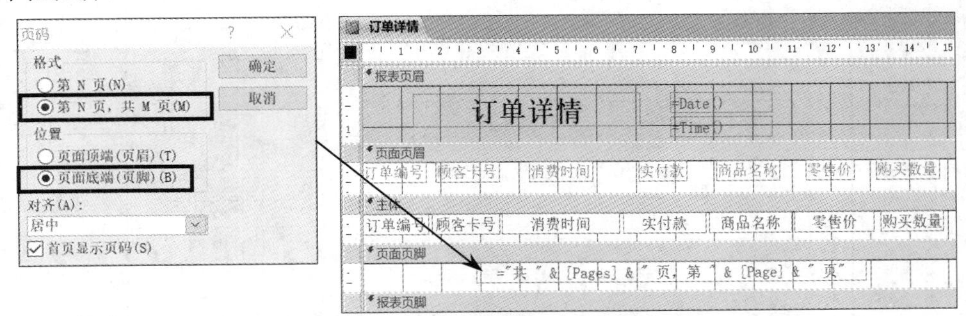

图6-27 使用“报表设计”工具创建报表(f)

(7) 在页面页眉处加一条横线，使得界面更清晰明了，最后调整控件的布局和位置。报表视图效果如图6-28所示。

订单详情

订单详情　　2018年8月8日 16:37:29

订单编号	顾客卡号	消费时间	实付款	商品名称	零售价	购买数量
1	G201801	2018.5.1 9:30	¥23.50	可口可乐	¥2.50	1
1	G201801	2018.5.1 9:30	¥23.50	雪碧	¥2.50	1
1	G201801	2018.5.1 9:30	¥23.50	矿泉水	¥1.30	5
1	G201801	2018.5.1 9:30	¥23.50	凉茶	¥2.40	5
2	G201802	2018.5.1 11:30	¥133.10	猪肉水饺	¥18.20	2
2	G201802	2018.5.1 11:30	¥133.10	山东馒头	¥39.90	2
2	G201802	2018.5.1 11:30	¥133.10	牙膏	¥16.90	1

图 6-28　使用“报表设计”工具创建报表(g)

6.3 在报表中使用分组、排序和汇总功能

报表的主要功能是显示数据，如果显示的数据杂乱无章或者重复过多，就会使得报表的功能受到很大影响。使用报表的“分组和排序”功能，既可以分组显示记录，又可以对特定字段数据进行排序，还可以汇总数据，从而使报表中的记录条理分明，更易于分析和查看。

实现报表的分组、排序和汇总功能有两种方式：一种是在报表的设计视图或布局视图中设置；另一种是利用“报表向导”设置。下面介绍在报表的设计视图中设置分组、排序和汇总功能的步骤。

【例 6-5】 以例 6-4 为基础，按照“订单编号”进行分组显示，每个订单内的商品零售价按照升序排列，并统计每个订单的商品总数量。

具体步骤如下：

(1) 打开报表，切换到设计视图。

(2) 单击“报表设计工具”中的“分组和排序”按钮，报表最下方会出现“分组、排序和汇总”窗格，如图 6-29 所示。

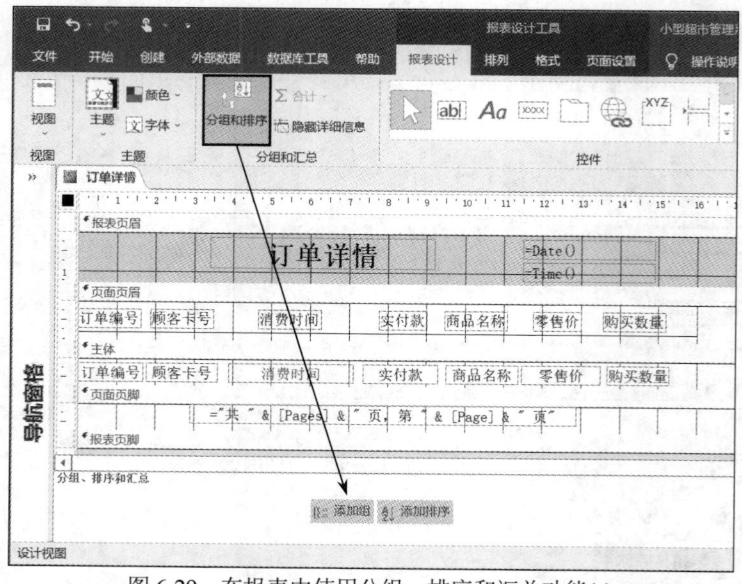

图 6-29　在报表中使用分组、排序和汇总功能(a)

(3) 单击“添加组”，分组字段选择“订单编号”，如图 6-30 所示，在报表中就会出现“订单编号页眉”部分，这就是报表的组页眉。把主体中的“订单编号”“顾客卡号”“消费时间”和“实付款”文本框剪切到“订单编号页眉”中，这样在报表组页眉中的内容只会在每组数据中显示一次。

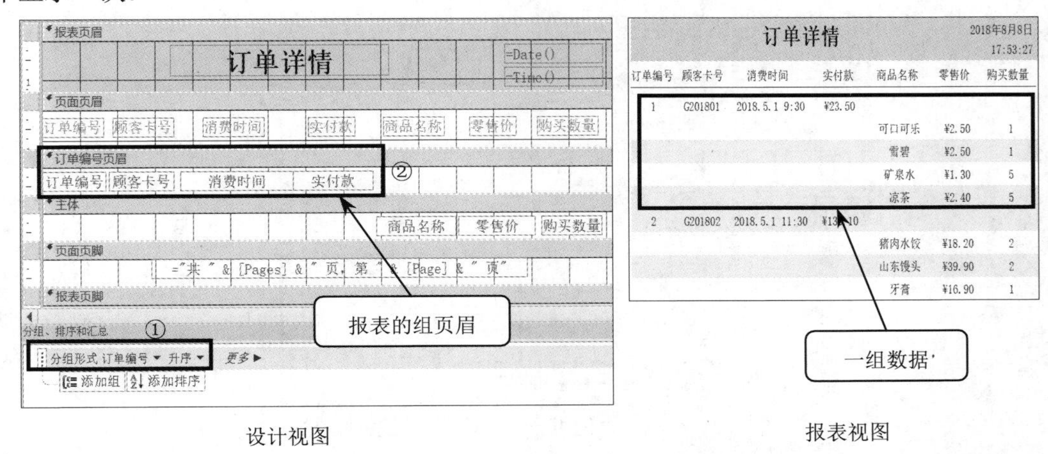

图 6-30 在报表中使用分组、排序和汇总功能(b)

(4) 单击“分组、排序和汇总”窗格里的“添加排序”按钮，选择“零售价”字段按照升序排列，这个排序在分组之后设置，所以是基于分组内的排序。呈现出来的效果就是每个订单(一组)的记录都是按照零售价的升序显示，如图 6-31 所示。

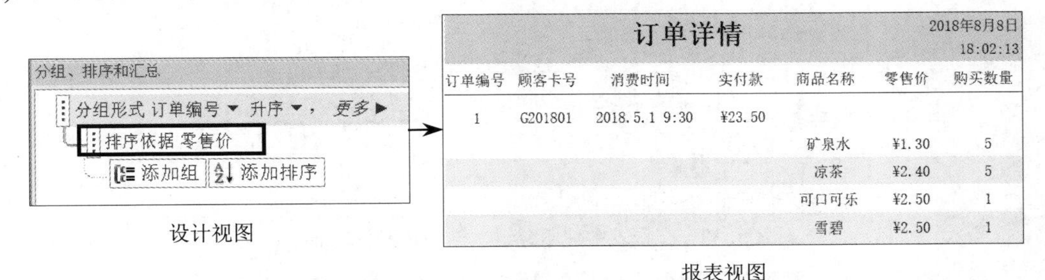

图 6-31 在报表中使用分组、排序和汇总功能(c)

(5) 在“分组、排序和汇总”窗格里，单击“更多”，出现“无汇总”按钮，单击“无汇总”，在弹出的下拉列表中，选择“汇总方式”是“购买数量”字段，“类型”是“合计”，勾选“在组页脚中显示小计”，如图 6-32 所示。

设置完汇总功能后，报表中出现“订单编号页脚”部分，这就是报表的组页脚，如图 6-33 所示。组页脚里的文本框根据所选字段自动生成汇总公式。在该文本框左边添加一个标签控件，标题改为“商品总数量：”。

(6) 调整布局，保存报表，最终显示效果如图 6-34 所示。

分组、排序和汇总
分组形式 订单编号 ▾ 升序 ▾ ，更多 ▶
①
排序依据 零售价
添加组
添加排序
分组、排序和汇总
分组形式 订单编号 ▾ 升序 ▾ ， 按整个值 ▾ ， 无汇总 ▾ ，
②
排序依据 零售价
添加组
添加排序
分组、排序和汇总
分组形式 订单编号 ▾ 升序 ▾ ， 按整个值 ▾ ， 汇总 购买数量 ▾ ， 有标题 单击添加， 有页眉
排序依据 零售价
添加组
添加排序
汇总
汇总方式 购买数量
类型 合计
③
显示总计
显示组小计占总计的百分比
在组页眉中显示小计
在组页脚中显示小计
视图

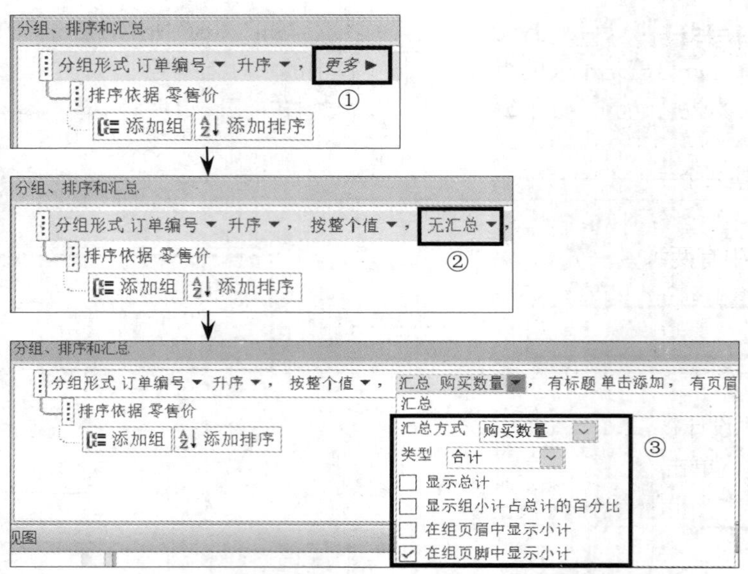

图 6-32　在报表中使用分组、排序和汇总功能(d)

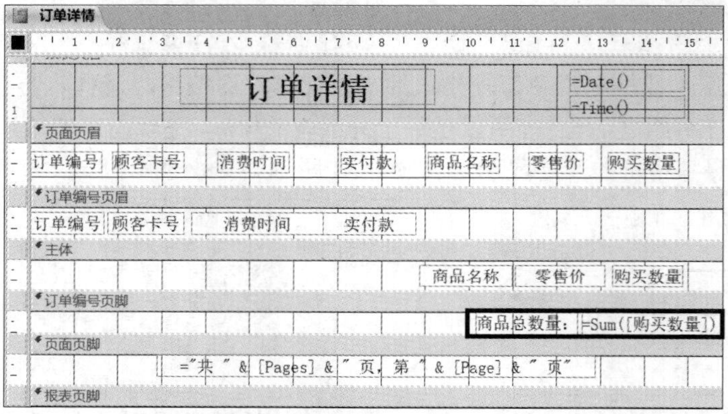

订单详情
订单详情
=Date()
=Time()
页面页眉
订单编号 顾客卡号 消费时间 实付款 商品名称 零售价 购买数量
订单编号页眉
订单编号 顾客卡号 消费时间 实付款
主体
商品名称 零售价 购买数量
订单编号页脚
商品总数量: =Sum([购买数量])
页面页脚
="共 " & [Pages] & " 页，第 " & [Page] & " 页"
报表页脚

图 6-33　在报表中使用分组、排序和汇总功能(e)

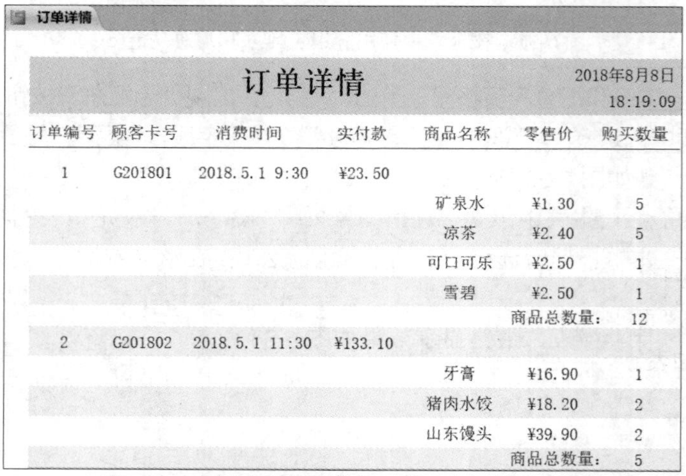

订单详情
订单详情
2018年8月8日
18:19:09
订单编号 顾客卡号 消费时间 实付款 商品名称 零售价 购买数量
1 G201801 2018.5.1 9:30 ¥23.50
矿泉水 ¥1.30 5
凉茶 ¥2.40 5
可口可乐 ¥2.50 1
雪碧 ¥2.50 1
商品总数量: 12
2 G201802 2018.5.1 11:30 ¥133.10
牙膏 ¥16.90 1
猪肉水饺 ¥18.20 2
山东馒头 ¥39.90 2
商品总数量: 5

图 6-34　在报表中使用分组、排序和汇总功能(f)

6.4 在报表中使用计算控件

在报表的实际应用中，经常需要对报表中的数据进行计算。例如，可以对记录的数值进行分类汇总；计算某个字段的总计或平均值；在组页眉或组页脚内建立计算文本框，输入计算表达式等。

在 Access 中有两种方法可以实现上述汇总和计算：一是在查询中进行汇总统计；二是在报表输出时进行汇总统计。与查询相比，报表可以实现更为复杂的分组汇总。

6.4.1 添加日期和时间

在报表的“设计视图”中添加日期和时间有两种方式：一种是在“报表设计”选项卡的“页眉/页脚”组中，单击“日期和时间”按钮设置，如图 6-35 所示；另外一种是设置文本框的“控件来源”属性为日期或时间的计算表达式。报表中日期、时间表达式以及显示结果如表 6-1 所示。

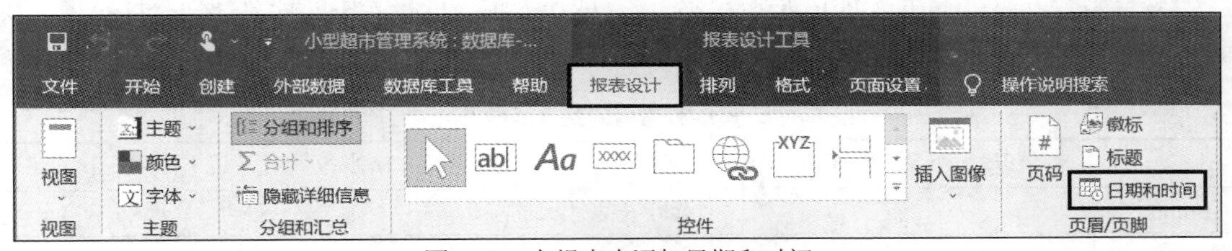

图 6-35　在报表中添加日期和时间

表 6-1 日期、时间表达式及显示结果

表达式	显示结果
= now( )	显示当前日期和时间
= date( )	显示当前日期
= time( )	显示当前时间
= year(date( ))	显示年
= month(date( ))	显示月
= day(date( ))	显示日
= year(date( )) & "年" & month(date( )) & "月" & day(date( )) & "日"	显示某年某月某日

6.4.2 添加页码

在报表的“设计视图”中添加页码有两种方式：一种是在“报表设计”选项卡的“页眉/页脚”组中，单击“页码”按钮设置，如图 6-36 所示；另外一种是利用计算表达式来创建页码。常见的页码格式如表 6-2 所示。

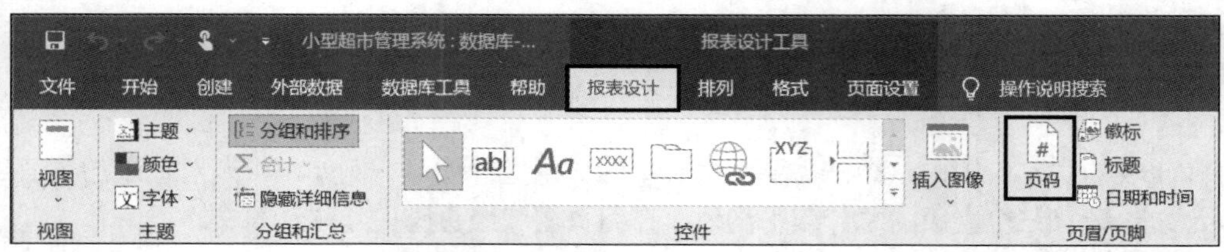

图 6-36 在报表中添加页码

表 6-2 常见的页码格式

表达式	显示结果
= "第" & [Page] & "页"	第 N(当前页)页
= [Page] & "/" & [Pages]	N/M(总页数)
= "第" & [Page] & "页，共" & [Pages] & "页"	第 N 页，共 M 页

6.4.3 报表中常用的聚合函数

聚合函数一般用于在查询中创建计算字段，或作为窗体或报表中的计算控件统计结果。其计算结果依赖于记录源，并且不能设置筛选条件，常用的聚合函数如表 6-3 所示。

表 6-3 常用的聚合函数

函数	功能
Sum(字符表达式)	计算字符表达式的总和
Avg(字符表达式)	计算字符表达式的平均值
Count(字符表达式)	统计字符表达式的记录个数
Max(字符表达式)	取得字符表达式的最大值
Min(字符表达式)	取得字符表达式的最小值

聚合函数通常放置在报表中的报表页眉和报表页脚、组页眉和组页脚中。

- 放置在报表页眉和报表页脚中，主要用于对非分组报表“主体”节中所有记录进行统计；如果是分组报表，则对组页眉上的记录进行统计。
- 放置在组页眉和组页脚中，主要用于对分组中的明细记录进行统计。

【例 6-6】使用“报表设计”工具创建一个名为“员工信息汇总”报表，呈现效果如图 6-37 所示。具体要求是：在报表页眉处显示当前日期和员工总人数；主体里显示“部门名称”“员工编号”“姓名”“性别”“籍贯”“电话”字段数据；按照“部门名称”分组显示，并在组页脚处统计和显示部门总人数；

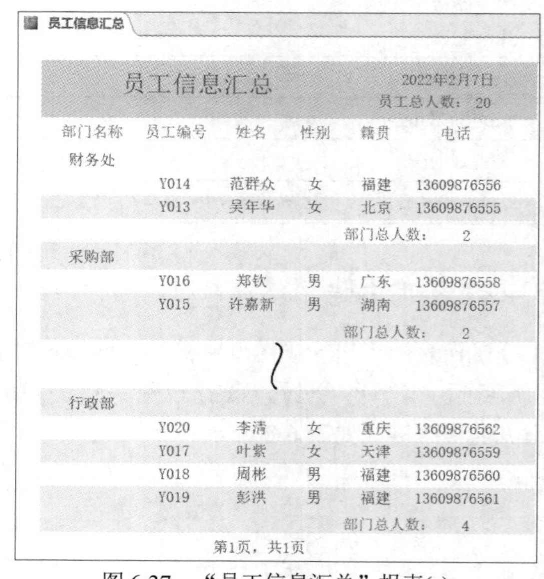

图 6-37 “员工信息汇总”报表(a)

在页面页脚处显示页码。

具体步骤如下：

(1) 利用“报表设计”工具创建一个新的报表，命名为“员工信息汇总”。

(2) 设计报表的报表页眉。在报表设计视图中，单击鼠标右键，选择“报表页眉/页脚”以显示出报表页眉。在报表页眉中添加一个标签控件，标题为“员工信息汇总”，字号 18。添加一个文本框控件，控件来源改为“=Date()”。再添加一个文本框控件，控件来源改为“=Count([员工编号])”。添加一个标签控件，标题为“员工总人数：”。把报表页眉中的所有控件的背景样式和边框样式都改为透明。设计视图如图 6-38 所示。

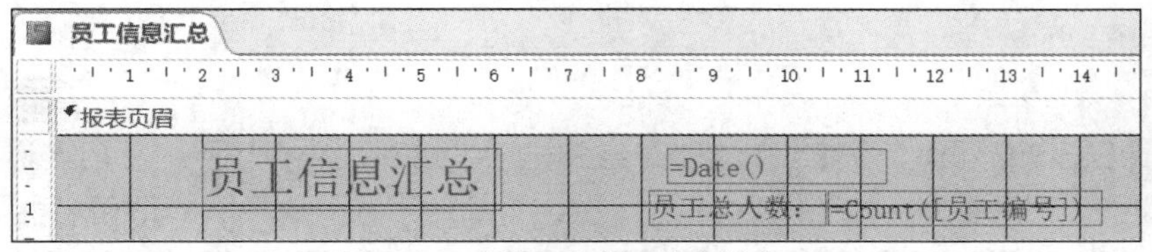

图 6-38　“员工信息汇总”报表(b)

(3) 为报表绑定数据源。在属性表中，单击报表的数据选项中的“记录源”设置按钮，进入查询设计界面，选择需要的表后，选择报表需要的字段，如图 6-39 所示。

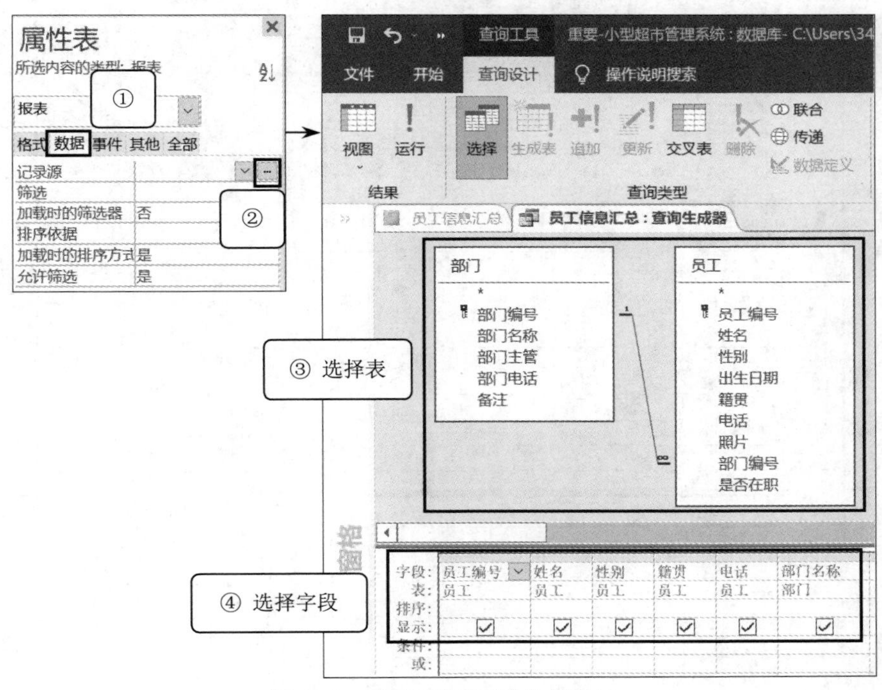

图 6-39　“员工信息汇总”报表(c)

(4) 设计报表的页面页眉/页脚和主体部分。单击工具中的“添加现有字段”，打开字段列表，把所需字段添加到报表的主体中，如图 6-40 所示。把页面页眉/页脚显示出来，把跟随绑定字段数据的文本框左侧的标签剪切到页面页眉中。在页面页脚中添加一个文本框，控件来源改为“="第" & [Page] & "页，共" & [Pages] & "页"”。

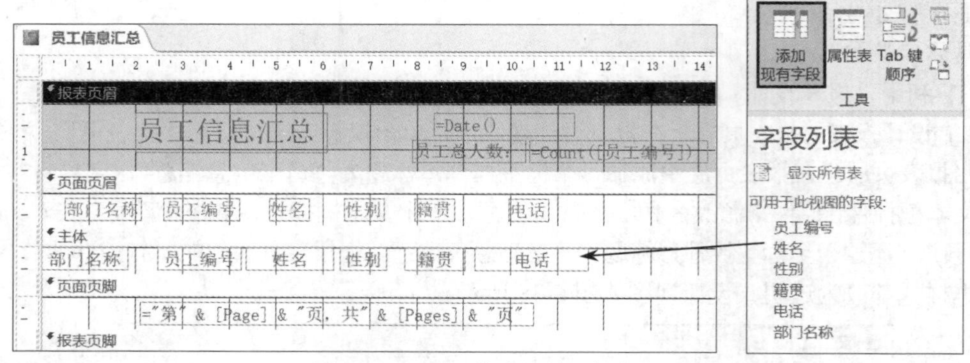

图 6-40 “员工信息汇总”报表(d)

(5) 设计报表的组页眉/页脚。单击“分组和排序”选项，选择按照“部门名称”分组，按照“员工编号”进行汇总。按照图 6-41 所示设计“部门名称页眉”和“部门名称页脚”。

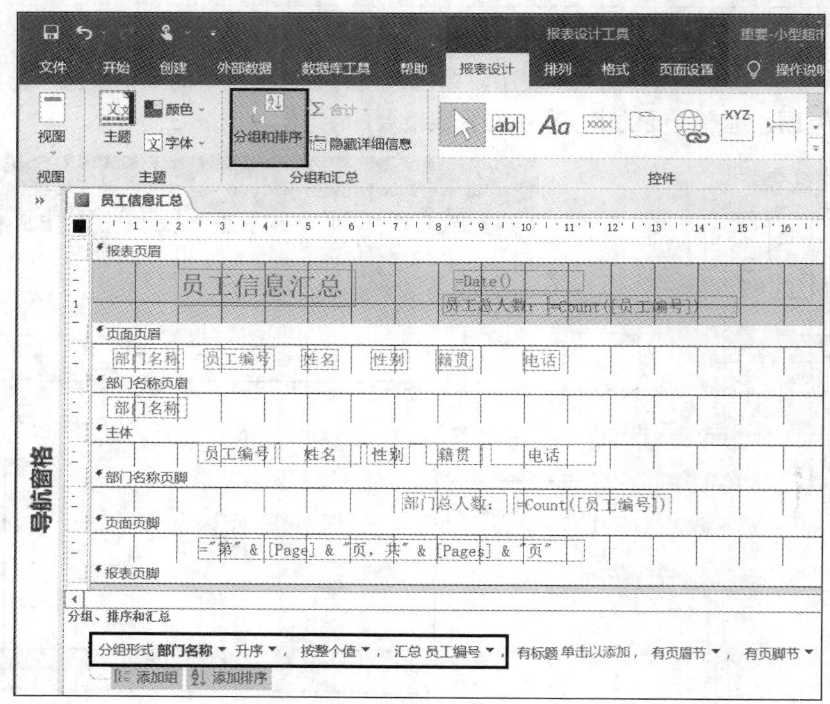

图 6-41 “员工信息汇总”报表(e)

6.5 思考与练习

6.5.1 思考题

1. 报表的功能是什么？与窗体的主要区别是什么？
2. 一张完整的报表由哪几部分组成？每部分的作用是什么？
3. 如何为报表设置数据源？

4. 什么是分组？分组的作用是什么？如何添加分组？

6.5.2 选择题

1. 报表的作用不包括(　　)。

A. 输入数据　　B. 汇总数据　　C. 输出数据　　D. 分组数据

2. 关于报表和窗体的区别，错误的说法是(　　)。

A. 报表和窗体都可以打印预览

B. 报表可以分组记录，窗体不可以分组记录

C. 报表可以修改数据源记录，窗体不能修改数据源记录

D. 报表不能修改数据源记录，窗体可以修改数据源记录

3. 要在报表每页的底部输出信息，应设置(　　)。

A. 报表页眉　　B. 报表页脚　　C. 页面页眉　　D. 页面页脚

4. 在使用设计视图设计报表时，如果要统计报表中某个组的汇总信息，应将计算表达式放在(　　)。

A. 主体　　B. 报表页眉/报表页脚

C. 页面页眉/页面页脚　　D. 组页眉/组页脚

5. 关于报表数据源的叙述中，正确的是(　　)。

A. 可以是任意对象　　B. 只能是“表”对象

C. 只能是“查询”对象　　D. 可以是“表”对象或“查询”对象

6. 如果设置报表上某个文本框的“控件来源”属性为“=7*5+4”，则打印预览报表时，该文本框上显示信息是(　　)。

A. 未绑定　　B. 39　　C.=7*5+4　　D. 7*5+4

7. 在报表中，要计算“成绩”字段的最高分，应将控件的“控件来源”属性设置为(　　)。

A. =Max([成绩])　　B. Max([成绩])　　C. =Max[成绩]　　D. =Max(成绩)

8. 若要在报表页脚上显示“第 n 页/总 m 页”的页码格式，则文本框的“控件来源”属性应设置为(　　)。

A.="第" & [Page] & "页/总" & [Pages] & "页"

B."第" & [Page] & "页/总" & [Pages] & "页"

C.="第" & [Pages] & "页/总" & [Page] & "页"

D. "第"&[Pages]&"/总"&[Page]&"页"

9. 如果设置报表上文本框 Text1 的“控件来源”属性为=Date()，则打开报表视图时，该文本框显示信息是(　　)。

A. 报表创建时间　　B. 系统当前时间　　C. 系统当前日期　　D. 报表创建日期

第7章

宏

前面我们创建了数据库中的四种基本对象，分别是表、查询、窗体和报表，但是这几种对象之间是互相孤立的，利用宏可以使得这些离散的、孤立的对象成为一个整体的数据库系统，从而更便捷地被用户所使用。本章以前面章节创建的“小型超市管理系统”为基础，介绍宏的概念、视图、创建及运行方法、常见宏操作的使用等。

本章要点

- 宏的概念
- 宏的创建和运行
- 使用常用的宏操作

本章知识结构如图 7-1 所示。

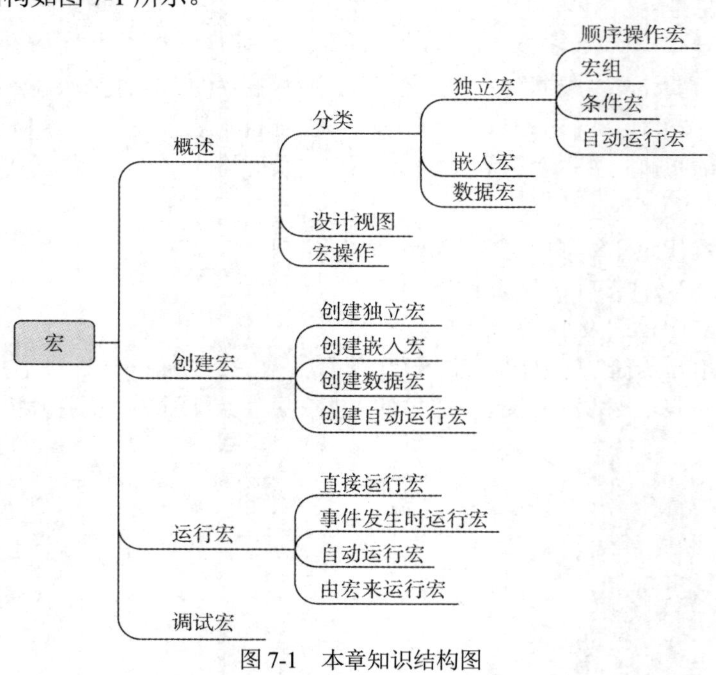

图 7-1　本章知识结构图

7.1 宏的概述

视频 7-1　宏的概述

7.1.1　宏的基本概念

1. 宏的定义

宏是由一个或多个操作组成的集合，其中每个操作都实现特定的功能，这些功能由 Access 自身提供，开发者只需要使用这些操作就能快速地实现某个功能，例如打开某个窗体或打印某个报表。使用宏能够将各种对象有机地组织起来，按照某个顺序执行操作，完成一系列动作。创建宏的目的是自动处理某一项或者一系列任务，使得单调的重复性操作自动完成。

2. 宏的主要作用

宏的作用主要有以下几点。

(1) 连接多个对象，例如打开和关闭表、查询、窗体等对象。

(2) 执行报表的显示、预览和打印功能。

(3) 执行查询操作及数据筛选功能。

(4) 设置窗体中控件的属性值。

(5) 执行菜单上的选项命令。

(6) 显示和隐藏工具栏。

3. 宏的分类

在 Access 2016 中，宏可以分为独立宏、嵌入宏和数据宏三种。

(1) 独立宏。独立宏是独立的对象，与窗体、报表等对象没有附属关系，创建了独立宏后，在数据库的导航窗格中可见。独立宏又分为以下四种子类型。

① 顺序操作宏。一个宏中包括了若干个操作，运行宏时按照操作的先后顺序依次执行。

② 宏组。一个宏包含了多个宏，该宏就称为宏组，宏组内包含的宏称为子宏。宏组在运行时只执行第一个子宏。宏组的出现使得宏的分类管理和维护更为方便。

③ 条件宏。条件宏是通过条件语句来控制宏操作的执行顺序。当满足指定条件时某些操作被执行，某些操作则不被执行。

④ 自动运行宏。自动运行宏是一种特殊的独立宏，规定命名为 AutoExec，当打开 Access 数据库时，会先查找这个宏，如果能找到，就自动运行这个宏。

(2) 嵌入宏。与独立宏相反，嵌入宏与窗体或报表等对象有附属关系，嵌入在窗体、报表等对象的事件中。嵌入宏在数据库的导航窗格中不可见。

(3) 数据宏。数据宏允许在表事件(例如添加、更新或删除数据等)中自动运行。数据宏是一种触发器，可以用来检验数据的输入是否合理，如果不合理数据宏能够给出提示信息。数据宏还可以实现插入记录、修改记录和删除记录等操作，这种更新速度比查询更新的速度快很多。

7.1.2　宏的设计视图

在“创建”选项卡中单击“宏”按钮，就能打开宏的设计视图。在宏设计视图中可以创建和编辑宏，如图 7-2 所示。

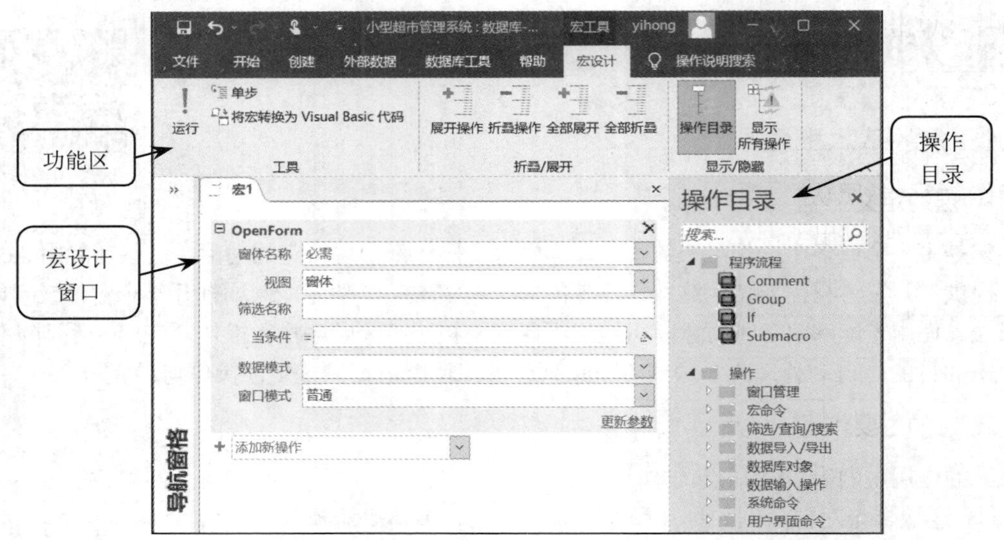

图 7-2　宏的设计视图

宏的设计视图由功能区、宏设计窗口和操作目录三部分组成。

(1) 功能区。功能区由“宏工具”下的“设计”选项卡内的按钮组成，各按钮的功能如表 7-1 所示。

表 7-1　宏“设计”选项卡内的按钮功能

按钮	名称	功能
	运行	执行当前宏
	单步	单步运行，一次执行一条宏操作
	宏转换	将当前宏转换为 Visual Basic 代码
	展开	展开宏设计器所选的宏操作
	折叠	折叠设计器所选的宏操作
	全部展开	展开宏设计器全部的宏操作
	全部折叠	折叠宏设计器全部的宏操作
	操作目录	显示或隐藏宏设计器的操作目录
	显示所有操作	显示或隐藏操作列的下拉列表中所有操作或者尚未受到信任的数据库中允许的操作

(2) 操作目录。在操作目录窗格中，以树型结构列出了“程序流程”“操作”和“在此数据库中”三个目录及子目录，专门提供各种宏操作命令。双击某个宏操作命令就能添加到宏设计窗口中。

(3) 宏设计窗口。在设计窗口中添加宏操作有以下三种方法：

① 通过宏设计窗口中的 添加新操作 组合框来添加宏操作。

② 通过双击操作目录窗格里的宏操作来添加宏操作。

③ 通过从数据库的导航窗格里拖动数据库对象来添加宏操作。

添加到设计窗口的宏操作，会在右上方出现两个符号 ⬆ ✕，单击箭头符号可以调整宏操作的顺序，单击打叉符号可以删除该宏操作。

7.1.3 常用的宏操作

宏操作是宏的基本组成，无论哪一种宏都是由宏操作组成的。Access 2016 提供了 60 多个宏操作命令，按照功能分为八类，在图 7-2 所示的“操作目录”窗格中的“操作”里可以看到这八类。表 7-2 列出了常用的宏操作。

表 7-2 常用的宏操作

所属类别	宏操作命令	功能
窗口管理	CloseWindow	关闭指定的窗口，若无指定，则关闭激活的窗口
	MaximizeWindow	最大化激活窗口
	MinimizeWindow	最小化激活窗口
	RestoreWindow	将最大化或最小化窗口还原到原来的大小
宏命令	RunMacro	执行一个宏
	StopMacro	终止当前正在运行的宏
筛选/查询/搜索	ApplyFilter	筛选、查询或将 SQL 的 WHERE 子句应用至表、窗体或报表，以限制或排序记录
	FindRecord	查找符合指定条件的第一条或下一条记录
	OpenQuery	打开查询
数据库对象	OpenForm	打开窗体
	OpenReport	打开报表
	OpenTable	打开数据表
	GoToControl	将焦点移到激活窗体的指定控件或数据表的指定字段上
	SetValue	为窗体、窗体数据表或报表上的控件、字段或属性设置值
系统命令	Beep	使计算机发出嘟嘟声
	QuitAccess	退出 Access
用户界面命令	AddMenu	将菜单添加到自定义菜单
	MessageBox	显示含有警告或提示信息的消息框

在宏设计窗口中添加新的宏操作后，会同时出现该宏操作对应的参数设置界面，通过对参数的设置可以控制宏的执行方式。如图 7-3 所示，在宏设计视图中添加了一个宏操作 OpenTable，作用是打开一张表，然后在宏名的下方出现三个参数，图中参数的设置代表这个宏操作的作用是以数据表视图的方式打开“商品”表，并且表是可编辑的。

图 7-3 宏操作的参数示例

设置宏操作的参数有以下四种方法。

(1) 在参数框中输入数值，也可以从列表中选择。通常建议按照参数的排列顺序来设置参数，因为某一个参数的设置会决定其后面参数的设置。

(2) 如果通过从数据库窗口拖动数据库对象来添加宏操作，Access 会自动为这个宏操作设置适合的参数。

(3) 如果操作中带有调用数据库对象名的参数，可以将对象从数据库窗口中拖曳到参数框，从而自动设置参数。

(4) 可以使用“=”开头的表达式来设置许多操作参数。

7.2 宏的创建

创建宏的过程主要是指定宏名、添加宏操作、设置宏的参数和提供必要的注释说明。创建宏之后，可以通过多种方式运行宏。如果想要了解实际运行过程中宏操作的执行顺序或参数详情，可以调试宏。

下面通过在“小型超市管理系统”数据库创建不同类型的宏来学习宏的创建方法。

7.2.1 创建独立宏：顺序操作宏

视频 7-2 创建独立宏：顺序操作宏

顺序操作宏包含有一条或多条操作，运行时按照操作顺序执行，直到操作执行完毕。

【例 7-1】在数据库中创建一个独立宏，命名为“打开订单表”，功能是先弹出一个提示框，提示信息显示“接下来要打开订单表”，单击提示框上的“确定”按钮，提示框消失，然后订单表打开。运行该宏的效果如图 7-4 所示。

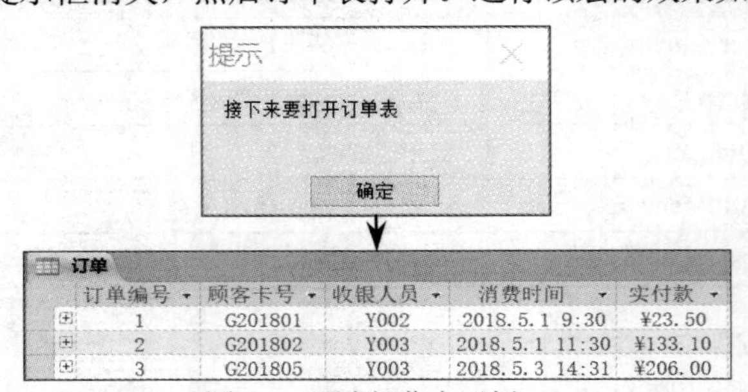

图 7-4 顺序操作宏示例(a)

具体步骤如下：

(1) 创建一个宏。打开数据库，单击“创建”选项卡中的“宏”按钮，进入宏的设计视图，保存并命名为“打开订单表”。

(2) 添加操作，设置操作的参数。添加操作 MessageBox 和 OpenTable，操作的顺序及操作的参数设置如图 7-5 左图所示。图中给出了操作的执行顺序流程图，当运行这个宏时，先执行 MessageBox，即打开一个消息框，如果单击“确定”按钮，则退出 MessageBox (MessageBox 这个操作会一直等待按钮的按下，如果用户没有按下按钮，则 MessageBox 是不会退出的)，开始往下执行 OpenTable，即打开指定的一张表。操作执行完毕后退出宏。

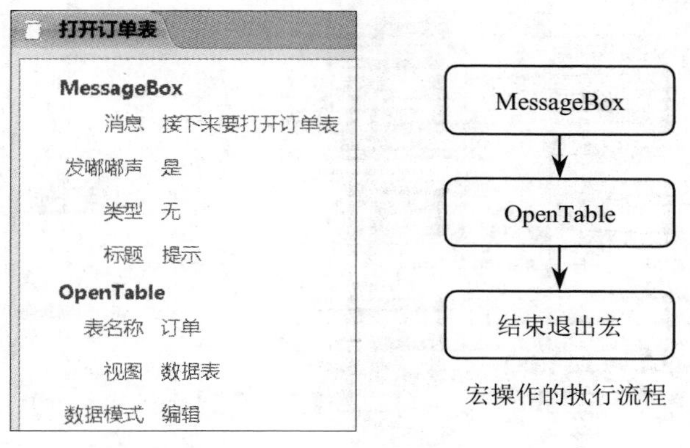

图 7-5　顺序操作宏示例(b)

(3) 运行宏，查看结果。在导航窗格中，双击该宏名即可运行。

本例创建的宏，是一个很简单的顺序操作独立宏，只包含两条操作，操作按顺序执行。在数据库的导航窗格中可以看到这个宏，如图 7-6 所示，图中的操作参数已经折叠起来。

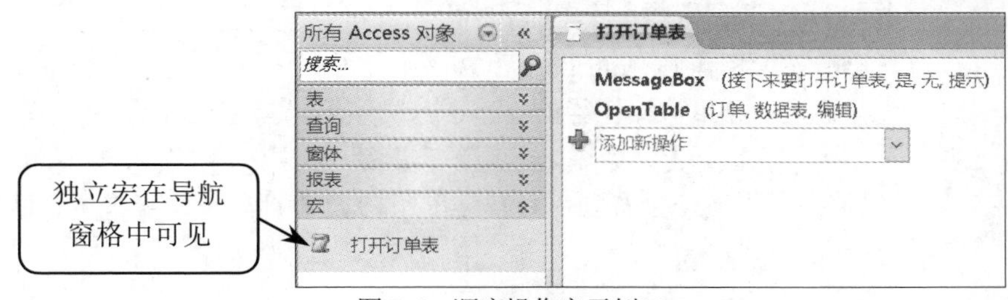

图 7-6　顺序操作宏示例(c)

7.2.2　创建独立宏：宏组

视频 7-3　创建独立宏：宏组

宏由宏操作组成，宏组由宏组成。在数据库中，要完成一个复杂的操作过程需要创建很多个宏，把多个相关的可归类的宏组织在一起，形成一个宏组，可以提高宏的查找和管理效率。宏组中包含一个或多个子宏，每个子宏都必须定义一个唯一的名称。

【例 7-2】创建一个宏组，命名为“查看订单信息”，包含两个子宏，一个子宏名为“查看订单表”，功能是打开表“订单”；另一个子宏名为“查看订单报表”，功能是打开报表“订单详情”，然后计算机发出嘟嘟声。

宏的设计视图如图 7-7 所示。

具体步骤如下：

(1) 创建一个宏。打开数据库，单击“创建”选项卡中的“宏”按钮，进入宏的设计视图，保存并命名为“查看订单信息”。

(2) 添加第一个子宏，双击操作目录中的 Submacro 即可添加进去。Submacro 是子宏的意思，结构以宏名开始，以 End Submacro 语句结束。第一个子宏命名为“查看订单表”。

(3) 在第一个子宏里添加操作 OpenTable。

(4) 参考步骤 2 添加第二个子宏，命名为“查看订单报表”。

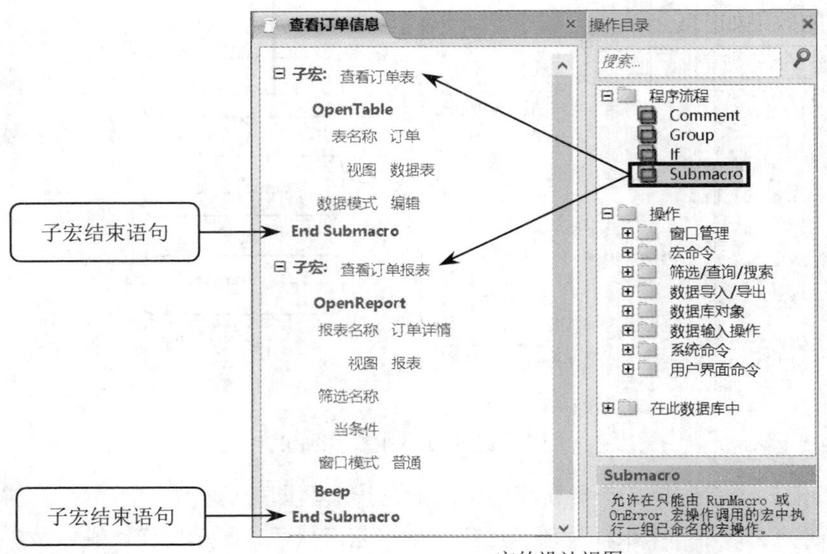

宏的设计视图

图 7-7　宏组示例

(5) 在第二个子宏里添加操作 OpenReport 和 Beep。

(6) 运行宏，查看结果。如果直接在导航窗格中双击宏名，只能运行第一个子宏。可以通过“数据库工具”选项中的“运行宏”命令来选择子宏运行。在数据库中，子宏的完整名称是：宏组名.子宏名。所以选择子宏时，会看到“查看订单信息.查看订单表”和“查看订单信息.查看订单报表”两个子宏名。

7.2.3　创建独立宏：条件宏

在数据库操作中，如果需要根据指定条件来完成相应操作，可以使用条件宏来实现。条件宏通过添加程序流程 IF 语句块来实现，如图 7-8 所示。

视频 7-4　创建独立宏：条件宏

图 7-8　程序流程 IF 语句块

条件宏中的“条件表达式”是一个逻辑表达式，表达式的值只能是 True 或 False。在运行条件宏时，根据条件表达式的值来决定是否执行条件宏内的操作。

【例 7-3】创建一个独立宏，命名为“询问是否打开查询”，功能是先弹出一个消息框，询问是否要打开查询，如果选择按钮“是”，则打开查询“查询商品信息”；如果选择按钮“否”，则不做任何操作。

消息框的效果如图 7-9 所示。消息框是通过函数 MsgBox 实现的，MsgBox 有 3 个参数，通过设置这 3 个参数能改变标题、提示信息和按钮类型。如果单击按钮“是”，则 MsgBox 函数会退出，并返回值 6。如果单击按钮“否”，则 MsgBox 函数会退出，并返回值 7。

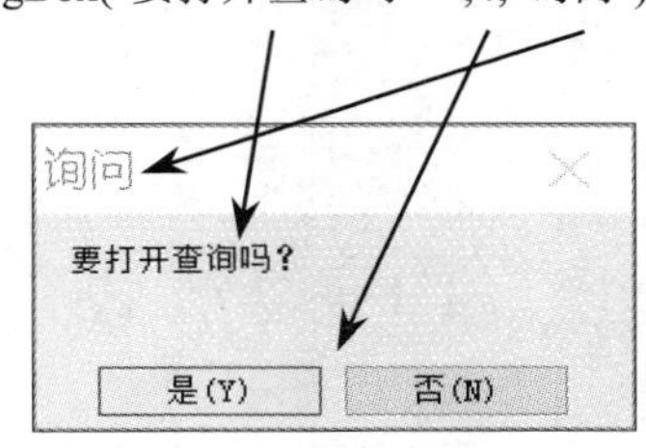

图 7-9　条件宏示例(a)

具体操作如下：

(1) 创建一个宏。打开数据库，单击“创建”选项卡中的“宏”按钮，进入宏的设计视图，保存并命名为“询问是否打开查询”。

(2) 添加程序流程 IF。双击操作目录中的 IF 即可添加进去。

(3) 设置条件表达式和宏操作。宏的设计视图如图 7-10 所示，图中给出了这个条件宏在运行时的执行流程，先执行第一行操作命令(即 MsgBox 函数)，等待用户按下按钮，如果单击“是”按钮，MsgBox 返回 6，If 表达式 MsgBox("要打开查询吗？",4,"询问")=6 的值是 True，往下执行 OpenQuery(即打开指定的查询文件)；如果单击“否”按钮，MsgBox 返回 7，If 表达式的值是 False，跳过 OpenQuery 不执行任何操作。

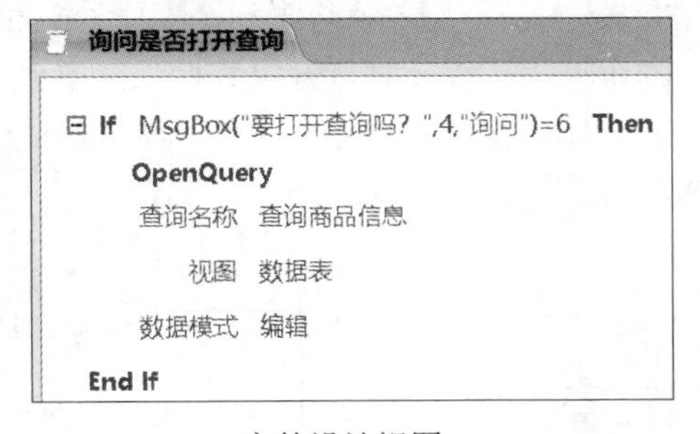

宏的设计视图

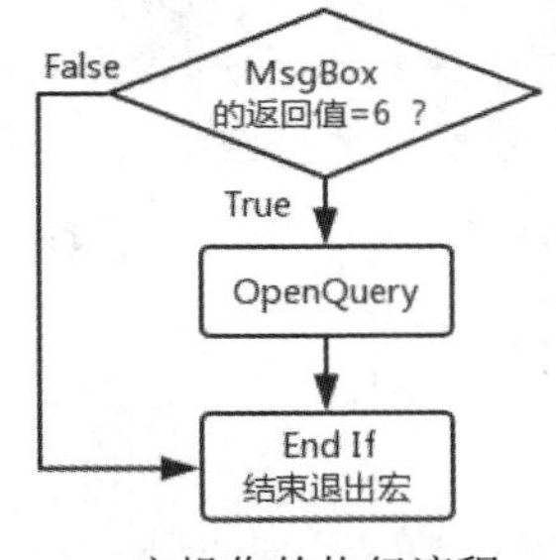

宏操作的执行流程

图 7-10　条件宏示例(b)

【例 7-4】创建一个独立宏，命名为“是否查看实付款大于 1000 的订单”，功能是先弹出一个消息框，询问是否要查看实付款大于 1000 的订单，如果选择按钮“是”，则打开报表“订单报表”，同时报表上只能显示实付款大于 1000 的订单信息；如果选择按钮“否”，则打开报表“订单报表”，显示全部订单信息。

创建宏的步骤与上例类似，不再赘述。宏的设计视图如图 7-11 左图所示，OpenReport 操作会提供一个参数“当条件=”，设置这个参数就能在打开报表之前，先根据参数给出的表达式进行过滤，只有符合表达式的记录才能显示出来。

单击参数右边的 符号，打开表达式生成器，如图 7-11 右图所示，在表达式生成器中设置表达式是比较常用的方法。报表中实付款的数据来自表“订单”中的“实付款”字段，所以在表达式生成器的表达式元素中，展开数据库“小型超市管理系统.accdb”→展开“表”→单击

"订单"，会在表达式类别中出现订单表所有的字段，双击"实付款"字段，就会在上方的表达式中自动生成[订单]![实付款]，这是在表达式中引用窗体或报表上的控件值时所采用的语法。根据题意补充完整表达式，即在字段后要写上>1000。

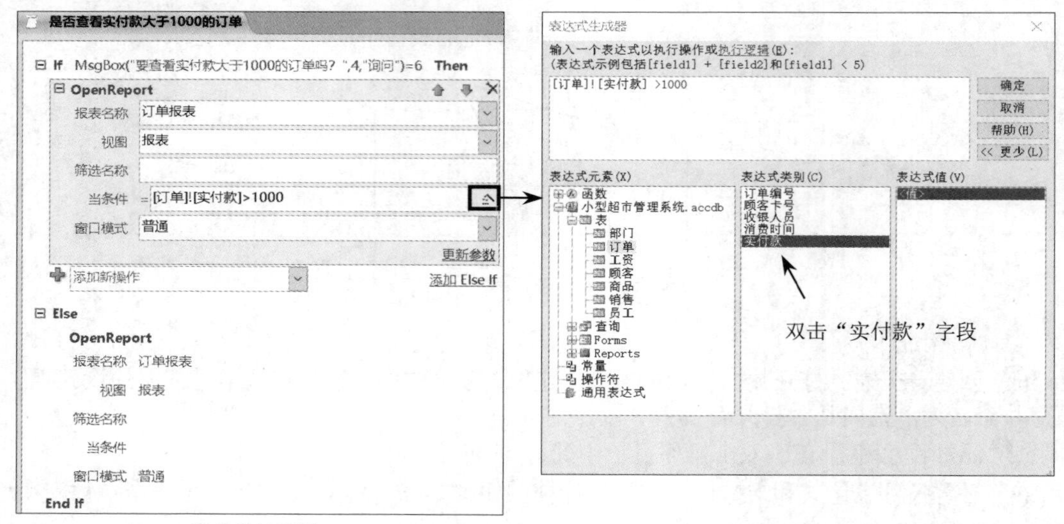

宏的设计视图

图 7-11 条件宏示例(c)

单击 If 语句的添加Else，就会出现 Else 语句。完整的宏操作的执行流程如图 7-12 所示。如果按下消息框中的按钮"是"，则 If 表达式的值是 True，接着执行下一个操作 OpenReport，这个操作的参数设置了只能显示实付款>1000 的记录，所以此时打开报表后只能看到实付款>1000 的记录信息。如果按下消息框中的按钮"否"，则 If 表达式的值是 False，直接跳到 Else 的下一个操作 OpenReport，这个操作可以打开报表看到所有的记录。

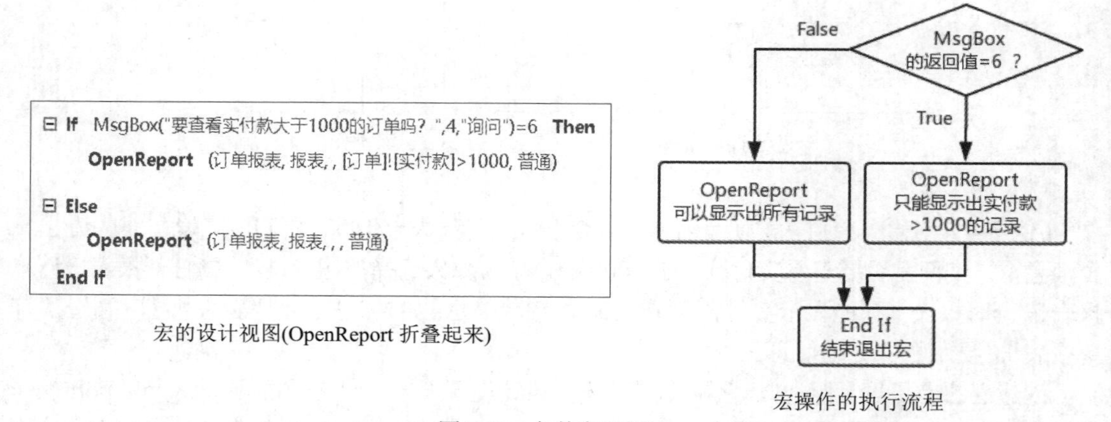

宏的设计视图(OpenReport 折叠起来)　　宏操作的执行流程

图 7-12 条件宏示例(d)

在输入条件表达式时，可能会引用窗体、报表或相关控件值及属性值，可以用表 7-3 所示的语法格式来引用。

表 7-3 在条件表达式引用窗体、报表或相关控件值的语法格式

功能	语法格式
引用窗体	Forms! [窗体名]
引用窗体属性	Forms! [窗体名].属性
引用窗体控件	Forms! [窗体名]! [控件名]
	[Forms]! [窗体名]! [控件名]
引用窗体控件属性	Forms! [窗体名]! [控件名].属性
引用报表	Reports! [报表名]
引用报表属性	Reports! [报表名].属性
引用报表控件	Reports! [报表名]! [控件名]
	[Reports]! [报表名]! [控件名]
引用报表控件属性	Reports! [报表名]! [控件名].属性

7.2.4 创建嵌入宏

视频 7-5 创建嵌入宏

前面创建的独立宏，在数据库的导航窗格中都可见，是独立于窗体、报表等对象的。如果一个宏仅是为了某个对象(例如某个窗体或报表)所用，那么以嵌入宏的方式来创建更有利于宏的管理。

【例 7-5】创建一个校验密码的窗体，如图 7-13 所示，当单击“确定”按钮时，如果密码输入正确(如 123456)，打开窗体“人事管理”；如果密码输入错误，弹出消息框提示密码错误。当单击“取消”按钮时，关闭校验密码窗体。

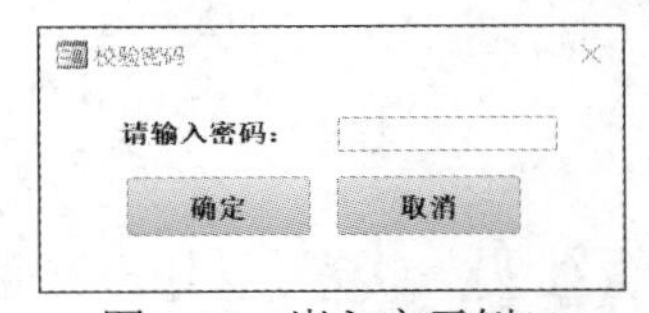

图 7-13 嵌入宏示例(a)

具体步骤如下：

(1) 打开数据库，创建窗体“校验密码”。窗体及控件属性的设置在“第 6 章 窗体”中有详细介绍，这里不再赘述。

(2) 为“确定”按钮设置嵌入宏。把窗体切换到设计视图，如图 7-14 所示，在属性表中找到“确定”按钮的“事件”选项，单击“单击”事件右边的⋯符号，弹出选择生成器，选择“宏生成器”。

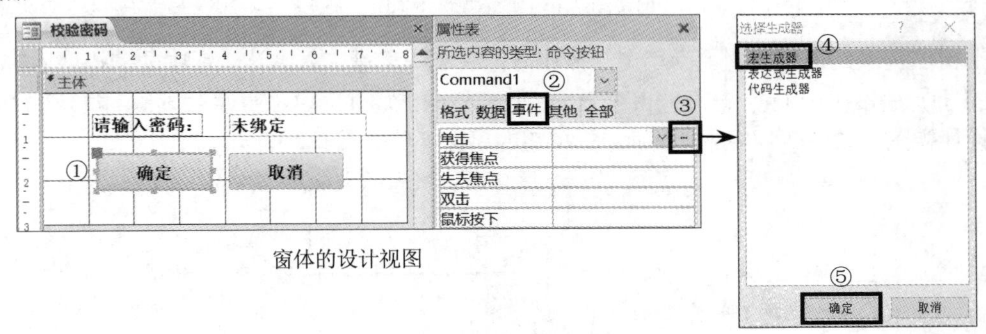

图 7-14 嵌入宏示例(b)

进入宏的设计视图，操作的设置如图 7-15 左图所示。图 7-15 右图中给出了操作的执行流程，先判断输入密码的文本框(本例文本框的名字是 Text1)的值是否是 123456，如果是，则往下执行 CloseWindow 和 OpenForm 操作，然后退出宏；如果不是，则跳到 Else 的下一个操作执行 MessageBox，然后退出宏。

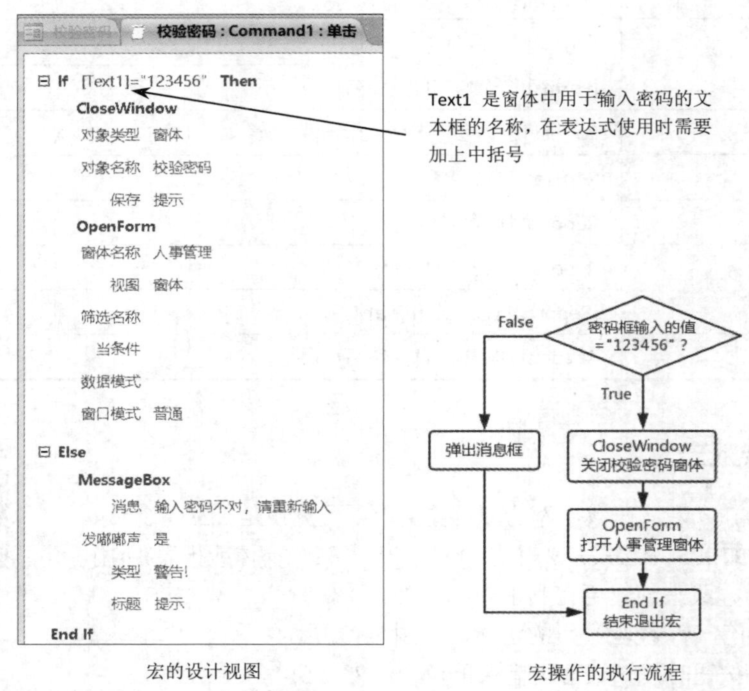

图 7-15 嵌入宏示例(c)

(3) 为“取消”按钮设置嵌入宏。参照步骤(2)，在属性表中找到“取消”按钮的“事件”选项，打开“单击”事件的宏设计视图，宏操作的设置如图 7-16 所示。

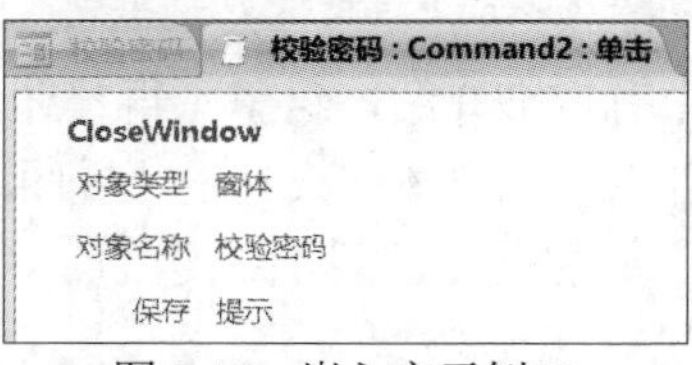

图 7-16 嵌入宏示例(d)

把窗体切换到窗体视图，当单击某按钮时，会立即运行嵌入到该按钮中的宏。嵌入宏在数据库的导航窗格中不可见，若要修改嵌入宏，只要找到该控件的单击事件，单击 符号进入嵌入宏的设计视图。如图 7-17 所示，“确定”按钮的单击事件处有嵌入的宏。

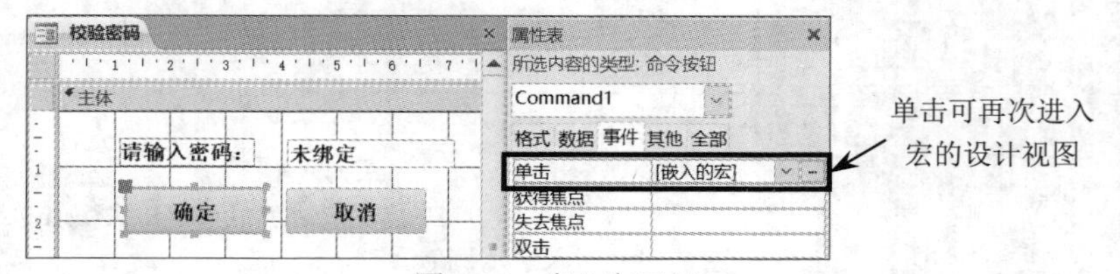

图 7-17 嵌入宏示例(e)

7.2.5 创建数据宏

视频 7-6 创建数据宏

数据宏主要是为了方便用户在表事件中添加逻辑。数据宏包括五种：插入后、更新后、更改前、删除后和删除前。

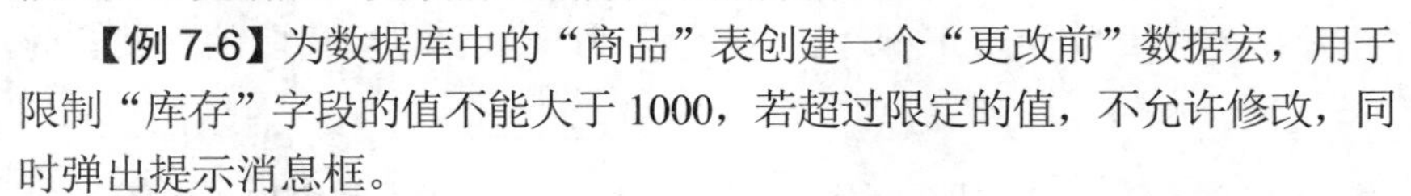

【例 7-6】为数据库中的“商品”表创建一个“更改前”数据宏，用于限制“库存”字段的值不能大于 1000，若超过限定的值，不允许修改，同时弹出提示消息框。

具体步骤如下：

(1) 打开数据库，把“商品”表切换到设计视图。

(2) 选中“库存”字段，然后单击功能区中的“创建数据宏”按钮，选择“更改前”，如图 7-18 所示，进入数据宏的设计视图中。

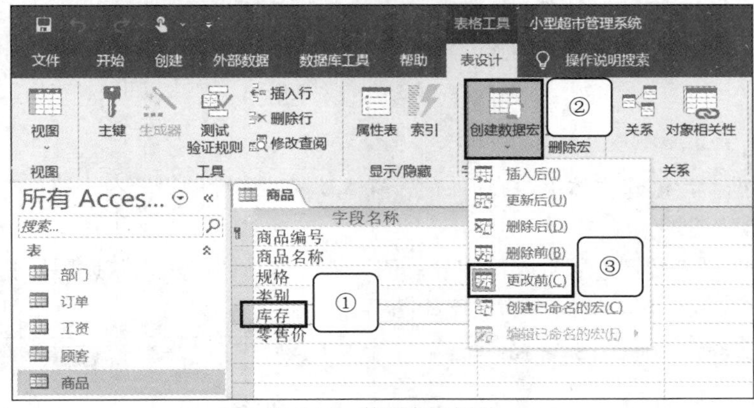

图 7-18 数据宏示例(a)

(3) 数据宏的操作设置如图 7-19 所示。本例中的错误号 1001 是用户确定的，对 Access 而言是无意义的。

保存后把“商品”表切换到数据表视图，把某条记录的库存数改成大于 1000，会弹出提示框，而且无法更改。如图 7-20 所示，把凉茶的库存改成 1005，数据库会弹出消息框提示，这确保了数据录入的安全性。“更改前”数据宏的运行时间是要更改数据之前的时刻。更改数据之前运行该数据宏，根据宏操作来决定是否能更改。

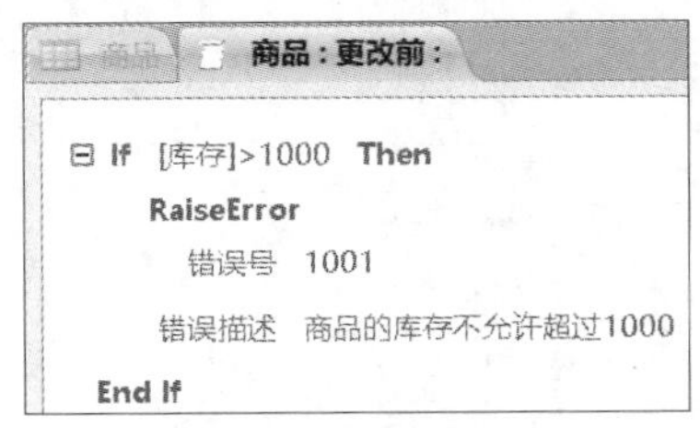

图 7-19 数据宏示例(b)

图 7-20 数据宏示例(c)

7.2.6 创建自动运行宏

视频 7-7 创建自动运行宏

Access 数据库在打开时，会先查找一个名为 AutoExec 的宏，如果能找到，就自动运行这个宏。创建自动运行宏只需如下步骤：

(1) 创建一个独立宏，宏的操作根据实际需求来设置。
(2) 把宏命名为AutoExec即可。

注意：

如果不希望在打开数据库时运行AutoExec宏，可以在打开数据库时同时按住键盘的Shift键。

【例7-7】创建一个自动运行宏，作用是打开数据库时，先显示一个欢迎窗口，如图7-21所示，单击“进入数据库”按钮则进入数据库，单击“退出数据库”按钮则退出数据库。

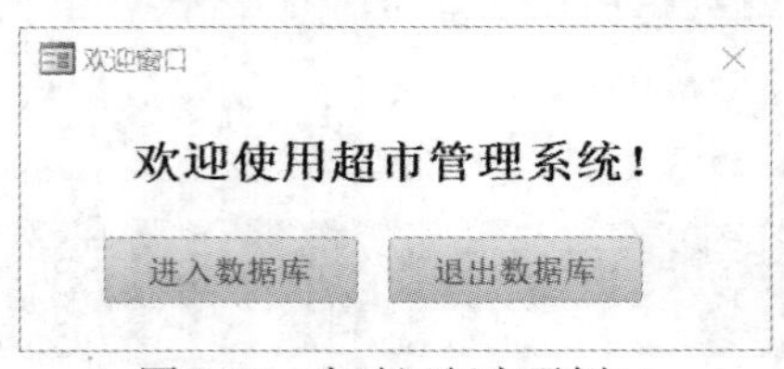

图7-21　自动运行宏示例(a)

具体步骤如下：
(1) 打开数据库，创建窗体“欢迎窗口”。窗体及控件属性的设置在“窗体”一章中有详细介绍，这里不再赘述。
(2) 参照前面“创建嵌入宏”一节中介绍的方法，为按钮“进入数据库”和按钮“退出数据库”各创建一个嵌入宏，宏操作的设置如图7-22所示。

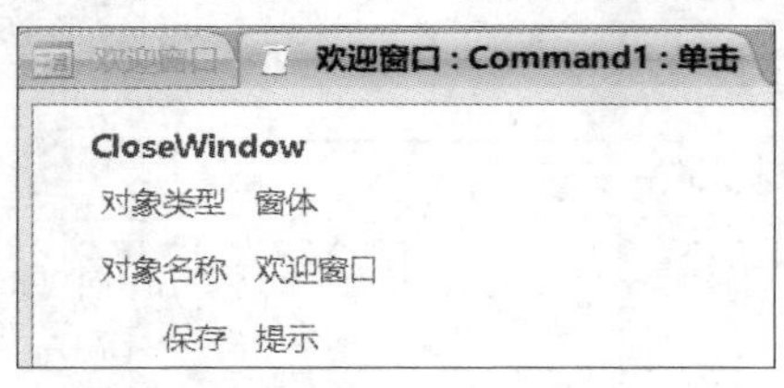

按钮“进入数据库”的嵌入宏

欢迎窗口　欢迎窗口 : Command2 : 单击
QuitAccess
选项　全部保存

按钮“退出数据库”的嵌入宏

图7-22　自动运行宏示例(b)

(3) 创建自动运行宏。创建一个独立宏，命名为AutoExec，宏操作的设置如图7-23所示。这个宏只有一个操作，就是打开窗体“欢迎窗口”。

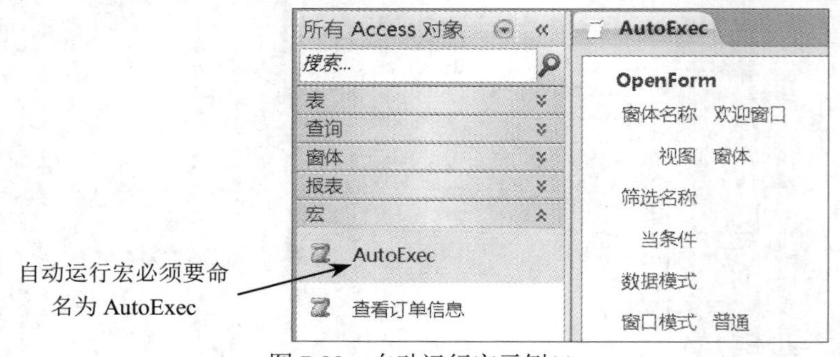

图7-23　自动运行宏示例(c)

保存后把数据库关闭，重新打开，AutoExec宏会首先被运行，“欢迎窗口”自动弹出显示。

7.3 宏的运行与调试

视频 7-8　宏的运行与调试

7.3.1　宏的运行

宏的运行有多种方式，这里主要介绍以下四种。

1. 直接运行宏

(1) 如果是独立宏，可以在数据库的导航窗格中双击宏名就能运行。

(2) 如果是宏组，可以使用“数据库工具”选项卡的“运行宏”按钮来运行子宏。如图 7-24 所示，可以运行宏组“查看订单信息”中的任何一个子宏。这种方式可以运行所有的独立宏。

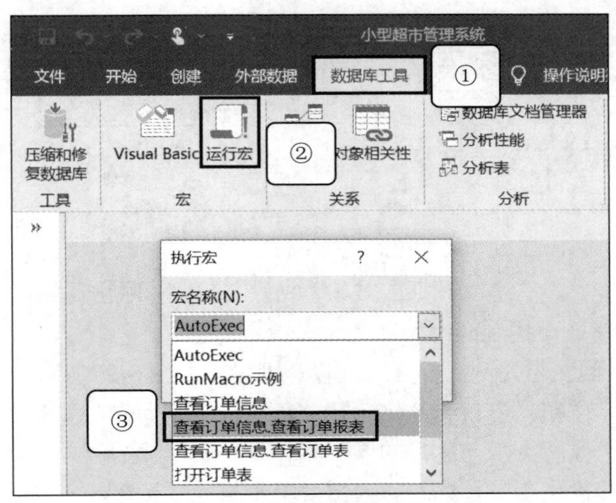

图 7-24　运行宏的命令

(3) 如果宏是以设计视图方式打开的，单击功能区中的“运行”按钮也可以运行宏。

2. 事件发生时运行宏

宏的直接运行一般只是为了测试宏的功能是否正常。通常情况下，宏会附加在表、窗体、报表或者控件中，并以事件的方式来触发宏的运行。事件是指数据库执行的一种特殊操作，在 Access 数据库中可以设置多种类型的事件，如鼠标单击、数据更新、窗体打开或关闭等。

在【例 7-5】中就是利用按钮的单击事件来运行宏的。控件的事件也可以运行独立宏，如图 7-25 所示，如果这个事件要运行的是独立宏，那么单击事件右边的 ˅ 符号，列出数据库中所有的独立宏以供选择。

3. 自动运行宏

在 Access 中存在一个名为 AutoExec 的特殊的宏对象，会在数据库打开时首先被运行，通常用作数据库启动时完成一些参数的初始化和功能的启动等。在“创建自动运行宏”一节中详细介绍了自动运行宏的创建方法。

4. 由宏来运行宏

在宏的设计视图中使用 RunMacro 操作可以运行指定的宏。如图 7-26 所示，创建一个名为

"RunMacro 示例"的宏，宏的功能是：如果单击按钮"是"，则会运行子宏"查看订单信息.查看订单报表"；如果单击按钮"否"，则会运行子宏"查看订单信息.查看订单表"。

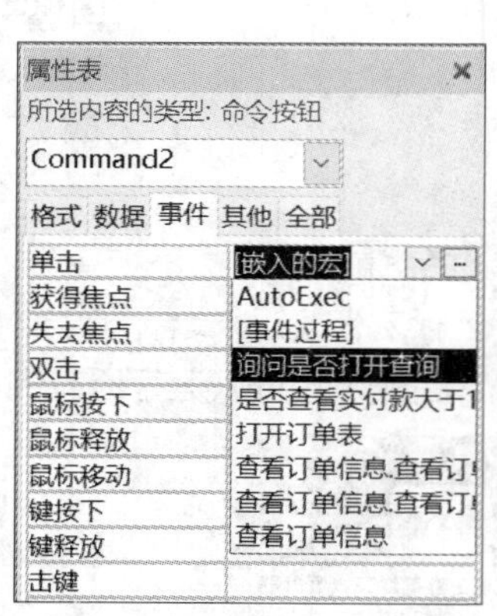

图 7-25　为控件的事件选择宏

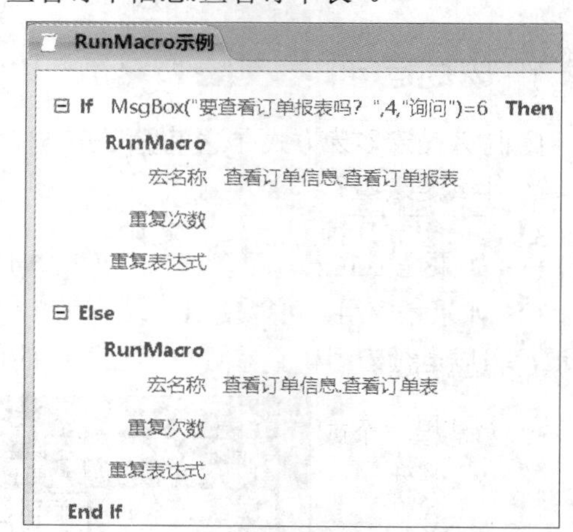

图 7-26　RunMacro 示例

7.3.2　宏的调试

如果运行宏时发现并没有达到预期的效果，或者宏在运行时出现错误，可以对宏进行调试，通过调试能更准确快速地查找到问题所在。

以"RunMacro 示例"宏为例，打开宏的设计视图，如图 7-27 所示，单击点亮"单步"按钮，然后单击"运行"按钮，宏就会开始运行。每运行一个操作，就会弹出"单步执行宏"的对话框，在对话框中可以看到当前运行的操作名、条件表达式的值，以及操作的参数值，根据这些信息来判断运行流程是否是预期的。单击"单步执行"按钮或者"继续"按钮，宏会继续往下运行。直到宏运行结束才会跳出这个"单步执行宏"的对话框，结束调试状态。

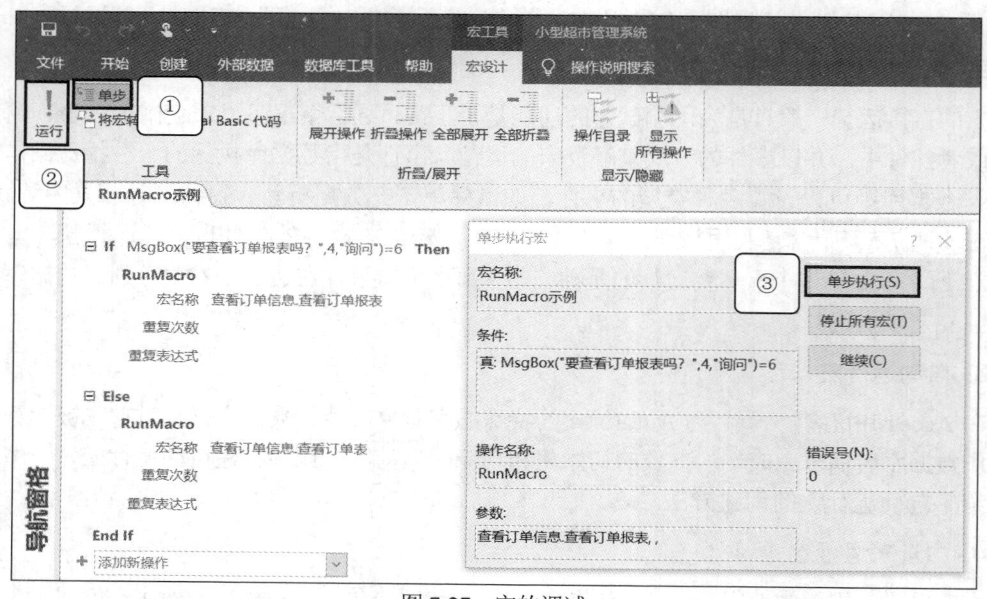

图 7-27　宏的调试

7.4 思考与练习

7.4.1 思考题

1. 什么是宏？宏有何作用？
2. 什么是宏组？子宏与宏组有何区别？
3. 运行宏有几种方法？各有什么不同？
4. 使用什么宏可在首次打开数据库时自动执行一个或一系列的操作？

7.4.2 选择题

1. 宏是指一个或多个(　　)的集合。
   A. 条件　　B. 操作　　C. 对象　　D. 表达式
2. 关于宏的叙述中，错误的是(　　)。
   A. 宏均可转换为相应的VBA模块代码
   B. 宏是Access的对象之一
   C. 宏操作能实现一些编程的功能
   D. 宏命令中不能使用条件表达式
3. 要运行宏中的一个子宏时，需要以(　　)格式来指定宏名。
   A. 宏名　　B. 子宏名.宏名　　C. 子宏名　　D. 宏名.子宏名
4. 在创建含有IF块的宏时，如果要引用窗体上的控件值，正确的表达式引用是(　　)。
   A. Forms![窗体名]![控件名]　　B. [窗体名].[控件名]
   C. Forms![窗体名].[控件名]　　D. Forms!窗体名!控件名
5. 用于打开查询的宏命令是(　　)。
   A. OpenForm　　B. OpenReport　　C. OpenQuery　　D. OpenTable
6. 要建立一个宏，实现打开一个数据表并最大化窗口的功能，应该使用(　　)操作命令。
   A. OpenReport和MaximizeWindow　　B. OpenMaxReport
   C. OpenTable和MaximizeWindow　　D. OpenMaxTable
7. 下列宏命令中，(　　)是设置字段、控件或属性的值。
   A. SetMenuItem　　B. AddMenu　　C. SetValue　　D. RunApp
8. 下列关于宏命令的叙述中，正确的是(　　)。
   A. 停止当前正在执行的宏的命令是StopRun
   B. 打开数据表的宏命令是OpenTable
   C. 最大化窗口的宏命令是Max
   D. 打开报表的宏命令是OpenQuery
9. 在一个数据库中已经设置了自动宏AutoExec，如果在打开数据库的时候不想执行这个自动宏，正确的操作是(　　)。
   A. 用Enter键打开数据库　　B. 打开数据库时按住Alt键
   C. 打开数据库时按住Ctrl键　　D. 打开数据库时按住Shift键

10. 下列关于宏操作 MessageBox 的叙述中，错误的是(　　)。

A. 可以在消息框中给出提示或警告信息

B. 可以设置在显示消息框的同时扬声器发出嘟嘟声

C. 可以设置消息框中显示的按钮的数目

D. 可以设置消息框中显示的图标的类型

第8章

VBA程序设计

VBA(Visual Basic for Application)是根据 Visual Basic 语言简化的编程语言，不包含 Visual Basic 语言的所有功能。VBA 作为一种嵌入式语言，与 Access 配套使用，用来解决 Access 数据库其他对象难以实现的操作(例如循环控制)，从而建立功能更完整、更强大的数据库应用系统。本章以前面章节创建的“小型超市管理系统”为基础，介绍 VBA 的编程环境和编程方法。

本章要点

- 模块的类型和创建
- VBA 的编程环境
- 对象的属性、方法和事件
- 数据类型、常量、变量、数组、表达式和函数
- 程序流程控制语句
- 过程的定义与调用

本章知识结构如图 8-1 所示。

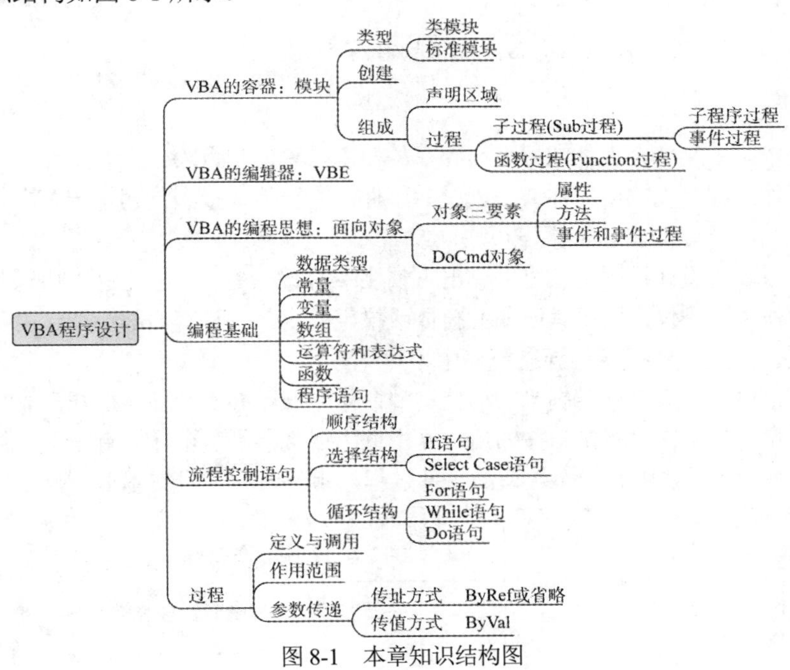

图 8-1　本章知识结构图

8.1 VBA与宏

视频8-1 VBA与宏

在Access中，程序设计是指使用宏或者VBA程序向数据库中添加功能的过程。例如，在窗体中添加一个按钮，单击按钮会打开一个报表，这个功能可以通过创建宏或者VBA程序来设置按钮的单击事件。

“宏”是一个已经命名的一组宏操作，而宏操作仅代表VBA程序中可用命令的一个子集。宏生成器的界面比VBA编辑器的界面更加可视化，从而使用户在没有学习VBA程序的基础上也能完成一些简单的编程工作。

宏的本质是由VBA程序构成，因此宏是可以转换为VBA程序的。在宏的设计视图里，单击工具栏里的“将宏转换为Visual Basic代码”按钮，就能把宏转换成对应的VBA程序。

在使用宏与VBA程序时，应根据安全性和功能需求来决定。VBA程序可用于创建危害数据安全或损坏计算机文件的代码。如果使用的数据库启用了VBA程序，那么仅当知道数据库的来源可靠时才去启用VBA程序，否则会面临安全风险。为了确保数据库的安全，在能使用宏的情况下尽量使用宏，仅对宏操作无法完成的功能使用VBA程序。

8.2 VBA的容器：模块

视频8-2 模块的类型

模块是Access数据库六个主要对象之一，是由VBA语言编写的程序代码组成的集合，也就是说，模块是Access中用来保存VBA程序代码的容器。

8.2.1 模块的类型

在Access中模块有两种基本类型：类模块和标准模块。

1. 类模块

类模块是依附于某一个窗体或报表而存在的模块。窗体和报表中含有控件，每个控件都有自己固有的事件过程，以响应窗体或报表中的事件。为窗体或报表创建第一个事件过程时，系统会自动创建与之关联的窗体或报表模块。

在窗体或报表的设计视图下，可以单击工具栏中的“查看代码”按钮进入代码窗口。窗体或报表中模块的作用范围仅局限于其所属的窗体或报表的内部，具有局部特征。由于类模块附属于窗体或报表，因此在数据库的导航窗格中不可见。

例如在“窗体”一章中介绍的“欢迎使用”窗体，如图8-2所示，打开窗体时，窗体中的文本框没有文字，当单击“点击”按钮后，文本框出现文字。这个窗体有一个窗体模块，窗体模块如图8-3所示，模块中有一个按钮的事件过程，事件过程完成文本框上显示文字的功能。

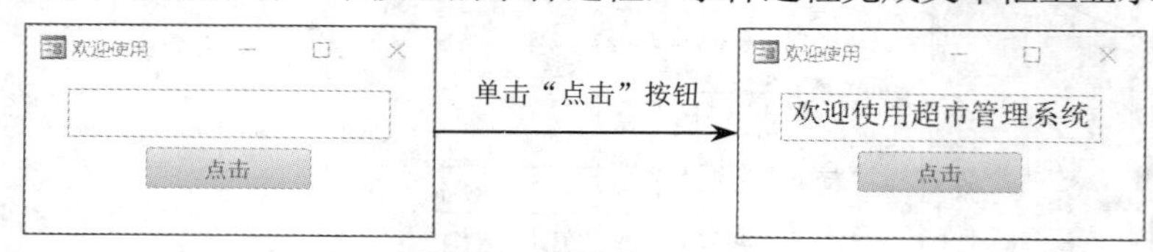

图8-2 类模块示例(a)

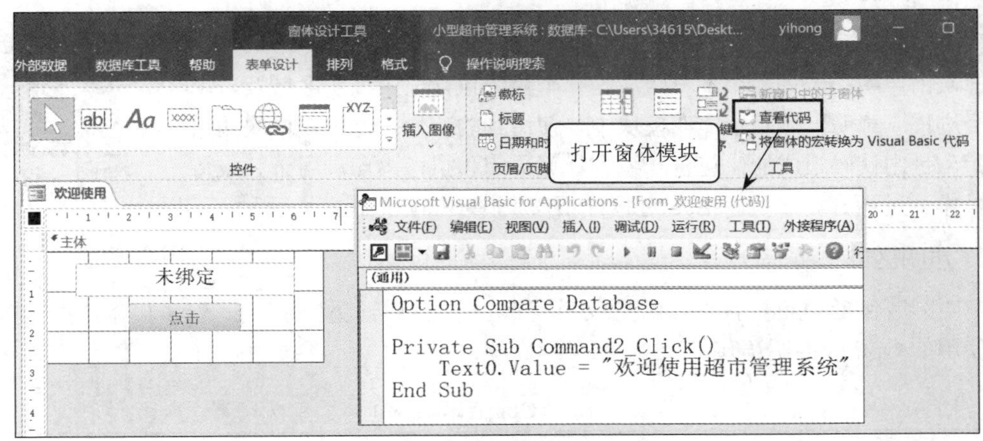

图 8-3　类模块示例(b)

2. 标准模块

当应用程序变得庞大复杂时，可能有多个窗体或报表包含一些相同的代码，为了减少代码重复，可以创建一个独立的模块，把那些常用的代码放在独立模块中，从而实现代码的重用，这个独立的模块就是标准模块。也就是说，标准模块一般用于存放公共过程(子过程和函数过程)，与其他任何 Access 对象都不相关联，这些公共过程可在数据库中的任何位置被直接调用执行。标准模块里也可以定义私有过程，这些私有过程只能在所在模块里起作用。

标准模块在数据库的导航窗格中可见。

8.2.2　模块的创建

类模块在为窗体或报表创建第一个事件过程时会自动创建，所以这里重点介绍标准模块的创建方法。

单击“创建”选项卡中的 模块 按钮，可创建一个新的标准模块，如图 8-4 所示，弹出的窗口是该模块的 VBA 编程窗口，单击保存且命名后，可在数据库的导航窗格中看到这个模块。新建的模块里没有任何过程代码。

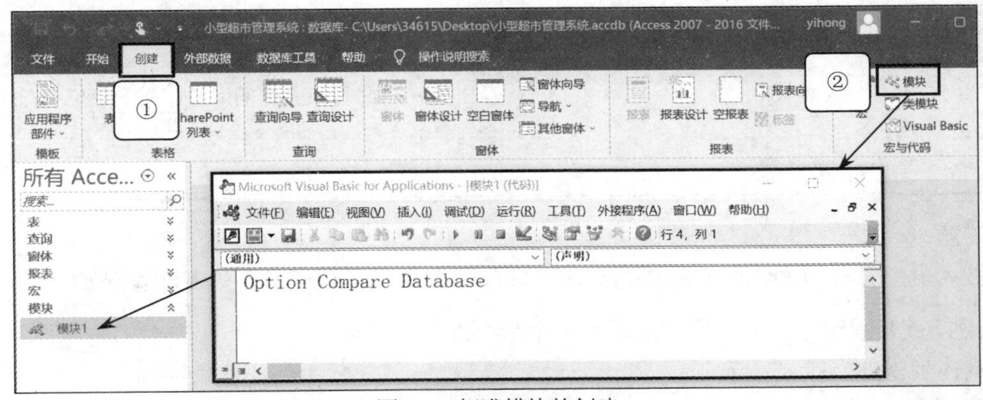

图 8-4　标准模块的创建

8.2.3　模块的组成

视频 8-3　模块的组成

模块由声明和过程两个部分组成，一个模块包含一个声明区域及一个或多个过程。声明区域用于声明模块中要使用到的变量；过程是模块的组成单元，是由代码组成的，包含一系列计算语句和执行语句，用于完成特定的操作。过程分为子过程(Sub 过程)和函数过程(Function 过程)两种。

1. 声明区域

声明区域包括 Option 声明、常量或变量或自定义数据类型的声明。表 8-1 给出了在模块中可以使用的 Option 声明语句。

表 8-1　Option 声明语句

Option 声明语句	含义
Option Base 1	声明模块中数组下标的默认下界为 1，不声明则默认下界为 0
Option Compare Database	声明模块中需要进行字符串比较时，将根据数据库的区域 ID 确定的排序级别进行比较；不声明则按照字符 ASCII 码进行比较
Option Explicit	强制模块用到的变量必须先声明后使用

2. 子过程(Sub 过程)

子过程用来执行一系列操作，以 Sub 开始，以 End Sub 结束，没有返回值，定义和调用格式如表 8-2 所示。

表 8-2　子过程的定义和调用格式

子过程的格式	说明
子过程的定义格式： [Public | Private] Sub 子过程名([形参列表]) 　　[VBA 程序代码] End Sub	Public：过程能被其他模块的过程调用。 Private：过程只能被同模块的其他过程调用。 如果没有指定 Public 或 Private，则默认是 Public
子过程的调用格式： 格式 1： Call　子过程名([实参列表]) 格式 2： 子过程名　[实参列表]	实参列表：在调用过程时用于传递给过程的变量列表。存在多个变量时，变量之间用逗号隔开。实参列表和形参列表必须一一对应

注意：
格式中中括号[ ]中的内容是可选的，在实际定义或调用过程时是没有中括号的。

【例 8-1】创建一个子过程，功能是根据半径计算圆面积。

具体步骤如下：

(1) 创建一个标准模块。方法参照图 8-4，模块默认命名“模块 1”。

(2) 在模块中创建一个子过程。打开模块 1 的编程环境，如图 8-5 所示，单击“插入”，选择“过程”，弹出“添加过程”对话框，在对话框中选择类型“子过程”，范围“公共的”，并为子过程命名为 Squre。单击“确定”按钮后，在模块 1 中会自动生成子过程的头尾两行代码。

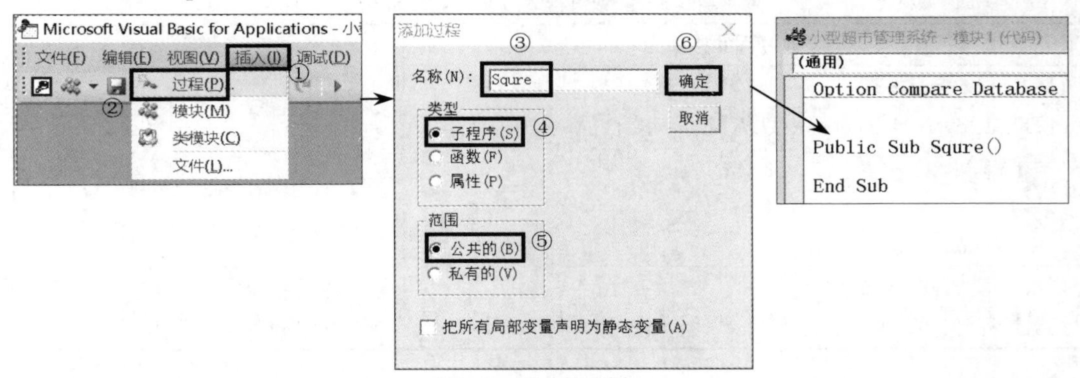

图 8-5　子过程示例(a)

(3) 为子过程添加参数和编写代码。第一个参数 r，用作传递半径数据，第二个参数 s，用作回传计算得到的面积数据。

```
Public Sub Squre(r As Single, s As Single)
    s = 3.14 * r * r
End Sub
```

(4) 调用子程序，运行检验结果。按照步骤(2)再添加一个子程序，命名为 Main，在 Main 中调用子程序 Squre，传递半径 1，然后通过第二个参数 s 得到圆面积数值，最后通过 MsgBox 函数把面积数据在消息框里显示出来。运行 Main 子过程，如图 8-6 所示，选中子程序的名字 Main，然后单击工具栏中的 ▶ 按钮，就能运行所选的子程序。

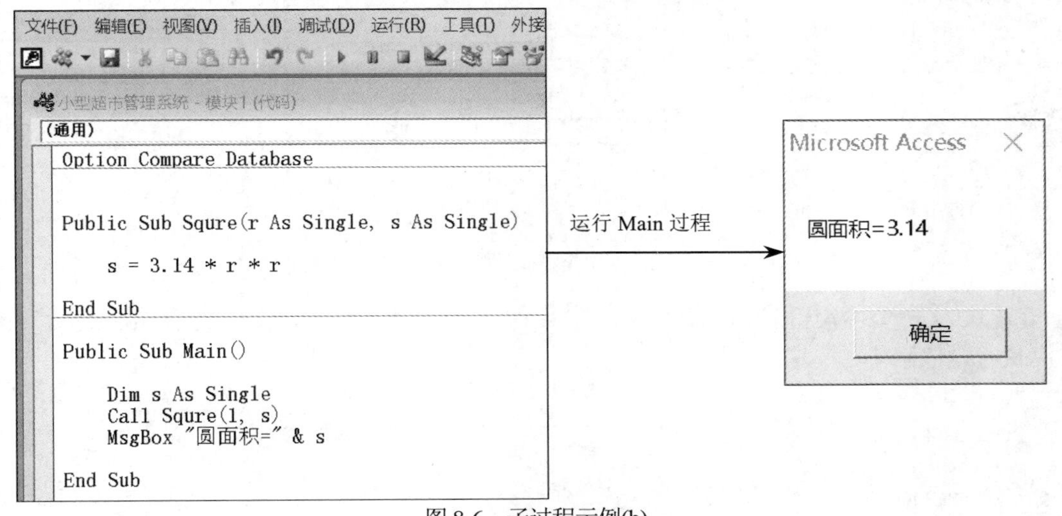

图 8-6　子过程示例(b)

3. 函数过程(Function 过程)

函数过程是以 Function 开始，以 End Function 结束，定义和调用格式如表 8-3 所示。函数过程和子过程很类似，但它们返回值的方式不同。子过程是通过参数得到返回值，函数过程是通过函数体中对函数名进行赋值得到返回值。

表 8-3　函数过程的定义和调用格式

函数过程的格式	说明
函数过程的定义格式： [Public | Private] Function 函数名([形参列表]) [AS 数据类型] [VBA 程序代码] 函数名 = 表达式 End Function	AS 数据类型：定义函数返回值的数据类型。 函数名 = 表达式：使函数得到一个返回值
函数过程的调用格式： 函数过程名([实参列表])	实参列表：在调用过程时用于传递给过程的变量列表

注意：

格式中的中括号[ ]代表中括号中的内容是可选内容，在实际定义或调用过程时是没有中括号的。

【例 8-2】创建一个函数过程，功能是根据半径计算圆周长。

具体步骤如下：

(1) 在模块中创建一个函数过程。打开模块 1，如图 8-7 所示，单击“插入”→“过程”，弹出“添加过程”对话框，在对话框中选择类型“函数”，范围“公共的”，并为函数过程命名为 Circum。单击“确定”按钮后，在模块 1 中会自动生成函数过程的头尾两行代码。

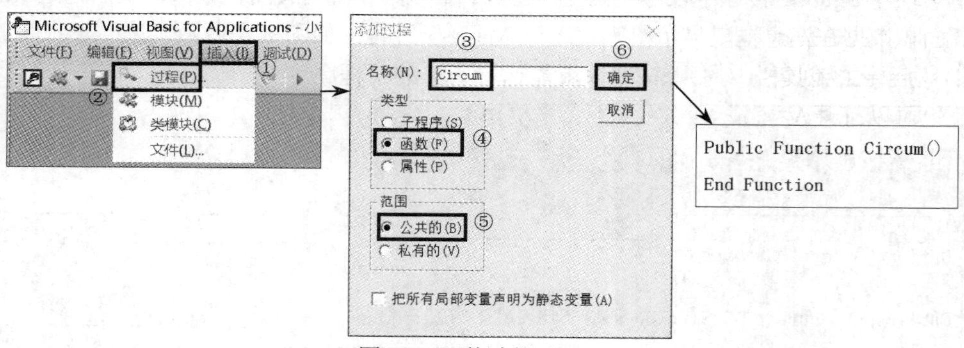

图 8-7　函数过程示例(a)

(2) 为函数过程添加参数和编写代码。参数 r 用作传递半径数据，求得的面积数据通过对函数名进行赋值回传。

```
Public Function Circum(r As Single)
    Circum = 2 * 3.14 * r
End Function
```

(3) 调用函数程序，运行检验结果。在上例中创建的 Main 过程中调用 Circum 函数过程，如图 8-8 所示，运行 Main 过程，先弹出 Squre 子过程的运行结果，单击确定按钮后，再弹出 Circum 函数过程的运行结果。

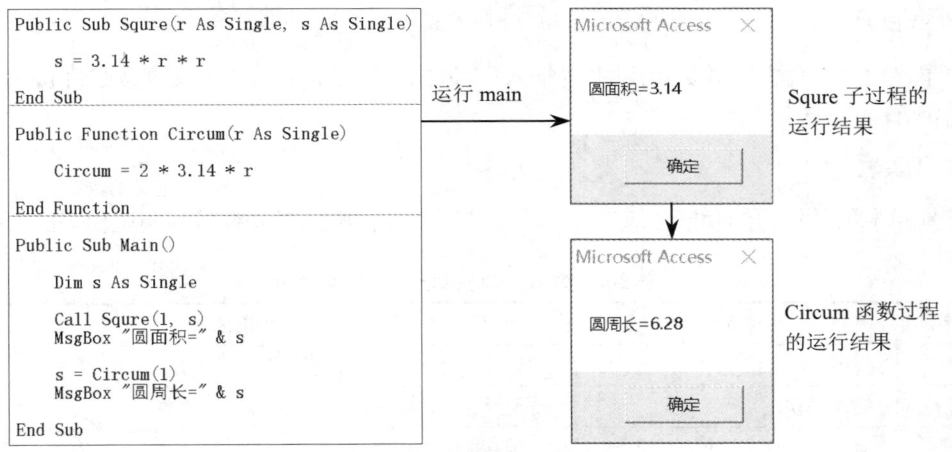

图 8-8　函数过程示例(b)

8.3 VBA 的编辑器：VBE

视频 8-4　VBA 的编辑器：VBE

编辑和调试 VBA 程序的环境称为 VB 编辑器(Visual Basic Editor)，简称 VBE。打开 VBE 窗口的方式有多种：

(1) 在“数据库工具”选项卡的“宏”组中单击 Visual Basic 按钮。

(2) 在“创建”选项卡的“宏与代码”组中单击 Visual Basic 按钮。

(3) 对于已经创建好的标准模块，在数据库导航窗格中双击该模块，也可以打开 VBE。

(4) 对于已经创建好的类模块，进入窗体或报表的设计视图，单击控件的事件过程旁边的⋯按钮，也可以打开 VBE。

VBE 窗口由菜单栏、工具栏和多个子窗口组成，打开 VBE 窗口如图 8-9 所示。

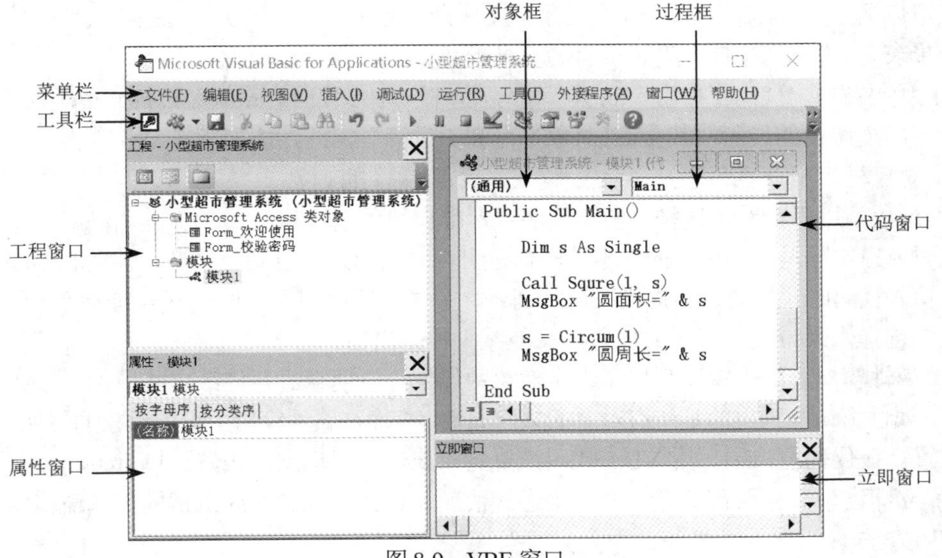

图 8-9　VBE 窗口

1. 菜单栏

菜单栏由“文件”“编辑”“视图”“插入”“调试”“运行”等10个菜单命令组成，包含了VBE中所有的工具命令。

2. 工具栏

工具栏中部分按钮的功能如表8-4所示。使用工具栏可以提高编辑和调试代码的效率。

表8-4 VBE工具栏部分按钮的功能

按钮	名称	功能
	视图 Access	用于从 VBE 切换到数据库窗口
	插入模块	插入新的模块或过程
	运行子程序/用户窗体	运行模块中的程序
	中断	中断正在运行的程序
	重新设置	结束正在运行的程序，重新进入模块设计状态
	设计模式	进入或退出设计模式
	工程资源管理器	打开工程窗口
	属性窗口	打开属性窗口
	对象浏览器	打开对象浏览器窗口

3. VBE的子窗口

VBE窗口里的各个子窗口可以通过单击菜单栏“视图”里的命令显示或者关闭。

(1) 工程窗口(工程资源管理器)。该窗口以树型结构列出当前数据库的所有模块文件，双击某个模块即可打开其对应的代码窗口。这里所谓的“工程”是指一个数据库应用系统，例如图8-9中的“小型超市管理系统”。

在窗口里，“MicroSoft Access类对象”文件夹里是所有的类模块，这些类模块附属于某个窗体或报表。“模块”文件夹里是所有的标准模块。

(2) 代码窗口。代码窗口用于显示、编写及修改VBA代码。系统允许打开多个代码窗口，以查看不同模块中的代码。其中，“对象”框和“过程”框的功能如下。

① 对象框用于查看和选择当前窗体(或报表)模块中的对象。

② 过程框用于查看和选择当前类模块或标准模块中的过程。

代码窗口实际是一个标准的文本编辑器，可以对代码进行复制、粘贴、移动和删除等。此外，在输入代码时系统会自动提供关键字列表、关键字属性列表、过程参数列表等，用户直接从列表中选择，既方便了代码的输入，又能减少代码出错。

(3) 属性窗口。属性窗口列出了选定对象的属性，以便查看、修改这些属性。若选取了多个对象，属性窗口中列出的是所有对象的共同属性。直接在属性窗口中设置对象的属性，称“静态”设置；在代码窗口中，用VBA代码设置对象属性称“动态”设置。

(4) 立即窗口。立即窗口是一个用来进行快速表达式计算和程序测试的工作窗口。

使用方法1：

在立即窗口中直接输入命令，然后按下Enter键，就能把命令的执行结果显示出来。

命令的格式有三种：

格式 1：

```
? <表达式>
```

格式 2：

```
print <表达式>
```

格式 3：

```
单句代码
```

如图 8-10 所示，在 ? 或 Print 后输入表达式，然后按下 Enter 键，就会在下一行显示结果。

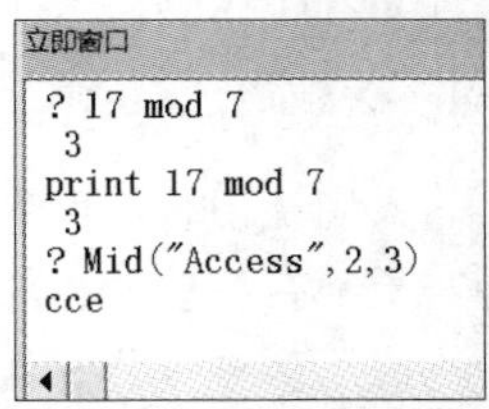

图 8-10　立即窗口示例(a)

使用方法 2：

在代码窗口中编写代码时，如果要在立即窗口中显示变量或表达式的值，需使用 Debug 语句。通常使用这种方法进行程序执行结果的验证调试。

格式：

```
Debug.Print <变量名或表达式>
```

例如以【例 8-2】为基础，在 Main 子过程中添加一句“Debug.Print "圆周长=" & s”，然后运行 Main 子过程，运行到 Debug.Print 这句命令时，立即窗口就会出现这句命令的执行结果，如图 8-11 所示。

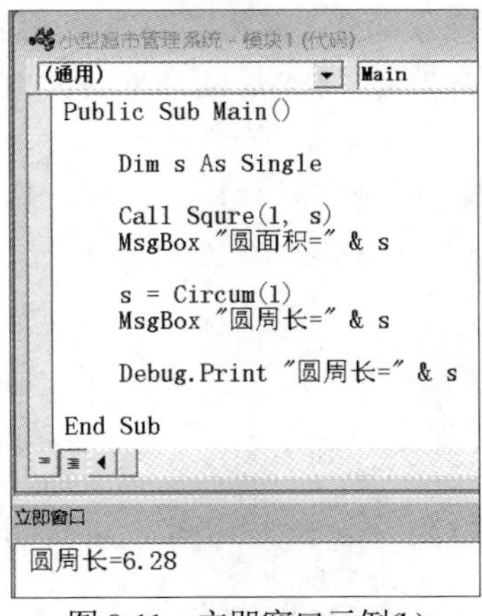

图 8-11　立即窗口示例(b)

注意：

立即窗口中的代码及运行结果是不会被保存的。

(5) 本地窗口。本地窗口可以自动显示正在运行的过程中的所有变量声明和变量值，从而观测到一些数据信息。

(6) 监视窗口。在调试 VBA 程序时，可以利用监视窗口显示正在运行的过程中定义的监视表达式的值。

8.4 VBA的编程思想：面向对象

视频 8-5 VBA 的编程思想：面向对象

程序设计有面向过程和面向对象两种基本思想。面向对象程序设计是对面向过程程序设计思想的变革，引入了许多新的概念，使得开发应用程序变得更容易，且效率更高。

面向对象技术是一种以对象为基础，以事件或消息来驱动对象执行命令的程序设计技术。例如，用面向对象技术来解决超市管理方面的问题，重点要放在超市管理过程中涉及的对象，员工、商品和顾客都是超市需要管理的对象，还需要了解每个对象有什么属性，有什么操作等。

8.4.1 对象

与人们认识客观世界的规律一样，面向对象技术认为客观世界是由各种各样的对象组成，每种对象都有各自的内部状态和运动规律，不同对象间的相互作用和联系构成了各种不同的系统，构成了客观世界。可见，对象是组成一个系统的基本逻辑单元。

对象可以是具体的物，也可以指某些概念。在数据库中，任何可操作实体都是对象，例如数据表、窗体、查询、报表、宏、文本框、标签、按钮、对话框等都视为对象。

任何一个对象都有属性、方法和事件三个要素。

1. 对象的属性

属性描述了对象的特征性质，例如按钮的大小、颜色、名称等。属性也可以反映对象的某个行为状态，例如按钮是否可见、是否可用等。设置属性就是为了改变对象的外观特征和状态。

在 Access 数据库中，每一个对象都有一组特定的属性，显示在对象的属性窗口中。每个属性都有一个默认值，如果默认值不能满足要求，可以对属性值进行重新设置。修改对象的属性值有两种方法：

(1) 在对象的属性窗口中设置。这种方法使用在创建对象时。

(2) 在 VBA 程序中赋值。这种方法可以在执行程序时通过赋值语句来修改对象的属性值。

语句格式：

```
对象名.属性 = 属性值
```

【例 8-3】窗体上有个按钮名称是 Command1，修改其属性的语句可以如下。

```
设置按钮的标题为“确定”：Command1.Caption="确定"
设置按钮在运行时不可见：Command1.Visible=false
设置按钮在运行时不可使用：Command1.Enabled=false
```

2. 对象的方法

对象的方法是系统事先设计好的、对象能执行的操作，目的是改变对象的当前状态。方法通常在 VBA 代码中使用，其调用格式：

```
对象名.方法[参数列表]
```

【例 8-4】窗体上有个按钮 Command1，使用其方法的语句可以如下。

使按钮 Command1 获得光标焦点：

```
Command1.SetFocus
```

【例 8-5】在立即窗口显示文字的语句：

```
Debug.Print "VAB 程序设计"
```

3. 对象的事件和事件过程

事件是指对象可以识别和对外部操作响应的动作。例如对按钮单击鼠标，会产生一个 Click 事件。当对象发生事件后，应用程序就要处理这个事件，而处理的过程就是事件过程。系统为每个对象预先定义好了一系列的事件，可以通过属性窗口的“事件”选项卡查看各个事件。表 8-5 罗列了部分常用的事件。

表 8-5　Access 常用事件

类别	事件	事件说明
鼠标类	Click(单击)	每单击一次鼠标，激发一次该事件
	DbClick(双击)	每双击一次鼠标，激发一次该事件
	MouseDown(鼠标按下)	按下鼠标所激发的事件
	MouseMove(鼠标移动)	移动鼠标所激发的事件
	MouseUp(鼠标释放)	释放鼠标所激发的事件
键盘类	KeyDown(键按下)	每按下一键，激发一次该事件
	KeyPress(击键)	每敲击一次键盘，激发一次该事件
	KeyUp(键释放)	每释放一个键，激发一次该事件
窗体类 (打开窗体时按照 Open→Load→Resize→Active 顺序激发事件，关闭窗体时按照 UnLoad→Close 顺序激发事件)	Open(打开)	打开窗体事件
	Load(加载)	加载窗体事件
	Resize(重绘)	重绘窗体事件
	Active(激活)	激活窗体事件
	Timer(计时器)	窗体计时器触发事件
	UnLoad(卸载)	卸载窗体事件
	Close(关闭)	关闭窗体事件

尽管系统对每个对象都预先定义了一系列的事件，但是否要响应这个事件及如何响应事件，需要由事件过程来决定。事件过程由用户自己编写 VBA 程序代码。一个对象可以同时发生多个事件，在编写事件过程代码时，可以根据需要只对部分事件编写代码，没有编写代码的空事件过程，系统将不做处理。

事件过程的一般格式如下：

```
Private Sub 对象名_事件名([形参列表])
    [VBA 程序代码]
End Sub
```

其中，“对象名_事件名”是系统根据实际对象和事件自动生成的，用户只需要根据需求编写 VBA 程序代码。

【例 8-6】窗体上有个按钮名称是 Command1，当鼠标单击按钮时，弹出信息框显示欢迎信息。

具体步骤如下：

(1) 在窗体的设计视图里，打开属性表。

(2) 如图 8-12 所示，单击按钮 Command1“单击”事件旁边的 ··· 按钮，弹出“选择生成器”对话框。

(3) 在“选择生成器”里选择“代码生成器”，单击“确定”按钮，就会打开 VBA 编辑器，并自动为该窗体生成一个类模块，在类模块中，Command1 的单击事件会自动生成。

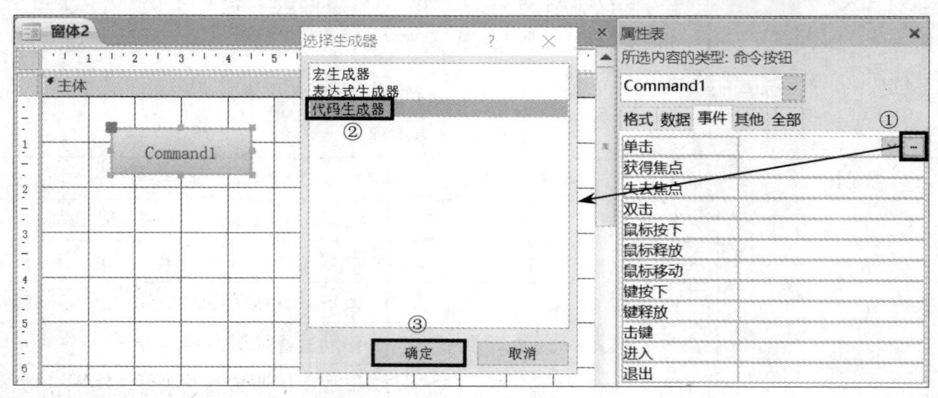

图 8-12　窗体单击事件的创建

Command1 的单击事件过程实现如下：

8.4.2　DoCmd 对象

DoCmd 是 Access 数据库的一个特殊对象，它是通过调用 Access 内置的方法在程序中实现某些特定的操作。

DoCmd 调用方法的格式是：

```
DoCmd.方法名 [参数列表]
```

DoCmd 对象的大多数方法都有参数，有些是必需的，有些则是可选的。若缺省，将采用默认的参数。DoCmd 对象常用方法如表 8-6 所示。

表 8-6　DoCmd 对象常用方法

功能	语法格式	功能说明
打开窗体	DoCmd.OpenForm "窗体名"	用默认形式打开指定窗体
关闭窗体	DoCmd.Close acForm, "窗体名"	关闭指定窗体
	DoCmd.Close	关闭当前窗体

(续表)

功能	语法格式	功能说明
打开报表	DoCmd.OpenReport "报表名" , acViewPreview	用预览形式打开指定报表
关闭报表	DoCmd.Close acReport, "报表名"	关闭指定报表
	DoCmd.Close	关闭当前报表
运行宏	DoCmd.RunMacro "宏名"	运行指定宏
退出 Access	DoCmd.Quit	关闭所有 Access 对象和 Access 本身

8.5 VBA 的编程基础

视频 8-6　数据类型

8.5.1　数据类型

数据是程序处理的对象，是程序的必要组成部分。在程序运行过程中，数据存储在内存单元中。不同类型的数据有不同的存储形式和不同的取值范围，所能进行的运算也不同。在使用变量和常量时，必须先指定它们的数据类型。VBA 的数据类型有两种：系统定义好的基本数据类型和用户自定义的数据类型。

1. 基本数据类型

VBA 支持多种基本数据类型，Access 数据表中的字段类型在 VBA 中都有对应的类型。VBA 中常用的基本数据类型如表 8-7 所示，表中还给出了其对应的 Access 字段类型。

表 8-7　VBA 常用的基本数据类型

VBA 数据类型	类型名	符号	Access 字段类型	取值范围
字节型	Byte		字节	0~255
整型	Integer	%	字节/整型/是/否	−32 768~32 767
长整型	Long	&	长整型/自动编号	−2 147 483 648~2 147 483 647
单精度型	Single	!	单精度型	负数：$-3.402\ 823\times10^{38}$~$-1.401\ 298\times10^{-45}$ 正数：$1.401\ 298\times10^{-45}$~$3.402\ 823\times10^{38}$
双精度型	Double	#	双精度型	负数：$-1.797\ 693\ 134\ 862\ 32\times10^{308}$~ $-4.940\ 656\ 458\ 412\ 47\times10^{-324}$ 正数：$4.940\ 656\ 458\ 412\ 47\times10^{-324}$~ $1.797\ 693\ 134\ 862\ 32\times10^{308}$
货币型	Currency	@	货币	−922 337 203 685 477.580 8 ~922 337 203 685 477.580 7
字符型	String	$	短文本	0 个字符~65 500 个字符
日期型	Date		日期/时间	公元 100 年 1 月 1 日~9999 年 12 月 31 日
布尔型	Boolean		逻辑值	True 或 False
变体型	Variant		任何	由最终的数据类型决定

说明：

(1) 字符型数据(又称字符串)用于存储汉字、字母、数字、符号等数据，要使用双引号。例如："2018"、"Hello World"和""都是字符串。

字符串的长度是指该字符串所包含的字符个数，例如"2018"的长度是 4；"Hello World"的长度是 11；空格也是有效字符，空字符串""的长度为 0。

(2) 日期型数据，两边需要用#号括起来。它可以是单独日期，也可以是单独时间，还可以是日期和时间的组合。年月日之间可以用“/”“,”“-”分隔开来，顺序可以是年、月、日，也可以是月、日、年。时分秒之间必须使用英文的冒号“:”分隔开，顺序是时、分、秒。

例如：#2018/01/30#、#01-30-2018#、#2018,1,30 08:30:59#都是有效的日期型数据。

(3) 布尔型数据用于逻辑判断，其值只能是两种值之一：真(True)或假(False)。

2. 用户自定义数据类型

在 VBA 定义的基本数据类型基础上，可以利用 Type 关键字来设计用户自己需要的数据类型。用户自定义数据类型由一个或多个 VBA 标准数据类型或其他用户自定义数据类型组合而成。Type 语句的基本格式：

```
Type 数据类型名
    元素 1   As 数据类型
    元素 2   As 数据类型
    ……
End Type
```

用户自定义数据类型可以像基本数据类型一样使用。给用户自定义数据类型变量赋值时，语法格式是：

```
变量名.元素名=变量值
```

【例 8-7】自定义一个新的类型 MyType，该类型中包含三个元素，分别命名为：MyName(字符型)、MyBirthday(日期型)、isGraduated(逻辑型)。

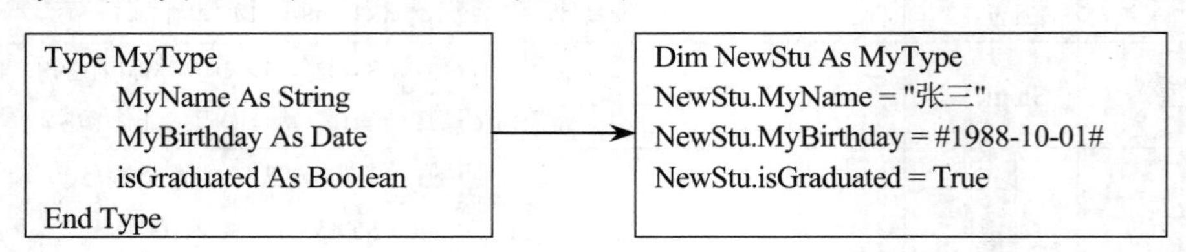

8.5.2 常量

视频 8-7　常量

常量是指在程序运行过程中，其存储空间中存放的数值始终不能改变。常量主要包括直接常量、符号常量和系统常量。

1. 直接常量

直接常量是在 VBA 代码中直接给出的数据，它的表示形式决定了它的数据类型和值。示例如下。

(1) 整型常量：188、−234 等。

(2) 浮点型常量(包括单精度和双精度)：3.14、−23.56 等。

(3) 字符型常量："China"、"123"等。

(4) 日期型常量：#2018/01/30#、#01-30-2018#等。

2. 符号常量

如果在代码中要反复使用某个相同的值，或者代表一些具有特定意义的数字或字符串，可以使用符号常量。符号常量用 Const 语句来创建，创建时给出常量的值。

语法格式：

```
Const 常量名  [As 数据类型]=常量值
```

例如：Const PI as Single = 3.14159

该语句代表在计算机的存储空间中声明一块区域，该区域命名为 PI，区域内数据是 3.14159。这个区域内的数据在程序运行过程中不能修改。

上面的语句也可以写成：Const PI = 3.14159 或 Const PI! = 3.14159

说明：

(1) 在程序运行过程中，符号常量只能做读取操作，不允许修改或重新赋值。

(2) 不允许创建与内部常量和系统常量同名的符号常量。

(3) 如果用 As 选项定义了符号常量的数据类型，且所赋值的数据类型与定义的数据类型不相同，那么，系统自动将值的数据类型转换为所定义的数据类型；如果不能转换将显示错误提示。

(4) 符号常量一般以大写字母命名，以便与变量区分(变量一般用小写字母命名)。

3. 系统常量

系统常量是指 Access 启动时自动建立的常量，包括颜色定义常量(例如 vbRed、vbBlue 等)、数据访问常量、形状常量等，还包括 True、False、Yes、No、Off、On 和 Null 等，可以在 Access 中的任何地方使用系统常量。打开 VBE 窗口“视图”菜单中的“对象浏览器”命令，系统会弹出“对象浏览器”对话框，如图 8-13 所示。可在对话框中的列表找到所需的常量，例如选中 ColorConstants 类中的 vbRed 常量，在对话框底端区域会显示常量的值和功能。

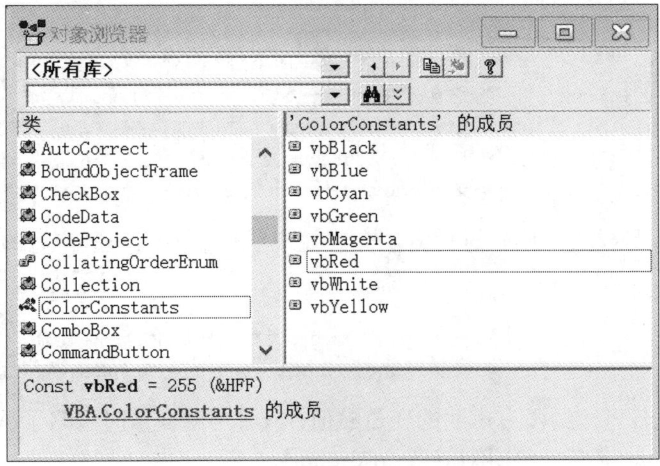

图 8-13 “对象浏览器”对话框

8.5.3 变量

视频 8-8 变量

变量是计算机存储空间(内存)中的临时单元，用于存储数据，其存储的数据在程序运行过程中可以改变。程序运行时需要用到数据，数据存储在内存中，因此需要将存放数据的内存单元命名，这个名字就是变量的名称，该内存位置上存放的值就是变量的值。计算机通过内存单元名(即变量名)来访问其中的数据。

变量的三要素是：变量名、变量的数据类型和变量的值。

1. 变量的命名规则

(1) 变量名只能由字母(包括汉字)、数字和下划线组成，且必须以字母(或汉字)开头。
(2) 变量名的最大长度不能超过 255 个字符。
(3) 变量名不区分字母的大小写。
(4) 变量名不能使用 VBA 的关键字。
(5) 同一作用域内变量名必须唯一。

2. 变量的声明方法

变量在使用前应先声明。变量的声明有两个作用：一是指定变量的数据类型，二是指定变量的适用范围。通过声明，系统会为变量分配存储空间。

在 VBA 中，可以显式或隐式声明变量。

(1) 用 Dim 语句显式声明。有以下两种格式。

格式 1：

```
Dim 变量名 As 数据类型
```

格式 2：

```
Dim 变量名  类型符号
```

可以在一个语句内声明多个变量，变量之间用逗号分隔。

例如：

```
Dim Name As String            '声明变量 Name 为 String 类型
Dim x As Integer, y As Long   '声明变量 x 为 Integer 类型，变量 y 为 Long 类型
Dim a, b As Integer           '声明变量 a 和 b 为 Integer 类型
Dim age%                      '声明变量 age 为 Integer 类型
Dim Width!, Height!           '声明变量 Width 和 Height 为 Single 类型
```

(2) 使用类型符号显式声明。这种方法允许在声明变量的同一语句对该变量进行赋值。

例如：

```
age% = 18                     '声明变量 age 为 Integer 类型，然后给 age 赋值 18
Name$ = "Tony"                '声明变量 Name 为 String 类型，然后给 Name 赋值"Tony"
```

(3) 隐式声明。若直接给没有声明的变量赋值，或者声明变量时省略了 As <数据类型>或类型符号，则 VBA 自动将变量声明为变体型(Variant)。

例如：

```
S = "Tony"              '将字符串赋值给变量 S
S = #2018-01-30#        '将日期型数据赋值给变量 S
S = True                '将布尔型数据赋值给变量 S
```

上例中，由于变量 S 并没有事先声明就直接赋值，所以 VBA 自动将变量 S 声明为变体型(Variant)。对于变体型(Variant)变量，允许将任何类型的数据赋值给它，VBA 会自动进行类型转换。

(4) 强制变量声明。VBA 默认允许变量可以隐式声明，虽然使用隐式声明变量的方法比较方便，但会对变量的识别、程序的易读性、程序的调试等带来困难，因此并不推荐使用隐式声明变量的方法。

为了避免使用隐式声明变量，可以在模块的声明区域处使用 Option Explicit 语句来强制使用显式声明变量。在该方式下，如果变量没有经过显式声明，系统将提示错误。

变量先声明后使用是一个良好的编程习惯，可以增加程序的可读性，减少出错的机会。

3. 变量的作用域

变量的作用域是指变量在程序运行中可使用的范围，一旦超出了变量的作用范围，就不能使用该变量。因变量定义的位置与方式的不同，变量的作用域也有所不同。根据变量的作用域，可将变量分为三种：局部变量、模块变量和全局变量。表 8-8 列出了这三种变量的声明方法及其作用域。

表 8-8　三种变量的声明方法及其作用域

变量类型	声明方式	声明位置	能否被本模块的其他过程使用	能否被其他模块的过程使用
局部变量	Dim Static	在过程中	不能	不能
模块变量	Dim Private	在类模块/标准模块的声明区域	能	不能
全局变量	Public	在标准模块的声明区域	能	能

(1) 局部变量。局部变量只能在声明它的过程中使用，用 Dim 或者 Static 关键字来声明。

例如：Dim x As Integer　或　Static y As Integer

使用 Dim 声明的局部变量在过程执行时才会分配存储空间，其所在的过程执行完毕后即释放存储空间，该变量不能再被使用。使用 Static 声明的局部变量又称静态局部变量，在整个程序运行期间其存储空间都不会释放，该变量的值一直存在。

(2) 模块变量。模块变量对所在模块的所有过程都可用，但对其他模块的过程不可用。在模块的声明区域(在所有过程之外)用 Private 或 Dim 定义。

例如：Private x As Integer

对于模块变量，使用 Private 或 Dim 来声明没有区别，但使用 Private 可使得代码更容易理解。

(3) 全局变量。为了使模块变量能被其他模块使用，可使用 Public 关键字来定义变量，使其成为全局变量。全局变量可用于应用程序的所有模块的所有过程。在模块的声明区域(在所有过程之外)用 Public 定义。

例如：Public x As Integer

全局变量可实现不同模块的过程之间数据的传递，在整个程序运行期间都要占用存储空间，而且在过程调用时容易造成变量值的修改。

下面通过一个例子来理解这三种变量的使用方法。

【例 8-8】如图 8-14 所示，创建三个子过程，弹出的消息框如图 8-15 所示。

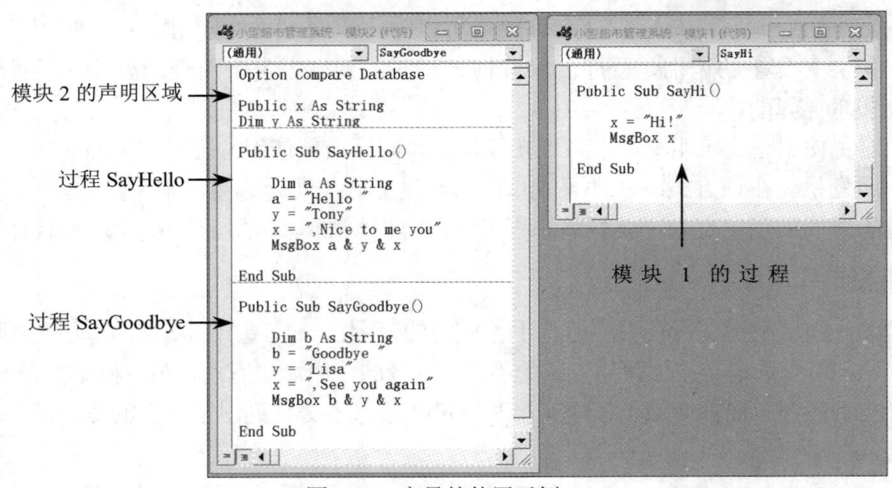

图 8-14　变量的使用示例(a)

图 8-15　变量的使用示例(b)

在模块 2 中，声明区域里声明了两个变量，x 是全局变量(可以被所有模块的过程使用)，y 是模块变量(只能被所在模块2 中的过程使用)。模块2 中有两个子过程 SayHello 和 SayGoodbye。子过程 SayHello 中有一个局部变量 a，a 只能在子过程 SayHello 中使用。子过程 SayGoodbye 中有一个局部变量 b，b 只能在子过程 SayGoodbye 中使用。由于 x 是全局变量，所以在模块 1 的子过程 SayHi 中可以使用变量 x。

4. 数据库对象变量

在 Access 数据库中建立的对象与属性，均可被看成是 VBA 程序代码中的变量来使用，与普通变量不同的是要使用规定的格式。

窗体对象的使用格式：

```
Forms!窗体名称!控件名称[.属性名称]
```

报表对象的使用格式：

```
Reports!报表名称!控件名称[.属性名称]
```

说明：

(1) 关键字 Forms 或 Reports 分别指示窗体或报表对象集合。

(2) 感叹号!为分隔符，用于分隔父子/对象。

(3) 属性名称是可选项，若省略则默认为控件的基本属性 Value。

【例 8-9】窗体 MyForm 上有一个文本框 Text1，要想改变文本框中显示的文字，语句是：

```
Forms!MyForm!Text1.Value = "您好"
```

若是在本窗体的模块中使用，则语句可以简化为：

```
Me!Text1.Value = "您好"
```

或直接写成：

```
Text1.Value = "您好"
```

8.5.4　数组

视频 8-9　数组

数组是一组数据类型相同、逻辑相关的一组变量的集合，数组中的每个元素具有相同的名字和不同的下标。

一个典型的变量只能存储一个数据，一个数组能存储多个同类型的数据。在实际应用中常需要处理同一类型的一组数据，例如要保存并使用 100 个员工的年龄数据，如果使用普通变量去声明 100 个变量来存储这 100 个数据是不现实的，这时需要使用数组来存储。数组就是把有限个数据类型相同的变量用同一个名字命名，然后用编号(即下标)来区分这些变量的集合。

按照下标的个数，数组分为一维数组、二维数组和多维数组。一维数组相当于数学中的数列，二维数组相当于数学中的矩阵，多维数组不作为本书的介绍内容。

按照数组声明的方式，数组分为两种类型：静态数组和动态数组。静态数组指的是数组中的元素个数在声明时被指定，并且在程序运行过程中不能改变数组元素的个数。动态数组指的是数组中的元素个数在声明时不指定，在程序运行中可以改变数组的元素个数。

在 VBA 中数组必须先显式声明后才能使用。

1. 一维数组

声明格式：Dim 数组名([下界 to]上界)[As 数据类型]

元素使用格式：数组名(下标)

说明：

(1) 如果声明了数组的数据类型，则数组中的所有元素必须赋与相同(或可以转换)的数据类型的值。

(2) As 选项缺省时，数组中各元素为变体数据类型。

(3) 下界与上界都必须是整数或整型常量表达式，且上界要大于等于下界。

(4) 下界缺省时默认为0。如果设置下界为非0值，则要使用to选项。

(5) 若在模块的声明区域加入语句Option Base 1，则下界的默认值变成1。

【例 8-10】声明一个名为 age 的数组，数组内可以存储五个整型数据，并为数组中的第三个元素赋值。

下界默认的写法：

```
Dim age(4) As Integer
age(2) = 3
```

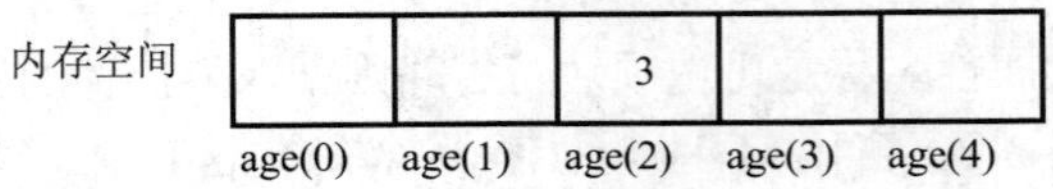

内存空间

		3		
age(0)	age(1)	age(2)	age(3)	age(4)

下界 to 上界的写法：

```
Dim age(1 to 5) As Integer
age(3) = 3
```

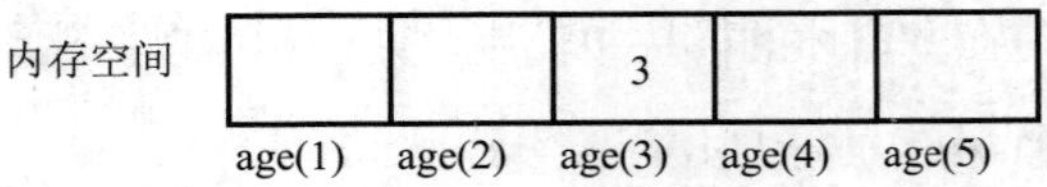

内存空间

		3		
age(1)	age(2)	age(3)	age(4)	age(5)

若在模块的声明区域加入语句Option Base 1，也可以写成：

```
Option Base 1
Dim age(5) As Integer
age(3) = 3
```

内存空间

		3		
age(1)	age(2)	age(3)	age(4)	age(5)

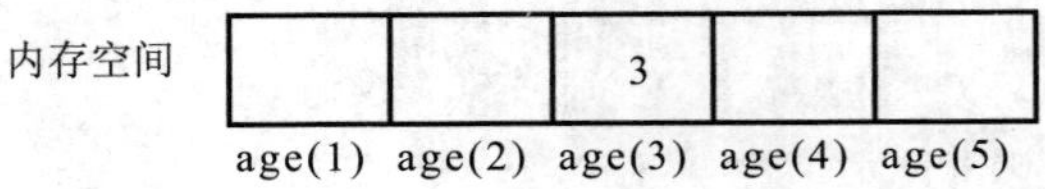

2. 二维数组

声明格式：Dim 数组名([下界 to]上界, [下界 to]上界)[As 数据类型]

元素使用格式：数组名(下标 1，下标 2)

【例 8-11】声明一个名为 age 的二维数组，数组内可以存储二行四列共八个整型数据，并为数组中的元素赋值。

```
Dim age(1,3) As Integer
age(0,2) = 3
age(1,1) = 7
```

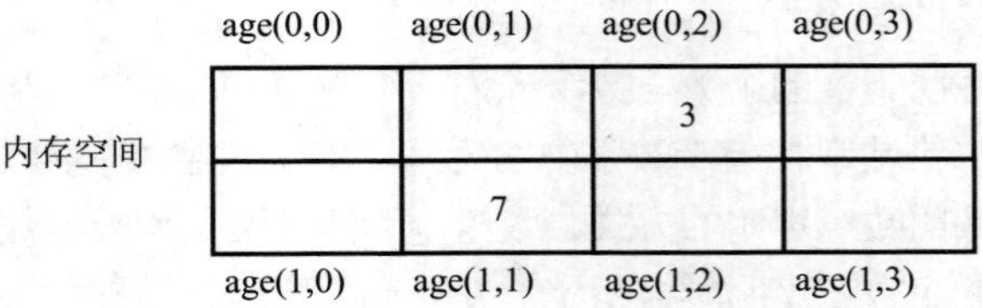

内存空间

age(0,0)	age(0,1)	age(0,2)	age(0,3)
		3	
	7		
age(1,0)	age(1,1)	age(1,2)	age(1,3)

也可以写成：

```
Dim age(1 to 2,1 to 4) As Integer
age(1,3) = 3
age(2,2) = 7
```

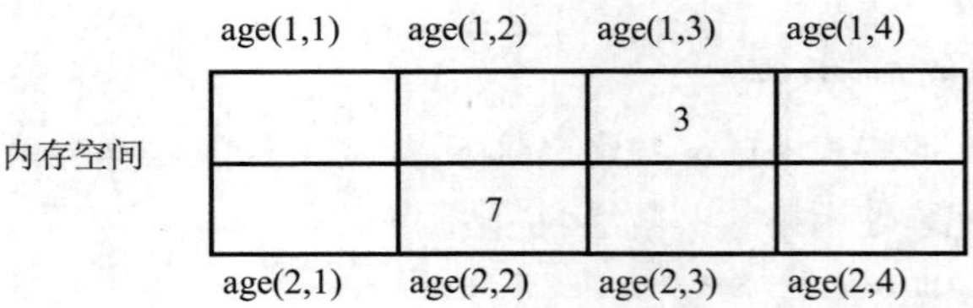

内存空间

age(1,1)	age(1,2)	age(1,3)	age(1,4)
		3	
	7		
age(2,1)	age(2,2)	age(2,3)	age(2,4)

3. 动态数组

动态数组是在声明时未给出元素个数(不分配内存空间)，而到要使用时才设置元素个数(分配内存空间)，而且可以随时改变元素个数。

上面介绍的一维数组和二维数组中所举例子都是静态数组(数组中的元素个数在声明时被

指定)。如果在声明数组时不确定元素个数时，可以使用动态数组。动态数组可以在任何时候改变大小，很灵活且方便，有助于提高内存的使用效率和管理效率。

声明格式：Dim 数组名()[As 数据类型]

设置动态数组元素个数的格式：ReDim 数组名([下界 to]上界, [下界 to]上界)

说明：

(1) 声明(Dim)数组时只指定数据类型，不指定元素个数。

(2) 分配数组空间(ReDim)，即设置数组的元素个数时，只改变数组的下界和上界，不改变数组的数据类型。

(3) 动态数组只有在 ReDim 语句之后才可以对数组元素进行赋值或引用。

(4) ReDim 语句只能用在过程内部。

【例 8-12】声明一个名为 age 的动态数组，然后指定其大小可以存储五个整型数据，并对第一个元素赋值。

```
Dim age() As Integer    '声明一个动态数组，名为 age，此时没有指定元素个数
ReDim age(4)            '指定数组的元素个数，内存分配 0~4 共五个 Integer 类型的存储空间
age(0) = 3              '只有在使用 ReDim 语句指定数组元素个数后，才能使用数组元素
```

每次执行 ReDim 语句时，当前存储在动态数组中的数据都会全部丢失。如果希望改变数组大小又不丢失原来的数据，可以在 ReDim 的后面加上 Preserve。

比如，可以把上例中的 ReDim 语句改成：ReDim Preserve age(4)。

8.5.5　运算符和表达式

运算是对数据的加工，运算符就是描述运算的符号。表达式是通过运算符将常量、变量、函数等连接起来构成的一个序列，并能按照运算规则计算出一个结果(即表达式的值)。

视频 8-10 运算符和表达式

1. 运算符

根据不同的运算，VBA 中的运算符可分为四种类型：算术运算符、字符串运算符、关系运算符和逻辑运算符。

(1) 算术运算符。算术运算符用来执行简单的算术运算。VBA 提供了八种算术运算符，如表 8-9 所示。

表 8-9　算术运算符

运算符	功能	表达式举例	运算结果
^	乘方	3^2	9
-	取负	−3	−3
*	乘法	3*2	6
/	浮点除法	3/2	1.5
\	整数除法	3\2	1
Mod	取模(求余数)	3 Mod 2	1
+	加法	3+2	5
-	减法	3−2	1

说明：

① 除了“取负”运算符既可作为双目运算符，也可作为单目运算符外，其余均为双目运算符。

② 取模(Mod)运算符是对两个操作数做除法运算并返回余数。如果操作数有小数，系统会先把操作数四舍五入变成整数后再运算。

③ 算术运算符两边的操作数应是数值型，若是数字字符或逻辑型，系统会自动转换成数值型后再运算(例如"123" + 2，结果是125)。如果是日期型可以加(减)一个整数，表示后推(前推)若干天(例如# 2018-01- 01 #+ 1，结果是# 2018-01- 02 #)。

(2) 字符串运算符。字符串运算符是将两个字符串连接起来生成一个新的字符串。字符串运算符有两个：&运算符和+运算符，用法如表8-10所示。

表8-10 字符串运算符

运算符	功能	表达式举例	运算结果
+	连接两个字符串，形成一个新的字符串	"ABC"+ "123"	"ABC123"
&	强制将两个表达式作为字符串连接，形成一个新的字符串	"123" & "456" "123" & 456 123 & 456 (&的两侧要加空格)	"123456"

说明：

① 用运算符+连接字符串，两边的操作数都必须是字符串。

② 运算符&两边的操作数可以是字符型、数值型或日期型。进行连接操作前先将操作数的数据类型转换为字符型，然后再进行字符串的连接。

③ 在VBA中，运算符+既可用作加法运算符，也可以用作字符串运算符，但运算符&专门作为字符串运算符。为了避免混淆，增加代码的可读性，推荐使用&来连接字符串。

(3) 关系运算符。关系运算符用于对两个操作数比较大小，比较的结果是一个逻辑值，即：若关系成立，则返回True(真)，反之则返回False(假)。VBA提供了六种关系运算符，如表8-11所示。

表8-11 关系运算符

运算符	功能	表达式举例	运算结果
=	等于	"abcd"="abc"	False
>	大于	"abcd">"abc"	True
>=	大于等于	#2012-1-1#>=#2011-1-1#	True
<	小于	45<123	True
<=	小于等于	"45" <= "123"	False
<>	不等于	"abcd"<>"ABCD"	False

说明：

① 如果参与比较的两个操作数都是数值型，则按它们的大小进行比较。

② 如果参与比较的两个操作数都是字符型，则按字符的ASCII码从左到右一一对应比较。

③ 字母比较大小时是否区分大小写，取决于当前程序的Option Compare语句，该语句默

认为 Option Compare Database，表示不区分大小写，所以"abcd"<>"ABCD"的结果是 False。如果将语句改为 Option Compare Binary，则区分大小写，此时"abcd"<>"ABCD"的结果是 True。

④ 在 VBA 中，允许部分不同数据类型的操作数进行比较，例如，数值型与逻辑型、数值型与日期型、数值型与数字字符等，均转换为数值型后再进行比较。

(4) 逻辑运算符。逻辑运算也称布尔运算，包括与(And)、或(Or)和非(Not)共三个运算符。逻辑运算符连接两个或多个关系式，对操作数进行逻辑运算，结果是逻辑值 True 或 False。逻辑运算法则如表 8-12 所示。

表 8-12　逻辑运算法则

A	B	A And B	A Or B	Not A
True	True	True	True	False
True	False	False	True	False
False	True	False	True	True
False	False	False	False	True

【例 8-13】逻辑运算符表达式应用示例。

```
Dim x                    '声明变量 x
x = (5>2 And 3>=4)       'x 的值是 False
x = (5>2 Or 3>=4)        'x 的值是 True
x = Not (3>=4)           'x 的值是 True
```

(5) 对象运算符。对象运算表达式中使用“!”和“.”两种运算符。在实际应用中，“!”和“.”运算符配合使用，用于引用一个对象或对象的属性。

① “!”运算符。“!”运算符的作用是引用一个用户定义的对象，如窗体、报表、窗体或控件。

【例 8-14】“!”运算符应用示例。

```
Forms!校验密码               '引用用户定义的窗体“校验密码”
Forms!校验密码!Command1      '引用用户定义窗体“校验密码”上的控件 Command1
Reports!订单详情             '引用用户定义的报表“订单详情”
```

② “.”运算符。“.”运算符的作用是引用一个 Access 定义的内容，如窗体、报表或控件等对象的属性。引用格式是：对象名.属性名

【例 8-15】“.”运算符应用示例。

```
Forms!校验密码!Command1.Enabled = False
```

该语句用于把窗体“校验密码”上控件 Command1 的 Enabled 属性设置为 False 值，实现按钮 Command1 不可用的效果。如果窗体“校验密码”是当前操作对象，上面的语句可以改为：Me!Command1.Enabled = False，或者直接省略成：Command1.Enabled = False。

2. 表达式

(1) 表达式的组成。

表达式由常量、变量、运算符、函数、标识符、逻辑量和括号等按一定的规则组成。

表达式通过运算得出结果，运算结果的数据类型由操作数的数据类型和运算符共同决定。

在算术运算表达式中，参与运算的操作数可能具有不同的数据精度。VBA 规定，运算结果的数据类型采用精度高的数据类型。

(2) 表达式的书写规则。

① 要改变运算符的运算顺序，只能使用圆括号且必须成对出现。

② 表达式从左至右书写，字母不区分大小写。

③ 计算机表达式与数学不一样，莫要混淆。

(3) 运算优先级。在一个运算表达式中，如果含有多种不同类型的运算符，则运算进行的先后顺序由运算符的优先级决定。VBA 中常用运算符的优先级划分如表 8-13 所示。

表 8-13　运算符优先级

<table>
<tr><th>优先级</th><th colspan="4">高 ←———————————— 低</th></tr>
<tr><td rowspan="7">高
↑
低</td><td>算术运算符</td><td>字符串运算符</td><td>关系运算符</td><td>逻辑运算符</td></tr>
<tr><td>指数运算(^)</td><td rowspan="6">(&、+)
优先级相同</td><td rowspan="6">(=、>、<、<>、<=、>=)
优先级相同</td><td>Not</td></tr>
<tr><td>取反(−)</td><td>And</td></tr>
<tr><td>乘法和除法(*、/)</td><td>Or</td></tr>
<tr><td>整数除法(\)</td><td></td></tr>
<tr><td>模运算(Mod)</td><td></td></tr>
<tr><td>加法和减法(+、−)</td><td></td></tr>
</table>

说明：

① 优先级：算数运算符>字符串运算符>关系运算符>逻辑运算符。

② 所有关系运算符的优先级相同，所以按照从左到右的顺序来处理。

③ 圆括号的优先级别最高，因此可以用圆括号改变优先顺序。

【例 8-16】运算符优先级示例。

```
100 / 5 ^ 2             '结果是 4
(100 / 5) ^ 2           '结果是 400
12 / 5 * 2              '结果是 4.8
12 / (5 * 2)            '结果是 1.2
12 \ 5 * 2              '结果是 1
-12 Mod 5   * 2         '结果是-2
3 + 4 * 2> "12" + "34"  '结果是 False
```

8.5.6　函数

视频 8-11　函数

VBA 提供了近百个内置的标准函数供用户在编程时调用。

调用函数的一般格式：

```
函数名(参数列表)
```

说明：

(1) 函数名不可缺省，这是函数的标识。

(2) 函数的参数放在函数后面的圆括号中，参数可以是常量、变量或表达式，可以有一个或多个，或者无参数，要根据函数的定义来决定参数的类型和个数。

(3) 函数无参数时，其后的圆括号可以省略。

(4) 函数被调用时，都会返回一个特定类型的值。

下面介绍一些常用标准函数的使用方法。

1. 数学函数

常用数学函数介绍如表 8-14 所示。

表 8-14　常用数学函数

函数	说明	示例	返回结果
Abs (x)	返回 x 的绝对值	Abs (− 25)	25
		Abs (100 \ 24.5 − 25)	21
Sqr (x)	计算 x 的平方根	Sqr (9)	3
		Sqr (Abs (−16))	4
Int (x)	返回不超过 x 的最大整数	Int (2.5)	2
		Int (− 2.5)	−3
Round (x, n)	对 x 保留 n 位小数，并对第 n+1 位小数做四舍五入处理	Round (234.2678 , 2)	234.27
		Round (234.2678)	234
Log (x)	返回 x 的自然对数(以 e 为底)	Log (10)	2.30258509299405
Exp (x)	返回 e 的 x 次幂	Exp (2)	7.38905609893065
Sgn (x)	返回 x 的符号	Sgn (2.5)	1
		Sgn (−2.5)	−1
		Sgn (0)	0
Rnd	产生一个大于等于 0 且小于 1 的单精度随机数	Rnd	产生一个[0~1]之间的小数
		Int (10 * Rnd)	产生一个[0~9]的随机整数
		Int (10 * Rnd + 1)	产生一个[1~10]的随机整数

2. 字符串函数

常用字符串函数介绍如表 8-15 所示。

表 8-15　常用字符串函数

函数	说明	示例	返回结果
Len (s)	返回字符串 s 的长度	Len ("北京")	2
		Len ("AB" + "ECD")	5
Left (s, n)	截取字符串 s 左边 n 个字符	Left ("ABCD 中国" , 3)	"ABC"
Right (s, n)	截取字符串 s 右边 n 个字符	Right ("ABCD 中国" , 3)	"D 中国"
Mid (s, n1, n2)	截取字符串 s 中从第 n1 个字符开始的 n2 个字符	Mid ("ABCD 中国" , 3 , 2)	"CD"

(续表)

函数	说明	示例	返回结果
LTrim (s)	删除字符串 s 的前导空格	LTrim (" AB CD ")	"AB CD "
RTrim (s)	删除字符串 s 的尾部空格	RTrim (" AB CD ")	" AB CD"
Trim (s)	删除字符串 s 的前导和尾部空格	Trim (" AB CD ")	"AB CD"
Space (n)	返回由 n 个空格组成的字符串	Space (3)	" "
InStr (s1, s2)	返回字符串 s2 在字符串 s1 中的位置	InStr ("ABCD 中国" , "中国")	5
Lcase (s)	将字符串 s 中的大写字母转换为小写字母	Lcase ("AbC")	"abc"
Ucase (s)	将字符串 s 中的小写字母转换为大写字母	Ucase ("bBc")	"ABC"

3. 日期/时间函数

常用日期/时间函数介绍如表 8-16 所示。

表 8-16　常用日期/时间函数

函数	说明	示例	返回结果
Date 或 Date ( )	返回系统当前日期	Date ( )	系统当前日期
Time 或 Time ( )	返回系统当前时间	Time ( )	系统当前时间
Now 或 Now ( )	返回系统当前日期和时间	Now ( )	系统当前日期和时间
Year (d)	获取日期 d 的年份	Year (#2018-10-01#)	2018
Month (d)	获取日期 d 的月份	Month (#2018-10-01#)	10
Day (d)	获取日期 d 的日数	Day (#2018-10-01#)	1

4. 类型转换函数

常用类型转换函数介绍如表 8-17 所示。

表 8-17　常用类型转换函数

函数	说明	示例	返回结果
Asc (s)	返回字符串 s 首字符的 ASCII 值	Asc ("abc")	97
Chr (n)	返回由 ASCII 值 n 对应字符组成的字符串	Chr (97)	"a"
Str (n)	将数值表达式 n 的值转换成字符串	Str (123)	"123"
Val (s)	将字符串 s 转换成数值型数据	Val ("123")	123
		Val ("12ab3")	12

5. 输入输出函数

(1) 输入函数 InputBox()。

功能：显示一个可输入内容的对话框，在对话框中显示提示信息，等待用户输入正文，当用户单击按钮后，函数返回文本框中输入的字符串。

常用格式：

```
InputBox (提示信息[,标题][,默认值])
```

说明：

① 参数“提示信息”是必填参数，指定对话框中的显示信息。

② 参数“标题”是可选参数，指定对话框的标题，若缺省，系统自动给出标题 Microsoft Access。

③ 参数“默认值”是可选参数，指定输入框中的默认值，若缺省则值为空。

④ 如果第二个参数缺省但第三个参数不缺省，则三个参数之间的逗号必须保留。

⑤ 函数的返回值类型是字符型，如果用户单击“确定”按钮，则函数返回文本框中输入的字符串；如果用户单击“取消”按钮，则函数返回一个空字符串。

⑥ 如果将返回值赋值给变量，则自动转换为变量的类型，由接受返回值的变量类型决定。

【例 8-17】输入函数 InputBox 应用示例。

InputBox (“账号：”, “登录”)

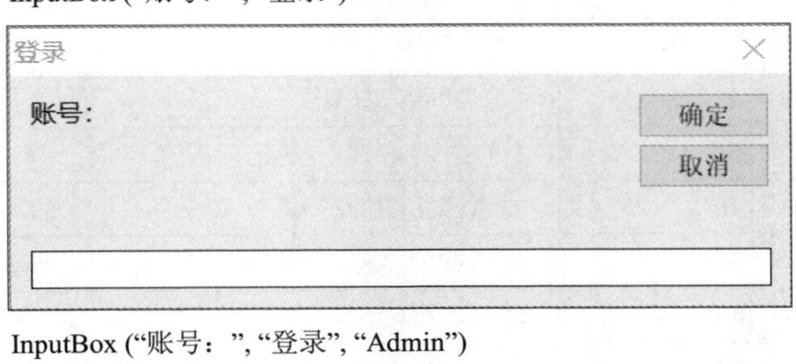

InputBox (“账号：”, “登录”, “Admin”)

登录
账号:
确定
取消
Admin

InputBox (“账号”, , “Admin”)

(2) 输出函数 MsgBox()

功能：显示一个消息框，显示输出信息，等待用户单击按钮，并返回一个整数型数据，告诉用户单击的是哪个按钮。

常用格式：

```
MsgBox(输出信息[,按钮形式][,标题])
```

说明：

① 参数“输出信息”是必填参数，指定在消息框上输出显示的内容。若要显示多项内容，可以用&运算符将它们连接成一个字符串。若需要分行显示，可使用 Chr(10)+Chr(13)(即回车+换行)强制换行。

② 参数“按钮形式”是可选参数，是一个整数表达式，包括三项信息：按钮类型，图标类型，默认按钮。它们的取值及含义如表 8-18 所示。

③ 函数返回值的含义如表 8-19 所示。

表 8-18　MsgBox 函数的按钮形式

参数	数值	含义
按钮类型	0	“确定”按钮
	1	“确定”“取消”按钮
	2	“中止”“重试”“忽略”按钮
	3	“是”“否”“取消”按钮
	4	“是”“否”按钮
	5	“重试”“取消”按钮
图标类型	16	显示停止图标：
	32	显示询问图标：
	48	显示警告图标：
	64	显示信息图标：
默认按钮	0	第一个按钮是默认按钮
	256	第二个按钮是默认按钮
	512	第三个按钮是默认按钮

表 8-19　MsgBox 函数的返回值

返回值	单击的按钮
1	确定
2	取消
3	中止
4	重试
5	忽略
6	是
7	否

【例 8-18】输出函数 MsgBox 应用示例。

```
x = MsgBox ( "程序运行完毕! " , 2 + 48 + 256 , "提示" )
```

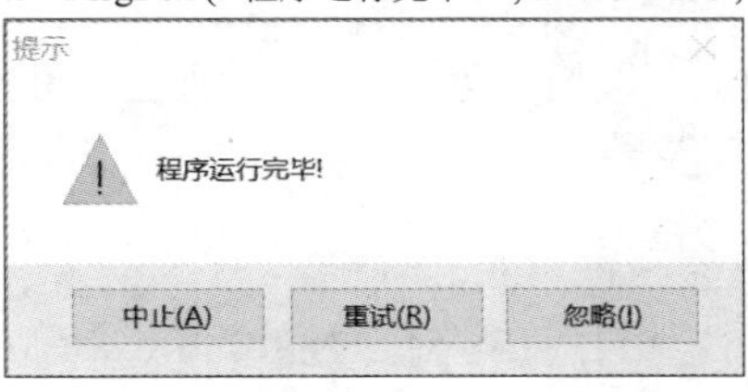

如果按“中止”按钮，则 x 值为 3
如果按“重试”按钮，则 x 值为 4
如果按“忽略”按钮，则 x 值为 5

```
x = MsgBox( "程序已修改" & Chr(13) & "是否保存? " , 4 + 32 , "提示" )
```

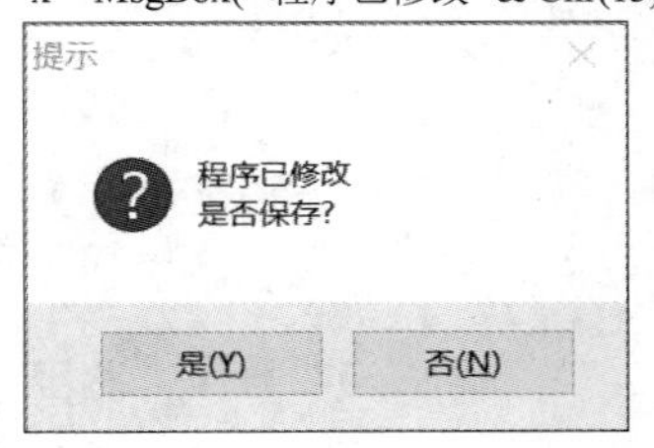

如果按“是”按钮，则 x 值为 6
如果按“否”按钮，则 x 值为 7

8.5.7　程序语句

视频 8-12　程序语句

VBA 程序由若干条 VBA 语句构成，每一条语句完成某项操作命令。语句可以包含关键字、运算符、变量、常量、函数和表达式。VBA 语句一般分为三种类型。

(1) 声明语句：用于指定变量、常量或者过程的名称和数据类型。

(2) 赋值语句：用于为变量指定一个值。

(3) 执行语句：用来调用过程、执行方法或函数，实现各种流程控制。

1. 语句书写规定

(1) 通常一个语句写在一行。

(2) 语句较长，需要分行写时，可用续行符“ _ ”将语句写在下一行(续行符前需加一个空格)。但语句过长的代码会导致程序的可读性很差，所以要尽量避免过长的语句。

(3) 可以用冒号“:”将多条语句写在同一行中。

(4) 为显示程序的流程结构，可以采用缩进格式书写程序。

【例 8-19】下面的子过程 Main 中有三个语句，每个语句写在一行。也可以把两行语句写在同一行，语句间用冒号分隔开来。子过程中的语句用 Tab 键来缩进排版，使得程序更易读。

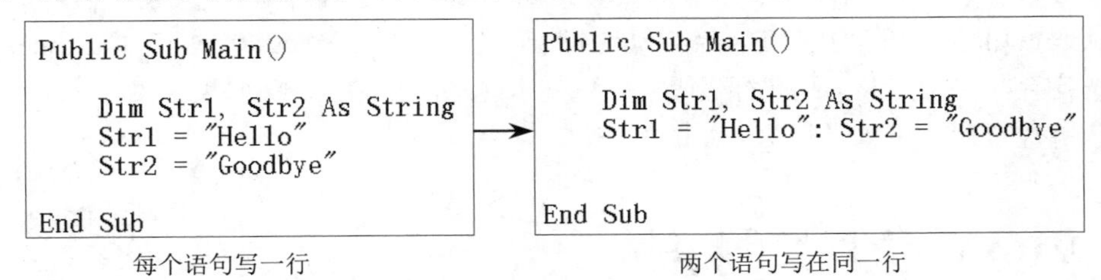

每个语句写一行　　　　两个语句写在同一行

2. 赋值语句

赋值语句是给变量赋值的语句，是 VBA 最常用的语句。

格式：

```
[Let] 变量名 = 值或表达式
```

功能：先计算“=”号右边的表达式的值，再将此值赋给“=”号左边的变量。

说明：

(1) “=”号称为赋值号，具有计算和赋值两种功能。

(2) 赋值号两边的数据类型要相同或相容。相容类型赋值时，自动将“=”号右边表达式的值转换成左边变量的数据类型，然后再赋值给变量。

(3) Let 可以省略(通常都会省略)。

【例 8-20】赋值语句示例。

```
Dim x As Single        '声明一个单精度型变量 x
x = Sqr(16)+5.5        '先计算表达式 Sqr(16)+5.5 的值 9.5，再将值 9.5 赋给 x
Let x = 5              '也可以省略 Let
```

3. 注释语句

为增加程序的可读性，可在程序中设置注释语句。注释语句可以添加到程序模块的任何位置，默认以绿色文本显示。注释是不会被执行的。

格式 1：

```
Rem 注释语句
```

格式 2：

```
'注释语句
```

【例 8-21】为以下代码增加注释：

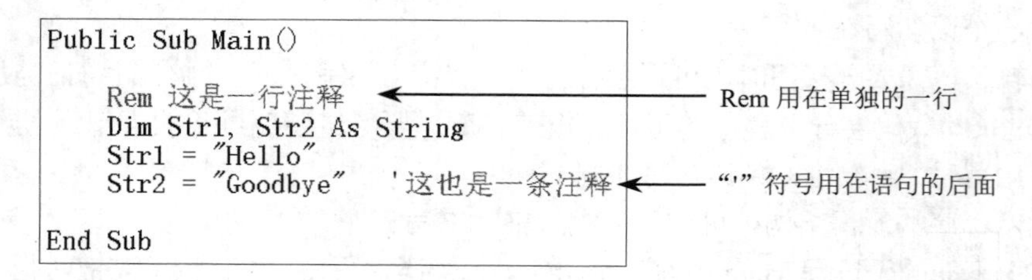

4. 语法检查

在代码窗口输入语句时，VBA 会自动进行语法检查，即当输入一行语句并按 Enter 键后，如果该语句存在语法错误，则此行代码以红色文本显示，并显示一条错误信息。必须找出语句中的错误并改正后才可以进行下一步的操作。

8.6 VBA 的流程控制语句

程序功能靠执行语句来实现，语句的执行方式按流程可以分为以下三种。

(1) 顺序结构：按照语句的逻辑顺序依次执行。

(2) 选择结构(条件判断结构)：根据条件是否成立选择语句执行路径。

(3) 循环结构：根据循环条件可以重复执行某一段程序语句。

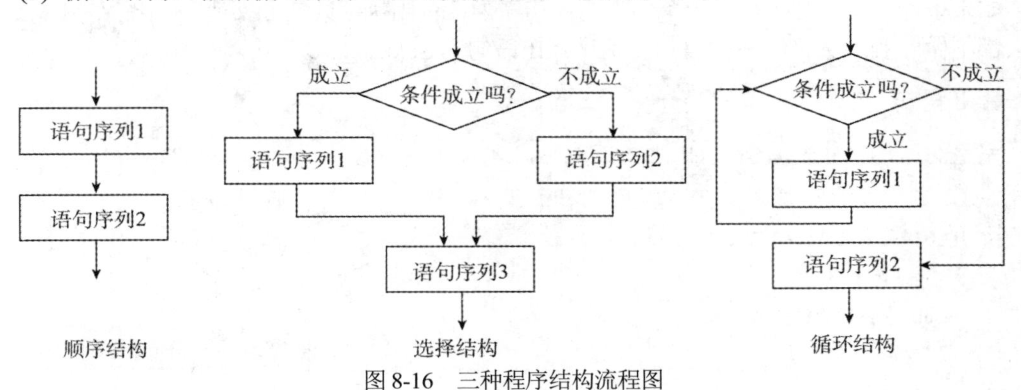

图 8-16　三种程序结构流程图

8.6.1　顺序结构

视频 8-13　顺序结构

顺序结构是按照语句的书写顺序从上到下逐条地执行。顺序结构是最基础的程序结构，也是选择结构和循环结构的基础。

【例 8-22】一瓶矿泉水的零售价是 1.3 元，在立即窗口打印出买 50 瓶矿泉水的总价格。

在 VBA 模块中实现上述功能的程序及其对应的程序流程如下所示：

```
Public Sub Price()
    Dim x As Single
    x = 1.3 * 50
    Debug.Print "总价格是：" & x & "元"
End Sub
```

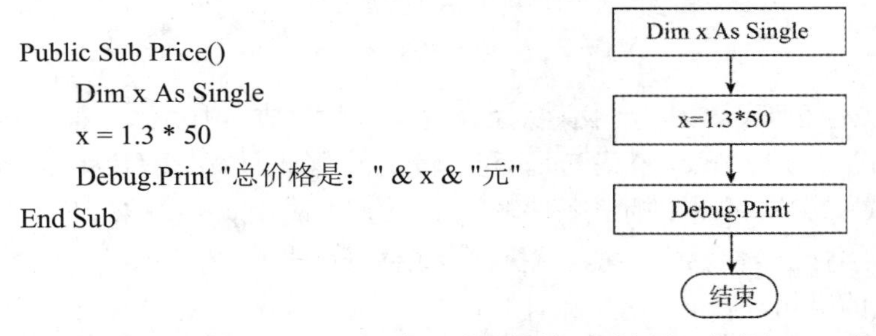

运行子程序 Price，可以在立即窗口中看到打印结果，如图 8-17 所示。

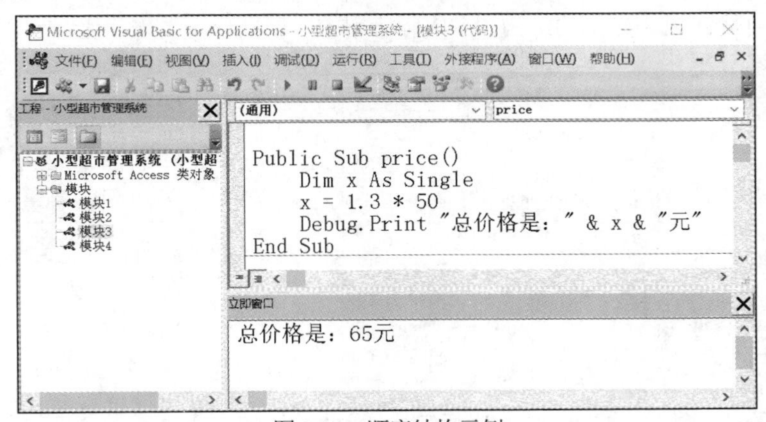

图 8-17　顺序结构示例

8.6.2　选择结构

视频 8-14　选择结构

选择结构也叫分支结构或条件判断结构，该结构对给定的条件进行判断，如果条件成立，则执行某一个分支的语句序列，否则执行其他分支或什么都不做。实现选择结构的语句有两种：If 语句和 Select Case 语句。

1. If 语句

完整的语句格式及其流程如下：

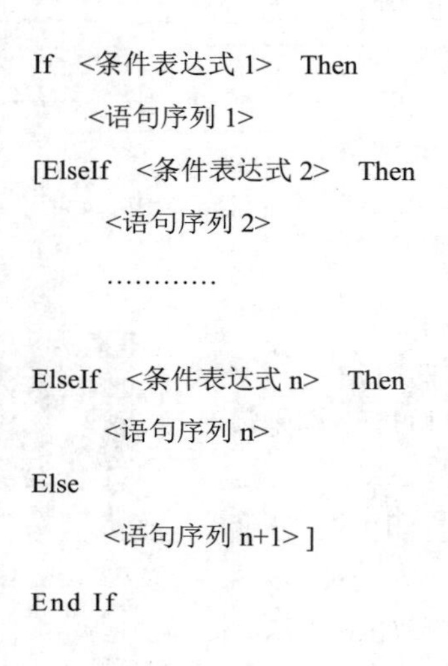

```
If  <条件表达式 1>  Then
      <语句序列 1>
[ElseIf  <条件表达式 2>  Then
        <语句序列 2>
        …………

ElseIf  <条件表达式 n>  Then
        <语句序列 n>
Else
        <语句序列 n+1> ]

End If
```

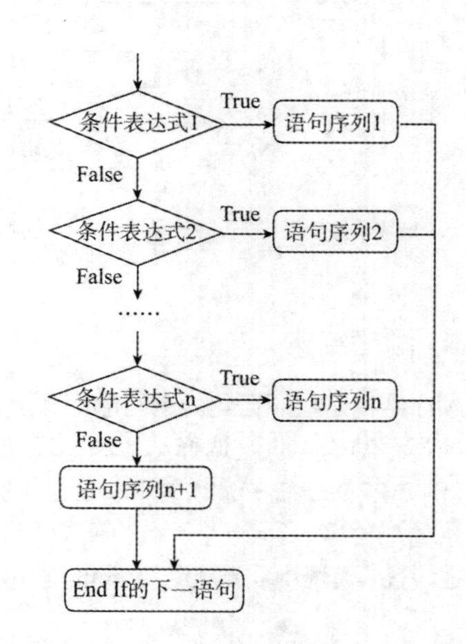

说明：

① 条件表达式可以是任何表达式，一般为关系表达式(表达式成立则值为 True，不成立则值为 False)，算术表达式(非 0 为 True，0 为 False)和逻辑表达式(真为 True，假为 False)。

② 如果条件表达式不成立，则不执行该条件表达式下的语句序列，直接跳到下一个条件表达式继续判断。直到符合某个条件表达式时，就执行该条件表达式下的语句序列，然后直接跳到 End If 语句执行后面的语句。如果所有的条件表达式都不符合，则执行 Else 语句下的语句序列。

上面给出的是 If 语句完整的结构，在实际应用中，根据分支数来简化结构，可以分为单分支、双分支和多分支。

(1) 单分支。

格式 1：

```
If  <条件表达式>  Then
      <语句序列>
End If
```

格式 2：

```
If  <条件表达式>  Then  <语句序列>
```

功能：当条件表达式为 True 时，执行 Then 后面的语句，否则不做任何操作。

【例 8-23】输入一个整数，判断该数是否是奇数。语句如下：

```
Public Sub isOdd()
    Dim x As Integer
    x = Val(InputBox("请输入一个整数", "奇数判断"))
    If x Mod 2 = 1 Then
        MsgBox "你输入的数是奇数"
    End If
End Sub
```

或者把上面的 If 语句改写成：If x Mod 2 = 1 Then MsgBox "你输入的数是奇数"

(2) 双分支。

格式 1：

```
If  <条件表达式>  Then
    <语句序列 1>
Else
    <语句序列 2>
End If
```

格式 2：

```
If  <条件表达式>  Then  <语句序列 1>  Else  <语句序列 2>
```

功能：当条件表达式为 True 时，执行 Then 后面的语句序列(语句序列 1)，否则执行 Else 后面的语句序列(语句序列 2)。

【例 8-24】输入购买某种商品的数量及单价，如果购买数量大于或等于 10，就打 8 折，否则不打折。计算并输出购买该商品的总金额。语句如下：

```
Public Sub Buy()
    Dim number As Integer
    Dim price, money As Single
    number = Val(InputBox("请输入商品数量", "商品数量"))
    price = Val(InputBox("请输入单价", "单价"))
    If number < 10 Then
        money = price * number
    Else
        money = price * number * 0.8
    End If
    Debug.Print "总金额 = " + Str(money) + "元"
End Sub
```

(3) 多分支。

多分支的格式是 If 语句的完整结构。不管条件有几个分支，程序执行一个分支后，其余分支不再执行。当有多个条件表达式同时为 True 时，只执行第一个与之匹配的语句序列。因此，需要注意多分支结构中条件表达式的顺序与区间范围。

要注意中间的 ElseIf 是没有空格的。

【例 8-25】输入一个百分制成绩，输出相应的等级：90 分以上为“优秀”，60-89 分为“合格”，60 分以下为“不合格”。语句如下：

```
Public Sub GetGrade()
    Dim score As Single, Grade As String
    score = Val(InputBox("输入百分制成绩:"))
    If score > 100 Then
        Grade = "成绩不能超过 100 分"
    ElseIf score >= 90 Then
        Grade = "优秀"
    ElseIf score >= 60 Then
        Grade = "合格"
    Else
        Grade = "不合格"
    End If
    MsgBox Grade
End Sub
```

2. Select Case 语句

当条件选项比较多时，使用 If 语句嵌套来实现，程序会变得很复杂，不利于程序的阅读与调试，此时用 Select Case 语句会使程序更清晰。

完整的语句格式及其流程如下：

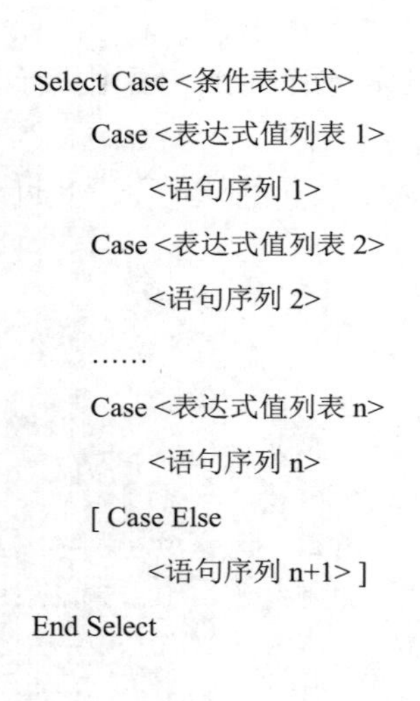

```
Select Case <条件表达式>
    Case <表达式值列表 1>
        <语句序列 1>
    Case <表达式值列表 2>
        <语句序列 2>
    ……
    Case <表达式值列表 n>
        <语句序列 n>
    [ Case Else
        <语句序列 n+1> ]
End Select
```

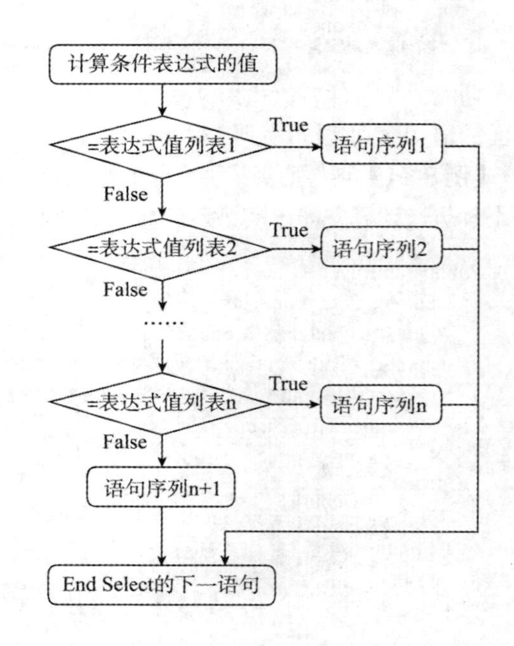

说明：

① 先计算 Select Case 后<条件表达式>的值，然后从上到下依次检查该值与哪一个 Case 字句中的“表达式值列表”相匹配；如果找到，则执行该 Case 子句下的语句序列，然后跳转到 End Select 执行后面的语句；如果没有找到，则执行 Case Else 子句下的语句序列，然后执行 End Select 后面的语句。

② Select Case 与 End Select 必须成对出现。

③ Case Else 是可选项，根据实际情况可以省略。

④ Select Case 后的<条件表达式>与 Case 后的<表达式值列表>的数据类型必须相同。

⑤ 如果 Select Case 后的<条件表达式>满足多个 Case 的<表达式值列表>，则只有第一个符合条件的 Case 语句被执行。

⑥ Case 后的<表达式值列表>可以是下列情况之一：

- 单一数值(例如 Case 1)或一行并列的数值，用逗号隔开(例如 Case 1,3,5)。
- 用关键字 To 指定值的范围(例如 Case "a" To "z")。
- 用关键字 Is 指定条件(例如 Case Is >= 15)。

【例 8-26】超市优惠活动规则是：买满 300 元 9 折，买满 600 元 8.5 折，买满 1000 元以上 8 折。根据购物情况计算出实际付款金额。语句如下：

```
Public Sub Discount()
    Dim money As Single
    money = Val(InputBox("请输入所购商品金额"))
    Select Case money
        Case Is >= 1000
            money = money * 0.8
        Case Is >= 600
            money = money * 0.85
        Case Is >= 300
            money = money * 0.9
    End Select
    MsgBox "实际付款金额为：" & money
End Sub
```

【例 8-27】使用 Select Case 语句来判断键盘输入的字符是何种类型的字符。语句如下：

```
Public Sub GetKeyType()
    Dim key As String
    key = InputBox("请输入任意一个字符")
    Select Case key
        Case "A" To "Z"
            Debug.Print "输入的字符是大写字母"
        Case "a" To "z"
            Debug.Print "输入的字符是小写字母"
        Case "0" To "9"
            Debug.Print "输入的字符是数字 "
        Case "!", "?", ".", ";", ",", ":"
            Debug.Print "输入的字符是标点符号"
        Case " "
            Debug.Print "输入的是空格"
        Case Else
            Debug.Print "输入的是其他字符"
    End Select
End Sub
```

本例要注意：能区分字母大小写的前提是在模块的声明区域不能有语句 Option Compare Database。

8.6.3 循环结构

视频 8-15 循环结构

循环结构允许重复执行一组程序代码。顺序结构和选择结构中的每条语句一般只执行一次，但在实际应用中，有时需要重复执行某段语句，使用循环语句可以达到此功能。VBA 提供了 For 语句、While 语句和 Do 语句来实现循环结构，可以根据实际问题进行选择。

1. For ⋯ Next 循环结构

For 循环主要用于循环次数确定的情况。完整的语句格式及其流程如下：

```
For 循环变量=初值 To 终值 [Step 步长]
    循环体语句序列
Next [循环变量]
```

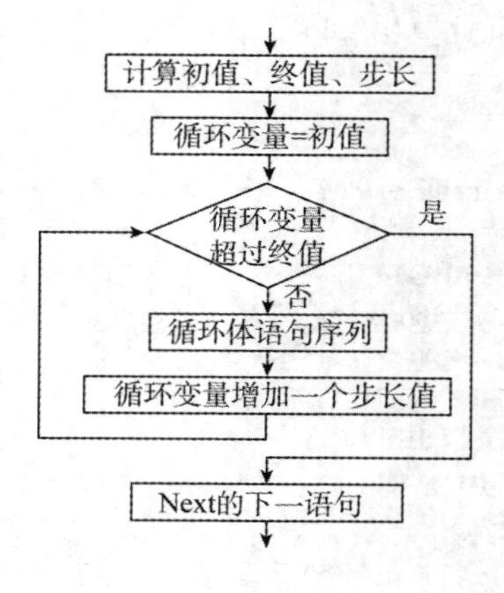

说明：

① For 和 Next 必须成对出现。

② Next 后的循环变量可省略不写。

③ 每次循环结束后(即遇到 Next 语句)，循环变量自行增加一个步长值，即：

循环变量 = 循环变量 + 步长。

④ 循环体的执行次数由初值、终值和步长三个因素确定，计算公式为：

循环次数 = Int((终值-初值)/步长)+1

⑤ 步长缺省时，默认值为 1。步长可以是任意的正数或负值。当步长为正数时，初值应小于等于终值；步长为负数时，初值应大于等于终值。步长不能为 0，否则将造成“死循环”或循环一次都不执行。

⑥ 循环体内可用 Exit For 语句强制退出循环。

【例 8-28】计算 10 的阶乘，即计算 1×2×3×⋯×10 的值。语句如下：

```
Public Sub Factorial()
    Dim p As Long
    p = 1
    For i = 1 To 10
        p = p * i
    Next i
    Debug.Print "10 的阶乘为: " & p
End Sub
```

【例 8-29】求自然数 1～100 的和，即计算 1+ 2 + 3+⋯+100 的值。语句如下：

```
Public Sub Sum1()
    Dim sum As Integer, i As Integer
    sum = 0
    For i = 1 To 100 Step 1
        sum = sum + i
    Next i
    Debug.Print "1~100 的和 = " & sum
End Sub
```

2. While ⋯ Wend 循环结构

While 语句是根据给定条件控制循环，而不是根据循环次数。完整的语句格式及其流程如下：

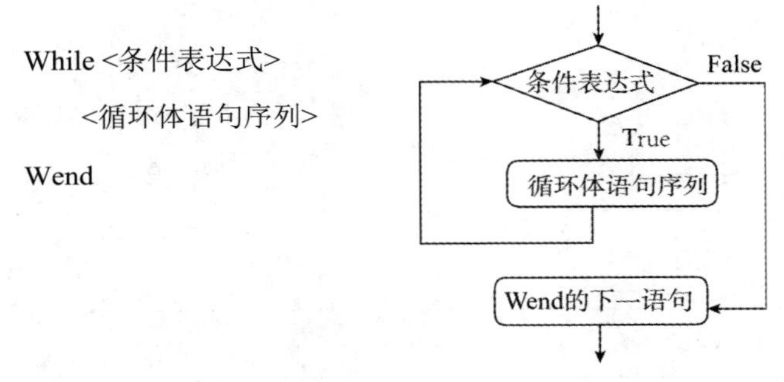

说明：

① 先计算条件表达式的值，如果值为真，则执行循环体语句，然后再继续判断条件表达式的值。如果表达式的值为假，则跳出循环执行 Wend 的下一语句。

② While 和 Wend 必须成对出现。

③ While 语句本身不能修改循环条件，故应在循环体内增加相应语句，使得循环能趋于结束，避免死循环。

【例 8-30】使用 While 语句求自然数 1～100 的和。

```
Public Sub Sum2()
    Dim sum As Integer, i As Integer
    sum = 0
    i = 1
    While i <= 100
        sum = sum + i
        i = i + 1
    Wend
    Debug.Print "1~100 的和 = " & sum
End Sub
```

3. Do ⋯ Loop 循环结构

Do 循环语句可以先判断条件后执行循环体，也可以先执行循环体后判断条件。Do 循环语句有四种格式，语句格式及其流程图如表 8-20 所示。

表 8-20　Do 循环语句的格式

语句格式	流程图	说明
Do [While <条件>] <循环体语句序列> Loop	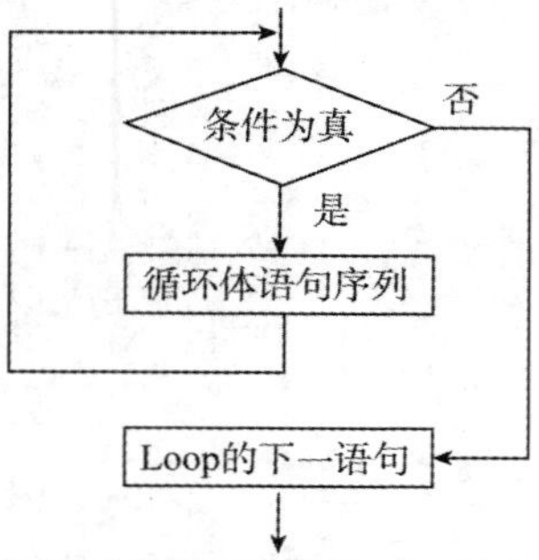 条件为真 否 是 循环体语句序列 Loop的下一语句	当条件为 True 时，执行循环体内语句；当条件为 False 时退出循环，并执行 Loop 后面的语句。首次执行 Do While 语句时，如果条件不成立，则循环体内的语句一次也不执行
Do [Until <条件>] <循环体语句序列> Loop	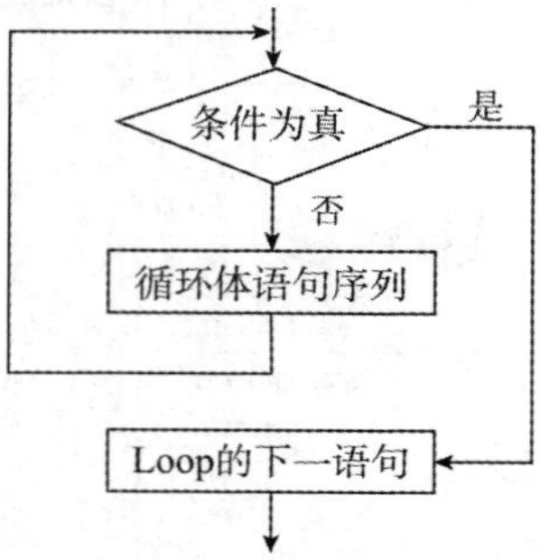 条件为真 是 否 循环体语句序列 Loop的下一语句	当条件为 False 时，执行循环体内语句；条件为 True 退出循环，执行 Loop 后面的语句
Do <循环体语句序列> Loop While <条件>	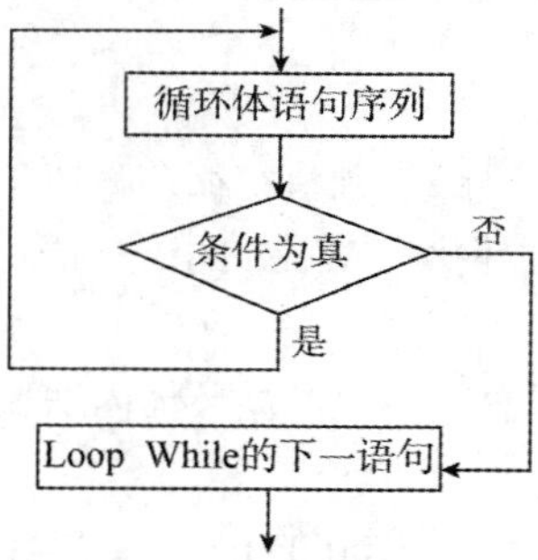 循环体语句序列 条件为真 否 是 Loop While的下一语句	先执行循环体内语句，当程序执行到 Loop While 语句时判断条件的值，如果值为 True，就返回到 Do 语句，再次执行循环体内的语句；若条件表达式的值为 False，则退出循环
Do <循环体语句序列> Loop Until <条件>	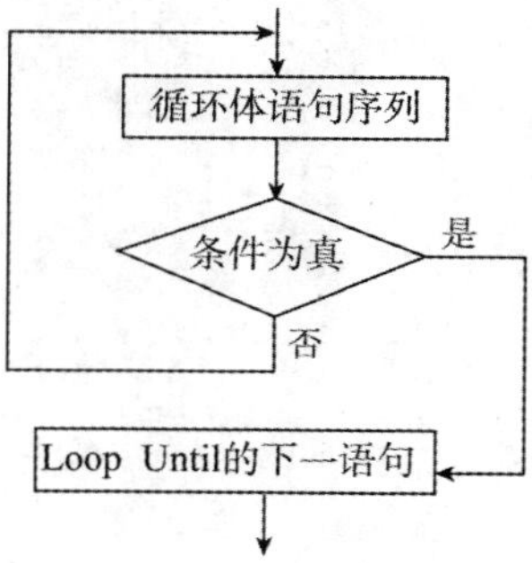 循环体语句序列 条件为真 是 否 Loop Until的下一语句	先执行循环体内语句，当程序执行到 Loop Until 语句时判断条件的值，如果值为 False，就返回到 Do 语句，再次执行循环体内的语句；如果条件表达式的值为 True，则退出循环

【例 8-31】使用 Do While…Loop 语句求自然数 1～100 的和。语句如下：

```
Public Sub Sum3()
```

```
    Dim sum As Integer, i As Integer
    sum = 0
    i = 1
    Do While i <= 100
        sum = sum + i
        i = i + 1
    Loop
    Debug.Print "1~100 的和 = " & sum
End Sub
```

【例 8-32】使用 Do Until…Loop 语句计算 10 的阶乘。语句如下：

```
Public Sub Factorial2()
    Dim i As Integer
    Dim p As Long
    i = 1
    p = 1
    Do Until i > 10
        p = p * i
        i = i + 1
    Loop
    Debug.Print "10 的阶乘为: " & p
End Sub
```

【例 8-33】使用 Do…Loop While 语句计算 100 以内所有奇数之和。语句如下：

```
Public Sub Sum4()
    Dim sum As Integer, i As Integer
    i = 1
    sum = 0
    Do
        If i Mod 2 = 1 Then sum = sum + i
        i = i + 1
    Loop While i <= 100
    Debug.Print "1~100 的奇数和 = " & sum
End Sub
```

【例 8-34】使用 do ... loop Until 语句求自然数 1～100 的和。语句如下：

```
Public Sub Sum5()
    Dim sum As Integer, i As Integer
    sum = 0
    i = 1
    Do
        sum = sum + i
        i = i + 1
    Loop Until i > 100
    Debug.Print "1~100 的和 = " & sum
End Sub
```

4. 提前退出循环

如果在循环过程中遇到了错误，或者任务已经完成，没有必要作更多的循环，可以提前跳出循环，而不必等到条件正常结束。VBA 使用 Exit 语句来提前退出循环。

(1) Exit For 语句：用于立即退出 For … Next 循环。

(2) Exit Do 语句：用于立即退出任何 Do … Loop 循环。

8.7 过程

视频 8-16 过程

设计一个规模较大、复杂度高的程序时，往往需要按照功能将程序分解成若干个相对独立的部分，然后对每个部分编写代码来完成特定的功能，这些独立的程序代码称为“过程”。如图 8-18 所示，主过程运行时需要调用另外一个过程来实现某个功能，于是跳转到被调用过程中执行，当被调用过程执行完毕后，再返回到主过程中调用该过程的下一句，继续往下执行，直到主过程结束。

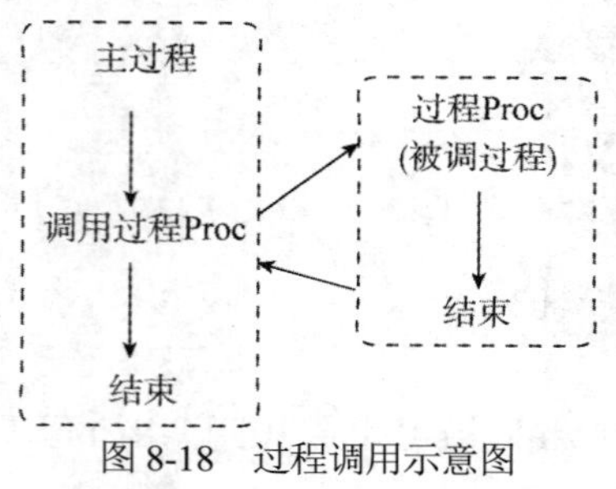

图 8-18 过程调用示意图

8.7.1 过程的定义与调用

VBA 中的过程分为两种：Sub 过程(子过程)和 Function 过程(函数过程)。这两种过程的定义格式、调用格式和创建方法在“8.2.3 模块的组成”一节中有介绍，详见表 8-2 和表 8-3。

Sub 过程还可以细分为子程序过程和事件过程，关于事件过程在“8.4.1 对象”一节中有详细介绍。

8.7.2 过程的作用范围

过程可被访问的范围称为过程的作用范围，也称为过程的作用域。过程的作用范围分为两种：公共的(Public)和私有的(Private)。

(1) 公共的过程定义时在 Sub 或 Function 前加关键字 Public(可以省略)，作用范围是整个应用程序，即当前数据库中任何模块的过程都可调用该过程。

(2) 私有的过程定义时在 Sub 或 Function 前加关键字 Private，作用范围是它所在的模块内，即只能被其所在模块的其他过程调用。

8.7.3 参数传递

在调用过程时，主过程和被调过程之间一般都有数据传递，即主过程可以把数据传递给被调过程，也可以把被调过程中的数据传递回主过程。VBA 中使用参数来实现过程间的数据传递。参数有两种：形式参数和实际参数。

(1) 形式参数(简称形参)：指接收数据的变量。在定义过程时指定数据类型，各个变量之间用逗号隔开。

(2) 实际参数(简称实参)：指在调用过程时，传递给过程的常量、变量或表达式。

调用过程时，实参被插入对应形参变量处，第一个形参接收第一个实参的值，第二个形参接收第二个实参的值，依次类推，完成形参与实参的数据传递。

例如例 8-1 的 Squre 过程，如图 8-19 所示，在定义过程 Squre 时，指定了 Squre 过程有两个形参，分别是 r 和 s，同时指定了形参的数据类型。形参在被过程调用前，既不占用实际的存储空间也没有值，仅代表数据传递的规则。当 Main 过程要调用 Squre 过程时，需要传递实际参数给 Squre 过程，因此传递一个直接常量 1 给第一个形参，传递一个单精度型变量 s 给第二个形参(注意，这里的实参和形参虽然名字都是 s，但具有完全不同的含义和作用)，此时形参才真正被赋予了存储空间和值。

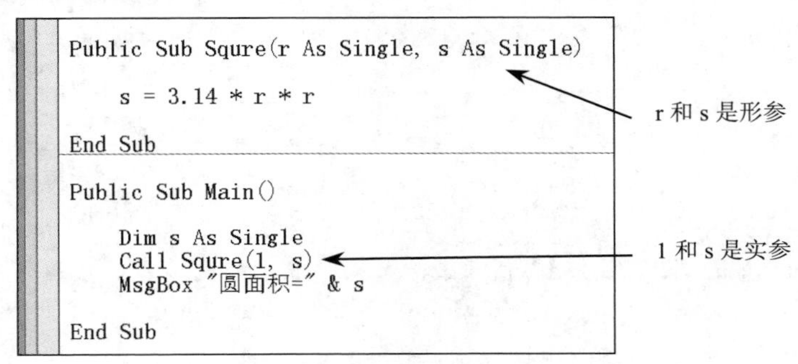

图 8-19　实参和形参示例

在 VBA 中，实参与形参的传递方式有两种：传址方式和传值方式。

1. 传址方式

传址方式是将实参在内存的地址传递给形参，从而使形参与实参占用相同的内存单元，于是被调过程对形参的操作也就是对实参的操作，形参值的改变也就是实参值的改变。

传址方式的两个前提是：

(1) 定义过程时，形参前面加 ByRef 关键字，或省略 ByRef。

(2) 调用过程时，实参是变量名、数组元素或数组名。

2. 传值方式

传值方式是将实参的值传递给形参，而后实参便与被调过程无关系，被调过程对形参的任何操作不会影响到实参，主调过程对被调过程的数据传递是单向的。

以下任一情形均是传值方式：

(1) 定义过程时，形参用 ByVal 关键字加以说明。

(2) 调用过程时，实参是常量或表达式。

【例 8-35】传址方式举例。

```
Public Sub Plus1(x As Integer)      '被调用过程，括号内也可写成 ByRef x As Integer
    x = x + 100
    Debug.Print "Plus1 过程中形参 x 的值= " & x
End Sub
```

```
Public Sub Main1()              '主过程
    Dim a As Integer
    a = 200
    Call Plus(a)
    Debug.Print "Main1 过程中实参 a 的值= " & a
End Sub
```

运行 Main1 过程，在立即窗口得到显示结果如下：

Plus1 过程中形参 x 的值= 300

Main1 过程中实参 a 的值= 300

【例 8-36】传值方式举例。

```
Public Sub Plus2(ByVal x As Integer) '被调用过程
    x = x + 100
    Debug.Print "Plus2 过程中形参 x 的值= " & x
End Sub

Public Sub Main2()              '主过程
    Dim a As Integer
    a = 200
    Call Plus2(a)
    Debug.Print "Main2 过程中实参 a 的值= " & a
End Sub
```

运行 Main2 过程，在立即窗口得到显示结果如下：

Plus2 过程中形参 x 的值= 300

Main2 过程中实参 a 的值= 200

8.8 思考与练习

8.8.1 思考题

1. 什么是类模块和标准模块？它们有何区别？
2. 在 VBA 程序中，变量命名应遵循的基本原则是什么？
3. VBA 程序具有哪几种程序流程控制结构？有哪些流程控制语句？
4. 什么是事件过程？
5. 子过程和函数过程的调用有何区别？在参数传递上有何异同？

8.8.2 选择题

1. 下列关于 VBA 面向对象的叙述中，正确的是(　　)。
   A. 方法是对事件的响应
   B. 可以由程序员定义方法
   C. 触发相同的事件可以执行不同的事件过程
   D. 每种对象的事件集都是不同的

2. 下列关于模块的叙述中，错误的是(　　)。
   A. 模块是 Access 系统中的一个重要对象
   B. 模块以 VBA 语言为基础，以子过程和函数过程为存储单元
   C. 模块有两种基本类型：标准模块和类模块
   D. 窗体模块和报表模块都是标准模块
3. 在 VBA 中要打开名为“超市管理系统”的窗体，应使用的语句是(　　)。
   A. DoCmd.OpenForm "超市管理系统"　　B. OpenForm "超市管理系统"
   C. DoCmd.OpenWindow "超市管理系统"　D. OpenWindow "超市管理系统"
4. 在 VBA 中，类型符“%”表示(　　)数据类型。
   A. 整型　　B. 长整型　　C. 单精度型　　D. 双精度型
5. Dim x! 用于声明变量 x 为(　　)。
   A. 整型　　B. 长整型　　C. 字符型　　D. 单精度型
6. 以下(　　)是合法的变量名。
   A. x&yz　　B. 5y　　C. xyz1　　D. Dim
7. 如果变量定义在模块的过程内部，当过程代码执行时才可见，则这种变量的作用域为(　　)。
   A. 局部范围　　B. 模块范围　　C. 全局范围　　D. 程序范围
8. 下列程序段中(　　)无法实现求两数中最小值。
   A. If x < y Then Min = x Else Min = y
   B. Min = x
      If y < x Then Min = y
   C. If y < x Then Min = y
      Min = x
   D. Min = IIf(x <= y, x, y)
9. 下列关于过程的叙述中，错误的是(　　)。
   A. 可以在子过程的过程体中使用 Exit Sub 强制退出子过程
   B. 可以在函数过程的函数体中使用 Exit Function 强制退出函数过程
   C. 过程的定义不可以嵌套，但过程的调用可以嵌套
   D. 函数过程的返回值类型为变体型，在调用时由运行过程决定
10. 有如下函数，F(5,6)+F(7,8)的值为(　　)。

```
Function F(a As Integer, b As Integer) As String
   F = a * b
End Function
```

   A. 5678　　B. 3056　　C. 86　　D. 94
11. 执行下面程序段后，变量 Result 的值为(　　)。

```
a = 6
b = 4
c = 6
If (a = b) Or (a = c) Or (b = c) Then
```

```
    Result = "Yes"
Else
    Result = "No"
End If
```

A. False　　B. Yes　　C. No　　D. True

12. 设有以下循环结构

```
Do
    循环体
Loop While 条件
```

对该循环结构的叙述中，正确的是(　　)。

A. 如果“条件”值为“假”，则一次循环体也不执行

B. 无论“条件”值是否为“假”，则至少执行一次循环体

C. 如果“条件”值为“真”，则退出循环体

D. 无论“条件”值是否为“真”，则至多执行一次循环体

13. 下列程序段中，语句 MsgBox i 将执行(　　)次。

```
For i = 1 To 8 Step 2
  MsgBox i
Next i
```

A. 0　　B. 4　　C. 5　　D. 8

14. 执行下列程序段后，变量 Result 的值为(　　)。

```
v = 75
Select Case v
Case Is < 60
    Result = "不合格"
Case 60 To 74
    Result = "合格"
Case 75 To 84
    Result = "中等"
Case Else
    Result = "优良"
End Select
```

A. 不合格　　B. 合格　　C. 中等　　D. 优良

15. 二维数组 A(1 to 3, 1 to 4)中有(　　)个元素。

A. 12　　B. 3　　C. 4　　D. 20

16. 函数 Mid("EFGABCD",2,3)的返回值是(　　)。

A. FGA　　B. BCD　　C. CDE　　D. ABC

17. 过程定义语句 Private Sub Test(ByRef m As Integer, ByVal n As Integer)中变量 m, n 分别实现(　　)的参数传递。

A. 传址，传址　　B. 传值，传值　　C. 传址，传值　　D. 传值，传址

第9章

VBA数据库访问技术

在实际应用开发中，要设计出功能强大且操作灵活的数据库应用系统，需要掌握数据库访问接口技术。使用数据库访问接口技术，除了可以更加快速、有效地管理好数据以外，还能从根本上将最终用户与数据库对象隔离开来，避免最终用户直接操作数据库对象，从而加强数据库的安全，保证数据库系统的可靠运行。在 VBA 中可以使用数据库访问接口来实现对本地或远程数据库的访问和操作。本章以前面章节创建的“小型超市管理系统”为基础，介绍常用的数据库访问接口技术及数据访问接口 ADO 的 Connection 对象、Recordset 对象和 Command 对象的使用方法。

本章要点

- Connection 对象的创建、打开、关闭和释放
- Recordset 对象的创建、数据获取、关闭和释放
- 利用 Recordset 对象的属性和方法实现对记录集的数据操作
- Command 对象的创建、设置和释放

视频 9-1 VBA 数据库访问技术

本章知识结构如图 9-1 所示。

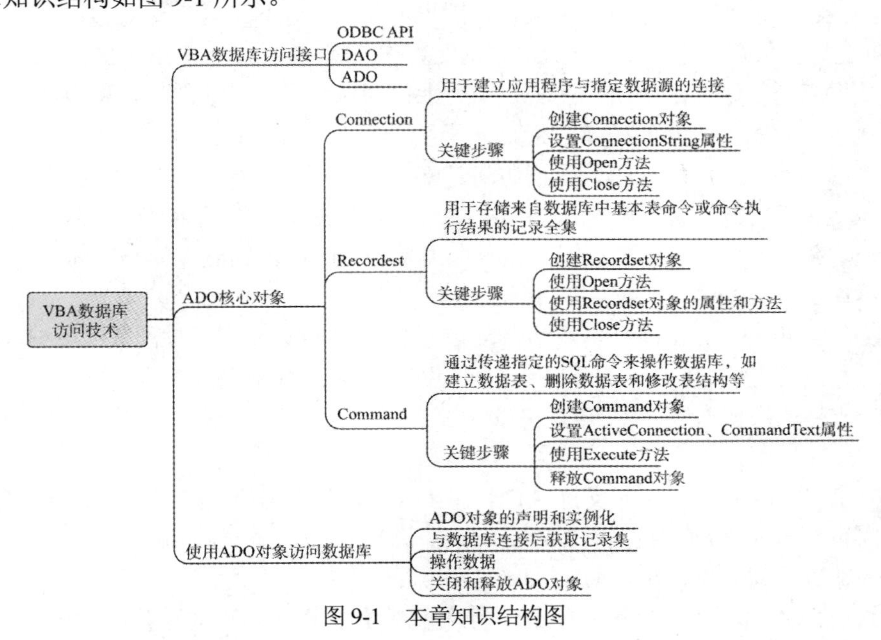

图 9-1　本章知识结构图

9.1 常用的数据库访问接口技术

每种数据库的数据格式和内部实现机制都是不同的，要使用一种应用程序访问一种数据库，就必须通过一种中介程序，这种应用程序与数据库之间的中介程序叫作数据库引擎(Database Engine)。Microsoft Office VBA 是通过 Microsoft Jet 数据库引擎工具来实现对数据库的访问，Microsoft Jet 数据库引擎实际上是一组动态链接库(DLL)，当 VBA 程序运行时被连接到应用程序从而实现对数据库数据的访问功能。数据库引擎是应用程序与物理数据库之间的桥梁，是一种通用的数据库访问接口技术，不论是访问关系数据库还是非关系数据库，也不论是访问本地数据库还是远程数据库，应用程序都可以通过数据库引擎使用相同的数据访问与处理方法来访问各种类型的数据库，如图 9-2 所示。

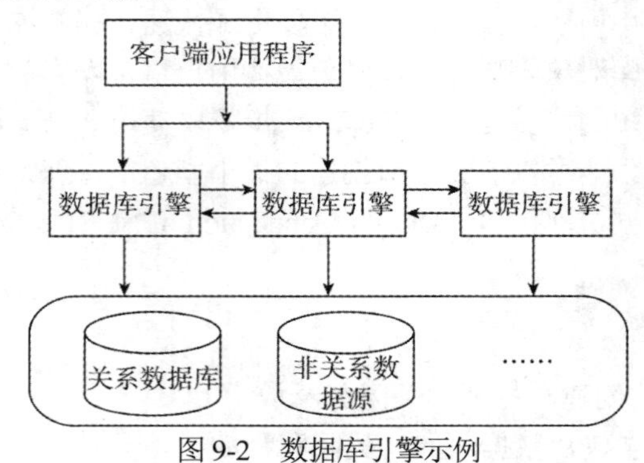

图 9-2　数据库引擎示例

在 Microsoft Office VBA 中主要提供了三种数据库访问接口。

(1) ODBC API(Open Database Connectivity API，开放数据库互连应用程序接口)。ODBC 基于 SQL 为关系数据库编程提供统一的接口，用户可通过它对不同类型的关系数据库进行操作。ODBC API 允许对数据库进行比较接近底层的配置和控制，在 Access 应用中，要直接使用 ODBC API 访问数据库则需要大量 VBA 函数原型声明和一些烦琐的、底层的编程，因此在实际编程中很少直接进行 ODBC API 的访问。

(2) DAO(Data Access Objects，数据访问对象)。DAO 是 Office 早期版本提供的编程模型，既提供了一组基于功能的 API 函数，也提供了一个访问数据库的对象模型。在 Access 数据库应用程序中，开发者可利用其中定义的如 Database、QueryDef、RecordSet 等一系列数据访问对象，实现对数据库的各种操作。

(3) ADO(ActiveX Data Objects，动态数据对象)。ADO 是基于组件的数据库编程接口，它是一个与编程语言无关的 COM 组件系统，可以对来自多种数据提供者的数据进行操作。ADO 是对微软所支持的数据库进行操作的最有效和最简单直接的方法，是一种功能强大的数据访问编程模式。

Microsoft Access 2016 同时支持 ADO 和 DAO 两种数据访问接口。本书重点介绍 ADO (ActiveX Data Objects，动态数据对象)的用法。

与其他数据访问接口相比，ADO 具有下列优点：

① ADO 能够访问各种支持 OLE DB 的数据源，包括数据库和文本文件、电子表格、电子

邮件等数据源。

② ADO 采用了 ActiveX 技术，与具体的编程语言无关，任何使用如 VC++、Java、VB、Delphi 等高级语言编写的应用程序，都可以使用 ADO 来访问各类数据源。

③ ADO 将访问数据源的复杂过程抽象成几个易于理解的具体操作，并由实际对象来完成，因而使用起来简单方便。

④ ADO 对象模型简单易用，速度快，资源开销和网络流量少，在应用程序和数据源之间使用最少的层数，为应用程序和数据源之间提供了轻便、快捷、高性能的接口。

⑤ ADO 属应用层(高层)的编程接口，也可以在各种脚本语言(Script)中直接使用，特别适合于各种客户机/服务器应用系统和基于 Web 的应用，尤其在脚本语言中访问 Web 数据库是 ADO 的一大优势。

9.2 数据访问接口 ADO

ADO 对象模型是对 ADO 对象集合的完整概括，ADO 对象模型图如图 9-3 所示，图中列出了三个最核心的 ADO 对象(分别是 Connection、Command 和 Recordset)，是应用程序访问数据库时最常用的对象，每个 ADO 对象都附带一个属性和方法集合。Connection(连接)对象实现应用程序与数据源的连接；Command(命令)对象的主要作用是在 VBA 中通过 SQL 语句访问、查询数据库中的数据；Recordset(记录集)对象用作存储访问表和查询对象返回的记录，使用 Recordset 对象可以浏览记录、修改记录、添加新记录或者删除特定记录。这三个对象之间互有联系。

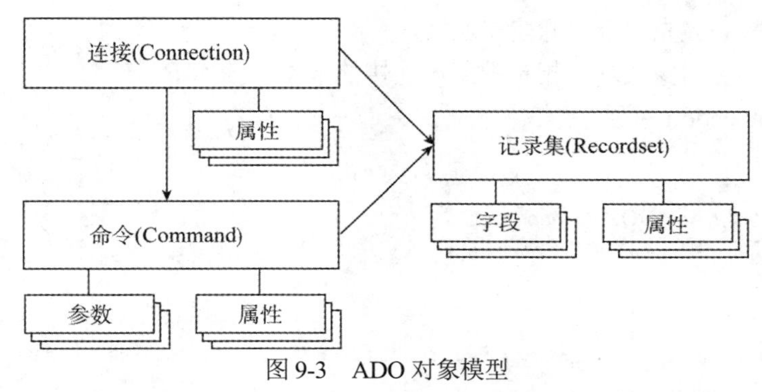

图 9-3　ADO 对象模型

(1) Command 对象和 Recordset 对象依赖于 Connection 对象的连接。

(2) Command 对象结合 SQL 命令可以取代 Recordset 对象，但远没有 Recordset 对象灵活、实用。

(3) Recordset 对象只能实现数据表的记录操作，无法完成表和数据库的数据定义操作。数据定义操作一般需通过 Command 对象用 SQL 命令完成。

ADO 是采用面向对象方法设计的，ADO 各个对象的定义都被集中在 ADO 类库中。在 VBA 中要使用 ADO 对象，首先要引用 ADO 类库。图 9-4 显示了“引用”对话框(通过在 VBA 编辑器窗口中选择“工具”→“引用”打开)，选定了 ADO 类库(Microsoft ActiveX Data Objects 6.1 Library)。不同计算机安装的 ADO 类库的具体版本可能会有所不同，设置时应根据实际环境提供的版本选择相应的 ADO 类库。

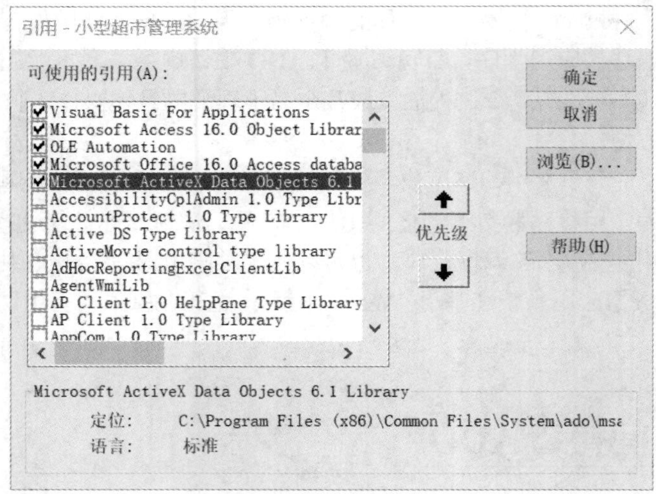

图 9-4 引用 ADO 类库

注意：

在本章的代码示例中，所有 ADO 对象变量都作为 ADODB 对象类型进行引用，避免 Access 对于 VBA 语句引用的对象类型可能产生的任何不明确之处。

9.2.1 Connection 对象

顾名思义，Connection(连接)对象就是用于建立应用程序与指定数据源的连接。在执行任何数据操作之前，都必须先与数据源建立连接。

使用 Connection 对象实现与指定数据源连接的基本步骤如下。

(1) 创建 Connection 对象。

语句语法：

```
Dim 连接对象变量 As ADODB.Connection
Set 连接对象变量= New ADODB.Connection
```

举例：

```
Dim conn As ADODB.Connection
Set conn = New ADODB.Connection
```

在第一个语句中，使用 ADODB.Connection 对象类型声明了一个对象变量(conn)，这意味着 VBA 会将 conn 识别为 Connection，但此时 conn 只是一个占位符，在内存中还没有存在。第二个语句对 conn 对象变量进行实例化，VBA 将在计算机的内存中创建一个 Connection 对象，将 conn 变量指向内存中的对象，并准备使用它。

(2) 设置 Connection 对象的 ConnectionString 属性，用以设置要连接的数据源信息。

语句语法：

```
连接对象变量.ConnectionString = " 参数 1 =参数 1 值; 参数 2 =参数 2 值; … "
```

举例：

```
conn.ConnectionString = CurrentProject.Connection
```

上面例句提供的 CurrentProject.Connection 实际上是一个长字符串，字符串包含所需的当前数据库的所有信息，下面提供 CurrentProject.Connection 较为完整的信息(为使排版清晰，增加了换行符，且省略了一些路径信息)：

```
Provider=Microsoft.ACE.OLEDB.12.0;
User ID=Admin;
Data Source=C:\…\小型超市管理系统.accdb;
Mode=Share Deny None;Extended Properties="";
Jet OLEDB:System database=C:\…\Microsoft\Access\System.mdw;
Jet OLEDB:Registry Path=Software\Microsoft\…\Access Connectivity Engine;
Jet OLEDB:Database Password="";
Jet OLEDB:Engine Type=6;
Jet OLEDB:Database Locking Mode=1;
Jet OLEDB:Global Partial Bulk Ops=2;
Jet OLEDB:Global Bulk Transactions=1;
Jet OLEDB:New Database Password="";
Jet OLEDB:Create System Database=False;
Jet OLEDB:Encrypt Database=False;
Jet OLEDB:Don't Copy Locale on Compact=False;
Jet OLEDB:Compact Without Replica Repair=False;
Jet OLEDB:SFP=False;
Jet OLEDB:Support Complex Data=True;
Jet OLEDB:BypassUserInfo Validation=False
```

实际上以上内容远远超过设置 ConnectionString 属性时所需设置的参数内容。如果要访问的数据库并不是当前数据库，可以修改 Data Source 部分，Data Source 部分指向需要访问的数据库文件的路径。由于 ConnectionString 属性的参数设置较为灵活，建议读者多参考有关资料，本节不再一一列举。

(3) 打开 Connection 对象，实现应用程序与数据源的物理连接。

语句语法：

```
连接对象变量.Open ConnectionString, UserID, Password
```

举例：

```
conn.Open
```

上例中，由于之前已经设置过 ConnectionString 属性，而且所设置的字符串 CurrentProject.Connection 已经包含了 UserID 和 Password 信息，因此 Open 方法后的参数可以省略。

(4) 对数据源的操作结束后，关闭并释放 Connection 对象，从而节省系统和内存资源。

语句语法：

```
连接对象变量.Close
Set 连接对象变量= Nothing
```

举例：

```
conn.Close
Set conn = Nothing
```

第一个语句中，使用 Connection 对象的 Close 方法可以实现应用程序与数据源的物理断开，第二个语句实现将 Connection 对象从内存中释放。

【例 9-1】创建一个子过程，实现功能是：与当前数据库建立连接后，打印输出 Connection 对象的 Provider 属性，然后关闭并释放 Connection 对象。

实现代码如下：

```
Public Sub OpenConnection()
    Dim conn As ADODB.Connection
    Set conn = New ADODB.Connection
    conn.ConnectionString = CurrentProject.Connection
    conn.Open
    Debug.Print conn.Provider
    conn.Close
    Set conn = Nothing
End Sub
```

运行子过程 OpenConnection，在立即窗口中打印输出 Microsoft.ACE.OLEDB.12.0。

9.2.2 Recordset 对象

Recordset(记录集)用于存储来自数据库中基本表命令或命令执行结果的记录全集。Recordset 是一个对象，它的数据在逻辑上由每行的记录和每列的字段组成。Recordset 具有特定的属性和方法，利用这些属性和方法可以在应用程序中完成对数据源的几乎所有操作。

使用 Recordset 对象实现获取数据或修改数据源的基本步骤如下。

(1) 创建 Recordset 对象。

语句语法：

```
Dim 记录集对象变量 As ADODB.Recordset
Set  记录集对象变量= New ADODB.Recordset
```

举例：

```
Dim rs As ADODB.Recordset
Set rs = New ADODB.Recordset
```

在第一个语句中，使用 ADODB.Recordset 对象类型声明了一个对象变量 rs，这意味着 VBA 会将 rs 识别为 Recordset，但此时 rs 只是一个占位符，在内存中还没有存在。第二个语句对 rs 对象变量进行实例化，VBA 将在计算机的内存中创建一个 Recordset 对象(后面的步骤中提及的“记录集”均是指这个已经实例化的 Recordset 对象)，将 rs 变量指向内存中的对象，并准备使用它。

(2) 从数据源获取数据填充 Recordset 对象。

可以通过 Recordset 对象的 Open 方法来获取指定数据源的数据，并把数据填充到 Recordset 对象(记录集)中。

语句语法：

```
记录集对象变量.Open Source, ActiveConnection, CursorType, LockType
```

举例：

```
rs.Open "Select * From 商品 Where 类别='饮品'", CurrentProject.Connection, 2, 2
```

Open 方法的四个参数说明如下。

① Source：代表数据源，可以是有效的 Connection 对象变量、SQL 语句或数据库表名等。

② ActiveConnection：可以是有效的 Connection 对象变量，或包含 ConnectionString 参数的连接字符串。

③ CursorType：用以确定打开 Recordset 对象时应使用的游标类型。如果取值 2，代表游标可以在记录集中向前或向后移动，且允许查看其他用户所做的添加、更新或删除记录。

④ LockType：用以确定打开 Recordset 对象时应使用的锁定类型，如果取值 2，代表编辑记录时立即锁定数据源的记录。

上例中，第一个参数 Source 赋值字符串"Select * From 商品 Where 类别='饮品'"，是 SQL 语句，代表从数据库的“商品”表中筛选出类别是饮品的记录(“*”号代表获取所有字段)，把筛选出的这些记录数据填充到记录集中。第二个参数 ActiveConnection 赋值 CurrentProject.Connection，代表与当前数据库建立连接。如图 9-5 所示，记录集(Recordset 对象)的数据在逻辑上如同一张表，由行(记录)和列(字段)组成，数据均来自指定数据库的指定表中。

商品编号	商品名称	规格	类别	库存	零售价
S2018010201	凉茶	250ml	饮品	810	¥2.40
S2018010202	可口可乐	355ml	饮品	91	¥2.50
S2018010203	雪碧	355ml	饮品	145	¥2.50
S2018010204	矿泉水	550ml	饮品	121	¥1.30
S2018010205	冰红茶	490ml	饮品	150	¥2.40
S2018010206	黑芝麻汤圆	800g	速冻品	147	¥14.90
S2018010207	猪肉水饺	千克	速冻品	100	¥18.20
S2018010208	山东馒头	280g	速冻品	86	¥39.90
S2018010209	肉粽	960g	速冻品	100	¥74.90
S2018010210	叉烧包	270g	速冻品	50	¥22.00
S2018010211	牙膏	225g	日用品	20	¥16.90
S2018010212	拖鞋	均码	日用品	20	¥12.90
S2018010213	衣架	40支	日用品	20	¥29.90
S2018010214	雨伞	三折伞	日用品	20	¥45.00
S2018010215	玻璃水杯	500ml	日用品	20	¥39.00
S2018010216	电饭煲	3L	电器	10	¥169.00
S2018010217	电热水壶	1.5L	电器	2	¥89.00
S2018010218	高压锅	4L	电器	89	¥219.00
S2018010219	空调	1.5匹	电器	41	¥4,299.00
S2018010220	高清电视机	58英寸	电器	7	¥2,799.00

当前数据库中的表“商品”

使用 Recordset 对象的 Open 方法获得所需数据，然后填充到记录集中

商品编号	商品名称	规格	类别	库存	零售价
S2018010201	凉茶	250ml	饮品	810	2.40
S2018010202	可口可乐	355ml	饮品	91	2.50
S2018010203	雪碧	355ml	饮品	145	2.50
S2018010204	矿泉水	550ml	饮品	121	1.30
S2018010205	冰红茶	490ml	饮品	150	2.40

内存中的记录集(Recordset 对象)

图 9-5　记录集的逻辑数据示例

(3) 对记录集的操作结束后，关闭并释放 Recordset 对象，从而节省系统和内存资源。

语句语法：

```
记录集对象变量.Close
Set 记录集对象变量= Nothing
```

举例：

```
rs.Close
Set rs= Nothing
```

第一个语句中，使用 Recordset 对象的 Close 方法可以关闭一个已经打开的 Recordset 对象，第二个语句实现将 Recordset 对象从内存中释放。

【例 9-2】创建一个子过程，利用 Recordset 对象获取来自当前数据库(即“小型超市管理系统.accdb”)中“商品”表的类别是饮品的记录。

实现方法有两种：

方法一：利用 Connection 对象与指定数据库建立连接，再利用 Recordset 对象获取数据。

```
Public Sub OpenRecordset1 ()
    Dim conn As ADODB.Connection
    Dim rs As ADODB.Recordset
    Set conn = New ADODB.Connection
    Set rs = New ADODB.Recordset
    conn.ConnectionString = CurrentProject.Connection
    conn.Open
    rs.Open "Select * From 商品 Where 类别='饮品'", conn, 2, 2
    '……此处一般是操作记录集代码，先省略
    rs.Close
    Set rs = Nothing
    conn.Close
    Set conn = Nothing
End Sub
```

方法二：直接使用 Recordset 对象与数据库建立连接，然后获取数据。

```
Public Sub OpenRecordset2()
    Dim rs As ADODB.Recordset
    Set rs = New ADODB.Recordset
    rs.Open "Select * From 商品 Where 类别='饮品'", CurrentProject.Connection, 2, 2
    '……此处一般是操作记录集代码，先省略
    rs.Close
    Set rs = Nothing
End Sub
```

在数据库应用程序开发过程中，开发人员可充分利用 Recordset 对象的属性和方法来实现对记录集的数据操作，从而实现从数据库获取数据或更新数据库中的数据。表 9-1 罗列了 Recordset 对象常用的属性和方法。

表 9-1　Recordset 对象常用属性和方法

操作	语法	说明
引用记录集的字段	记录集对象变量.Fields(字段名).Value 可简化为：记录集对象变量(字段名)	引用记录集中当前记录的某一个字段数据
记录集的记录定位 (记录定位：代表记录指针所在位置)	记录集对象变量.Move±N	记录指针相对移动 N 条记录
	记录集对象变量.MoveFirst	记录指针移到第一条记录
	记录集对象变量.MoveLast	记录指针移到最后一条记录
	记录集对象变量.MoveNext	记录指针移到当前记录的下一条记录
	记录集对象变量.MovePrevious	记录指针移到当前记录的上一条记录

(续表)

操作	语法	说明
检测记录集的开头或结尾	记录集对象变量.BOF	记录指针在第一条记录之前，BOF 属性值为 True，意味着记录指针超出记录集的开头
	记录集对象变量.EOF	记录指针在最后一条记录之后，EOF 属性值为 True，意味着记录指针超出记录集的结尾
获取记录集中的记录数目	记录集对象变量.RecordCount	返回记录集中记录的数目
增加或删除记录集的记录	记录集对象变量.AddNew	在记录集中添加一条新记录(新记录中字段数据为空)
	记录集对象变量.Delete	在记录集中删除当前记录
更新数据库的数据	记录集对象变量.Update	把记录集中当前记录的更新内容保存到数据库中

下面通过具体的例子来学习如何使用 Recordset 对象的属性和方法来实现对记录集的数据操作。

【例 9-3】创建一个子过程，功能是往当前数据库“小型超市管理系统.accdb”中的“商品”表增加一条新记录，新增记录指定字段内容依次是：商品编号，S2018010230；商品名称，手机；零售价，2500。添加成功与否都要做出提示。

实现代码如下：

```
Public Sub NewRecord()
    Dim rs As ADODB.Recordset
    Dim strSQL As String
    Set rs = New ADODB.Recordset
    strSQL = "Select * From 商品 Where 商品编号='S2018010230'"
    rs.Open strSQL, CurrentProject.Connection, 2, 2
    If rs.EOF Then
        rs.AddNew
        rs("商品编号") = "S2018010230"
        rs("商品名称") = "手机"
        rs("零售价") = 2500
        rs.Update
        MsgBox "商品信息成功添加到商品表中！"
    Else
        MsgBox "商品编号 S2018010230 已经在商品表中存在，无法添加进去！"
    End If
    rs.Close
    Set rs = Nothing
End Sub
```

图 9-6 给出了上面代码的流程图。在往“商品”表中添加新记录时，需要确保新记录的数

据与表中主键字段(“商品”表中的主键是“商品编号”)的数据不会重复，因此利用 Recordset 对象的 EOF 属性可以判断记录集中是否存在商品编号与新记录中一样的记录。如果不存在一样的商品编号记录，才可以添加到记录集中，然后更新到数据库中。

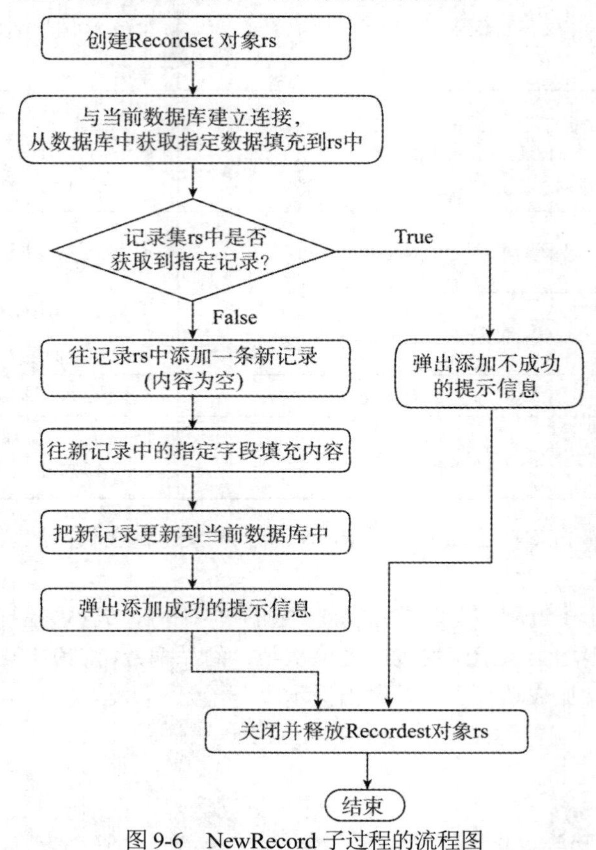

图 9-6　NewRecord 子过程的流程图

【例 9-4】创建一个子过程，功能是统计当前数据库“小型超市管理系统.accdb”中的“商品”表中，类别是饮品的商品有几种，在消息框中显示数目。

实现代码如下：

```
Public Sub CountRecord()
    Dim rs As ADODB.Recordset
    Dim strSQL As String
    Dim number As Integer
    Set rs = New ADODB.Recordset
    strSQL = "Select * From 商品 Where 类别='饮品'"
    rs.Open strSQL, CurrentProject.Connection, 2, 2
    number = 0
    Do While Not rs.EOF
        number = number + 1
        rs.MoveNext
    Loop
    rs.Close
```

```
    Set rs = Nothing
    MsgBox "饮品类商品共有" & number & "种"
End Sub
```

图 9-7 给出了上面代码的流程图。通过 Recordset 对象的 MoveNext 方法可以使得记录指针逐条往下移动，直到 EOF 属性为 True 才退出 While 循环。在整个 While 循环期间，从上到下遍历了一遍记录集中的记录。

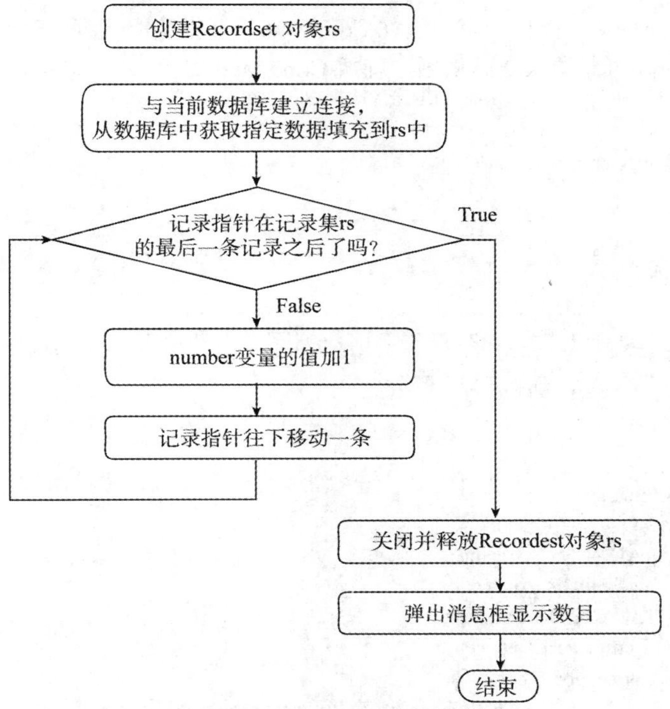

图 9-7　CountRecord 子过程的流程图

9.2.3　Command 对象

Command(命令)对象用以针对 Connection 对象打开的数据源执行命令，即通过传递指定的 SQL 命令来操作数据库，如建立数据表、删除数据表和修改表结构等；也可以将执行 Command 对象得到的输出结果直接返回给 Recordset 对象，然后再使用 Recordset 对象来执行增加、删除或编辑记录等操作。

使用 Command 对象来对数据源执行命令的基本步骤如下。

(1) 创建 Command 对象。

语句语法：

```
Dim 命令对象变量 As ADODB.Command
Set  命令对象变量= New ADODB.Command
```

举例：

```
Dim comm As ADODB.Command
Set comm= New ADODB.Command
```

(2) 创建好 Command 对象后，可以利用该对象的属性和方法对指定的数据源提出命令请求。Command 对象常用的属性和方法有以下内容。

① 属性 ActiveConnection：设置属性 ActiveConnection 可以将已经打开的数据源连接与 Connection 对象关联。

② 属性 CommandText：用以表示 Command 对象要对数据源执行的命令，通常设置为 SQL 语句、数据表或存储过程的调用等。

③ 方法 Execute：用以执行一个由属性 CommandText 指定的查询、SQL 语句或存储过程。

(3) 对 Command 对象的操作结束后，释放 Command 对象。

语句语法：

```
Set 命令对象变量= Nothing
```

举例：

```
Set comm= Nothing
```

【例 9-5】创建一个子过程，功能是将当前数据库“小型超市管理系统.accdb”中的“商品”表中，商品名称是“凉茶”的库存改为 800。

实现代码如下：

```
Public Sub UseCommand()
    Dim conn As ADODB.Connection
    Dim comm As ADODB.Command
    Set conn = New ADODB.Connection
    Set comm = New ADODB.Command
    conn.Open CurrentProject.Connection
    comm.ActiveConnection = conn
    comm.CommandText = "Update 商品 Set 库存=800 Where 商品名称='凉茶'"
    comm.Execute
    MsgBox "已修改成功！", , "提示"
    conn.Close
    Set conn = Nothing
    Set comm = Nothing
End Sub
```

9.3 ADO 编程实例

【例 9-6】在数据库“小型超市管理系统.accdb”中有一个窗体名为“根据商品编号查看信息”，窗体视图如图 9-8 所示。组合框 Combo1 已经绑定了商品表的“商品编号”字段。要求在组合框 Combo1 中选择某个商品编号时，把所选择的商品编号对应的其他商品信息显示到窗体里各个对应的文本框中。

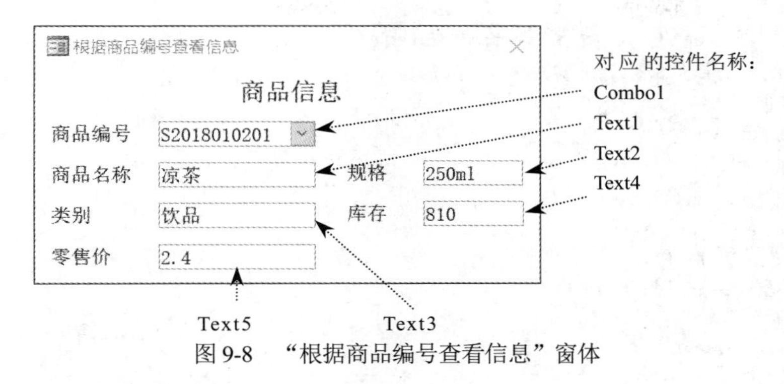

图 9-8　“根据商品编号查看信息”窗体

对组合框 Combo1 的更改事件(Change 事件)编写代码如下：

```
Private Sub Combo1_Change()
    Dim rs As ADODB.Recordset
    Dim strSQL As String
    Set rs = New ADODB.Recordset
    strSQL = "Select * From 商品 Where 商品编号='" & Combo1.Value & "'"
    rs.Open strSQL, CurrentProject.Connection, 2, 2
    If Not rs.EOF Then
        Text1 = rs("商品名称")
        Text2 = rs("规格")
        Text3 = rs("类别")
        Text4 = rs("库存")
        Text5 = rs("零售价")
    End If
    rs.Close
    Set rs = Nothing
End Sub
```

【例 9-7】在数据库“小型超市管理系统.accdb”中有一个窗体名为“添加新的商品信息”，窗体视图如图 9-9 所示。要求在单击按钮 Command1 时，把窗体的各文本框中输入的商品信息添加到数据库的“商品”表中。

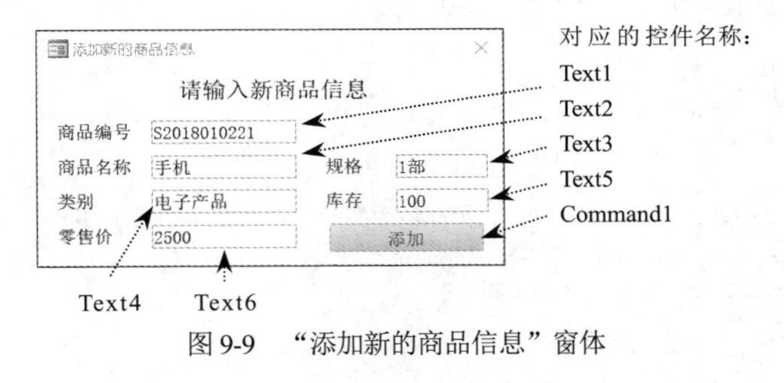

图 9-9　“添加新的商品信息”窗体

对按钮 Command1 的单击事件(Click 事件)编写代码如下：

```
Private Sub Command1_Click()
    Dim rs As ADODB.Recordset
    Dim strSQL As String
    Set rs = New ADODB.Recordset
```

```
        strSQL = "Select * From 商品 Where 商品编号='" & Text1.Value & "'"
        rs.Open strSQL, CurrentProject.Connection, 2, 2
        If rs.EOF Then
            rs.AddNew
            rs("商品编号") = Text1
            rs("商品名称") = Text2
            rs("规格") = Text3
            rs("类别") = Text4
            rs("库存") = Text5
            rs("零售价") = Text6
            rs.Update
            MsgBox "添加成功！"
        Else
            MsgBox "您输入的商品编号在表中已经存在，无法添加！"
        End If
        rs.Close
        Set rs = Nothing
    End Sub
```

【例9-8】在数据库“小型超市管理系统.accdb”中有一个窗体名为“根据商品类别统计价格”，窗体视图如图9-10所示。要求在单击按钮Command1时，根据文本框Text1中输入的类别，计算出该类别商品的最高价格、最低价格和平均价格，并显示在窗体的对应文本框中。

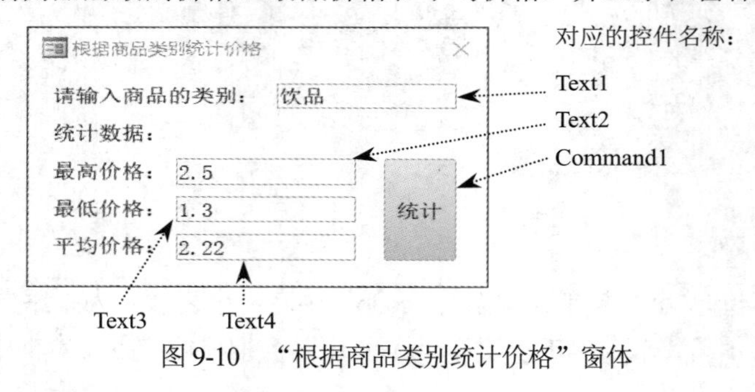

图9-10 “根据商品类别统计价格”窗体

对按钮Command1的单击事件(Click事件)编写代码如下：

```
Private Sub Command1_Click()
    Dim rs As ADODB.Recordset
    Dim strSQL As String
    Set rs = New ADODB.Recordset
    strSQL = "Select Max(零售价) As 最高价, Min(零售价) As 最低价, Avg(零售价) As 平均价 From
商品 Where 类别='" & Text1.Value & "'"
    rs.Open strSQL, CurrentProject.Connection, 2, 2
    If Not rs.EOF Then
        Text2 = rs("最高价")
        Text3 = rs("最低价")
        Text4 = rs("平均价")
    End If
    rs.Close
    Set rs = Nothing
End Sub
```

【例 9-9】在数据库“小型超市管理系统.accdb”中有一个窗体名为“根据商品库存查找商品名”，窗体视图如图 9-11 所示。要求在单击按钮 Command1 时，根据文本框 Text1 中输入的库存数，查找出商品表中库存低于该值的所有商品名称，并显示在窗体的列表框 List1 中。

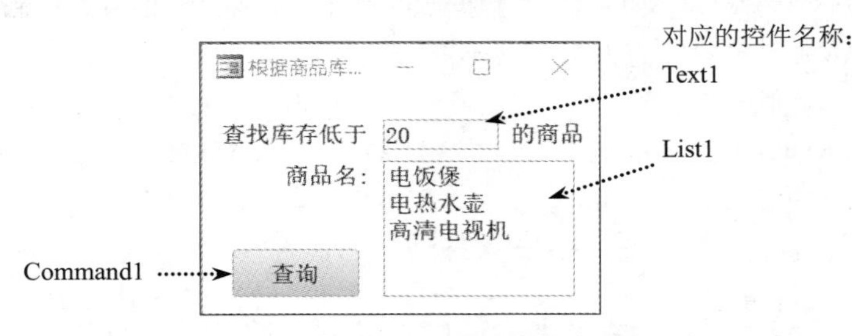

图 9-11　“根据商品库存查找商品名”窗体

对按钮 Command1 的单击事件(Click 事件)编写代码如下：

```
Private Sub Command1_Click()
    Dim rs As ADODB.Recordset
    Dim strSQL As String
    Set rs = New ADODB.Recordset
    strSQL = "Select 商品名称,库存 From 商品"
    rs.Open strSQL, CurrentProject.Connection, 2, 2
    List1.RowSource = ""
    Do While Not rs.EOF
        If rs("库存") < Val(Text1.Value) Then
            List1.AddItem (rs("商品名称"))
        End If
        rs.MoveNext
    Loop
    rs.Close
    Set rs = Nothing
End Sub
```

9.4 思考与练习

9.4.1 思考题

1. ADO 全称是什么？
2. ADO 的 3 个核心对象是什么？简述这 3 个对象的功能。
3. 简述 VBA 使用 ADO 访问数据库的一般步骤。

9.4.2 选择题

1. VBA 主要提供了 ODBC API、DAO 和(　　) 3 种数据库访问接口。

   A. ADO　　B. AOD　　C. API　　D. ODA

2. 以下关于 ADO 对象的叙述中，错误的是(　　)。

A. Connection 对象用于连接数据源

B. Recordset 对象用于存储取自数据库源的记录集

C. Command 对象用于定义并执行对数据源的操作：如增加、删除、更新、筛选记录

D. 用 Recordset 对象只能查询数据，不能删除数据

3. 声明 rs 为记录集变量的语句是(　　)。

A. Dim rs As ADODB.Recordset　　B. Dim rs As ADODB.Connection

C. Dim rs As ADODB.Command　　D. Dim rs As ADODB

4. Recordset 对象的 EOF 属性值为 True，表示(　　)。

A. 记录指针在首条记录之前　　B. 记录指针在首条记录

C. 记录指针在末条记录之后　　D. 记录指针在末条记录

5. 若将 Recordset 对象 rs 中当前记录更新后存入数据表中可使用的命令是(　　)。

A. rs.Insert　　B. rs.Update　　C. rs.AddNew　　D. rs.Append

6. 在 Access 中，若要将当前窗体的 Text1 文本框内容更新到记录集对象 rs 当前记录的“商品名称”字段中，然后更新到对应数据表中，下列命令组正确的是(　　)。

A. rs("商品名称")= Me.Text1
rs.Update

B. Me.Text1= rs("商品名称")
rs.Update

C. rs.Update
rs("商品名称")= Me.Text1

D. rs.Update
Me.Text1= rs("商品名称")

附　　录

附录 A　“小型超市管理系统”数据库的表结构及其记录

1. “部门”表

“部门”表的表结构如表 A-1 所示，表记录如图 A-1 所示。

表 A-1　“部门”表结构

字段名称	部门编号	部门名称	部门主管	部门电话	备注
数据类型	短文本，主键	短文本	短文本	短文本	长文本
字段大小	5	20	4	13	

部门

部门编号	部门名称	部门主管	部门电话	备注
D1	客服部	Y001	86828385	负责售前和售后的客户服务
D2	人事部	Y006	86821222	负责人力资源管理
D3	销售部	Y009	86820304	负责商品销售
D4	财务处	Y013	86824511	负责资金预算、管理、登记、核算等
D5	采购部	Y015	86827171	负责商品采购
D6	行政部	Y020	86826698	负责后勤和行政管理事务

图 A-1　“部门”表记录

2. “员工”表

“员工”表的表结构如表 A-2 所示，表记录如图 A-2 所示。

表 A-2　“员工”表结构

字段名称	员工编号	姓名	性别	出生日期	籍贯	电话	照片	部门编号	是否在职
数据类型	短文本，主键	短文本	短文本	日期/时间	短文本	短文本	OLE 对象	短文本	是/否
字段大小	4	10	1		10	13		5	

员工

员工编号	姓名	性别	出生日期	籍贯	电话	照片	部门编号	是否在职
Y001	赖涛	男	1965/12/15	福建	13609876543	Bitmap Image	D1	√
Y002	刘芬	女	1980/4/14	北京	13609876544	Bitmap Image	D1	√
Y003	魏桂敏	女	1960/8/9	台湾	13609876545	Bitmap Image	D1	√
Y004	伍晓玲	女	1976/7/1	福建	13609876546	Bitmap Image	D1	
Y005	程倩倩	女	1978/2/19	上海	13609876547	Bitmap Image	D1	√
Y006	许冬	女	1980/3/31	江苏	13609876548	Bitmap Image	D2	√
Y007	赵民浩	男	1985/11/2	福建	13609876549	Bitmap Image	D2	√
Y008	张敏	女	1978/10/10	西藏	13609876550	Bitmap Image	D2	√
Y009	李国安	男	1965/7/28	安徽	13609876551	Bitmap Image	D3	√
Y010	刘燕	女	1978/6/8	河北	13609876552	Bitmap Image	D3	√
Y011	林鹏	男	1981/4/7	福建	13609876553	Bitmap Image	D3	√
Y012	陈新	男	1968/9/4	广东	13609876554	Bitmap Image	D3	√
Y013	吴年华	女	1983/12/10	北京	13609876555	Bitmap Image	D4	√
Y014	范群众	女	1984/6/7	福建	13609876556	Bitmap Image	D4	√
Y015	许嘉新	男	1993/1/18	湖南	13609876557	Bitmap Image	D5	√
Y016	郑钦	男	1995/12/19	广东	13609876558	Bitmap Image	D5	√
Y017	叶紫	女	1988/10/20	天津	13609876559	Bitmap Image	D6	√
Y018	周彬	男	1989/8/21	福建	13609876560	Bitmap Image	D6	
Y019	彭洪	男	1991/6/22	福建	13609876561	Bitmap Image	D6	√
Y020	李清	女	1982/2/23	重庆	13609876562	Bitmap Image	D6	√

图 A-2　“员工”表记录

3. “工资”表

“工资”表的表结构如表 A-3 所示，表记录如图 A-3 所示。

表 A-3　“工资”表结构

字段名称	员工编号	发放日期	应发工资	扣税
数据类型	短文本	日期/时间	货币	货币
字段大小	4			

工资

员工编号	发放日期	应发工资	扣税
Y001	2018/1/1	¥7,430.00	¥288.00
Y001	2018/2/1	¥7,430.00	¥288.00
Y002	2018/1/1	¥6,170.00	¥162.00
Y002	2018/2/1	¥6,170.00	¥162.00
Y003	2018/1/1	¥6,038.00	¥148.80
Y003	2018/2/1	¥6,038.00	¥148.80
Y004	2018/1/1	¥5,366.00	¥81.60
Y004	2018/2/1	¥5,366.00	¥81.60
Y005	2018/1/1	¥6,638.00	¥208.80
Y005	2018/2/1	¥6,638.00	¥208.80
Y006	2018/1/1	¥5,838.00	¥128.80
Y006	2018/2/1	¥5,838.00	¥128.80
Y007	2018/1/1	¥5,151.20	¥60.12
Y007	2018/2/1	¥5,151.20	¥60.12
Y008	2018/1/1	¥5,151.20	¥60.12
Y008	2018/2/1	¥5,151.20	¥60.12
Y009	2018/1/1	¥5,838.00	¥128.80
Y009	2018/2/1	¥5,838.00	¥128.80
Y010	2018/1/1	¥4,578.00	¥32.34
Y010	2018/2/1	¥4,578.00	¥32.34

工资

员工编号	发放日期	应发工资	扣税
Y011	2018/1/1	¥4,578.00	¥32.34
Y011	2018/2/1	¥4,578.00	¥32.34
Y012	2018/1/1	¥4,310.00	¥24.30
Y012	2018/2/1	¥4,310.00	¥24.30
Y013	2018/1/1	¥5,638.00	¥108.80
Y013	2018/2/1	¥5,638.00	¥108.80
Y014	2018/1/1	¥4,160.00	¥19.80
Y014	2018/2/1	¥4,160.00	¥19.80
Y015	2018/1/1	¥3,983.20	¥14.50
Y015	2018/2/1	¥3,983.20	¥14.50
Y016	2018/1/1	¥3,933.20	¥13.00
Y016	2018/2/1	¥3,933.20	¥13.00
Y017	2018/1/1	¥3,783.20	¥8.50
Y017	2018/2/1	¥3,783.20	¥8.50
Y018	2018/1/1	¥3,783.20	¥8.50
Y018	2018/2/1	¥3,783.20	¥8.50
Y019	2018/1/1	¥3,783.20	¥8.50
Y019	2018/2/1	¥3,783.20	¥8.50
Y020	2018/1/1	¥5,438.00	¥88.80
Y020	2018/2/1	¥5,438.00	¥88.80

图 A-3　“工资”表记录

4. “商品”表

“商品”表的表结构如表 A-4 所示，表记录如图 A-4 所示。

表 A-4　“商品”表结构

字段名称	商品编号	商品名称	规格	类别	库存	零售价
数据类型	短文本，主键	短文本	短文本	短文本	数字	货币
字段大小	11	20	20	20	长整型	

商品

商品编号	商品名称	规格	类别	库存	零售价
S2018010201	凉茶	250ml	饮品	810	¥2.40
S2018010202	可口可乐	355ml	饮品	91	¥2.50
S2018010203	雪碧	355ml	饮品	145	¥2.50
S2018010204	矿泉水	550ml	饮品	121	¥1.30
S2018010205	冰红茶	490ml	饮品	150	¥2.40
S2018010206	黑芝麻汤圆	800g	速冻品	147	¥14.90
S2018010207	猪肉水饺	千克	速冻品	100	¥18.20
S2018010208	山东馒头	280g	速冻品	86	¥39.90
S2018010209	肉粽	960g	速冻品	100	¥74.90
S2018010210	叉烧包	270g	速冻品	50	¥22.00
S2018010211	牙膏	225g	日用品	20	¥16.90
S2018010212	拖鞋	均码	日用品	20	¥12.90
S2018010213	衣架	40支	日用品	20	¥29.90
S2018010214	雨伞	三折伞	日用品	20	¥45.00
S2018010215	玻璃水杯	500ml	日用品	20	¥39.00
S2018010216	电饭煲	3L	电器	10	¥169.00
S2018010217	电热水壶	1.5L	电器	2	¥89.00
S2018010218	高压锅	4L	电器	89	¥219.00
S2018010219	空调	1.5匹	电器	41	¥4,299.00
S2018010220	高清电视机	58英寸	电器	7	¥2,799.00

图 A-4　“商品”表记录

5. “顾客”表

“顾客”表的表结构如表 A-5 所示，表记录如图 A-5 所示。

表 A-5　“顾客”表结构

字段名称	顾客卡号	姓名	性别	办卡日期
数据类型	短文本，主键	短文本	短文本	日期/时间
字段大小	7	10	1	

顾客

顾客卡号	姓名	性别	办卡日期
G201801	张丽丽	女	2018/2/1
G201802	王明	男	2018/2/2
G201803	马秀英	女	2018/2/3
G201804	王凡	男	2018/3/4
G201805	董英玲	女	2018/3/5
G201806	张小华	女	2018/3/5
G201807	欧丽	女	2018/4/1
G201808	次仁玛依	女	2018/4/12
G201809	王瑜	女	2018/2/9
G201810	谢敏	女	2018/2/10
G201811	王一航	男	2018/3/11
G201812	陈贡	男	2018/4/12
G201813	叶凡胜	男	2018/2/13
G201814	张柔	女	2018/4/14
G201815	张冰冰	女	2018/3/15
G201816	蔡玲清	女	2018/2/16

图 A-5　“顾客”表记录

6. “订单”表

“订单”表的表结构如表 A-6 所示，表记录如图 A-6 所示。

表 A-6 “订单”表结构

字段名称	订单编号	顾客卡号	收银人员	消费时间	实付款
数据类型	短文本，主键	短文本	短文本	日期/时间	货币
字段大小		7	4		

订单

订单编号	顾客卡号	收银人员	消费时间	实付款
1	G201801	Y002	2018/5/1 9:30:00	¥23.50
2	G201802	Y003	2018/5/1 11:30:00	¥133.10
3	G201805	Y003	2018/5/3 14:31:00	¥206.00
4	G201811	Y005	2018/6/2 8:15:00	¥2,799.00
5	G201814	Y003	2018/6/2 16:23:00	¥25.50
6	G201816	Y002	2018/6/6 10:45:00	¥351.80
7	G201801	Y005	2018/7/2 13:12:00	¥4,299.00
8	G201802	Y002	2018/7/6 18:34:00	¥54.60

图 A-6 “订单”表记录

7. “销售”表

“销售”表的表结构如表 A-7 所示，表记录如图 A-7 所示。

表 A-7 “销售”表结构

字段名称	订单编号	商品编号	购买数量
数据类型	短文本	短文本	数字
字段大小		11	整型

销售

订单编号	商品编号	购买数量
1	S2018010201	5
1	S2018010202	1
1	S2018010203	1
1	S2018010204	5
2	S2018010207	2
2	S2018010208	2
2	S2018010211	1
3	S2018010215	3
3	S2018010217	1
4	S2018010220	1
5	S2018010202	5
5	S2018010204	10
6	S2018010213	2
6	S2018010214	1
6	S2018010215	2
6	S2018010216	1
7	S2018010219	1
8	S2018010204	8
8	S2018010205	6
8	S2018010206	2

图 A-7 “销售”表记录

附录 B 常用的 ASCII 字符集

表 B-1 常用的 ASCII 字符集

编码	字符	编码	字符	编码	字符	编码	字符
0	NUL	32	Space	64	@	96	`
1	SOH	33	!	65	A	97	a
2	STX	34	"	66	B	98	b
3	ETX	35	#	67	C	99	c
4	EOT	36	$	68	D	100	d
5	ENQ	37	%	69	E	101	e
6	ACK	38	&	70	F	102	f
7	BEL	39	'	71	G	103	g
8	BS	40	(	72	H	104	h
9	HT	41	)	73	I	105	i
10	LF	42	*	74	J	106	j
11	VT	43	+	75	K	107	k
12	FF	44	,	76	L	108	l
13	CR	45	-	77	M	109	m
14	SO	46	.	78	N	110	n
15	SI	47	/	79	O	111	o
16	DLE	48	0	80	P	112	p
17	DC1	49	1	81	Q	113	q
18	DC2	50	2	82	R	114	r
19	DC3	51	3	83	S	115	s
20	DC4	52	4	84	T	116	t
21	NAK	53	5	85	U	117	u
22	SYN	54	6	86	V	118	v
23	ETB	55	7	87	W	119	w
24	CAN	56	8	88	X	120	x
25	EM	57	9	89	Y	121	y
26	SUB	58	:	90	Z	122	z
27	ESC	59	;	91	[	123	{
28	FS	60	<	92	\	124	|
29	GS	61	=	93	]	125	}
30	RS	62	>	94	^	126	~
31	US	63	?	95	_	127	DEL

附录C 窗体和控件的常用属性及方法

1. 窗体的属性及其含义

表C-1 窗体的属性及其含义

类型	属性英文名	属性中文名	含义
格式属性	Caption	标题	指定在窗体视图的标题栏上显示的文本
	DefaultView	默认视图	指定打开窗体时所用的视图
	ScrollBars	滚动条	指定是否可以在窗体上显示滚动条
	AllowFormView	窗体视图	表明是否可以在窗体视图中查看指定的窗体
	RecordSelectors	记录选择器	指定窗体在窗体视图中是否显示记录选择器
	NavigationButtons	导航按钮	指定窗体上是否显示导航按钮和记录编号框
	DividingLines	分割线	指定是否使用分隔线分隔窗体上的节或连续窗体上显示的记录
	AutoResize	自动调整	在打开“窗体”窗口时，是否自动调整“窗体”的窗口大小以显示整条记录
	AutoCenter	自动居中	当窗体打开时，是否在应用程序窗口中将窗体自动居中
	BorderStyle	边框样式	可以指定用于窗体的边框和边框元素(标题栏、“控制”菜单、“最小化”与“最大化”按钮和“关闭”按钮)的类型
	ControlBox	控制框	指定在窗体视图和数据表视图中窗体是否具有“控制”菜单
	MinMaxButtons	最大最小化按钮	指定在窗体上“最大化”和“最小化”按钮是否可见
	Picture	图片	指定显示在命令按钮、图像控件、切换按钮、选项卡控件的页上，或当作窗体和报表的背景图片的位图或其他类型的图形
	PictureType	图片类型	指定 Access 是将对象的图片存储为链接对象还是嵌入对象
	PictureSizeMode	图片缩放模式	指定对窗体或报表中的图片调整大小的方式
数据属性	RecordSource	记录源	指定窗体或报表的数据源
	Filter	筛选	指定对窗体、报表、查询或表应用筛选时要显示的记录子集
	OrderBy	排序依据	指定如何对窗体、报表、查询或表应用中的数据进行排序，可选升序或降序
	AllowEdits	允许编辑	指定用户是否可以在使用窗体时编辑已保存的记录

(续表)

类型	属性英文名	属性中文名	含义
数据属性	AllowAdditions	允许添加	指定用户是否可以在使用窗体时添加记录
	AllowDeletions	允许删除	指定用户是否可以在使用窗体时删除记录
	DataEntry	数据输入	指定用户是否允许打开绑定窗体进行数据输入
	RecordLocks	记录锁定	指定记录如何锁定以及当两个用户试图同时编辑同一条记录时将会发生什么
其他属性	PopUp	弹出方式	指定窗体是否作为弹出式窗口打开
	Modal	模式	指定窗体是否作为模式窗口打开
	Cycle	循环	指定当按下< Tab >键时绑定窗体中位于最近一个控件上的焦点的去向
	RibbonName	功能区名称	获取或设置在指定的窗体时要实现的自定义功能区的名称
	ToolBar	工具栏	指定窗体或报表使用的工具栏
	ShortcutMenu	快捷菜单	指定当鼠标右键单击窗体上的对象时是否显示快捷菜单
	MenuBar	菜单栏	将菜单栏指定给 Access 数据库、窗体或报表
	ShortcutMenuBar	快捷菜单栏	指定当鼠标右键单击窗体、报表或窗体上的控件时所显示的快捷菜单栏

2. 常用控件的属性及使用样例

表 C-2　常用控件的属性及使用样例

类型	属性英文名	属性中文名	举例
格式属性	Caption	标题	指定按钮、标签或窗体显示的标题文本。例如： 标签 Label0 显示文字“中国”：Label0.Caption = "中国" (注意：不要混淆标签 Label 和文本框 Text 的显示内容) 窗体的标题栏显示文字“中国”：Form.Caption = "中国"
	Visible	可见性	指定显示或隐藏窗体、报表、控件等对象。例如： 图像 Image1 变成不可见：Image1.Visible = False 文本框 Text0 变成可见：Text0. Visible = True 按钮 Command1 变成不可见：Command1. Visible = False
	BorderWidth	边框宽度 (以磅为单位)	指定控件边框的宽度。 BorderWidth 属性使用下列设置： 细线　0　(默认)系统中可用的最窄边框 1 磅到 6 磅　1～6　以磅为单位表示的宽度 例如： 把方框 Box1 边框宽度设为 3 磅：Box1.BorderWidth = 3

(续表)

类型	属性英文名	属性中文名	举例
格式属性	Left	左边距 (以缇为单位)	指定控件的左边框到包含该控件的节的左边缘的距离。例如： 按钮 Command2 左边距离窗体 1 厘米：Command2.Left = 567 (1 厘米=567 缇，但这个转换关系不需要记忆，这里只是提供例题以供理解)
	Top	上边距 (以缇为单位)	指定控件的上边框到包含该控件的节的上边缘的距离。例如： 按钮 Command2 上边距离窗体 1 厘米：Command2.Top = 567 Left 和 Top 共同确定了控件的位置
	Width	宽度 (以缇为单位)	指定控件的宽度。例如： 把图像 Image1 的宽度变成原来的两倍： Image1.Width = Image1.Width * 2 把方框 Box1 的宽度设为原来的一半： Box1.Width = Box1.Width/2 把文本框 Text1 的宽度设为 1 厘米：Text1.Width = 567
	Height	高度 (以缇为单位)	指定控件的高度。例如： 把图像 Image1 的高度变成原来的两倍： Image1.Height = Image1.Height * 2 把方框 Box1 的高度设为原来的一半： Box1.Height = Box1.Height /2
	ForeColor	前景色	指定一个控件的文本颜色。例如： 将文本框 Text1 的文本设置为红色： Text1.ForeColor = RGB(255, 0, 0)
	BackColor	背景色	指定某个控件或节内部的颜色。例如： 将文本框 Text1 的背景设置为绿色： Text1.BackColor = RGB(0, 255, 0)
	BorderColor	边框颜色	指定一个控件的边框颜色。例如： 将文本框 Text1 的边框设置为蓝色： Text1.BorderColor= RGB(0, 0, 255)
	FontName	字体	指定文本的字体。例如： 将文本框 Text1 的字体设为隶书：Text1.FontName = "隶书"
	FontSize	字号	指定文本显示的大小。例如： 将文本框 Text1 的字号设为 15 号：Text1.FontSize = 15
	FontBold	文字加粗	指定字体是否以粗体样式显示。例如： 将文本框 Text1 的文字加粗：Text1.FontBold=True
	FontItalic	文字斜体	指定文本是否为斜体。例如： 将文本框 Text1 的文字变斜体：Text1.FontItalic =True

(续表)

类型	属性英文名	属性中文名	举例
格式属性	FontUnderline	文字加下划线	指定文本是否加下划线。例如： 将文本框 Text1 的文字加下划线：Text1.FontUnderline =True
	Value	文本框的显示内容	清空文本框 Text1 的显示内容：Text1.Value = "" 文本框 Text1 显示“中国”：Text1.Value = "中国" 文本框 Text1 动态显示当前系统时间：Text1.Value = Time
		列表框的当前选中值	把列表框 List1 的选中值显示在文本框 Text1 中： Text1.Value = List1.Value
		组合框的当前选中值	把组合框 Combo1 的选中值显示在文本框 Text1 中： Text1.Value = Combo1.Value
		复选框的值	复选框 Check1 设置为选中：Check1.Value=True
		选项组的当前选中值	Frame1.Value (其实 Frame1.Value 的值就是对应选中的 Option 的选项值)
数据属性	TimerInterval	计时器间隔	窗体的计时器间隔 1 秒：Form.TimerInterval = 1000 窗体的计时器停止计数：Form.TimerInterval = 0
	ListIndex	组合框或列表框的选定项的下标号	为列表框 List1 删除当前选项： List1.RemoveItem (List1.ListIndex) 另一种写法：List1.RemoveItem (List1.Value)
	ListCount	组合框或列表框的数据项个数	在文本框 Text0 中显示列表框 List1 的数据项个数： Text0.Value = List1.ListCount 在文本框 Text0 中显示组合框 Combo1 的数据项个数： Text0.Value = Combo1.ListCount
	Enabled	可用性	文本框 Text0 变成可用：Text0.Enabled = True 文本框 Text0 变成不可用：Text0.Enabled = False 按钮 Command1 变为不可用：Command1.Enabled = False
	RowSource	列表框或组合框可供选择的数据列表的数据源	把列表框 List1 的数据源清空：List1.RowSource = ""
	Picture	图像控件的图片源	把图像 Image1 的图片源设为“C:\exam\pic1.jpg” Image1.Picture = "C:\exam\ pic1.jpg " 图片源格式：图片的绝对路径\图片名.扩展名

3. 常用控件的方法及使用样例

表 C-3 常用控件的方法及使用样例

方法	描述	举例
SetFocus	获取焦点(获得光标)	文本框 Text1 获得焦点：Text1.SetFocus
AddItem	组合框或列表框中增加一项数据	为列表框 List1 增加“红色”选项：List1.AddItem ("红色")
		为组合框 Combo1 增加“中国”选项：Combo1.AddItem ("中国")
RemoveItem	组合框或列表框中删除一项数据.	为列表框 List1 删除当前选项：List1.RemoveItem (List1.ListIndex) 另一种写法：List1.RemoveItem (List1.Value)
		为组合框 Combo1 删除“中国”选项：Combo1.RemoveItem ("中国")

附录 D 全国计算机等级考试二级 Access 考试大纲

一、考试方式

考试方式：无纸化上机考试

考试环境：中文版 Windows 7，中文版 Access 2016

考试时长：120 分钟

题型及分值：满分 100 分

1. 单项选择题 40 分(含公共基础知识部分 10 分)
2. 基本操作题 18 分
3. 简单应用题 24 分
4. 综合应用题 18 分

二、考试内容

1. 二级公共基础知识 (如表 D-1 所示)

公共基础知识不单独考试，与其他二级科目结合在一起考，作为二级科目考核内容的一部分。考核方式是上机考试，10 道选择题，占 10 分。

表 D-1　二级公共基础知识

序号	大纲要求	具体要求
1	计算机系统	(1) 掌握计算机系统的结构 (2) 掌握计算机硬件系统结构，包括 CPU 的功能和组成，存储器分层体系，总线和外部设备 (3) 掌握操作系统的基本组成，包括进程管理、内存管理、目录和文件系统、I/O 设备管理
2	基本数据结构与算法	(1) 算法的基本概念 (2) 数据结构的定义 (3) 线性表的定义 (4) 栈和队列的定义 (5) 线性单链表、双向链表与循环链表的结构及其基本运算 (6) 树的基本概念 (7) 顺序查找与二分法查找算法
3	程序设计基础	(1) 程序设计方法与风格 (2) 结构化程序设计 (3) 面向对象的程序设计方法、对象、属性及继承与多态性
4	软件工程基础	(1) 软件工程基本概念 (2) 结构化分析方法 (3) 结构化设计方法 (4) 软件测试的方法 (5) 程序的调试
5	数据库设计基础	(1) 数据库的基本概念 (2) 数据模型 (3) 关系代数运算 (4) 数据库设计方法和步骤

2. 数据库基础知识（如表 D-2 所示）

表 D-2　数据库基础知识

序号	大纲要求	具体要求
1	数据库的基本概念	数据库，数据模型，数据库管理系统
2	关系数据库基本概念	(1) 关系模型(实体的完整性，参照的完整性，用户定义的完整性) (2) 关系模式，关系，元组，属性，字段，域，值，主关键字等
3	关系运算基本概念	选择运算、投影运算、连接运算
4	数据库设计基础	
5	Access 系统简介	(1) Access 系统的基本特点 (2) 基本对象：表、查询、窗体、报表、宏、模块

3. 数据库和表（如表 D-3 所示）

表 D-3　数据库和表

序号	大纲要求	具体要求
1	创建数据库	(1) 创建空数据库 (2) 使用模板创建数据库
2	表的建立	(1) 建立表结构：使用数据表视图和设计视图 (2) 数据类型，字段属性设置 (3) 设置表的主键：定义或修改表的主键 (4) 输入数据：直接输入数据，获取外部数据
3	表间关系的建立与修改	(1) 表间关系的概念：一对一、一对多 (2) 建立表间关系 (3) 设置参照完整性
4	表的维护	(1) 修改表结构：添加字段、修改字段、删除字段、重新设置主关键字 (2) 编辑表内容：添加记录、修改记录、删除记录、复制记录 (3) 调整表外观：调整行高和列宽，设置字体大小和格式
5	表的其他操作	(1) 查找数据 (2) 替换数据 (3) 汇总数据 (4) 排序记录 (5) 筛选记录

4. 查询（如表 D-4 所示）

表 D-4　查询

序号	大纲要求	具体要求
1	查询分类	(1) 选择查询 (2) 参数查询 (3) 交叉表查询 (4) 操作查询：生成表查询，删除查询，更新查询，追加查询 (5) SQL 查询
2	查询准则	(1) 运算符 (2) 函数 (3) 表达式
3	创建查询	(1) 使用查询向导创建查询 (2) 使用设计视图创建查询 (3) 使用 SQL 语言创建查询 (4) 在查询中计算

(续表)

序号	大纲要求	具体要求
4	操作已创建的查询	(1) 运行已创建的查询 (2) 编辑查询中的字段 (3) 编辑查询中的数据源 (4) 排序查询的结果

5. 窗体 (如表 D-5 所示)

表 D-5　窗体

序号	大纲要求	具体要求
1	窗体分类	(1) 按功能划分：数据操作窗体，控制窗体，信息显示窗体，交互信息窗体 (2) 按显示方式划分：标准窗体，自定义窗体
2	创建窗体	(1) 使用向导创建窗体 (2) 使用设计视图创建窗体
3	编辑窗体	(1) 常用控件的含义及种类 (2) 在窗体中添加和修改控件 (3) 设置窗体和控件的常见属性

6. 报表 (如表 D-6 所示)

表 D-6　报表

序号	大纲要求	具体要求
1	报表分类	(1) 纵栏式报表 (2) 表格式报表 (3) 图表式报表 (4) 标签式报表
2	创建报表	(1) 使用报表向导创建报表 (2) 使用设计视图创建报表
3	编辑报表	(1) 在报表中进行排序和分组 (2) 在报表中计算和汇总 (3) 添加和修改控件及其属性

7. 宏 (如表 D-7 所示)

表 D-7 宏

序号	大纲要求	具体要求
1	宏的基本概念	宏的定义和作用
2	宏的分类	独立宏 嵌入宏 数据宏
3	宏的基本操作	创建宏：创建一个宏，创建宏组 运行宏 在宏中使用条件 设置宏操作参数 常用的宏操作
4	事件的基本概念与事件驱动	

8. VBA 编程基础 (如表 D-8 所示)

表 D-8 VBA 编程基础

序号	大纲要求	具体要求
1	模块的基本概念	(1) 类模块 (2) 标准模块 (3) 将宏转换为模块
2	创建模块	(1) 创建 VBA 模块：在模块中插入过程，在模块中执行宏 (2) 编写事件过程：鼠标事件、键盘事件、窗口事件、操作事件和其他事件
3	VBA 编程基础	(1) VBA 编程基本概念 (2) VBA 流程控制：顺序结构，选择结构，循环结构 (3) VBA 函数/过程调用 (4) VBA 数据文件读写 (5) VBA 错误处理和程序调试(设置断点，单步跟踪，设置监视窗口)
4	VBA 数据库编程	(1) ACE 引擎和数据库编程接口技术 (2) 数据库访问对象(DAO) (3) ActiveX 数据对象(ADO) (4) VBA 数据库编程技术